普通高等教育焊接技术与工程系列教材

弧焊电源及其数字化控制

第2版

主编　黄石生
参编　薛家祥　常云龙　朱锦洪
陆沛涛　李　阳
主审　吴毅雄

机械工业出版社

本书以电弧物理和电弧焊工艺对弧焊电源的电气性能要求为依据，围绕空载电压、外特性形成、调节性能和动特性四个基本问题，讲述了各类弧焊电源的原理、特点、结构、性能及应用。

为了更好地适应本学科的发展和不断满足新的教学需求，对本书进行了修订。书中较大幅度地压缩了应用愈来愈少的传统直流弧焊发电机、硅弧焊整流器等内容，适当减少了晶闸管弧焊整流器的内容，增加了节能省材、性能优良的弧焊逆变器和碳化硅类新型弧焊逆变器的原理、发展与前景，以及弧焊电源的数字化控制新技术、弧焊电源动态特性的数字描述、冷电弧焊电源技术、弧焊电源绿色保护用电等内容。

本书可作为高等院校材料成形及控制工程专业、焊接技术与工程专业的教材，也可供焊接技术人员学习参考。

图书在版编目（CIP）数据

弧焊电源及其数字化控制/黄石生主编．—2版．—北京：机械工业出版社，2016.12（2025.1重印）

普通高等教育焊接技术与工程系列教材

ISBN 978-7-111-55372-4

Ⅰ.①弧… Ⅱ.①黄… Ⅲ.①电弧焊-电源-数字控制-高等学校-教材 Ⅳ.①TG434.1-39

中国版本图书馆CIP数据核字（2016）第274881号

机械工业出版社（北京市百万庄大街22号 邮政编码100037）
策划编辑：冯春生 责任编辑：冯春生 王 荣 崔利平
责任校对：肖 琳 封面设计：路恩中
责任印制：郜 敏
中煤（北京）印务有限公司印刷
2025年1月第2版第9次印刷
184mm×260mm · 19印张 · 462千字
标准书号：ISBN 978-7-111-55372-4
定价：59.80元

电话服务
客服电话：010-88361066
010-88379833
010-68326294

网络服务
机 工 官 网：www.cmpbook.com
机 工 官 博：weibo.com/cmp1952
金 书 网：www.golden-book.com
机工教育服务网：www.cmpedu.com

第2版前言

《弧焊电源及其数字化控制》第1版自2006年10月正式出版以来，受到国内众多高校师生的普遍欢迎。尽管使用情况良好，但也存在不足之处，而且在这近十年期间，弧焊电源技术不断在更新和发展，为了更好地适应本学科的发展和不断满足新的教学需求，对本书进行了修订。

本书在修订的过程中，在保持第1版主要特色、基本内容框架结构基本不变的基础上，对内容进行了适当的增加和精减，具体如下：

1. 基本思路和指导思想

（1）本书能满足材料成形及控制工程专业、焊接技术与工程专业教学大纲的要求，对目前各校在专业设置上的较大差异有较强的适应性。

（2）内容以反映成熟科学技术与产品为主，同时又把相对成熟的前沿技术成果做一原理、特点、应用前景的介绍，以开阔学生的眼界和思路。

（3）理论教育紧密与生产实际（典型产品）、科学实验（较多学时实验课）相结合。

（4）既可作为高校的专业教科书，又可作为科技参考书，以及工程技术人员培训和继续教育的教材。

2. 主要内容和特点

（1）以电弧物理及电弧焊接工艺对弧焊电源的电气性能要求为依据，全书紧紧围绕空载电压、外特性的形成、调节性能和动态特性四个基本的、核心的问题，讲述各类弧焊电源的原理、特点、结构、性能及应用。

（2）从电弧的电特性和弧焊工艺对弧焊电源电气性能的要求入手，按弧焊电源的发展和分类，从简单的机械控制类到电磁控制类，再到复杂的电子、微电子、智能控制类及其数字化控制技术原理，由浅入深，由易到难进行讲述。

（3）通过本书的学习，使学生能够掌握各种常用弧焊电源及其控制技术的基本理论、基本知识和实验技能，并能根据不同弧焊工艺方法正确地选择、使用和维修弧焊电源。

3. 修订和新增主要内容

（1）较大幅度地压缩了应用愈来愈少的传统直流弧焊发电机、硅弧焊整流器内容，适当减少了晶闸管弧焊整流器等内容，以及减少了应用较少的晶体管式弧焊逆变器介绍。

（2）增加了节能省材、性能优良的弧焊逆变器新技术和碳化硅类新型弧焊逆变器的原理、发展与前景。

（3）新增了弧焊电源的数字化控制新技术、弧焊电源动态特性的数字描述、冷电弧焊电源技术和弧焊电源绿色保护用电等新内容。

本书由华南理工大学黄石生、薛家祥、陆沛涛、李阳，沈阳工业大学常云龙，河南科技大学朱锦洪六位教授专家分工编写。黄石生编写和修订绪论和第1、2、6章及第5章的5.5

节。常云龙编写和修订第 5 章的 5.1 ~5.4、5.6 节。薛家祥编写和修订第 7 章的 7.1 ~7.5、7.8 节。朱锦洪编写和修订第 4 章。陆沛涛编写和修订第 8 章和附录。李阳编写和修订第 3 章及第 7 章的 7.6、7.7 节。全书由黄石生统稿并任主编。本书原主审兰州理工大学李鹤岐教授因疗养身体等原因，尊重李教授不再续任主审的意见，本次修订由上海交通大学吴毅雄教授任主审。本书在编写过程中，得到了机械工业出版社高等教育分社和有关院校师生的大力支持，在此谨致谢意。

鉴于作者的水平有限，书中难免会有不足之处，敬请读者批评指正。

编　者

第1版前言

根据教育部新颁布的新专业目录，全国大部分工科院校已将原热加工专业的铸造、焊接、锻压、热处理等四个专业合并为材料成形及控制工程大专业。2005年7月，机械工业出版社高等教育分社和机械口、教育部材料加工专业教学指导委员会在河北承德市召开年会，探讨了专业改造和教材建设的问题，并把《弧焊电源及其数字化控制》作为焊接专业方向的重点教材之一列入教材建设。

原高等院校的焊接专业骨干课程教材之一的《弧焊电源》，出版至今已有近20个年头，而在此期间，弧焊电源不仅本身有较大发展（如逆变式类型的突飞猛进的发展和全面推广应用），而且数字化控制技术也有日新月异的发展，并对弧焊电源的性能提高、产品档次的提升和实现多功能焊接工艺起了较大的作用。同时，为高等教育的发展和培养人才的需求，尚无质量较高、内容新的教科书，为此，有必要撰写和出版一本《弧焊电源及其数字化控制》教材。

1. 编写这本教材的基本思路和指导思想

（1）这本书是高等工科类教育的一本新的教材，并能满足焊接专业或专业方向教学大纲的要求，对目前各校在专业与专业方向设置上的较大差异有较强的适应性。

（2）内容以反映成熟科学技术与产品为主，同时又把相对成熟的前沿技术成果做一原理、特点、应用前景的介绍，以开阔学生的眼界和思路。

（3）理论教育紧密与生产实际（典型产品）、科学实验（较多学时实验课）相结合。

（4）既可作为高校的专业教科书，又可作为科技参考书，以及工程技术人员培训和继续教育的教材。

2. 主要内容和特点

（1）以电弧焊接工艺对弧焊电源的电气性能要求为依据，全书紧紧围绕空载电压、外特性的形成、调节性能和动态特性四个基本的、核心的问题，讲述各类弧焊电源的原理、特点、结构、性能及应用。

（2）从电弧的电特性和弧焊工艺对弧焊电源电气性能的要求入手，按弧焊电源的发展和分类，从简单的机械控制类到电磁控制类，再到复杂的电子、微电子、智能控制类及其数字化控制技术原理，由浅入深，由易到难进行讲述。

（3）大幅度压缩被淘汰或使用愈来愈少的弧焊电源类型的内容，大幅度选用更新换代类型的内容，并以独立的章节专门介绍以数字化技术为主的弧焊电源控制技术。

（4）通过本教材的学习，使学生能够掌握各种常用弧焊电源及其控制技术的基本理论、基本知识和实验技能，并能根据不同弧焊工艺方法正确地选择、使用和维修弧焊电源。

本书由华南理工大学黄石生、薛家祥、陆沛涛、李阳，沈阳工业大学常云龙，河南科技大学朱锦洪六位老师分工编写。黄石生编写绪论和第1、2、6章及第5章的5.5节。常云龙编写第 5 章的 5.1～5.4、5.6 节。薛家祥编写第 7 章的 7.1～7.5、7.7 节。朱锦洪编写第 4 章。陆沛涛编写第 8 章和附录。李阳编写第 3 章及第 7 章的 7.6 节。全书由黄石生统稿并任主编。本书由兰州理工大学李鹤岐教授主审。在编写过程中，得到了机械工业出版社高等教育分社和有关院校师生的大力支持，在此谨致谢意。

鉴于作者的水平有限，书中难免会有不足之处，敬请读者批评指正。

编　者

目　录

绪　论

焊接作为一种制造技术方法，应用很广。它与国民经济各个部门，如汽车车辆、锅炉管道压力容器、矿山、冶金、桥梁、国防工业、农业机械、石油化工、机械制造、造船、集装箱、航空航天、宇宙飞行和海洋工程开发等方面的发展有着直接的关系。目前，工业发达国家的钢产量有50%左右是以焊接结构形式应用于生产。随着我国四个现代化建设的发展，特别是我国加入世界贸易组织和成为世界制造业中心之后，作为钢铁缝纫机技术的焊接技术将愈来愈显示出它的重要性。

电弧焊接是焊接方法中最主要的一个大类。按其工艺特点的不同，电弧焊大致又可分为焊条电弧焊、埋弧焊（或称熔剂层下埋弧焊）、氩弧焊、CO_2/MAG/MIG气体保护电弧焊和等离子弧焊等。

不同的电弧焊工艺方法需要相应的电弧焊机。例如，焊条电弧焊，需要由弧焊电源装置与焊钳所组成的电弧焊机；气体保护焊，则需要由弧焊电源装置、控制箱、带有送丝机和焊炬的焊接小车（自动焊用）或送丝机构、焊枪（半自动焊用）以及气路和水路系统等组成的半自动、自动电弧焊机。

弧焊电源是电弧焊机中的主要部分（核心部分），是对焊接电弧提供电能的一种装置，它必须具备电弧焊接所要求的主要电气特性。或者说，弧焊电源是提供电流、电压，并具有适合于弧焊（和电弧切割）工艺所需特性的设备。弧焊电源的控制，即是对弧焊电源电气性能的静动态特性与参数进行控制和调节。本课程将对弧焊电源及其数字化控制技术的核心内容给予系统讲述。至于与其配套的其他设备和附件部分，将在有关课程中进行讲述。

显然，没有性能良好、工作稳定的弧焊电源及其控制技术，要保证电弧的稳定燃烧和焊接过程的顺利进行，并得到良好的焊接接头是不可能的。没有先进的弧焊电源及其控制技术，要实现先进的弧焊工艺也是难以办到的。只有对弧焊电源及其数字化控制技术的基本理论、结构特点和电气特性等进行深入的研究，才能真正了解和正确使用弧焊电源，进而创造出新型的弧焊电源。

0.1　弧焊电源的分类

1. 弧焊电源及其控制技术的分类

弧焊电源可以分为以下四大类型：

1）交流弧焊电源。

2）直流弧焊电源。

3）脉冲弧焊电源。

4）弧焊逆变器（或称逆变式弧焊电源）。

2. 弧焊电源的控制技术分类

弧焊电源的控制技术可以分为以下几种类型：

1）机械式控制。

2）电磁式控制。

3）模拟电子式控制。

4）数字式控制。其中包括：①单片机控制；②PLC/PLD 控制；③ARM 控制；④DSP 控制。

0.2 各种弧焊电源的特点和应用

（1）弧焊变压器　它把网路电压的交流电变成适宜于弧焊的低压交流电，由主变压器及所需的调节部分和指示装置等组成。它具有结构简单、易造易修、成本低、效率高等优点，但其电流波形为正弦波，电弧稳定性较差，功率因数低，一般应用于焊条电弧焊、埋弧焊和钨极氩弧焊等方法。

（2）矩形波交流弧焊电源　它采用半导体控制技术来获得矩形波交流电流，其电弧稳定性好，可调参数多，功率因数高。它除了用于交流钨极氩弧焊（TIG）外，还可用于埋弧焊，甚至可代替直流弧焊电源用于碱性焊条电弧焊。

（3）直流弧焊发电机　一般由特种直流发电机和获得所需外特性的调节装置等组成。它的空载损耗较大、效率低、噪声大、造价高、维修难，优点是过载能力强、输出脉动小，可用作各种弧焊方法的弧焊电源，也可由柴（汽）油机驱动用于没有供电电网的野外施工。

（4）弧焊整流器　它是把交流电经降压整流后获得直流电的。它由主变压器、半导体整流元件以及获得所需外特性的调节装置等组成。与直流弧焊发电机相比，它具有制造方便、价格低、空载损耗小、噪声小等优点，而且大多数可以远距离调节，能自动补偿电网电压波动对输出电压、电流的影响。它可用作各种弧焊方法的电源。

（5）弧焊逆变器　它把单相（或三相）交流电经整流后，由逆变器转变为几百至几万赫兹的中高频交流电，经降压后输出交流或直流电。整个过程由模拟电子电路控制或数字电路控制及反馈电路比较控制，使弧焊电源具有符合需要的外特性、调节特性和动特性，以及输出焊接电压、电流波形，甚至可实现多特性、多参数变换与优化匹配的柔性控制。它具有高效节电、重量轻、体积小、功率因数高、焊接性能好等独特的优点，可应用于各种弧焊方法，是一种最有发展前途的普及型弧焊电源。

（6）脉冲弧焊电源　焊接电流以低频调制脉冲方式馈送，一般是由普通的弧焊电源与脉冲发生电路组成，也可由一个弧焊电源产生脉冲波形。它具有效率高、热输入较小、可在较宽范围内控制热输入、多参数变换与优化匹配等优点。这种弧焊电源用于对热输入比较敏感的高合金材料、薄板和全位置焊接，具有独特的优点。

每一类型弧焊电源，根据其结构特点不同，还可细分为多种形式，如图 0-1 所示：

0.3 弧焊电源的由来及发展趋向

焊接技术的发展与近代工业技术和科学的进步密切地联系在一起，弧焊电源也随着焊接

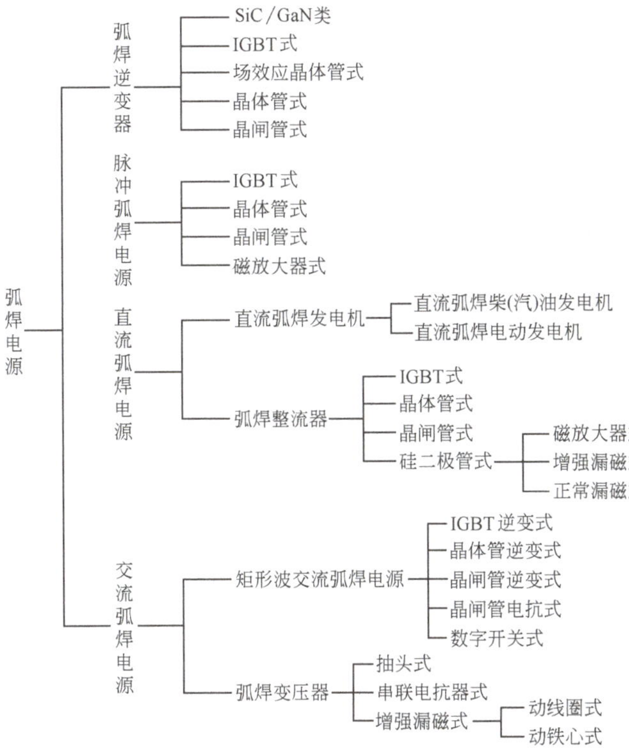

图 0-1　弧焊电源的分类

技术的发展而不断地向前发展。

18 世纪初发现了电弧，但当时工业水平较低，还不能为电弧提供足够的电能，因此利用电弧进行焊接还只是个设想。

随着电力工业的迅速发展，电能不仅可大量供应，而且成本较低，因而用电弧焊接金属材料成为现实。20 世纪 20 年代，由于焊接技术的发展，除直流弧焊发电机外，已开始采用构造简单、成本低廉的交流弧焊变压器，弧焊电源及其控制技术也有了很大的发展。

20 世纪 30 年代，随着工业生产进一步发展，不仅需要连接的产品数量增加了，而且出现了许多对连接质量要求高的产品，如车辆、大型远程航行的船舶、锅炉和桥梁等。为适应焊接生产量的迅速增加，从 40 年代初开始，焊接科学技术的发展迈入了一个新时期，首先研究成功了埋弧焊，随后航空、原子能等技术的发展，要求焊接高强钢和铝、钛及其合金等新型材料，出现了氩弧焊。50 年代又相继出现了 CO_2 焊等各种气体保护焊工艺，紧接着还研究成功了高能量密度的等离子弧焊，弧焊电源及其控制技术也相应地有了大幅度的发展。例如，40 年代开始出现了用硒片制成的弧焊整流器，到了 60 年代，由于大容量硅整流元件、晶闸管的问世，为发展硅弧焊整流器、晶闸管式弧焊整流器等提供了条件，与此同时其控制技术也从机械式控制发展到电磁式、模拟电子式控制。在 20 世纪 70～80 年代，可以说弧焊电源及其控制技术的发展产生了新的飞跃，它表现为如下几方面：

1）多种形式的弧焊整流器相继出现和完善，它们正在愈来愈多地取代直流弧焊发电机。有些工业发达国家，除在野外作业采用柴（汽）油弧焊发电机之外，基本上都采用弧焊整流器。

2）研制成功多种形式的脉冲弧焊电源，为进一步提高焊接质量和适应全位置焊接自动化提供了性能优良的弧焊电源。

3）先后研制成功高效节能、小巧、性能好的晶闸管式、晶体管式和场效应晶体管式弧焊逆变器，它具有更新换代的意义，并正在逐步推广使用。

4）半导体控制的矩形波交流弧焊电源陆续出现，逐步代替传统式弧焊变压器。它进一步提高了交流电弧的稳定性，扩大了交流弧焊电源的应用范围。

5）开发成功了与机器人配套使用的弧焊系统。

6）控制技术的改进和发展

① 单旋钮调节，即用一个旋钮就可以对弧焊电压、电流和短路电流上升率等同时进行调节，并获得最佳配合。

② 通过电子或数字化控制电路获得多种形状的外特性，以适应各种弧焊工艺发展的需要，除获得常用的平特性、下降特性、恒流特性之外，还可获得多种形状的外特性。

③ 可以提供多种电压、电流波形，以满足某些弧焊工艺的特殊需要。

④ 低压小电流引弧，在钨极氩弧焊引弧时，空载电压只有6V或更低，引弧后工作电压迅速提高。其优点是：在短路接触引弧时，由于电压低而不会出现过大冲击电流，可防止工件和钨极严重污染；不必加高频高压或脉冲高压就可引燃电弧，防止对微机控制的干扰。

⑤ 电流电压值测试、显示系统的改进，从指针式电压、电流表，发展到数字电表和具有监测报警功能的检测系统，还可在焊接前预置好焊接电流值与焊接电压值，并把它显示出来。

⑥ 随着微机控制技术的发展，出现了微机控制的弧焊电源，具有记忆、预置焊接参数和在焊接过程中自动变换焊接参数等功能，使弧焊电源的控制智能化。

20世纪末21世纪初，弧焊电源及其控制技术的发展进入高效、高性能和数字化的新阶段。

随着国民经济各工业部门的发展，特别是在20世纪七八十年代，实行对外开放、引进政策以来，电弧焊机的研究和生产迅速发展，新型电弧焊机相继出现。国外所拥有的各种基本形式的电弧焊机，大多数在国内已能自己设计和制造，并已拥有数千个电弧焊机制造厂家，能够设计和生产几百个品种规格的电弧焊机，其中弧焊电源就有100多个品种规格。

然而，目前我国弧焊电源和电弧焊机制造、研究的状态，与正在蓬勃发展的国民经济的需要仍不相适应，产品的品种、数量、质量、性能和自动化程度还远不能满足各使用部门的要求，与世界工业发达国家比较，尚存在较大的差距。为了顺应我国社会主义现代化的需要，广大焊接工程技术人员努力从事弧焊电源的科研和开发，充分利用电子技术和大功率电子元件，不断改善和提高产品的质量、可靠性和稳定性，尤其是要大力发展高效节能省料、性能良好的新型弧焊电源，研究和发展弧焊电源及其控制技术的基础理论，积极研制微机控制的智能弧焊电源，从而把弧焊电源的发展推到了一个新阶段。具体体现在如下几方面：

1）IGBT式弧焊逆变器的出现，经历了晶闸管式→晶体管式→场效应晶体管式→IGBT式等结构形式、品种的变化和发展过程，IGBT式逐步形成为主导的弧焊逆变器，迅速推广和发展，从硬开关型发展到软开关型，近些年又在现有Si基功率器件基础上，向宽带隙、高击穿电场、高热导率、高温稳定性等的新一代SiC、GaN基功率器件发展，并在大功率应用场合下具有更高可靠性、更高性能、更高效率以及更加轻量化、模块化和智能化。

2）数字化的控制技术向纵深发展，实现了从单片机控制→PLC/PLD 控制→ARM 控制→DSP 控制的发展过程。对弧焊电源电气性能的静、动态特性与多参数的变换、优化匹配，以及输出的电压、电流波形等进行任意的控制和调节以及储存，一机多功能，可对多种焊接材料进行高质量的焊接。为获得最佳的脉冲弧焊的工艺效果和便于对脉冲多参数的调节和优化匹配，还设有专家系统，进而通过对弧焊电源的静、动态特性的原理及其优化、协调数字化/智能化控制技术的研究，特别是充分了解和掌握动态特性，把熔焊工艺这个“粗活”做细、做好、做精。

3）出现短路熔滴过渡电流波形的数字化控制，减少飞溅，提高焊接过程的稳定性，进而，借助现代微电子、信息技术，设计专门的新型控制系统，在短路弧焊过程中降低电弧重燃时出现的局部能量高峰，让电弧“变冷”，成为“冷电弧”，以满足超薄镀锌板的焊接和轻型铝合金等异种、复合材料的焊接，实现低热能、无飞溅、精密优质焊接工艺的特殊需求；完善一元化的调节技术；开发了双脉冲 MIG 弧焊电源，高精度控制脉冲 MIG 焊的多参数及其优化匹配，扩大稳定的工作调节范围，大幅度改善焊缝的成形与质量。

4）多个弧焊电源的组合工作与协同数字化控制，实现双丝、三丝高速高效 MIG/MAG/脉冲焊/埋弧焊新焊接工艺。

0.4 本课程的性质、任务、要求和分工

（1）性质　本课程是理论性和实践性较强的专业课。

（2）任务　使学生掌握各种常用弧焊电源及其控制、数字化控制技术的基本理论、基本知识和实验技能，并能根据不同弧焊工艺方法正确地选择、使用和维护弧焊电源。

（3）要求　通过本课程的学习，应达到下列基本要求：

1）了解电弧产生的机理，电弧静特性的形成，电弧的动特性；交流电弧的特点及其稳定燃烧的条件和影响因素。

2）深入了解弧焊电源的性能与电弧稳定性、焊接参数稳定的关系，并能从工艺的角度对弧焊电源提出要求。

3）掌握常用弧焊电源获得不同外特性的基本原理与调节方法。

4）熟悉弧焊电源的性能特点，能正确选择与合理使用各种类型弧焊电源和具备排除常见故障的能力。

5）掌握弧焊电源的控制和数字化技术的基本方法、特点、原理与应用。

（4）本课程与其他课程的联系和分工

1）本课程的先修课程为“电工学”，其中的磁路、变压器、电抗器、直流发电机、硅整流电路、晶体管、晶闸管、场效应晶体管、IGBT、SiC 和 GaN 功率器件、快速整流管、电力电子、微电子、磁性材料等及其应用等与本门课程有关的基础理论知识部分。

2）本课程应安排在认识实习和专业劳动之后，以便在授课前学生对各种弧焊方法及所用设备已有一定的感性认识。

3）本课程为专业先行课之一，它为学习其他专业课提供必要的弧焊电源知识。

4）本课程在电弧方面只讲授电弧的电特性，电弧的其他知识归在其他课程中讲授。

第1章 焊接电弧及其电特性

内容提要：本章论述焊接电弧的物理本质、形成、结构和伏安特性，着重研究焊接电弧的电特性及交流电弧燃烧的特点。

1.1 焊接电弧的物理本质和引燃

电弧是电弧焊接的热源，而弧焊电源则是电弧能量的供应者。弧焊电源电特性的好坏，直接影响到电弧燃烧的稳定性，而电弧是否稳定燃烧又直接影响到焊接过程的稳定性和焊缝的质量，甚至生产效率。所以，首先必须了解焊接电弧的物理本质，特别是电特性，然后才能研究电弧对弧焊电源电气性能的要求。

1.1.1 气体原子的激发、电离和电子发射

中性气体原来是不能导电的，为了在气体中产生电弧而通过电流，就必须使气体分子（或原子）电离成为正离子和电子。而且，为了使电弧能维持燃烧，电弧的阴极就要不断发射电子，这就必须不断地输送电能给电弧，以补充能量的消耗。

可见，焊接电弧也是气体放电的一种形式。它与其他气体放电的区别，在于它的阴极压降低、电流密度大，而气体的电离和电子发射是电弧中最基本的物理现象。

1. 气体原子的激发与电离

（1）气体原子的激发　如果气体原子得到了外加的能量，电子就可能从一个较低的能级跳跃到一个较高能级，这时的原子处于“激发”状态。使原子跃至“激发”状态所需的能量，称为激发能。

（2）气体原子的电离　使电子完全脱离原子核的束缚，形成离子和自由电子的过程为电离。由原子形成正离子所需的能量称为电离能。

在焊接电弧中，根据引起电离的能量来源，有如下三种电离形式：

1）撞击电离。在电场中，被加速的带电质点（电子、离子）与中性质点碰撞后发生的电离。

2）热电离。在高温下，具有高动能的气体原子（或分子）互相碰撞而引起的电离。

3）光电离。气体原子（或分子）吸收了光射线的光子能而产生的电离。

气体原子产生电离的同时，带异性电荷的质点也会发生相互碰撞，使正离子与电子复合成中性质点，即产生复合现象。当电离速度和复合速度相等时，电离与复合就趋于相对稳定的动平衡状态。

2. 电子发射

在阴极表面的原子或分子，接受外界的能量而释放出自由电子的现象称为电子发射。

电子发射所需的能量称为逸出功，以 φ_y 表示。物质的逸出功一般约为电离能的1/2～1/4。逸出功不仅与元素种类有关，也与物质表面状态有很大关系。表面有氧化物或其他杂质时均可以显著减少逸出功。例如，钨极上含有钍或铈的氧化物时，其电子发射能力明显提高。

电子发射是引弧和维持电弧稳定燃烧的一个很重要的因素。按其能量来源的不同，可分为热发射、光电发射、重粒子碰撞发射和强电场作用下的自发射等。

(1) 热发射　物质的固体或液体表面受热后，其中某些电子具有大于逸出功的能量而逸出到表面外的空间中去的现象称为热发射。

热发射在焊接电弧中起着重要的作用，它随着温度的上升而增强。

(2) 光电发射　物质的固体或液体表面接受光射线的能量而释放出自由电子的现象称为光电发射。对于各种金属和氧化物，只有当光射线波长小于能使它们发射电子的极限波长时，才能产生光电发射。

(3) 重粒子撞击发射　能量大的重粒子（如正离子等）撞到阴极上，引起电子的逸出，称为重粒子撞击发射。重粒子能量愈大，电子发射愈强烈。

(4) 强电场作用下的自发射　物质的固体或液体表面，虽然温度不高，但当存在强电场并在表面附近形成较大的电位差时，使阴极有较多的电子发射出来，这就称为强电场作用下的自发射，简称自发射。电场愈强，发射出的电子形成的电流密度就愈大。自发射在焊接电弧中也起重要作用，特别是在非接触式引弧时，其作用更明显。

综上所述，焊接电弧是气体放电的一种形式。而习惯上把这种气体放电现象称为电弧燃烧，这是一种形象化的称呼。焊接电弧的形成和维持是在电场、热、光和质点动能的作用下，气体原子不断地被激发、电离以及电子发射的结果。同时，也存在负离子的产生，正离子与电子的复合。显而易见，引燃焊接电弧的能量来源主要靠电场及由其产生的热、光和动能。而这个电场就是由弧焊电源提供的空载电压所产生的，在某些条件下还需要短时叠加上一个较高的电压，才能引燃电弧。

1.1.2　焊接电弧的引燃

焊接电弧的引燃（引弧），一般有两种方式，即接触引弧和非接触引弧。引弧过程的电压、电流的变化，大致如图 1-1 所示。

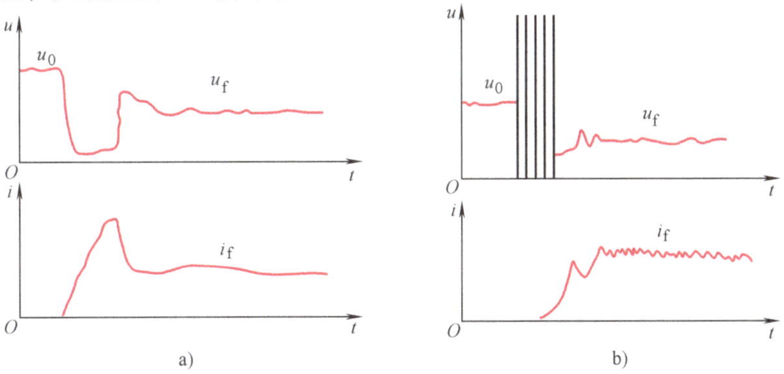

图 1-1　引弧过程的电压、电流变化曲线图

a) 接触引弧　b) 非接触引弧

u_0—空载电压　u_f—电弧电压　i_f—电弧电流

1. 接触引弧

接触引弧即是在弧焊电源接通后，电极（焊条或焊丝）与工件直接短路接触，随后拉开，从而把电弧引燃起来。这是一种最常用的引弧方式。

由于电极和工件表面都不是绝对平整的，在短路接触时只是在少数凸出点上接触，如图 1-2 所示。通过这些接触点的短路电流，比正常的焊接电流要大得多。而接触点的面积又小，因此电流密度极大，这就可能会产生大量的电阻热，使电极金属表面发热、熔化，甚至汽化，引起热发射和热电离。随后在拉开电极的瞬间，电弧间隙极小，只有 10^{-6}cm 左右，使其电场强度达到很大的数值（10^6V/cm）。

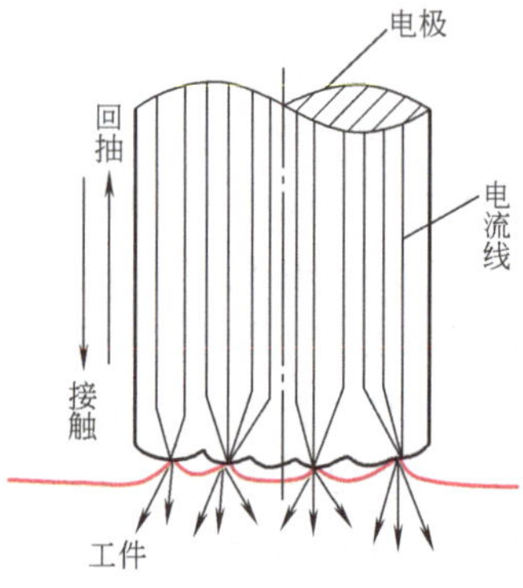

图 1-2　接触引弧示意图

这样，即使在室温下都有可能产生明显的自发射，在强电场作用下，又使已产生的带电质点被加速、互相碰撞，引起撞击电离。随着温度的增加，光电离和热电离也进一步加强，使带电质点的数量猛增，从而能维持电弧的稳定燃烧。在电弧引燃之后，电离和复合（消电离）处于动平衡状态。由于弧焊电源不断供以电能，新的带电质点不断得到补充，弥补了消耗的带电粒子。焊条电弧焊和熔化极气体保护焊都是采用这种引弧方式。

2. 非接触引弧

非接触引弧，它是指在电极与工件之间存在一定间隙，施以高电压来击穿间隙，使电弧引燃。非接触引弧采用引弧器才能实现，它可分为高频高压引弧和高压脉冲引弧，如图 1-3 所示。高压脉冲引弧频率一般为 50Hz 或 100Hz，电压峰值为 3000 ~ 5000V；高频高压引弧

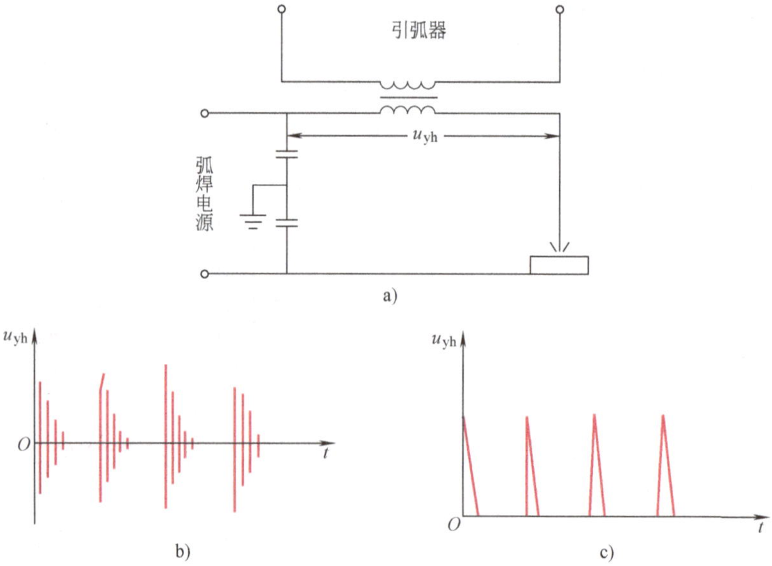

图 1-3　高频高压引弧和高压脉冲引弧示意图

a）引弧器接入方式　b）高频高压引弧电压波形　c）高压脉冲引弧电压波形

u_{yh}—引弧电压　t—时间

则需用高频振荡器，它每秒脉冲引弧振荡 100 次，每次振荡频率为 150～260kHz，电压峰值为 2000～3000V。

可见，这是一种依靠高电压迫使电极表面产生电子的自发射而把电弧引燃的方法，这种引弧方法主要应用于钨极氩弧焊和等离子弧焊。引弧时，电极不必与工件短路，这样不仅不会污染工件和电极的引弧点，而且也不会损坏电极端部的几何形状，有利于电弧的稳定燃烧。但是，它也存在高频干扰和给焊工带来疲劳等不足之处。

1.2 焊接电弧的结构和伏安特性

前面分析了焊接电弧的物理本质和形成。现在介绍它的结构和电特性，即伏安特性，包括静特性和动特性。直流电弧和交流电弧是焊接电弧的两种最基本的形式，为了便于理解，首先从直流焊接电弧（以下简称焊接电弧）入手讨论。

1.2.1 焊接电弧的结构及压降分布

电弧沿着其长度方向分为三个区域，如图 1-4 所示。电弧与弧焊电源正极所接的一端称阳极区，与负极相接的那端称阴极区，阴极区与阳极区之间的部分称弧柱区，或称电弧等离子区。阴极区的宽度约为 10^{-5}～10^{-6}cm，而阳极区的宽度仅约 10^{-3}～10^{-4}cm，因此，电弧长度可以视为近似等于弧柱区长度。弧柱部分的温度高达 5000～50000K。

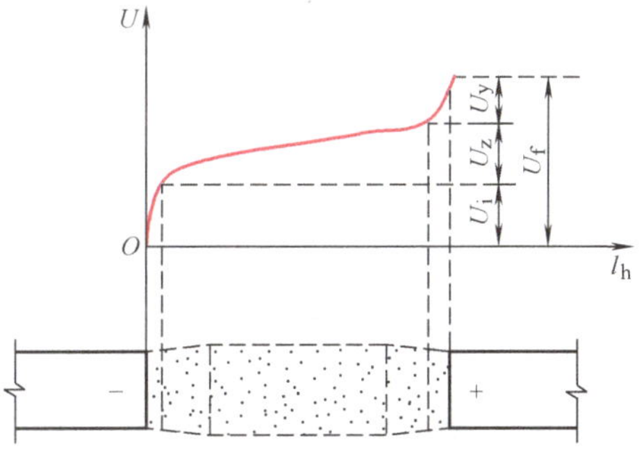

图 1-4 电弧结构和电位分布

沿着电弧长度方向的电位分布是不均匀的。在阴极区和阳极区电位分布曲线的斜率很大，而在弧柱区电位分布曲线则较平缓，并可认为是均匀分布的，如图 1-4 所示。这三个区的电压降分别称为阴极压降 U_i、阳极压降 U_y 和弧柱压降 U_z。它们组成了总的电弧电压 U_f，可表示为

$$U_f = U_i + U_y + U_z \tag{1-1}$$

由于阳极压降基本不变（可视为常数），而阴极压降在一定条件下（指的是电弧电流、电极材料和气体介质等）基本上也是固定的数值，弧柱压降则在一定气体介质下与弧柱长度成正比。显而易见，弧长不同，电弧电压也不同。

1.2.2 焊接电弧的电特性

焊接电弧的电特性包括静特性和动特性。

1. 焊接电弧的静特性

一定长度的电弧在稳定状态下，电弧电压 U_f 与电弧电流 I_f 之间的关系，称为焊接电弧的静特性伏安特性，简称电弧静特性。可用下列函数表示：

$$U_f = f(I_f)$$

焊接电弧是非线性负载，即电弧两端的电压与通过电弧的电流之间不是成正比例关系。

当电弧电流从小到大在很大范围内变化时，焊接电弧的静特性近似呈 U 形曲线，故也称为 U 形特性，如图 1-5 所示。

U 形静特性曲线可看成由三段（Ⅰ、Ⅱ、Ⅲ）组成。在Ⅰ段，电弧电压随电流的增加而下降，是下降特性段；在Ⅱ段呈等（恒）压特性，即电弧电压不随电流而变化，是平特性段；在Ⅲ段，电弧电压随电流增加而上升，是上升特性段。

现在研究电弧静特性各段形状的形成机理。由式（1-1）可知，电弧电压是阴极压降、阳极压降和弧柱压降之和。因此，只要弄清每个区域的压降与电流的关系，则不难理解为何形成 U 形特性。

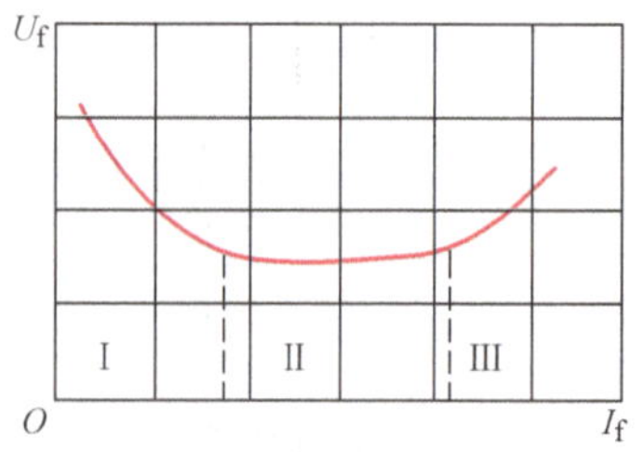

图 1-5　焊接电弧的静特性曲线

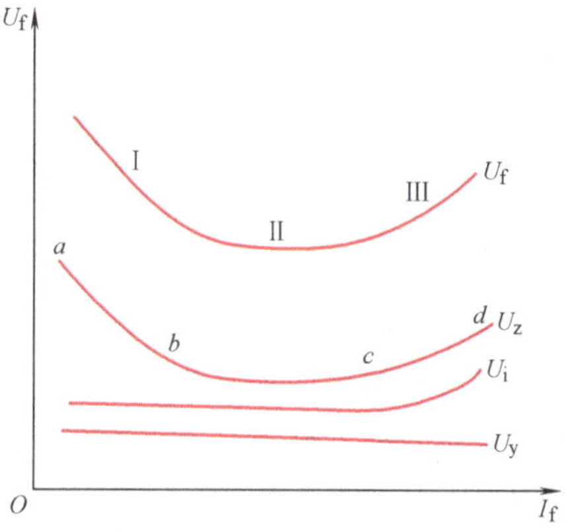

图 1-6　电弧各区域压降与电流的关系图

在阳极区，阳极压降 U_y 基本上与电流无关，$U_y=f(I_f)$ 为一水平线，如图 1-6 所示的 U_y 曲线。在阴极区，当电弧电流 I_f 较小时，阴极斑点（在阴极上电流密度高的光点）的面积 S_i 小于电极端部的面积。这时，S_i 随 I_f 增加而增大，阴极斑点上的电流密度 $j_i=\dfrac{I_f}{S_i}$ 基本上不变，这意味着阴极的电场强度不变，因而 U_i 也不变。此时，$U_i=f(I_f)$ 为一水平线。到了阴极斑点面积与电极端部面积相等时，I_f 继续增加，则 S_i 不能再扩张，于是 j_i 也就随着增大了，这势必造成 U_i 增大，以加剧阴极的电子发射。因此，U_i 随 I_f 的增大而上升，如图 1-6 所示的 U_i 曲线。

在弧柱区，可以把弧柱看成是一个近似均匀的导体。其电压降可表示为

$$U_z=I_fR_z=I_f\frac{l_z}{S_zr_z}=j_z\frac{l_z}{r_z} \tag{1-2}$$

式中，R_z 为弧柱电阻；l_z 为弧柱长度；S_z 为弧柱截面积；r_z 为弧柱电导率；j_z 为弧柱电流密度。

可见，当弧柱长度 l_z 一定时，U_z 与 j_z 和 r_z 有关。可把 U_z 与 I_f 的关系分为 *ab*、*bc*、*cd* 三段（如图 1-6 所示的 U_z 曲线）来分析。

ab 段：电弧电流较小，S_z 随 I_f 的增加而扩大，而且 S_z 扩大较快，使 $j_z=\dfrac{I_f}{S_z}$ 降低。同时，I_f 增加使弧柱的温度和电离度均增高，因而 r_z 增大。由式（1-2）可见，j_z 减小和 r_z 增大，都会使 U_z 下降，所以 *ab* 段为下降形状。

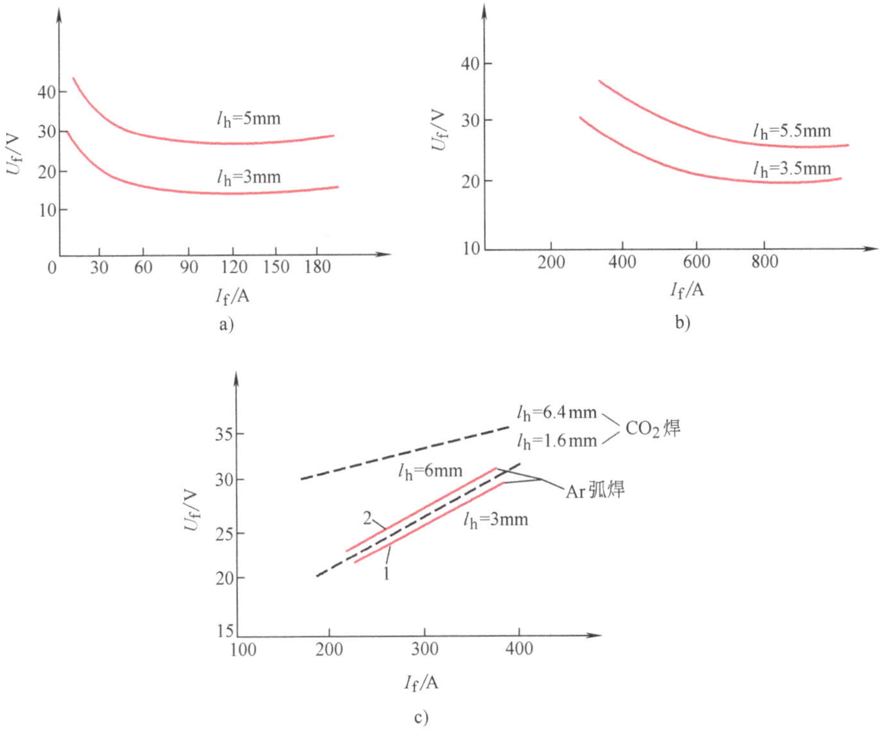

图 1-7　几种常用焊接方法的电弧静特性曲线图

a）焊条电弧焊　b）埋弧焊（直流电源，焊丝 ϕ = 2.4mm）

c）熔化极气体保护焊（1、2 曲线，焊丝 ϕ = 1.6mm）

bc 段：电弧电流中等大小，S_z 随 I_f 成比例的增大，j_z 基本不变；此时 r_z 不再随温度增加。故 $U_z = j_z \dfrac{l_z}{r_z} \approx$ 常数，*bc* 段为水平形状。

cd 段：电弧电流很大，随着 I_f 的增加，r_z 仍基本不变，但 S_z 不能再扩大了，j_z 随着 I_f 的增加而增加，所以 U_z 随 I_f 的增加而上升。*cd* 段为上升形状。

综上所述，把 U_y、U_i 和 U_z 曲线叠加起来，即得到 U 形静特性曲线为 $U_f = f(I_f)$。

对于不同焊接方法，它们的电弧静特性曲线有所不同，而且只在其正常使用范围内并不是包括电弧静特性曲线的所有部分。电弧静特性的下降段由于电弧燃烧不稳定而很少采用。焊条电弧焊、埋弧焊多半工作在静特性的水平段，即电弧电压只随弧长而变化，与焊接电流关系很小；非熔化极气体保护焊、微束等离子弧焊、等离子弧焊也多半工作在水平段，当焊接电流较大时才工作在上升段；熔化极气体保护焊（MAG 和 CO_2 焊）和水下焊接基本上工作在上升段。几种常用焊接方法的电弧静特性曲线，如图 1-7 所示。

2. 焊接电弧的动特性

上面讨论的电弧静特性时是在稳定状态下得到的，例如图 1-8 中的 *abcd* 电弧静特性曲线。但是，在某些焊接过程中，电流和电压都是在高速变动的，使电弧达不到稳定状态。

所谓焊接电弧的动特性，是指在一定的弧长下，当电弧电流很快变化时，电弧电压与电流瞬时值之间的关系：$u_f = f(i_f)$。如果图 1-8 中的电流由 i_a 点以很快的速度连续增加到 i_d

点，则随着电流的增加，使电弧的空间温度升高。但是后者的变化总是滞后于前者。这种现象称为热惯性。当电流增加到 i_b 时，由于热惯性关系，电弧空间温度来不及达到 i_b 时稳定状态的温度。由于电弧空间温度低，弧柱导电性差，阴极斑点于弧柱截面积增加较慢，维持电弧燃烧的电压不能降至 b 点，而将提高到 b' 点。以此类推，对应于每一瞬间电弧电流的电弧电压，就不在 $abcd$ 实线上，而是在 $ab'c'd$ 虚线上。这就是说，在电流增加的过程中，动特性曲线上的电弧电压比静特性曲线上的电弧电压值高。反之，当电弧电流由 i_d 迅速减小到 i_a 时，同样由于热惯性的影响，电弧空间温度来不及下降。此时，对应每一瞬间电弧电流的电压将低于静特性之电压，而得到 $ab''c''d$ 曲线。图 1-8 中的 $ab''c''d$ 和 $dc'b'a$ 曲线为电弧的动特性曲线。电流按不同规律变化时将得到不同形状的动特性曲线。电流变化速度愈小，静、动特性曲线就愈接近。

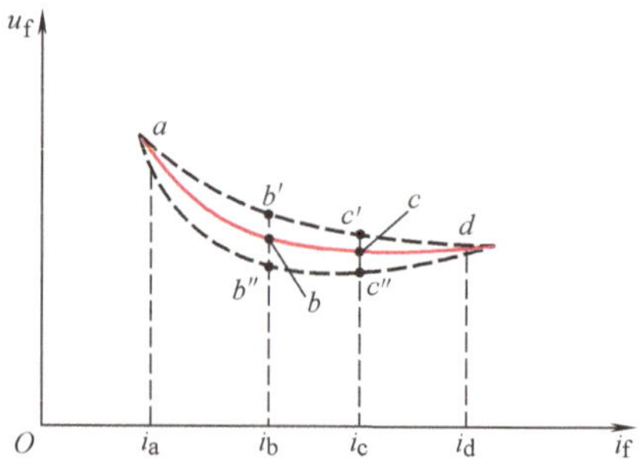

图 1-8 电弧的动特性曲线

1.3 交流电弧

交流电弧的引燃和燃烧，就其物理本质而言，与上述的直流电弧相同。交流电弧也是非线性的。上述的焊接电弧静特性对于交流电弧也是适用的。这时，U_f 和 I_f 分别表示电弧电压和电弧电流的有效值。但是，交流电弧作为弧焊电源的负载，还有其特殊性，因此，在确定对弧焊电源的要求之前，还必须研究交流电弧的特点。

1.3.1 交流电弧的特点

交流电弧一般是由 50Hz 按正弦规律变化的弧焊电源供电。每秒内电弧电流 100 次过零点，即电弧的熄灭和引燃过程每秒出现 100 次。这就使交流电弧放电的物理条件也随着改变，具有特殊的电和热的物理过程，这对电弧的稳定燃烧和弧焊电源的工作有很大的影响。交流电弧的特点如下：

（1）电弧周期性地熄灭和引燃　交流电流每当经过零点并改变极性时，电弧熄灭，电弧空间温度下降。这就使电弧空间的带电质点发生复合现象，降低了电弧空间的导电能力。在电压改变极性的同时，使上半周内电极附近形成的空间电荷力图往另一极运动，加强了复合作用，电弧空间的导电能力进一步降低，使下半周电弧重新引燃更加困难。只有当弧焊电源电压 u_y 增至大于引燃电压 U_{yh} 后电弧才有可能引燃，如图 1-11 所示。如果焊接回路中没有足够的电感时，则从上半周电弧熄灭至下半周电弧重新引燃之前可能有一段电弧熄灭时间。在熄弧时间内，若电弧空间热量愈少、温度下降愈严重，将使 U_{yh} 增大、熄弧时间增长，电弧也愈不稳定。若 $U_{yh} > U_m$（弧焊电源电压最大值），就不能重新引燃电弧。

（2）电弧电压和电流波形发生畸变　由于电弧电压和电流是交变的，电弧空间和电极表面的温度也就随时变化。因而，电弧电阻不是常数，也将随电弧电流 i_f 的变化而变化。这样，当电源电压 u_y 按正弦规律变化时，电弧电压 u_f 和电流 i_f 就不按正弦规律变化，而发生了波形畸变。电弧愈不稳定（U_{yh} 愈大，熄弧时间愈长），电流波形畸变就愈明显（即与正弦曲线的差别愈大)。

图 1-9a 就是电弧不连续燃烧时发生畸变的电弧电压及电流的波形。图 1-9b 为电弧连续燃烧的电弧电压及电流的波形。

(3) 热惯性作用较为明显　由于 u_f、i_f 变化得很快，电及热的变化均来不及达到稳定状态，使电弧温度的变化落后于电的变化，这可由电弧的动特性曲线 $u_f = f(i_f)$ 表明，如图 1-11b 所示。

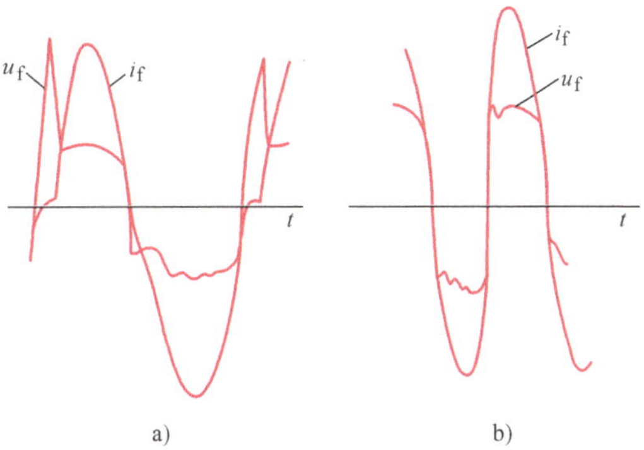

图 1-9　埋弧焊电弧电压和电流波形图

a) 不连续燃烧　b) 连续燃烧

1.3.2　交流电弧连续燃烧的条件

交流电弧燃烧时若有熄弧时间，则熄弧时间愈长，电弧就愈不稳定。为了保证焊接质量必须将熄弧时间减小至零，使交流电弧能连续燃烧。

图 1-10 所示是经过简化的交流电弧供电原理图。u_y 为按正弦曲线变化的电源电压，即 $u_y = U_m \sin(\omega t + \varphi)$，$R$ 为电路的电阻参数，L 为电感。这一电路的电源电压 u_y、电弧电压 u_f 和电弧电流 i_f 随时间的变化曲线如图 1-11 所示。由于电路中存在电感 L，所以电流 i_f 比电源电压 u_y 滞后了 φ 角。要使电弧连续燃烧，首先要保证每半波内电弧能够顺利引燃。这就要求在前半波电流为零时（图中 $t=0$）的电源电压 u_y 应大于交流电弧的引燃电压 U_{yh}，即

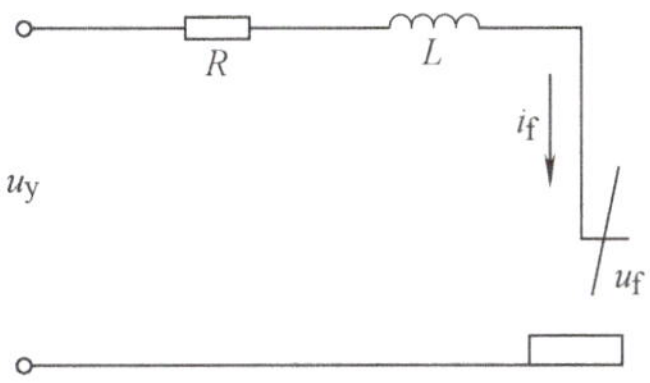

图 1-10　交流电弧供电原理简图

$t=0$ 时　$$u_y = U_m \sin\varphi \geqslant U_{yh} \tag{1-3}$$

在电弧燃烧过程中，电弧空间温度升高，导电性能改善，所以可近似地认为，引燃电压 U_{yh} 接近等于正常电弧电压 U_f。电弧引燃后，电弧电流 i_f 从零开始增大。当电源电压 u_y 下降到小于 u_f 时，i_f 开始减小，于是产生自感电动势 $-L\dfrac{di_f}{dt}$，以阻止电弧电流 i_f 减小，从而起着维持电弧继续燃烧的作用。在每半波时间内，L 愈大，在电源电压过零之后电弧能维持燃烧的时间也就愈长。

由此可见，要使电弧能连续燃烧，就必须使电弧电流能维持到半个周期。这样，当电弧电流 i_f 又为零而要改变极性时，电源电压 u_y 已经在另一半波达到电弧的引燃电压 U_{yh}。于是电弧可以在另一半波立即引燃，使熄弧时间为零。图 1-11a 所示的波形是符合这个连续燃烧的临界条件的。

从上述可以看出，要使交流电弧能够连续燃烧必须保证电路中各项参数，如 $U_0\left(=\dfrac{U_m}{\sqrt{2}}\right)$、$U_{yh}$、$U_f$ 之间符合一定的关系。这种关系推导如下：当忽略 R 时，如图 1-10 所示，电路的电流与电压的关系为

$$U_m \sin(\omega t + \varphi) = U_f + \omega L(di_f/d\omega t) \tag{1-4}$$

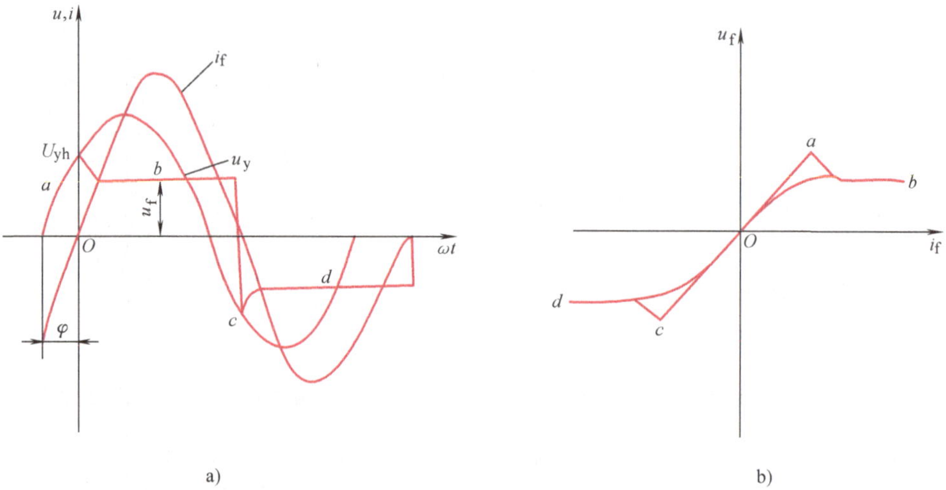

图 1-11　交流电源波形和动特性曲线图

a）交流电源电压 u_y、电弧电压 u_f 和电流 i_f 波形　b）动特性曲线

对式（1-4）求解，并代入初始条件：$t=0$ 时，$i_f=0$，可得到

$$i_f=\frac{U_m}{X_L}[\cos\varphi-\cos(\omega t+\varphi)]-\frac{U_f}{X_L}\omega t \tag{1-5}$$

再代入交流电弧连续燃烧条件之一，即当 $\omega t=\pi$ 时，使电弧电流 i_f 正好过零点，$i_f=0$，从而得到

$$\cos\varphi=\frac{\pi}{2}\frac{U_f}{U_m} \tag{1-6}$$

再考虑交流电弧连续燃烧条件之二，即在 $\omega t=0$ 时，弧焊电源电压 u_y 应大于电弧引燃电压 U_{yh}，即

$$U_m\sin\varphi\geqslant U_{yh}\quad 或\quad \sin\varphi\geqslant\frac{U_{yh}}{U_m} \tag{1-7}$$

联立式（1-6）和式（1-7），可得

$$\frac{U_0}{U_f}\geqslant\frac{1}{\sqrt{2}}\sqrt{\frac{U_{yh}^2}{U_f^2}+\frac{\pi^2}{4}} \tag{1-8}$$

式（1-8）一般称为电弧连续燃烧条件方程式。它表明了，为保证交流电弧连续燃烧，电源空载电压 U_0、电弧电压 U_f 及引燃电压 U_{yh} 之间必须保持一定的关系，如图 1-12 所示。图中曲线左上方是电弧连续燃烧区，右下方是不连续燃烧区。

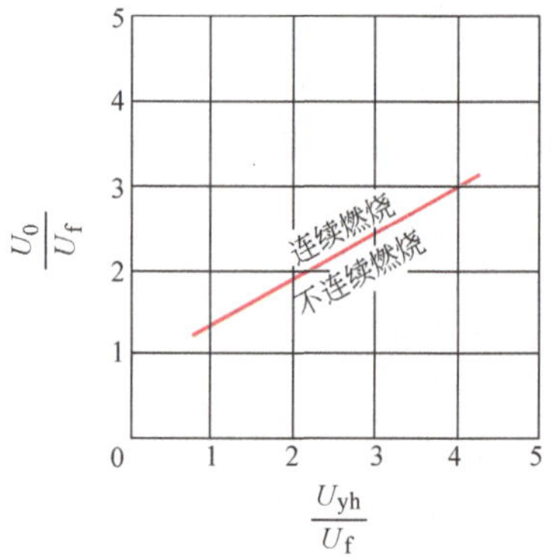

图 1-12　交流电弧连续燃烧的范围

1.3.3　影响交流电弧稳定燃烧的因素和提高电弧稳定性的措施

1. 影响交流电弧稳定燃烧的因素

（1）空载电压 U_0　U_0 愈高，在同等大小的引弧电压下，熄弧时间 t_x 愈短，电弧就愈稳

定，如图 1-13 所示。在一般条件下，$\frac{U_{yh}}{U_f}=1.3\sim1.5$，相应的$\frac{U_0}{U_f}\approx1.5\sim2.4$ 时，电弧才能稳定燃烧。

（2）引燃电压 U_{yh}　它对电弧的连续燃烧影响很大。U_{yh}愈高，引燃电弧愈难，电弧愈不易稳定。

（3）电路参数　主电路的 L、R 对电弧连续燃烧的影响也比较大。$\frac{U_0}{U_f}$与$\frac{\omega L}{R}$和$\frac{U_{yh}}{U_f}$之间的关系，如图 1-14a所示。每条曲线的右部是连续燃烧区。当$\frac{\omega L}{R}$这一比值不大时，增大 L 或减小 R，即使$\frac{\omega L}{R}$比值增大，均可使电弧趋向稳定地连续燃烧。

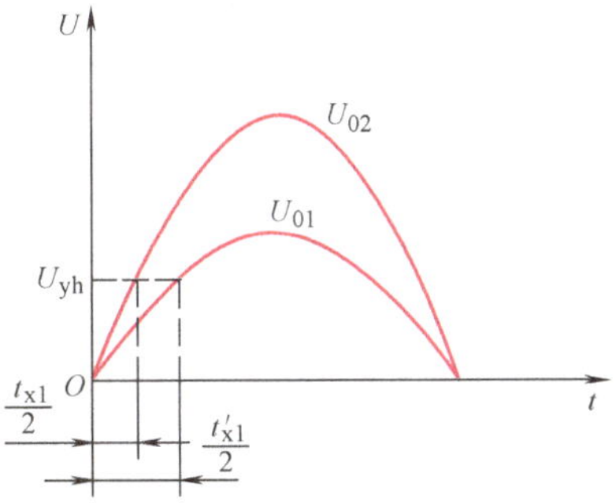

图 1-13　空载电压对熄弧时间的影响

（4）电弧电流　电弧电流愈大，使电弧空间热量愈多，而且电流变化率$\frac{di_f}{dt}$也愈大，即热惯性作用愈显著，可导致 U_{yh}降低，电弧的稳定性提高。

（5）电源频率f　f提高，即周期和电弧熄灭时间 t_{x1} 相应缩短，如图 1-14b 所示，且热惯性作用也增强，从而提高了电弧的稳定性。

（6）电极的热物理性能和尺寸　它们对电弧的连续燃烧有一定影响。电极若有较大的热容量和热导率，或具有较大的尺寸和低熔点，就会使电极散热较快，温度较低，U_{yh}较大，电弧稳定性下降。

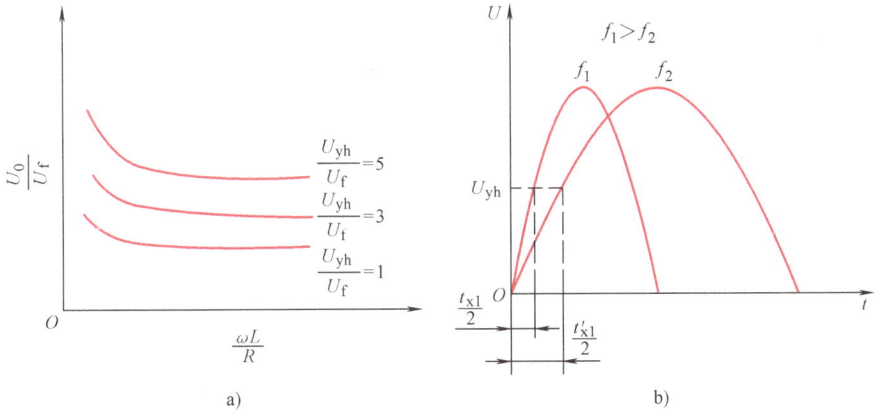

图 1-14　电路参数及电源频率对熄弧时间的影响

a）$\frac{U_0}{U_f}$与$\frac{\omega L}{R}$和$\frac{U_{yh}}{U_f}$的关系　b）弧焊电源频率对熄弧时间的影响

2. 提高交流电弧稳定性的措施

综上所述，为了提高交流电弧的稳定性，在焊接电源方面除了焊接回路要有足够大的电感量之外，还可以采用如下措施：

（1）提高弧焊电源频率　有的国家曾采用一种200～400Hz可连续调节的弧焊电源。由于此种弧焊电源结构复杂，成本高，故很少使用。近几年来由于大功率电子元器件和电子技术的发展，采用较高频率的交流弧焊电源已成为现实。

（2）提高电源的空载电压　提高空载电压能提高交流电弧的稳定性。但空载电压高会带来对人身的不安全、增加材料消耗、降低功率因数等不利后果，所以，提高空载电压是有限度的。

（3）改善电弧电流的波形　如使电弧电流波形为矩形波，则电弧电流过零点时将具有较大的增长速度，从而有减小电弧熄灭的倾向，其电流波形如图1-15a所示。

此外，还可采用小功率高压辅助电源，在交流矩形波（方波）过零点处叠加一个高压窄矩形波，如图1-15b所示。

由于晶闸管技术的发展，已经出现多种形式的矩形波弧焊电源，其稳弧效果良好。这种电源甚至可用于不加稳弧装置的氩弧焊接，以及代替直流弧焊电源用于碱性焊条的焊接等。

（4）叠加高压电　例如在钨极交流氩弧焊接铝时，由于铝工件的热容量和热导率高，熔点低，尺寸又大，因而其为负极性的半周再引弧困难。为此，需在这个半周再引弧时加上高压脉冲或高频高压电，使电弧稳定燃烧。在数字化控制的弧焊电源中，其焊接电流波形几乎可以是任意的，以满足弧焊工艺需求，这在后面的章节中将给以介绍。

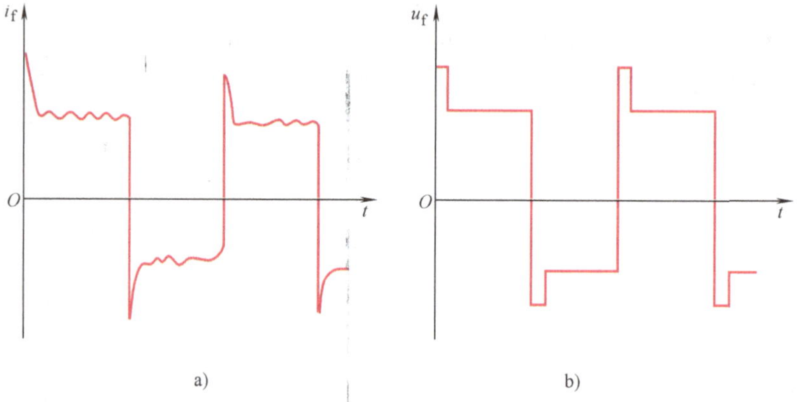

图1-15　矩形电流波形和叠加高压窄矩形波电压波形图

a）矩形电流波形　b）叠加高压窄矩形波电压波形

1.3.4　交流电弧的功率和功率因数

在用交流电弧进行焊接时，要求能充分利用电弧功率，以获得较高的效率。此外，还希望在弧长略有变化时功率保持稳定，使焊接过程能顺利进行。因此，研究交流电弧功率及功率因数的影响因素和计算方法，也是有必要的。

1. 交流电弧的功率

交流电弧的电压 u_f 和电流 i_f 时刻都在变化。所以，交流电弧的功率是指交流电弧在半个周期（π）内的平均功率，又称为有功功率，即

$$P_f = \frac{1}{\pi}\int_0^{\pi} u_f i_f \mathrm{d}\omega t \tag{1-9}$$

式中，P_f 为交流电弧的有功功率；u_f、i_f 分别为电弧电压和电弧电流的瞬时值。

由于电弧电阻是非线性的，所以电弧电压和电流的波形都不是正弦波。交流电弧的功率也就不能按正弦函数推导出来的公式进行计算。实际上，由于焊接回路的电感较大，在正常情况下电弧是连续燃烧的，同时，引燃电压不很大，且存在的时间很短，因此，电弧电压的波形可以简化成图 1-16 所示的矩形波。这就是说，在每半个周期中电弧电压是不变的，它等于稳定燃烧的弧压 U_f，即 $u_f = U_f$，再将式（1-6）代入式（1-5），并把式（1-5）代入式（1-9）求积分，可以得到交流电弧有功功率为

$$P_f = 0.905\frac{U_0^2 K}{X_L}\sqrt{1-\frac{\pi^2}{8}K^2} \tag{1-10}$$

式中，$K=\dfrac{U_f}{U_0}$；$X_L=\omega L$。

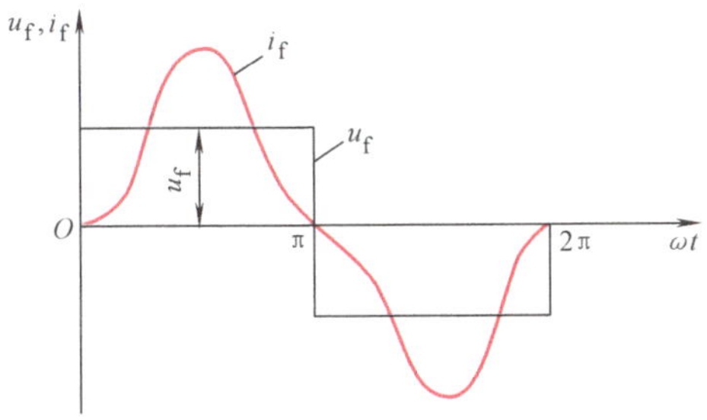

图 1-16　简化后交流电弧的电压电流波形图

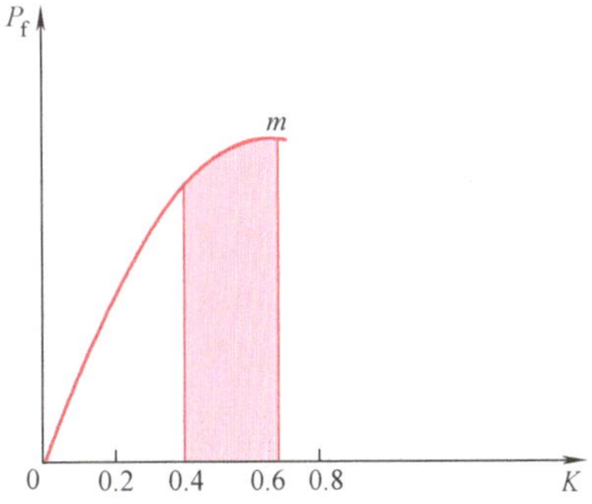

图 1-17　交流电弧有功功率 P_f 与 K 的关系图（阴影区是工作区）

根据式（1-10），可做出 $P_f=f(K)$ 的曲线，如图 1-17 所示。由图可知，取 U_0 为某数值，最初 P_f 随着 K 值的增加（实际上是弧长增大）而迅速增加。当 $K=0.4$ 之后，P_f 的增加就逐步减缓。当功率 P_f 达到最大值（即$\dfrac{dP_f}{dK}=0$）之后，K 继续增加时 P_f 反而下降，这是因为随着弧长的增加，电弧内的热量损失增加所致。这将使电弧不稳定，容易熄灭。在焊接中应设法使 P_f 不超过 m 点。

在 $K<0.4$ 的一段上，当弧长稍有变化时 P_f 变化太大，对保证焊缝的质量不利，因而是不可取的。

从$\dfrac{dP_f}{dK}=0$ 可求出在 P_f 为最大值时，$K=0.637$。为了保持电弧的稳定燃烧和电弧功率的稳定，K 值最好取在 0.4～0.637 之间，即要求

$$2.5>\frac{U_0}{U_f}>1.57 \tag{1-11}$$

2. 交流电弧的功率因数

交流电弧的功率因数 λ_f 是指交流电弧的有功功率 P_f 与电弧电压和电弧电流有效值乘积之比值，即

$$\lambda_f = \frac{P_f}{U_f I_f} \tag{1-12}$$

电弧是电阻性负载，电弧电流与电压是同相位的。假如电弧电压和电流的波形都是正弦波，则电弧的有功功率就应等于它的电压和电流有效值的乘积，即 $\lambda_f = 1$。但实际上，正如上述，交流电弧的电压和电流并非正弦波，其有功功率 $P_f \neq U_f I_f$，两者之间相差了 λ_f 倍。

由此可见，λ_f 是表明电弧电压与电弧电流波形畸变所带来的影响。当电弧燃烧的连续性差时，波形畸变就严重，λ_f 相应较小。电弧所提供的有功功率也就小。根据推导得到

$$\lambda_f = 0.905 \sqrt{\frac{1 - \frac{\pi^2}{8} K^2}{1 - 1.18K^2}} \tag{1-13}$$

在一般焊接中，$K = 0.4 \sim 0.56$，所以 $\lambda_f = 0.89 \sim 0.90$。可见 λ_f 总是小于 1 的。

1.4 焊接电弧的分类及其特点

焊接电弧的性质与供电电源的种类、电弧的状态、电弧周围的介质以及电极材料有关。按照不同的方法，可做出如下的分类：

（1）按电流种类　可分为交流电弧、直流电弧和脉冲电弧（包括高频脉冲电弧）。

（2）按电弧状态　可分为自由电弧和压缩电弧。

（3）按电极材料　可分为熔化极电弧和不熔化极电弧。

前面着重研究了广泛应用的自由电弧中交流电弧和直流电弧的电特性和特点。本节除对自由电弧中的不熔化极电弧和熔化极电弧的特点做重点说明之外，还将对压缩电弧和脉冲电弧的特点做简单的介绍。

1.4.1 自由电弧

自由电弧可分为不熔化极电弧和熔化极电弧两种。

1. 不熔化极焊接电弧

电极本身在焊接过程中不熔化，没有金属熔滴过渡，通常都采用惰性气体（如氩气、氦气等）保护。在我国因氦气甚为昂贵，所以在大多数情况下都采用氩气保护。电极多采用钨极或钨极掺有少量稀土金属，如钍或铈等，这种电弧通常称为钨极氩弧。

钨极氩弧又分为直流电弧与交流电弧两种。直流钨极氩弧一经点燃之后电弧非常稳定，最小电流可达 5A，所以常用来焊接薄板；交流钨极氩弧因电流每秒有 100 次过零点，要有 100 次重新引弧，另外，由于氩气的电离电压很高，氩弧的引燃电压比一般电弧高得多，所以交流钨极氩弧电弧稳定性较差。在前一节中所谈到的稳定交流电弧的措施，大部分是针对交流钨极氩弧而言的。

2. 熔化极焊接电弧

顾名思义，作为电弧一个极，在焊接电弧燃烧过程中是不断熔化并过渡到焊接工件上去的。熔化极焊接电弧，根据电弧是否可见又可分为明弧和埋弧两大类。

明弧的电极也有两种。一种是在金属丝表面敷有涂料，即到处可见的焊条电弧焊所用的焊条。由于涂料中含有大量稳弧剂，所以这种明弧电弧很稳。根据涂料成分不同，有的只能

采用直流弧焊电源，有的可用交流弧焊电源，电弧燃烧也很稳定。另一种明弧是采用光电极（光焊丝），一般都要采用保护气体。它的保护气体可以是惰性气体，如氩气；也可以是活性气体，如 CO_2、CO_2+Ar、O_2+Ar、CO_2+O_2+Ar 等。上述各种活性气体中，除用 CO_2 之外，其余也称为混合气体保护电弧。由于冶金技术的发展，也有在焊丝中掺入起保护作用的合金元素，而不必采用保护气体，这种电弧又称为自保护电弧。采用药芯焊丝焊的电弧也属这种。

采用光焊丝的电弧焊多采用直流电源，特别是采用活性气体保护焊的电弧必须用直流电源；用惰性气体保护焊的电弧，也可用脉冲电源、矩形波交流弧焊电源或普通交流电源。

埋弧焊采用的也是光焊丝，但在焊接过程中要不断地往电弧周围添加颗粒状焊剂（或称焊药），电弧在焊剂中燃烧，或者说电弧被埋在焊剂下。因为焊剂中也含有稳弧元素，所以电弧燃烧也很稳定。这种电弧既可以是直流电弧，也可以是交流电弧。

因为熔化极在焊接过程中不断地熔化并过渡到焊缝中去，故电极需要连续地向电弧区送进，以维持弧长基本上不变。除涂料焊条是靠手工送进之外，所有采用光焊丝或药芯焊丝的焊接方法都是利用送丝电动机自动地向电弧区送进。

对于熔化极电弧，电极在熔化过程中形成的熔滴有大有小，不同情况下选用的弧长也有差异。其中有些方法，如焊条电弧焊、CO_2 气体保护（短弧）焊，电弧经常被熔滴短路。这种经常被熔滴短路的电弧，不仅弧长发生激烈的变化，更主要的是在熔滴短路之后必有个重新引燃电弧的问题。因此，有熔滴短路的电弧，常常使电弧变得不稳定，而需对弧焊电源提出更高的要求。

此外，在熔化极电弧中，还有一种被誉为“开辟焊接领域新世纪”的“冷电弧”及其冷电弧焊接（或称冷金属过渡焊接）的新技术。其中，德国 EWM 公司的新技术被称为 ColdArc；奥地利 Fronius 的 Cold Metal Transfer，缩写为 CMT。采用冷电弧的目的是为了降低短路弧焊过程中电弧重燃时出现的局部能量高峰，以便实现低能耗、无飞溅、稳定、优质的电弧焊接工艺，其实质还是一种短弧焊接过程。“冷电弧”焊接方法完全是通过弧焊电源内的电气控制系统来实现，因此，要求弧焊电源的输出控制更为精确、快速和有效。

1.4.2 压缩电弧

上面所讲的电弧均属自由电弧。如果把自由电弧的弧柱强迫压缩，就获得一种比一般电弧温度更高、能量更集中的热源，即压缩电弧。等离子弧就是一种典型压缩电弧，它靠热收缩、磁收缩和机械压缩效应，使弧柱截面缩小，能量集中，从而提高了电弧电离度，形成高温等离子弧。

等离子弧又可分为以下三种形式：

（1）转移型等离子弧　电极接负极，工件接正极，等离子弧产生于电极与工件之间，如图 1-18a 所示。如果电极有好的冷却条件和电极材料耐高温性能较好，则也可接正极，此时，工件接负极。

（2）非转移型等离子弧　电极接负极，喷嘴接正极，等离子弧产生在电极与喷嘴表面之间，如图 1-18b 所示。

（3）混合型等离子弧　把上述两种等离子弧结合起来，工作时两种电弧同时存在，就称为混合型等离子弧，如图 1-18c 所示。它常用于微束等离子弧焊和等离子弧喷焊。

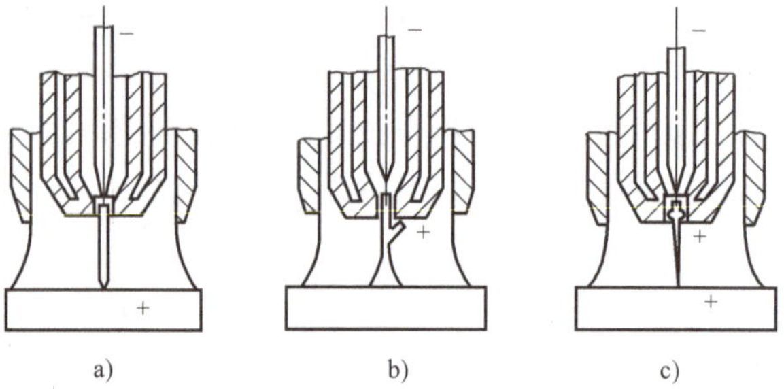

图 1-18　三种形式等离子弧示意图
a）转移型　b）非转移型　c）混合型

上述三种形式的等离子弧均采用不熔化电极，因而它们除具有高能量密度的压缩电弧特点外，还具有不熔化极自由电弧的特点，即影响电弧稳定燃烧的主要因素是电弧电流和空载电压。要保持电弧的稳定燃烧，应尽可能使电弧电流不变并采用较高的空载电压。等离子弧通常采用直流和脉冲等离子弧，但也有用交流等离子弧的。

20 世纪 70 年代还出现熔化极等离子弧的新形式。这种方法可视为等离子弧与熔化极电弧的结合。此时，等离子弧主要在不熔化电极与工件之间形成，通过熔化极（焊丝）实现熔滴过渡。因此，它同时具有不熔化极电弧和熔化极电弧的特点。此外，还有熔化极电弧（如 MIG 电弧）与激光结合等的复合热能的形式。其目的在于集成各自的长处，提高能量的密度，增强电弧的刚性，加大熔深和提高焊接速度、效率，以及改善焊缝成形的质量。

1.4.3　脉冲电弧

电流为脉冲波形的电弧，称为脉冲电弧。它可分为直流脉冲电弧和交流脉冲电弧。它与一般电弧的区别在于，电弧电流周期性地从基本电流（维弧电流）幅值增至脉冲电流幅值。可以把它看成为由维持电弧和脉冲电弧两种电弧的组成。维持电弧（或称基本电弧）用于在脉冲休止期间来维持电弧的连续燃烧；脉冲电弧用于加热熔化工件和焊丝，并使熔滴从焊丝脱落和向工件过渡。

脉冲电弧的电流波形有许多种形式，例如，矩形波脉冲、梯形波脉冲、正弦波脉冲和三角形波脉冲等。图 1-19 所示为直流矩形波脉冲电弧电流波形。脉冲电弧的基本参数有：

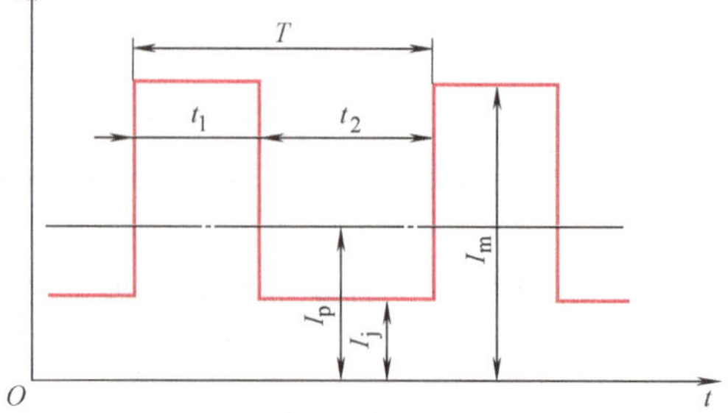

图 1-19　脉冲电弧及其主要参数

I_m——脉冲电流峰值（脉冲电流）；

I_j——基本电流；

t_1——脉冲宽度（脉冲时间）；

t_2——脉冲间隙时间（脉冲休止时间）；

T——脉冲周期（$T=t_1+t_2$）；

f——脉冲频率$\left(每秒的脉冲次数 f=\frac{1}{T}\right)$；

K——脉冲宽度比（它表征脉冲的强弱，即在脉冲周期中脉冲时间所占的百分比，$K=\frac{t_1}{T}$），也称占空比；

I_P——脉冲平均电流，对于矩形波脉冲

$$I_P=I_j+(I_m-I_j)\frac{t_1}{T}=I_j+(I_m-I_j)K$$

$\frac{di_m}{dt}$——脉冲电流的上升率（脉冲前沿斜率）；

$-\frac{di_m}{dt}$——脉冲电流的下降率（脉冲后沿斜率）。

脉冲电弧的电流由于并非连续恒定，而是周期性变化的，因此，电弧的温度、电离状态、弧柱尺寸的变化均滞后于电流的变化。每个瞬间的电弧电阻应由其动特性来决定，图1-20所示为脉冲频率 6Hz 时动特性曲线的一个实例。这条回线形状的动特性是这样形成的：通过曲线 $u_f=f(t)$ 和 $i_f=f(t)$，求出对应于 t_1、t_2…t_5 等时刻的 u_f 和 i_f，便可画出这条动特性曲线。回线的上部线段和下部线段分别对应于电流的上升和下降过程。由于电弧的热惯性使得这二线段不能重合。

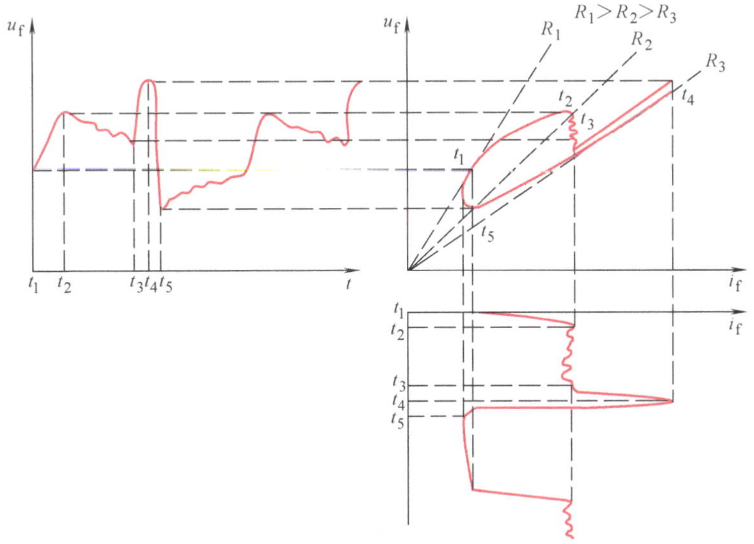

图 1-20　脉冲电弧的动特性曲线及其形成图

随着脉冲电流波形和频率的不同，动特性曲线的形状也不同。此外，焊丝或电极材料、直径、保护气体的种类等都将对脉冲电弧的动特性有一定影响。

脉冲电弧应用于焊接中，由于其电流为脉冲波形，因而，在同样平均电流下峰值电流较大，熔池处于周期性地加热和冷却的循环之中，而且其可调焊接参数较多，例如，脉冲波形、脉冲电流、基本电流、脉冲时间、占空比、电流的前后沿的斜率等均可以调节。这样，它就可以在较大范围内调节和控制输入热量及焊接热循环，能有效地控制熔滴的过渡、熔池的形成和焊缝的结晶等独特的优点。

脉冲电弧还有不熔化极脉冲电弧、熔化极脉冲电弧和脉冲等离子弧之分，这三种脉冲电弧既有共同之处，又各自有自身的特点。

1.5　焊接电弧力及其种类和影响因素

在熔化极电弧焊过程中，电弧燃烧过程既产生大量热能，又产生称为电弧力的机械力。电弧力对熔滴过渡、焊缝成形及焊接过程等均影响很大。

1.5.1　电弧力的种类

（1）电磁收缩力　根据电工原理，可把一个导体通过的电流看成由无数条方向相同的电流线（i_1，i_2，…）组成，并在线间产生相互吸引的电磁力，使流体导体（如液体、气体）变形产生收缩，如图 1-21 所示。这个电磁力 F_1、F_2 称为电磁收缩力。焊接电弧两端电极尺寸相差悬殊，通常焊条（焊丝）直径很小而工件尺寸很大。电弧在焊条（焊丝）上受到电极尺寸的限制，在工件上则可自由扩展，就形成一个截面不断变化的圆锥体，如图 1-22 所示，其任意一点 A 的坐标为（L、φ）。当电流均匀分布时 A 点所受到的电磁收缩力 F_A 为

$$F_A = \frac{2I_f^2}{\pi L^2(1-\cos\theta)^2}\ln\frac{\cos(\varphi/2)}{\cos(\theta/2)} \tag{1-14}$$

式中　I_f 为焊接电流；θ 为 1/2 锥顶角；φ 为 A 点与电极轴线的夹角；L 为 A 点距锥顶的距离。

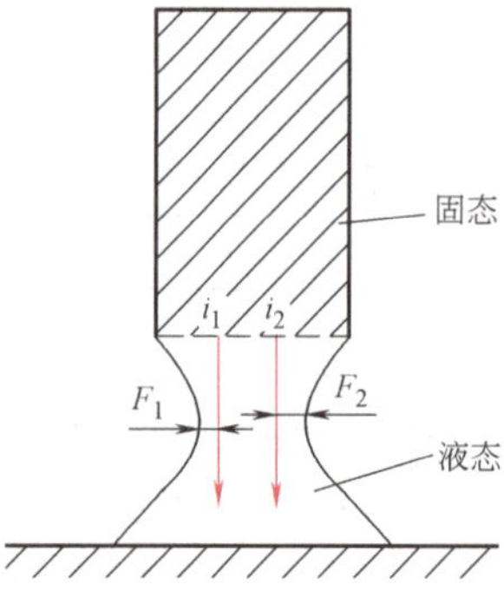

图 1-21　流体导体电磁收缩力

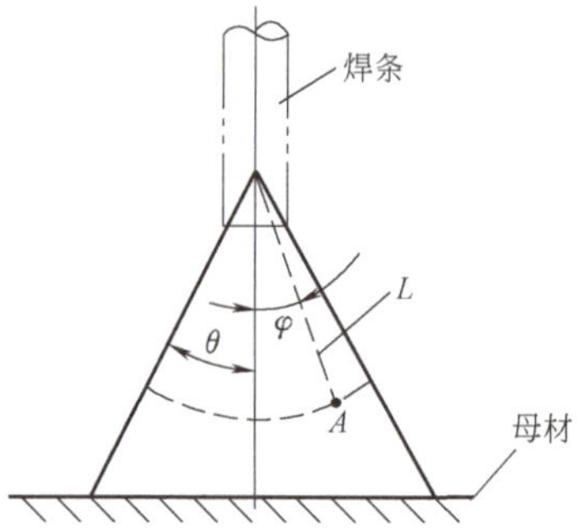

图 1-22　圆锥形电弧模型示意图

从式（1-14）可知，A 点的 F_A 与 I_f^2 成正比，与 L^2 成反比，且与 θ、φ 角有关。用该式绘出电弧中电磁收缩力的等压力曲线，如图 1-23 所示，圆锥形电弧每个截面上的电磁收缩

力不一样，截面大的电磁收缩力小。这种压力差的存在，产生一个由小截面（焊条与焊丝）指向大截面（工件）的推力 F_t

$$F_t = KI_f^2 \ln \frac{R_b}{R_a} \tag{1-15}$$

式中，F_t 为电弧的推力；I_f 为焊接电流；K 为系数，$K=\mu/4\pi$（μ 为介质磁导率）；R_a 为锥形电弧的上底面半径；R_b 为锥形电弧的下底面半径。

这个力称为电弧静压力，在电弧中心最大，在电弧边缘较小，使熔池形成凹陷熔深，如图1-26a所示。

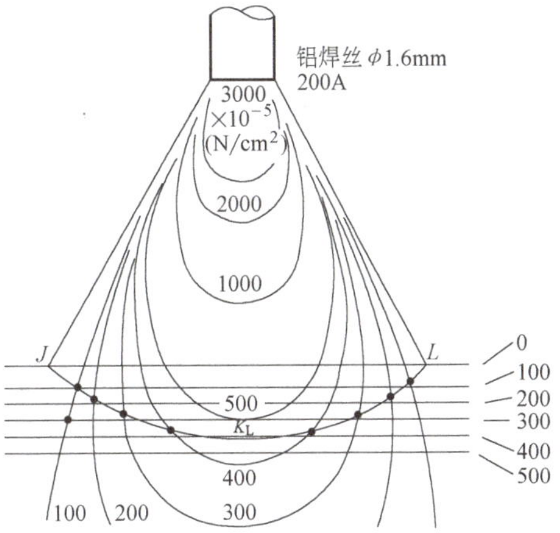

图1-23　电磁收缩力等压曲线图

（2）等离子流力　等离子体是在温度高、电流密度大的电弧中心部分高度电离而形成的一种电弧等离子体。电弧导电截面的变化，形成了由焊条指向工件的推力 F_t，并推动等离子体向工件运动，形成高速流动的等离子流，如图1-24所示。为了保持流动的连续，外部的冷气流将从电极端部 C 区进入电弧，迅速被加热电离后受 F_t 力的作用，从 A 区冲向 B 区，其速度之高达到每秒数百米，使熔池受到较大的等离子流力（也称电弧动压力），如图1-25所示。该力在电弧中心线上最大，成为图1-26b所示指状熔深的一个重要原因，而一般电弧形成的熔池如图1-26a所示。

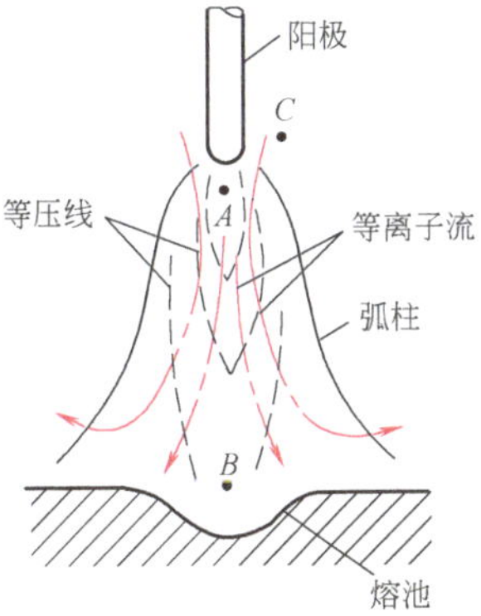

图1-24　等离子流示意图

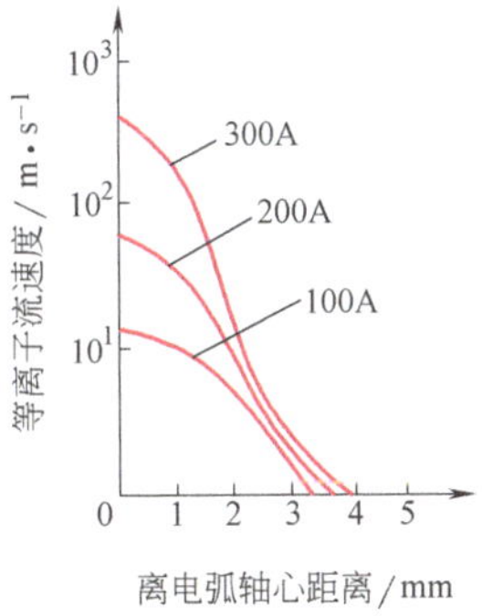

图1-25　等离子流速度分布图

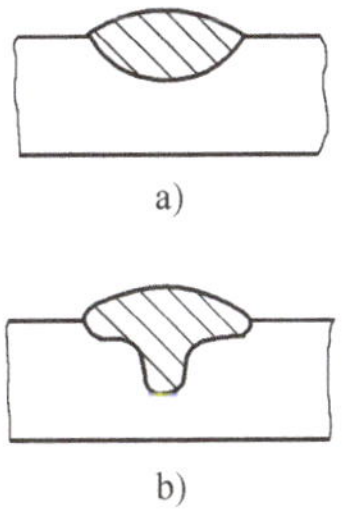

图1-26　焊缝熔深示意图
a）一般电弧形成的熔深
b）等离子流形成的熔深

（3）斑点压力　当电极上形成电流密度高的光点（斑点）时，即大部分电流将从斑点处流入流出，其密度最大，温度最高，以至斑点形成较大的斑点压力。斑点压力主要由带电粒子撞击力、电磁收缩力、电极材料蒸发的反作用力三种力构成。

通常，阴极斑点力要比阳极斑点力大得多。该力阻碍电极熔化金属过渡，太大时，可能造成较大飞溅。

（4）爆破力　短路过渡时，金属液柱受到较大电磁收缩力而产生收颈和液态金属小桥。

短路电阻的高热使小桥温度急升和形成爆破力，使液柱汽化爆断和飞溅。

(5) 细熔滴的冲击力　在采用 Ar 或富 Ar 气体保护大电流焊接时，焊丝的熔化金属在等离子流力的作用下，以很小的体积和四五十倍于重力加速度 g 的加速度，沿电极轴线冲向熔池，对熔池形成很大的压力，并与等离子流力共同作用，较易形成指状熔深。

1.5.2 电弧力的影响因素

影响电弧力的因素很多，但归纳起来主要有以下几种因素：

(1) 气体介质　当气体介质是多原子气体或者热导率比较大时，对电弧的冷却能力增加，迫使电弧收缩，使电弧力增加。

(2) 电流和电压　电弧中电磁收缩力与电流的平方成正比，电弧力随电流增加而猛增。弧长随电弧电压的增加而变长，致使电弧飘摆性增加和电弧力减小。

(3) 焊条（焊丝）的直径　焊条的直径愈细，电流密度愈大，电磁力愈大，使电弧力增大。

思考题

1. 什么叫弧焊电源？学习本课程的目的是什么？
2. 弧焊电源可分为哪几大类？按什么分类？
3. 焊接电弧的物理本质是什么？其结构和压降如何分布？
4. 焊接电弧的静特性、动特性是指什么？
5. 焊条电弧焊、埋弧焊、CO_2 气体保护焊的电弧静特性是怎样的？
6. 交流电弧有什么特点？为保护交流电弧连续燃烧电路参数应当怎样配合？
7. 有哪些因素影响交流电弧燃烧的稳定性？
8. 焊接电弧有哪几类？其特点是什么？冷电弧的含义和特点是什么？
9. 焊接电弧力有哪些种类？其影响因素有哪些？

第2章 弧焊电源的基本要求

内容提要：本章阐述了对弧焊电源的基本要求，着重讨论弧焊工艺对弧焊电源的空载电压、外特性、调节性能和动特性的要求。

弧焊电源是电弧焊机的核心部分，是用来对焊接电弧提供电能的一种专用装置，或者说，它是一种提供电流和电压，并具有适合于弧焊和电弧切割等工艺所需特性的装置。对它的要求有些与一般电力电源相同。例如，从经济观点出发，要求结构简单轻巧，制造容易，消耗材料少，节省电能，成本低；从使用观点出发，要求使用方便、可靠、安全，性能良好和容易维修。

然而，在弧焊电源的电气特性和结构方面，还具有不同于一般电力电源的特点。这主要是由于弧焊电源的负载是电弧，它的电气性能就要适应电弧这一特殊负载的特性。因此，弧焊电源需具备对弧焊工艺的适应性，即应满足弧焊工艺对弧焊电源的下述要求：

1）保证引弧容易。

2）保证电弧稳定。

3）保证焊接参数稳定。

4）具有足够宽的焊接参数调节范围。

为满足上述工艺要求，弧焊电源的电气性能应考虑以下四个方面：

1）对弧焊电源空载电压的要求。

2）对弧焊电源外特性的要求。

3）对弧焊电源调节性能的要求。

4）对弧焊电源动特性的要求。

上述四点是对弧焊电源的基本要求。此外，在特殊环境下（如高原、水下和野外焊接等）工作的弧焊电源，还必须具备对环境的适应性。为适应新型弧焊工艺发展的需要，必须研制出具有相应电气性能的新型弧焊电源，即随着焊接工艺的发展对弧焊电源还可能提出新的要求。

2.1 弧焊电源的空载电压和外特性

2.1.1 弧焊电源的外特性

“电源”这一术语的含义，是指对负载供以电能的装置。弧焊电源是对焊接电弧提供电能的装置，例如，弧焊变压器、弧焊整流器、弧焊逆变器、弧焊发电机等。

在电源参数一定的条件下，改变负载时，电源输出的电压稳定值 U_y 与输出的电流稳定值 I_y 之间的关系 $U_y = f(I_y)$，称为电源的外特性。对于直流电源，U_y 和 I_y 为平均值，对于交流电源则为有效值。

一般直流电源的外特性方程式为

$$U_y = E - I_y r_0$$

式中，E 为直流电源的电动势；r_0 为电源内部电阻。

当内阻 $r_0 > 0$ 时，随着 I_y 增加，U_y 下降，即其外特性是一条下倾直线，而且 r_0 愈大，外特性下倾程度愈大。当内阻 $r_0 = 0$ 时，则 $U_y = E_0$，这时输出电压不随电流变化，电源的外特性平行于横轴，称为平特性或恒压特性，如图 2-1 所示。

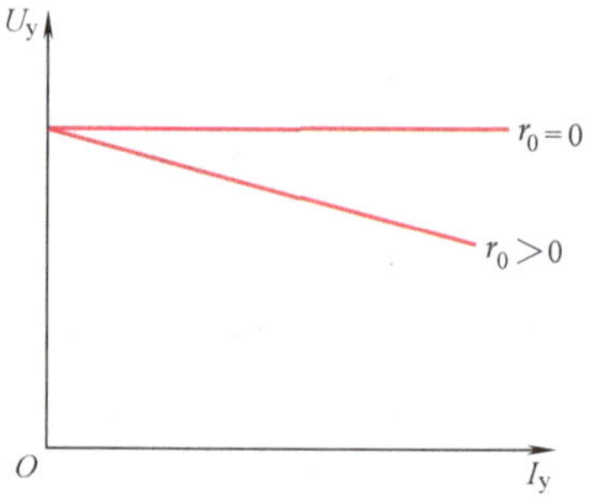

图 2-1　一般直流电源的外特性

对于一般负载，如电灯、电炉等，要求供电的电源内阻 r_0 愈小愈好，即外特性尽可能接近于平的。这就是说，应能基本上保持电力电源输出的电压稳定不变。这样，与电源并联运行的某一个负载变化时，就不会影响其他负载的运行。

对于弧焊电源来说，它的供电对象不是电灯、电炉这样的线性电阻性负载，而是特殊的负载——电弧，那么，它要有怎样的外特性才能确保其稳定地工作呢？这是需要深入讨论的。

2.1.2　“电源—电弧”系统的稳定性

在电弧焊接过程中，电源起供电作用，电弧作为供电对象而用电，从而构成“电源—电弧”系统，如图 2-2 所示。

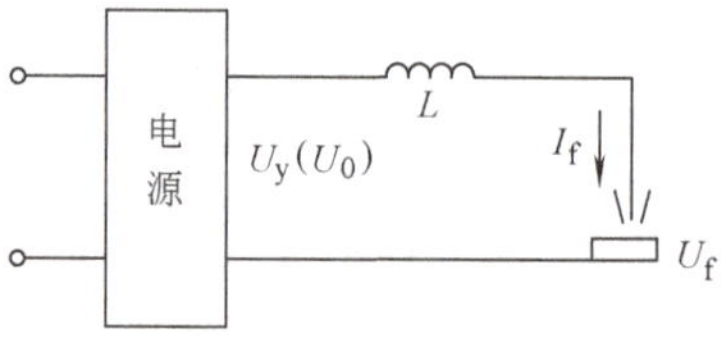

图 2-2　“电源—电弧”系统电路的电路图

所谓“电源—电弧”系统的稳定性应包含两方面的含义：

1）系统在无外界因素干扰时，能在给定电弧电压和电流下维持长时间的连续电弧放电，保持静态平衡此时应有如下关系

$$U_f = U_y ; I_f = I_y \tag{2-1}$$

式中，U_f 和 I_f 为电弧电压和电弧电流的稳定值。

为满足式（2-1），电源外特性曲线 $U_y = f(I_y)$ 与电弧静特性曲线 $U_f = f(I_f)$ 必须能够相交，如图 2-3a 所示，弧焊电源外特性 1 与电弧静特性 2 相交于 A_0 和 A_1 点。这两个交点确定了系统的静态稳定状态。但在实际焊接过程中，由于操作的不稳定、工件表面的不平和电网电压的突然变化等外界干扰的出现，都会破坏这种静态平衡。

2）当系统一旦受到瞬时的外界干扰，破坏了原来的静态平衡，造成了焊接参数的变化。但当干扰消失之后，系统能够自动地恢复稳定平衡，使得焊接规范重新恢复。

为了方便分析满足上述系统稳定性要求的条件，暂不考虑熔化极的电弧自身调节作用，只考虑焊接电路电感的影响。

图 2-2 所示系统的动平衡方程式为：

$$U_y(I) = U_f(I) + L\frac{dI}{dt} \tag{2-2}$$

由图 2-2 可见，假定在时间 $t=0$ 时，由于某种因素的影响，引起电弧电流向减小的方向偏移了 ΔI_f。当外干扰消除后这个电流偏差值 ΔI_f 也要变化。用 Δi_f 表示其偏差瞬时值。则在 $t>0$ 时，电路中电流 I 应为原来的稳定值 I_f 与此刻的偏差值 Δi_f 之和，即

$$I = I_f + \Delta i_f$$

此时，式（2-2）应写成

$$U_y(I_f + \Delta i_f) = U_f(I_f + \Delta i_f) + L\frac{d(I_f + \Delta i_f)}{dt} \tag{2-3}$$

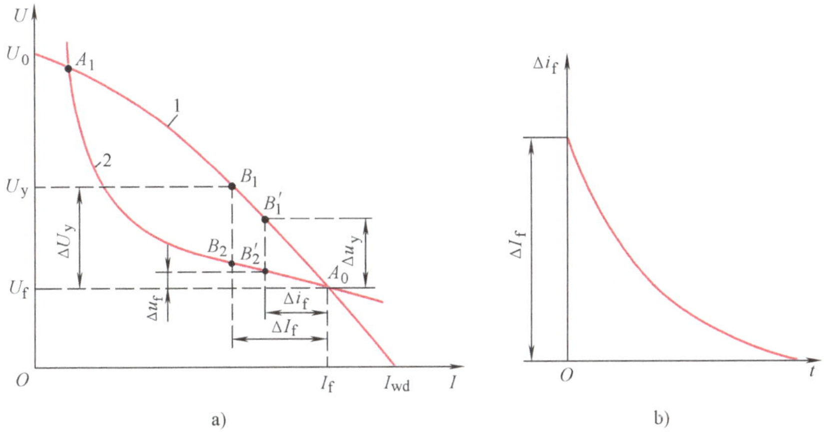

图 2-3 “电源—电弧”系统

a）工作状态 b）电流偏差衰减曲线

1—弧焊电源外特性 2—电弧静特性

弧焊电源外特性和电弧静特性一般是非线性的，但对应于 ΔI_f 不大的 A_0B_1 和 A_0B_2 线段内可近似地认为是直线，并与 A_0 点上特性曲线的切线相重合。对应于 B_1'点（电源电压）、B_2'点的弧压分别为

$$U_y(I_f + \Delta i_f) = U_f + \Delta u_y = U_f + \left(\frac{\partial U_y}{\partial I}\right)_{I_f}\Delta i_f$$

$$U_f(I_f + \Delta i_f) = U_f + \Delta u_f = U_f + \left(\frac{\partial U_f}{\partial I}\right)_{I_f}\Delta i_f$$

将上两式代入式（2-3）得：

$$\Delta i_f\left(\frac{\partial U_y}{\partial I}\right)_{I_f} = \Delta i_f\left(\frac{\partial U_f}{\partial I}\right)_{I_f} + L\frac{d(\Delta i_f)}{dt} \tag{2-4}$$

令 $\left(\frac{\partial U_f}{\partial I} - \frac{\partial U_y}{\partial I}\right)_{I_f} = K_W$，$K_W$ 作为系统的稳定系数。

于是式（2-4）变成

$$L\frac{d(\Delta i_f)}{dt} + \Delta i_f K_W = 0$$

此式是常系数一阶线性微分方程。考虑初始条件：当 $t=0$ 时，$\Delta i_f=\Delta I_f$，此时方程的解为

$$\Delta i_f=\Delta I_f e^{-\frac{K_W}{L}t} \tag{2-5}$$

从式（2-5）可见，由于电感 L 总是正的，只有 $K_W>0$，电流偏差值 Δi_f 在干扰消失后才会随时间的增长而消失，如图 2-3b 所示，电流偏差值按指数曲线衰减。因此，可以根据工作点的 K_W 值是否大于零，来判断这个点是否是稳定点。

因而，“电源—电弧”系统的稳定条件是

$$K_W=\left(\frac{\partial U_f}{\partial I}-\frac{\partial U_y}{\partial I}\right)_{I_f}>0 \tag{2-6}$$

这就是说，电弧静特性曲线在工作点上的斜率 $\left(\frac{\partial U_f}{\partial I}\right)$ 必须大于弧焊电源外特性曲线在该工作点上的斜率 $\left(\frac{\partial U_y}{\partial I}\right)$。由图 2-3 可以看出，当电弧静特性曲线形状一定时，K_W 值取决于弧焊电源外特性曲线的形状。从图 2-3a 可见，只有在 A_0 点才符合 $K_W>0$ 的条件，所以 A_0 点是稳定工作点；而在 A_1 点 $K_W<0$，因此它不是稳定工作点。

上述是用数学方法来判断系统是否稳定。此外，还可以从系统状态变化的物理过程来论证 A_0 与 A_1 哪一点是稳定工作点。对于 A_0 点而言，当某种因素使工作点 A_0 的电弧电流向减小方向偏移了 ΔI_f 时，电源工作点移至 B_1，此时弧焊电源电压为

$$U_y = U_f + \Delta U_y$$

而电弧工作点移至 B_2，这时 $U_y>U_f$，供大于求，这就使电流增加，因而使电弧电流偏移量 ΔI_f 减小，直至恢复到原来的平衡点 A_0。同理，当某种因素使电弧电流向增加方向偏移时，也能使电弧电流自动恢复。

对于 A_1 点而言，当电弧电流增加时，同样会出现 $U_y>U_f$，使电流继续增加，直至工作点移至 A_0 点才达到平衡，即不能回到原工作点 A_1。如果电弧电流减小，则出现相反的情况，电流将继续减小直至电弧熄灭。因此，A_1 不是稳定工作点。

“电源—电弧”系统恢复到稳定状态的速度，与弧焊电源电压与电弧电压之差值及回路的电感 L 有关，见式（2-5）。U_y 与 U_f 电压的差值愈大，即 K_W 愈大；回路电感愈小，则恢复愈快，稳定性愈好。

上面的结论是从直流焊接电弧与弧焊电源系统的情况得出的，但其系统的稳定条件（$K_W>0$）也同样适合于交流弧焊电源。

2.1.3 对弧焊电源外特性曲线的要求

弧焊电源的外特性形状除了影响“电源—电弧”系统的稳定性之外，还关联着焊接参数的稳定。在外界干扰使弧长变化的情况下，将引起系统工作点的移动和焊接参数出现静态偏差。为获得良好的焊缝成形，要求这种焊接参数的静态偏差愈小愈好，即要求焊接参数稳定。有时某种形状的电源外特性可满足“电源—电弧”系统的稳定条件，但却不能保证焊接参数稳定。因此，一定形状的电弧静特性需选择适当形状的弧焊电源外特性与之相配合，才能既满足系统的稳定条件，又能保证焊接参数的稳定。同时，弧焊电源外特性形状还关系到弧焊电源的引弧性能、熔滴过渡过程和使用安全性等，这些也都是考虑对弧焊电源外特性

要求的根据。

由于在各种弧焊方法中，电弧放电的物理条件和所用的焊接参数不同，使它们的电弧静特性具有不同的形状，因此需分别讨论不同弧焊方法对弧焊电源外特性的要求，并分为对空载点、工作区段和短路区段三个部分来论述。对于空载点，是讨论对空载电压的要求；对于工作区段，是分析对外特性形状的要求；对于短路区段，要说明对其形状和短路电流的要求。

1. 对弧焊电源外特性工作区段曲线的要求

弧焊电源外特性工作区段是指外特性上在稳定工作点附近的区段。

（1）焊条电弧焊　在焊条电弧焊中，一般是工作于电弧静特性的水平段上，采用下降外特性的弧焊电源，便可以满足系统稳定性的要求。但是，怎样的下降外特性曲线才更合适，还得从保证焊接参数稳定和保证电弧的弹性好来考虑。焊接过程中，由于工件形状不规则或手工操作技能的影响，使电弧长度发生变化时，会引起焊接电流产生偏差。焊接电流静态偏差小，则焊接参数稳定、电弧弹性好。

如图 2-4 所示，当弧长从 l_1 变化到 l_2 时，电弧静特性曲线 l_2 与下降陡度较大的弧焊电源外特性曲线 1 的交点由 A_0 移至 A_1，电流偏差为 ΔI_1。而与下降陡度较小的弧焊电源外特性曲线 2 的交点由 A_0 移至 A_2，电流偏差为 ΔI_2，显然，$\Delta I_2 > \Delta I_1$。当电弧长度增大时，结果相同。由此可见，在弧长变化时，弧焊电源外特性下降的陡度愈大，即系统稳定系数 K_W 值愈大，则电流偏差就愈小。这样一方面可使焊接参数稳定；另一方面还可增强电弧弹性。因为弧长增长将使电流减小，当电流减小到一定限度就会导致熄弧。若弧焊电源外特性下降陡度大，弧长变化引起电流变化小，则允许弧长有较大程度的拉长却不致使电流小于这个限度而熄弧，即电弧弹性好。使用如图 2-4 中曲线 3 所示的垂直下降（恒流）外特性的弧焊电源，则焊接参数是最稳定的，电弧弹性也是最好的。但是，其短路电流 I_{wd} 过小，这将造成引弧困难，电弧推力弱、熔深浅，而且造成熔滴过渡困难。然而，当弧焊电源外特性过于平缓时，短路电流 I_{wd} 又将过大，使飞溅增大，电弧不够稳定，电弧的弹性也较差。因此，焊条电弧焊时应采用缓降外特性的弧焊电源，并要求其稳态短路电流与焊接电流之比 $\frac{I_{wd}}{I_f}$ 小于 2（此值暂作推荐指标）。有时采用恒流带外拖特性（见表 2-1 图形 d）的弧焊电源。它既可体现恒流特性使焊接参数稳定的特点，又通过外拖增大短路电流，提高了引弧性能和电弧的熔透能力。而且可根据焊条类型、板厚和工件位置的不同来调节外拖拐点和外拖部分斜率，以使熔滴过渡具有合适的推力，从而得到稳定的焊接过程和良好的焊缝成形。

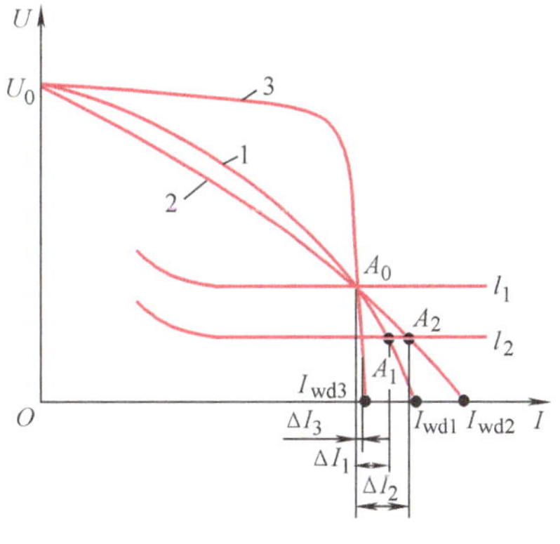

图 2-4　弧长变化时引起的电流偏移

1、2—缓降外特性的电源　3—恒流外特性的电源

l_1、l_2—电弧静特性

（2）熔化极弧焊　熔化极弧焊包括埋弧焊、气体保护焊等。这些弧焊方法，不仅要根据其电弧静特性的形状，而且还要考虑送丝的方式来选择合适的弧焊电源外特性工作区段的形状。根据送丝方式不同，熔化极弧焊可分为两种：

1）等速送丝控制系统的熔化极弧焊。CO_2/MAG、MIG焊或细丝（直径 $\phi \leqslant 3$mm）的直流埋弧焊，电弧静特性均是上升的。弧焊电源外特性为下降、平、微升（但上升的陡度需小于电弧静特性上升的陡度）都可以满足“电源—电弧”系统稳定条件。但这些焊接方法，特别是半自动焊时，由于电极中的电流密度较大，电弧的自身调节作用较强。如图2-5所示，曲线1和2分别为近于平的弧焊电源外特性和下降的弧焊电源外特性，l_1 为某一定弧长时的电弧静特性。设分别用这两种电源焊接时稳定工作点都是 A_0，若外扰使弧长变短，则电弧静特性曲线变为 l_2。于是稳定工作点也各自移至 A_1 移至 A_2，即比 A_0 点对应的电流有所增大，这势必使焊丝加快熔化，弧长增长至 l_1，稳定工作点恢复至 A_0；反之，若弧长增长，则电流减小，于是焊丝熔化变慢，弧长变短，亦能恢复至 A_0 点。这种当弧长变化时，引起电流和焊丝熔化速度变化，使弧长恢复的作用称为“电源—电弧”系统的自身调节作用。如图2-5所示，当弧长变化时，用平的弧焊电源外特性1产生的电流偏差 ΔI_2，将大于用下降的弧焊电源外特性2的电流偏差 ΔI_1，即比前者的弧长恢复得快，“电源—电弧”系统的自身调节作用较强。由此可知，当 $K_W > 0$ 时，就存在自身调节作用。因此，在焊丝中电流密度较大、电弧静特性为上升的条件下，应尽可能采用平的弧焊电源外特性，这时自身调节作用才足够强烈，可使焊接参数稳定。这样也就可以用简单的，如图2-6a所示的等速送丝控制系统。

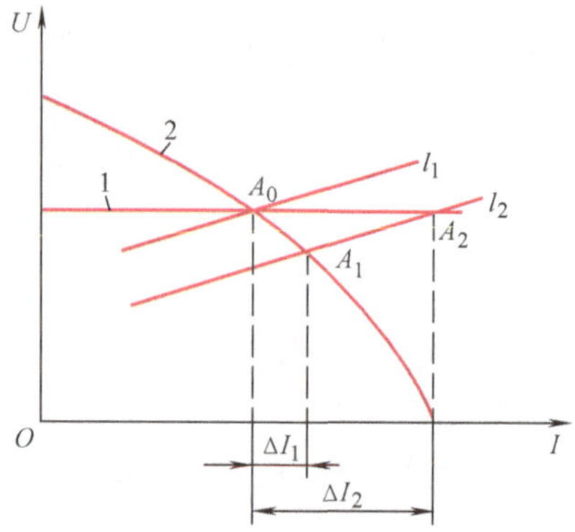

图2-5 电弧静特性为上升形状时弧焊电源外特性对电流偏差的影响

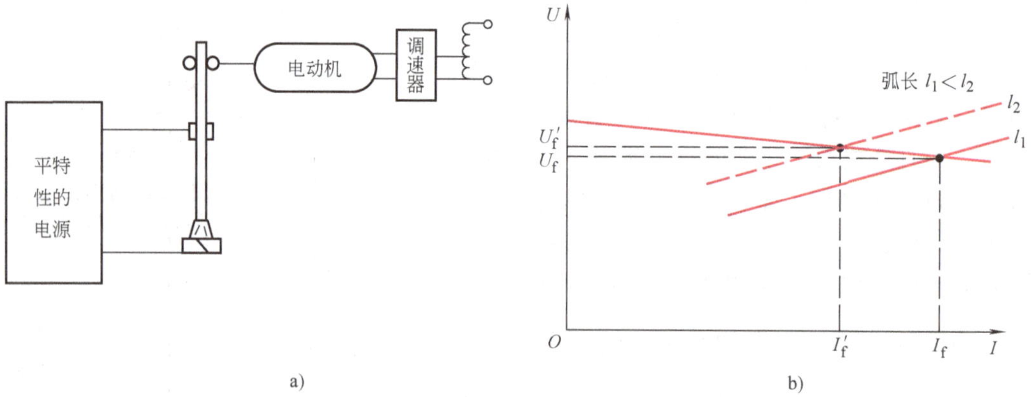

a) b)

图2-6 等速送丝

a）控制系统示意图 b）弧焊电源外特性与电弧静特性

此外，用平外特性电源还具有短路电流大，易于引弧、有利于防止焊丝回烧和粘丝等好处。采用微升外特性的电源固然可进一步增强自身调节作用，但因其会引起严重的飞溅等原因而一般不采用。

2）变速送丝控制系统的熔化极弧焊。通常的埋弧焊（焊丝直径 $\phi > 3$mm）和一部分MIG焊，它们的电弧静特性是平的。为满足 $K_W > 0$，只能采用下降外特性的电源。而且，这类焊接方法焊丝中电流密度较小，自身调节作用不强，不足以在弧长变化时维持焊接参数稳定，所以也就不宜采用等速送丝控制系统，而应采用如图 2-7a 所示的变速控制系统，它是利用电弧电压作为反馈量来调节送丝速度。当弧长增长时，电弧电压增大，迫使送丝加快，因而弧长得以恢复。这种强制调节作用的强弱，与弧焊电源外特性形状无关。选择较陡的下降外特性，则在弧长变化时引起的电流偏差较小，有利于焊接参数的稳定。

（3）不熔化极弧焊　这种弧焊方法包括钨极氩弧焊（TIG）、不熔化极等离子弧焊以及不熔化极脉冲弧焊等。它们的电弧静特性工作部分呈平的或略上升的形状。对于这几种焊接方法稳定焊接参数主要是指稳定焊接电流，故最好采用恒流特性的电源。如图 2-4 中曲线 3 所示，当弧长由 l_1 变为 l_2 时，恒流特性的电流偏差 ΔI_3 很小。

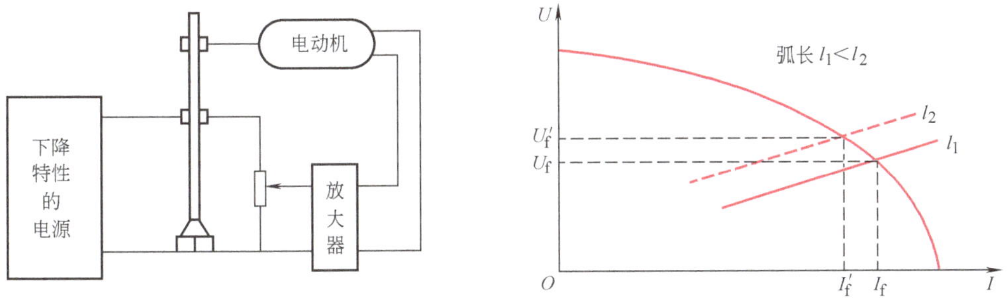

a)　　b)

图 2-7　变速送丝

a）控制装置示意图　b）弧焊电源外特性与电弧静特性

（4）熔化极脉冲弧焊　一般采用等速送丝，利用“电源—电弧”系统的自身调节作用来稳定焊接参数，维弧阶段和脉冲阶段分别工作于两条电源外特性上。为增强“电源—电弧”系统的自身调节作用，维弧阶段和脉冲阶段都采用平的外特性（即“平—平”特性）比较好，也可采用“平—降”外特性或“降—平”外特性，最好是用双阶梯形外特性。双阶梯形外特性是前二十多年来出现的一种特性组合。如图 2-8 所示，当弧长为 l_0 时，则其维弧电弧在 A 点工作，脉冲电弧在 B 点工作。若受偶然因素干扰，使弧长变短为 l_1 时，则其维弧工作点移至 A_1，脉冲电弧工作点移至 B_1。由于脉冲阶段电源具有恒流特性，因此熔滴过渡均匀；在维弧阶段电源具有恒压特性，使“电源—电弧”系统自身调节作用强而能防止短路。反之，如弧长增至 l_2 时，维弧阶段弧焊电源外特性的恒流部分可保证小电流时不断弧。在电弧拉长超过 l_2 时，脉冲电弧工作点向左移，使电压不变，电流下降，焊丝熔化速度减慢，因而不会烧坏焊嘴。

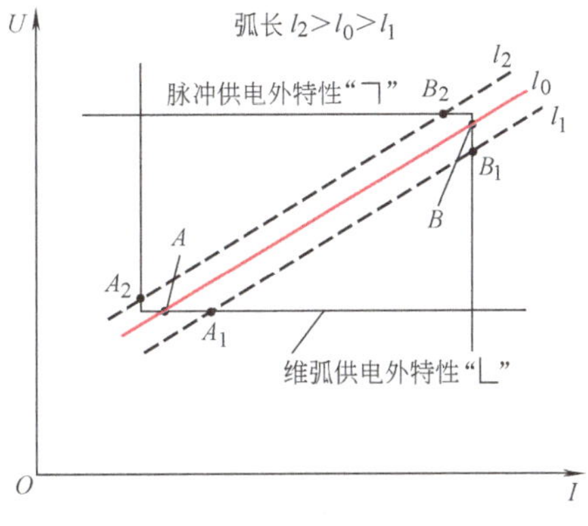

图 2-8　双阶梯形特性

根据不同的焊接工艺要求，脉冲电弧和维弧电弧的工作点也可以分别在恒压和恒流特性段，或者任意组合，即所谓可控外特性。外特性可以在焊接过程中进行切换。这样一来，电弧静特性和电源外特性的交点就在不断变动，而不是静止的。这种可控外特性只有用电子控制或数字化控制的弧焊电源（例如晶体管式的弧焊电源）才能得到。它是为适应精密优质的脉冲弧焊、微机控制的自动焊和焊接机器人的焊接而发展起来的。

2. 对弧焊电源空载电压的要求

（1）弧焊电源空载电压的确定应遵循的原则

1）保证引弧容易。引弧时，焊条（或焊丝）与工件接触，因两者的表面往往有锈污或其他杂质，所以需要较高的空载电压才能将高电阻的接触面击穿，形成导电通路。再者，引弧时两极间隙的空气由不导电状态转变为导电状态，气体的电离和电子发射均需要较高的电场能，空载电压愈高，则愈有利。

2）保证电弧的稳定燃烧。为保证交流电弧的稳定燃烧，要求

$$U_0 \geqslant (1.8 \sim 2.25) U_f \tag{2-7}$$

3）保证电弧功率稳定。据第 1 章所述，为了保证交流电弧功率稳定，一般要求

$$2.5 > \frac{U_0}{U_f} > 1.57 \tag{2-8}$$

4）要有良好的经济性。从保证引弧容易和电弧稳定燃烧的角度来看，应尽可能采用较高的空载电压，但是空载电压太高将不利于经济性。这是因为当弧焊电源的额定电流 I_e 一定时，其额定容量 $S_e = U_0 I_e$，是与 U_0 成正比的。可见，U_0 愈高，则 S_e 愈大，所需要的铁铜材料就愈多，质量也愈大。同时还会增加能量的耗损，降低弧焊电源的效率。

5）保证人身安全。为确保焊工的安全，对空载电压必须加以限制。

综上所述，在设计弧焊电源确定空载电压时，应在满足弧焊工艺需要、确保引弧容易和电弧稳定的前提下，尽可能采用较低的空载电压数值，以利于人身安全和提高经济效益。

（2）对于通用的交流和直流弧焊电源空载电压的规定

1）交流弧焊电源。为了保证引弧容易和电弧的连续燃烧，通常采用

$$U_0 \geqslant (1.8 \sim 2.25) U_f \tag{2-9}$$

焊条电弧焊电源：$U_0 = 55 \sim 70\text{V}$；

埋弧焊电源：$U_0 = 70 \sim 90\text{V}$。

2）直流弧焊电源。直流电弧比交流电弧易于稳定。但为了容易引弧，一般也取接近于交流弧焊电源的空载电压，只是下限减少 10V。

根据我国的国家标准“GB 15579.1—2013”／“IEC 60974—1：2005”，弧焊电源输入电压为额定值和在整个调整范围。在不同工作条件下的额定空载电压不允许超过其如下规定的安全标准：

1）触电危险性较大的环境：直流 113V 峰值；交流 68V 峰值和 48V 有效值。

2）触电危险性不大的环境：直流 113V 峰值；交流 113V 峰值和 80 V 有效值。

3）对操作人员加强保护的机械夹持焊炬情况下：直流 141V 峰值；交流 141V 峰值和 100 V 有效值。

4）等离子切割：直流 500V 峰值。

同时综合考虑引弧、稳弧工艺需要，空载电压通常具体要求如下：

弧焊变压器：$U_0 \leqslant 80\text{V}$；

弧焊整流器、弧焊逆变器：$U_0 \leqslant 85\text{V}$；

弧焊发电机：$U_0 \leqslant 100V$。

一般规定空载电压不得超过 100V，在特殊用途中，若超过 100V 时必须备有自动防触电装置。

还应指出，上述空载电压范围是对下降特性弧焊电源而言的。在一般情况下，用于熔化极自动、半自动弧焊的平特性弧焊电源，具有较低的空载电压，并且必须根据额定焊接电流的大小做相应的选择。另外，对一些专用性的弧焊电源，例如，带有引弧（或稳弧）装置的不熔化极气体保护焊电源；在特殊条件下，如在锅炉体内或其他窄小的容器内，用于焊条电弧焊电源等，它们的空载电压应定得较低。有的国家对用于容器体内焊接的弧焊电源空载电压规定为 $U_0 \leqslant 42V$，附加引弧措施，以防止焊工触电。

3. 对弧焊电源稳态短路电流的要求

在弧焊电源外特性上，当 $U_f = 0$ 时对应的电流为稳态短路电流 I_{wd}，如图 2-3a 所示。

当电弧引燃和金属熔滴过渡到熔池时，经常发生短路。如果稳态短路电流过大，会使焊条过热，药皮易脱落，使熔滴过渡中因有大的积蓄能量而增加金属飞溅。但是，如果短路电流不够大，会因电磁压缩推动力不足而使引弧和焊条熔滴过渡产生困难。对于下降特性的弧焊电源，一般要求稳态短路电流 I_{wd} 对焊接电流 I_f 的比值范围为

$$1.25 < \frac{I_{wd}}{I_f} < 2 \tag{2-10}$$

显然，这个比值取决于弧焊电源外特性工作部分至稳态短路点之间的曲线形状（或斜率）。由上述可知，对于焊条电弧焊，为了使焊接参数稳定希望弧焊电源外特性的下降陡度大，即 K_W 较大为好，甚至最好采用恒流特性。与此同时，为了确保引弧和熔滴过渡时具有足够大的推动力，又希望稳态短路电流适当大些，即满足式（2-10）的要求。这就要求弧焊电源外特性，在陡降到一定电压值（5～10V 左右）之后转入外拖段，形成恒流（或陡降）带外拖的外特性。自外拖始点（拐点）到稳态短路点这区段，称之为短路区段。借助现代的大功率电子元件和电子控制电路，可以对这个短路区段进行任意的控制。其主要参数是拐点的位置和外拖线段的斜率或形状。图 2-9 所示为恒流带外拖外特性示意图。这是目前常用的两种基本形式：图 2-9a 外拖线段为一下倾斜线；图 2-9b 外拖为阶梯曲线。根据弧焊工艺方法和焊接参数的不同，只要适当调节短路区段的外拖拐点和斜率形状，便可有效地控制熔滴过渡和引弧过程，可以减少飞溅，从而得到优质的焊缝。

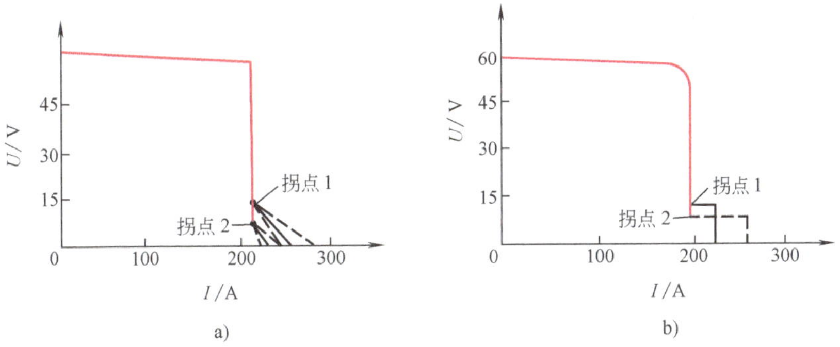

图 2-9　恒流带外拖外特性示意图

a）外拖为下倾斜线　b）外拖为阶梯曲线

实际上，这是弧焊电源利用静态特性对动态特性进行控制的一种体现。

2.1.4 弧焊电源外特性形状的分类

从电弧焊接工艺的要求出发，目前已研制出具有各种各样外特性形状的弧焊电源。表 2-1列出了常用弧焊电源外特性形状的种类及其应用的范围。

1. 下降特性

这种外特性的特点是，当输出电流在运行范围内增加时，其输出电压随着输出电流的增加而急剧下降。其工作部分每增加 100A 电流，其电压下降一般应大于 7V。根据斜率的不同又分为垂直下降（恒流）特性、缓降特性和恒流带外拖特性等。

（1）垂直下降（恒流）特性　垂直下降特性也叫恒流特性。其特点是，在工作部分当输出电压变化时输出电流几乎不变，见表 2-1 图 a。

（2）缓降特性　其特点是当输出电压变化时，输出电流变化较恒流特性的大。其中一种按接近于 1/4 椭圆的规律变化，见表 2-1 图 b；另一种缓降特性的形状接近于一斜线，见表 2-1 图 c。

（3）恒流带外拖特性　其特点是在其工作部分的恒流段，输出电流基本上不随输出电压变化。但在输出电压下降至低于一定值（外拖拐点）之后，外特性转折为缓降的外拖段，随着电压的降低输出电流将有较大的增加。而且外拖拐点和外拖斜率往往可以调节。除表 2-1 的图 d 之外，还有其他形式的外拖特性。

2. 平特性

平特性有两种：一种是在运行范围内，随着电流增大，电弧电压接近于恒定不变（又称恒压特性）或稍有下降，如平硬特性电压下降率为 1V/100A 或更小；一般平特性下降率为 3V/100A；或下降率小于 7V/100A，见表 2-1 图 e；另一种是在运行范围内随着电流增大，电压稍有增加（有时称上升特性），电压上升率应小于 10V/100A，见表 2-1 图 f。

3. 双阶梯形特性

这种特性的弧焊电源用于脉冲电弧焊。维弧阶段工作于L形特性上，而脉冲阶段工作于ㄱ形特性上。由这两种外特性切换而成双阶梯形特性，或称框形特性，见表 2-1 图 g。

应该特别说明的是，自进入电子、信息时代以来，弧焊电源的外（静）特性曲线不仅几乎可实现任意的形状，以适应不断发展的新弧焊工艺要求，而且还可由“静”（不随时间变化）变为“动”（可人为随时间变化）。

表 2-1　弧焊电源外特性形状的分类及其应用范围

外特性	下降特性			
图形	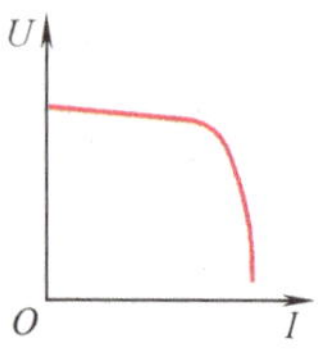 a)	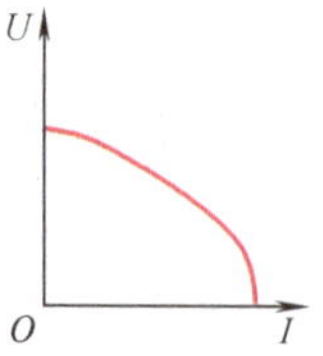 b)	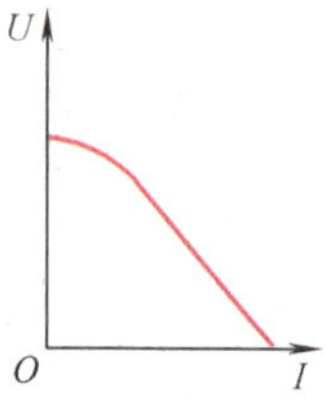 c)	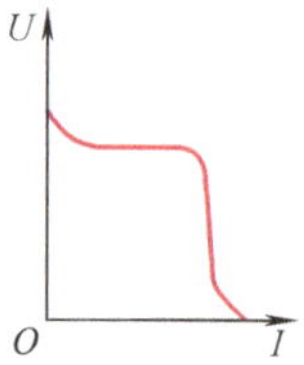 d)

（续）

外特性	下降特性			
特性	在运行范围内 $I_f \approx$ 常数，又称垂直下降特性或恒流特性	$U=f(I)$ 图形接近 1/4 椭圆，又称缓降特性，其焊接电流变化较恒流特性大	在运行范围内 $U=f(I)$ 图形接近一斜线，又称缓降特性	在运行范围内恒流带外拖，外拖的斜率和拐点可调节
一般适用范围	钨极氩弧焊，非熔化极等离子弧焊	一般焊条电弧焊，变速送丝埋弧焊，粗丝气保焊	一般焊条电弧焊，特别合适立焊、仰焊。粗丝 CO_2 焊，埋弧焊	一般焊条电弧焊

外特性	平特性		双阶梯特性
图形	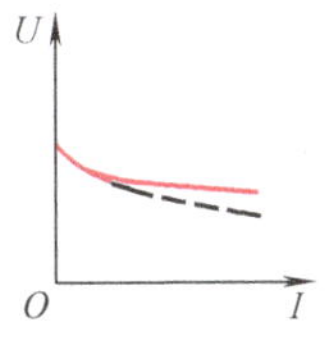 e)	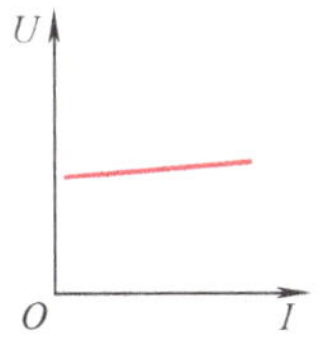 f)	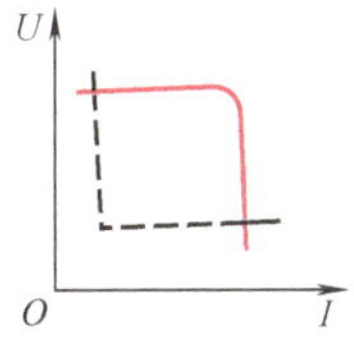 g)
特性	在运行范围内 $U \approx$ 常数，又称恒压特性，有时电压稍有下降	在运行范围内随电流增加电压稍有增高，有时称上升特性	由L型和⅂型外特性切换而成双阶梯外特性
一般适用范围	等速送丝的粗细丝气体保护焊和细丝（直径 <3mm）埋弧焊	等速送丝的细丝气体保护焊（包括水下焊）	熔化极脉冲弧焊，微机控制、数字化控制的脉冲自动弧焊

2.2 弧焊电源的调节特性

众所周知，焊接时需根据被焊工件的材质、厚度与坡口形式等选用不同的焊接参数，而与弧焊电源有关的焊接参数是电弧工作电压 U_f 和工作电流 I_f。为满足所需的 U_f 和 I_f，弧焊电源必须具备可以调节的性能。

2.2.1 弧焊电源的调节特性

如前所述，电弧电压和电流是由电弧静特性与弧焊电源外特性曲线相交的一个稳定工作点决定的。同时，对应于一定的弧长，只有一个稳定工作点。因此，为了获得一定范围所需的焊接电流和电压，弧焊电源的外特性必须可以均匀调节，以便与电弧静特性曲线在许多点相交，从而得到一系列的稳定工作点，如图 2-10 所示。弧焊电源能满足不同工作电压、电流需求的可调性能称为调节特性或调节性能。它是通过电源外特性的调节来体现的。

根据图 2-3，在稳定工作的条件下，电弧电流 I_f、电压 U_f、空载电压 U_0 和等效阻抗 Z 之间的关系，可表示为

$$\dot{U}_f = \dot{U}_0 - \dot{I}_f Z \tag{2-11}$$

或者

$$\dot{I}_f = \frac{\dot{U}_0 - \dot{U}_f}{Z} \tag{2-12}$$

由式（2-10）、式（2-11）可知，调节焊接参数，即在给定电弧电压时来调节电弧电流，或在给定电弧电流时调节电弧电压，都可以通过调节弧焊电源的空载电压 U_0 和等效阻

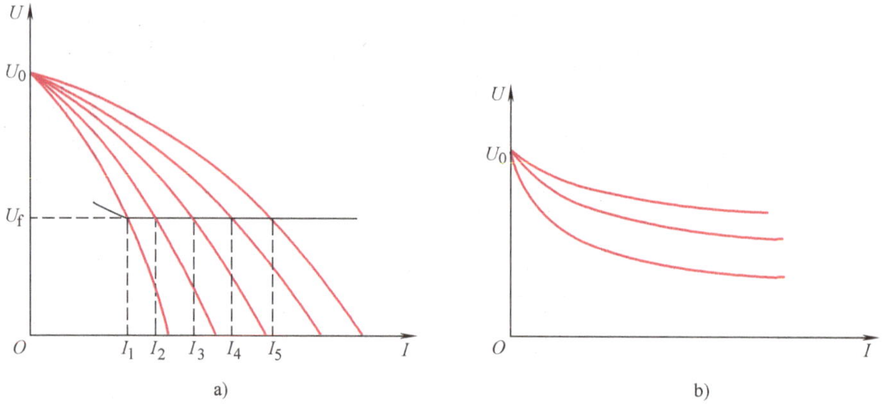

图 2-10　改变等效阻抗时的外特性

a）下降外特性　b）平外特性

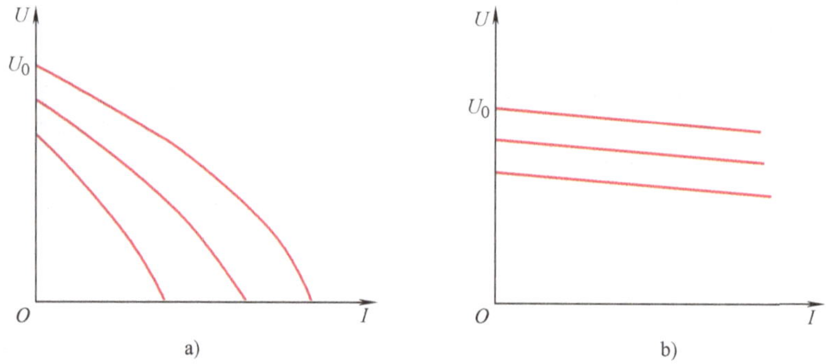

图 2-11　改变空载电压 U_0 时的外特性

a）下降外特性　b）平外特性

抗 Z 来实现。当 U_0 不变，改变 Z 时，便可得到一簇外特性曲线，图 2-10a 所示为所得一簇下降外特性，图 2-10b 为一簇平外特性。当 Z 不变，改变 U_0 也可得到如图 2-11 所示的外特性曲线簇。上述两种调节外特性的方式所表现出的调节性能是不同的。若能保证在所需的宽度范围内均匀而方便地调节参数，并能满足保证电弧稳定，焊缝成形好等工艺要求的，为调节性能良好。特别是后面的要求与焊接方法有关，所以应按不同焊接方法采取不同的外特性调节方式。

1. 焊条电弧焊

这种焊接方法所用为电流 I_f，它的调节范围不大，即使电弧电压 U_f 不变，也能保证得到所要求的焊缝成形，所以在焊接不同厚度的工件时，电弧电压一般是保持不变的，只调节焊接电流，一般要求交流弧焊电源空载电压 $U_0=(1.8\sim2.25)U_f$。因为 U_f 基本不变，U_0 不必做相应的改变。焊条电弧焊常用的弧焊电源调节外特性方式如图 2-10a 所示。但是，在小电流焊接时，电子热发射能力弱，需要靠强电场作用才能引燃

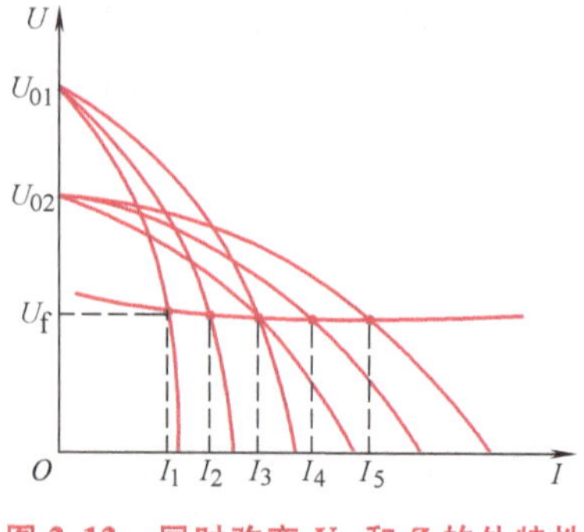

图 2-12　同时改变 U_0 和 Z 的外特性

电弧。这点对于交流弧焊电源尤其重要，为了使电弧稳定，在小电流焊时，需要较高的 U_0。在大电流焊时电子热发射能力强，U_0 可以降低，以提高功率因数，节省电能。若能这样改变外特性的，就称为具有合理调节性能的弧焊电源，如图 2-12 所示。

2. 埋弧焊

在自动焊中，一般当 I_f 增加时熔深随着增大，则要求增大 U_f 以使熔宽相应增加，从而保持合适的焊缝几何尺寸。当 U_f 增大时，则要求 U_0 相应提高，以使电弧稳定。因此埋弧焊宜采用图 2-11a 所示的调节外特性方式。

3. 等速送丝气体保护焊

电弧静特性为上升的熔化极气体保护焊，可选用平外特性的弧焊电源和等速送丝的焊机。因而图 2-10b 和图 2-11b 所示的弧焊电源外特性调节方式，可用于上述场合来调节电弧电压。以图 2-11b 所示方式调低 U_f 时，U_0 也随着产生相应幅度的降低。U_0 太低，则电弧不稳，因而用该方式调节 U_f 其调节范围有限，而用图 2-10b 所示方式时，因 U_0 不变有利于稳弧，允许在较大范围内调节 U_f，故调节性能优于前者。

2.2.2 可调参数

1. 下降外特性弧焊电源的可调参数

下降特性电源的可调参数，如图 2-13 所示。

（1）工作电流 I_f　它是在进行弧焊时的电弧（焊接）电流或这时弧焊电源输出的电流。

（2）工作电压 U_f　它是在焊接时，弧焊电源输出的负载电压。这时负载不仅包括电弧，还应包括焊接回路的电缆等在内。随着工作电流的增大，电缆上的压降亦增大。为保证一定的电弧电压，要求工作电压随工作电流增大。因而根据生产经验规定了工作电压与工作电流的关系为一缓升直线，称为负载特性。以便根据负载特性确定电源的电流或电压调节范围。在国家标准中规定的有关焊接方法的负载特性有：

1）焊条电弧焊和埋弧焊的负载特性。

当 $I_f \leqslant 600\text{A}$ 时，$U_f = (20 + 0.04I_f)\text{V}$

当 $I_f > 600\text{A}$ 时，$U_f = 44\text{V}$

2）TIG 焊和等离子弧焊的负载特性。

当 $I_f \leqslant 600\text{A}$ 时，$U_f = (10 + 0.04I_f)\text{V}$

当 $I_f > 600\text{A}$ 时，$U_f = 34\text{V}$

3）等离子切割。

当 $I_f \leqslant 300\text{A}$ 时，$U_f = (80 + 0.4I_f)\text{V}$

当 $I_f > 300\text{A}$ 时，$U_f = 220\text{V}$

4）等离子气刨。

当 $I_f \leqslant 300\text{A}$ 时，$U_f = (100 + 0.4I_f)\text{V}$

当 $I_f > 300\text{A}$ 时，$U_f = 220\text{V}$

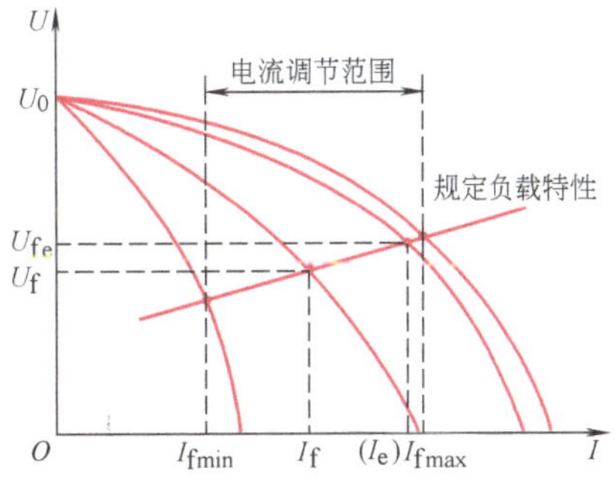

图 2-13　下降特性弧焊电源的可调参数

（3）最大焊接电流 I_{fmax}　是弧焊电源通过调节所能输出的与负载特性相应的最大电流。

（4）最小焊接电流 I_{fmin}　是弧焊电源通过调节所能输出的与负载特性相应的最小电流。

（5）电流调节范围　是在规定负载特性条件下，通过调节所能获得的焊接电流范围。通常要求：

$I_{fmax}/I_e \geqslant 1.0$

$I_{fmin}/I_e \leqslant 0.20$（TIG 焊要求 $I_{fmin}/I_e \leqslant 0.10$），$I_e$ 为额定焊接电流。

2. 平外特性弧焊电源的可调参数

平特性弧焊电源的可调参数，如图 2-14 所示。

（1）工作电流 I_f　它的定义与下降特性弧焊电源的 I_f 相同。在等速送丝 MIG/MAG/CO_2 焊时，焊接电流主要由送丝速度决定，与电压无关。

（2）工作电压 U_f　它的定义亦同于下降特性弧焊电源的 U_f。亦要求它随着 I_f 增大而加大，等速送丝 MIG/MAG/CO_2 焊和药芯焊丝自保护弧焊时，规定的负载特性为：

当 $I_f \leqslant 600A$ 时，$U_f = (14 + 0.05 I_f)V$

当 $I_f > 600A$ 时，$U_f = 44V$。

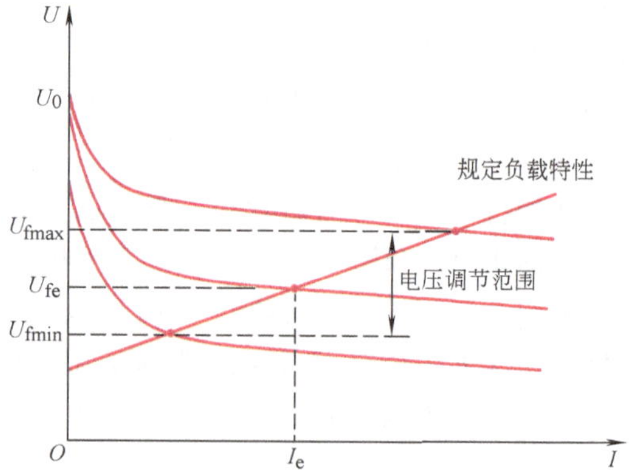

图 2-14　平特性弧焊接电源的可调参数

（3）最大工作电压 U_{fmax}　为弧焊电源通过调节所能输出的、与规定负载特性相对应的最大电压。

（4）最小工作电压 U_{fmin}　为弧焊电源通过调节所能输出的，与规定负载特性相对应的最小电压。

（5）工作电压调节范围　弧焊电源在规定负载条件下，经调节而获得的工作电压范围。

2.2.3　弧焊电源的负载持续率与额定值

弧焊电源能输出多大功率与它的温升有着密切的关系，因为温升过高，则弧焊电源的绝缘可能受到破坏，甚至会烧毁有关元件和整机。因而，在弧焊电源标准中对于不同绝缘级别规定了相应的允许温升。

弧焊电源的温升除取决于焊接电流的大小外，还决定于负荷的状态，即长时间连续通电还是间歇通电。例如，使用相同的焊接电流，长时间连续焊接，温升自然要高些；间歇焊接时，则温升就会低些。因而，同一容量的弧焊电源在断续焊时，它允许使用的电流就大些。对于不同的负荷状态，给弧焊电源规定了不同的输出电流。这里可以用负载持续率 *FS* 来表示负荷状态，即

$$FS = \frac{\text{负载持续运行时间 } t}{\text{负载持续运行时间 } t + \text{休止时间}} \times 100\% = \frac{t}{T} \times 100\%$$

式中，T 为弧焊电源的工作周期，它是负载持续运行时间 t 与休止时间之和。

弧焊电源的一个全工作周期定为 10min。负载持续率额定级原规定有 15%、25%、40%、60%、80% 和 100% 六种，按国家标准也曾规定为 35%、60% 和 100% 三种。焊条电弧焊电源一般取 60%，轻便型者可取 15%、25% 或 35%。自动或半自动弧焊电源一般取 100% 或 60%。按最新的标准规定，各制造厂家可根据市场和自己的产品特点与销售策略，自行设定负载持续率。

弧焊电源铭牌上规定的额定电流 I_e，就是指在规定的环境条件下，按额定负载持续率

FS_e 规定的负载状态工作，即在符合标准规定的温升限度下所允许的输出电流值。与额定焊接电流相对应的工作电压为额定工作电压 U_{fe}。

在弧焊电源的电流调节范围内，按不同的负载持续率 FS 工作时，所允许使用的焊接电流 I_f 是不同的。FS、I_f 与额定值 FS_e、I_e 的关系式为

$$I_f = I_e\sqrt{\frac{FS_e}{FS}}$$

2.3　弧焊电源的动特性

2.3.1　动特性问题的提出

上面所述是针对焊接电弧处于稳定的工作状态，即电弧长度、电弧电压和电流在较长时间内不改变自己的数值，处在静态的情况。然而，实际上用熔化极进行电弧焊时，电极（焊条或焊丝）在被加热形成金属熔滴进入熔池时，经常会出现短路。这样，就会使电弧长度、电弧电压和电流产生瞬间的变化。因而，在熔化极电弧焊时，焊接电弧对供电的弧焊电源来说，是一个动态负载。这就需要对弧焊电源动特性提出相应的要求。

所谓弧焊电源的动特性，是指电弧负载状态发生突然变化时，弧焊电源输出电压与电流的响应过程，可以用弧焊电源的输出电流和电压对时间的关系来表示，即 $u_f=f(t)$，$i_f=f(t)$，它说明弧焊电源对负载瞬变的适应能力。

只有当弧焊电源的动特性合适，才能获得良好的引弧、燃弧和熔滴过渡状态（即电弧稳定、飞溅少等），从而得到满意的焊缝质量。这对采用短路过渡的熔化极电弧焊来说，是特别重要的。

2.3.2　各种弧焊方法的负载特点及弧焊电源的动特性

对不熔化极电弧焊来说，由于它不是靠电极本身的金属来填充熔池的，在焊接过程中电极不熔化，而且常采用非接触方式引弧。由于电弧长度、电弧电压和电流基本上没有变化，因此，可以不考虑对弧焊电源动特性的要求。

然而，对熔化极电弧焊来说，电极（焊条或焊丝）被加热形成的金属熔滴进入熔池的过程，称为熔滴过渡。同时，随所采用的工艺方法和焊接参数不同，熔滴过渡就有各种形式，动负载的变化情况也各异，因此，对弧焊电源的动特性要求就有所不同。图 2-15a 为熔

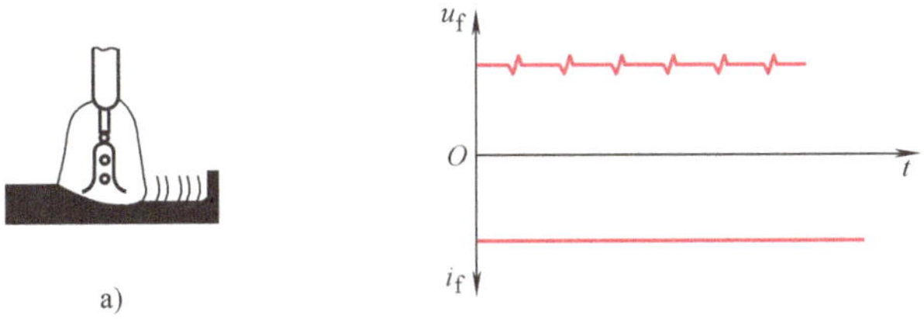

图 2-15　熔滴过渡形式和电弧电压、电流波形图

a）射流过渡

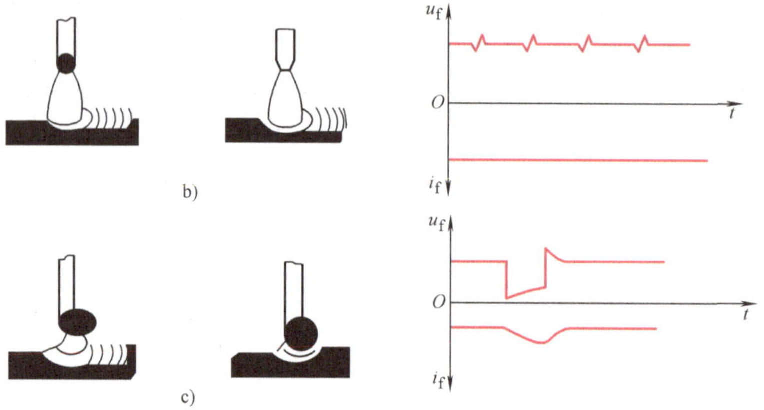

c)

图 2-15　熔滴过渡形式和电弧电压、电流波形图（续）

b）滴状过渡　c）短路过渡

滴以细颗粒高速进入熔池的射流过渡，图 2-15b 为熔滴以自由飞落方式进入熔池的滴状过渡。除滴状过渡时偶尔会出现大熔滴短路外，这两种情况的电弧电压和电流基本不变，可以把这时的电弧看成静态负载。因此，在上述情况下，对弧焊电源的动特性没有什么特殊要求。而短路过渡则不然，如图 2-15c 所示，由于它的电弧是较大变化的动负载，使弧焊电源常在空载、负载、短路三态之间转换，故需对弧焊电源的动特性提出要求。现用焊条电弧焊和细丝 CO_2 焊这两种典型的熔滴短路过渡为例来做进一步说明。焊条电弧焊采用短路引弧，在短路过渡的情况下，电源的电流和电压变化曲线如图 2-16 所示。焊接开始时，首先使焊条与工件短路（见图 2-16c 之 1），此时弧焊电源端电压迅速下降至短路电压 U_d。与此同时，电流迅速增至最大值 I_{sd}，然后又逐渐下降到稳定短路电流 I_{wd}。待焊条离开工件之后，弧焊电源电压迅速上升，电流迅速下降，形成了电弧，这是引弧过程，如图 2-16c 之 2 所示。在电弧稳定燃烧之后，焊条端部形成熔滴并

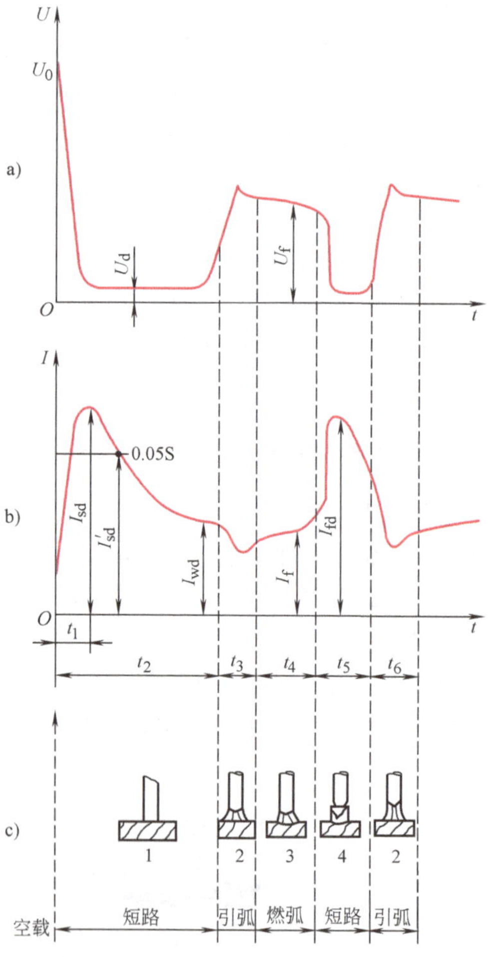

图 2-16　焊条电弧焊时，弧焊电源的电流和电压的变化曲线

I_{sd}—由空载至短路的瞬时电流峰值　I_{fd}—由负载至短路的瞬时电流峰值　I_{wd}—稳定短路电流　I'_{sd}—经 0.05s 后瞬时短路电流　U_d—短路电压　U_f—电弧电压

逐渐增大，电弧电压逐渐下降，电流逐渐上升，这是燃弧过程，如图 2-16c 之 3 所示。当熔滴把焊条与熔池短路（见图 2-16c 之 4）时，电弧瞬时熄灭，电压下降，电流又增至短路电流 I_{fd}，此时金属熔滴在重力和电磁压缩力的作用下进入熔池，这是短路过渡过程。待熔滴脱落之后，又进入电弧重新引燃阶段。如此周而复始，电弧电压和电弧电流就出现周期性的变化。在这里可以把整个循环过程概括成："空载—短路—负载"的引弧过程和"负载—短路—负载"的熔滴过渡过程。至于细丝 CO_2 焊熔滴短路过渡的情况，其典型的短路过渡过程的电压、电流波形，如图 2-17 所示。电弧引燃后焊丝端部形成熔滴（见图 2-17c 之 2），并逐渐增大（见图 2-17c 之 3、4），直至电弧间隙短路（见图 2-17c 之 5）。此时电弧熄灭，电压急剧下降，短路电流突然增大。熔滴在电磁压缩力作用下形成缩颈，并向熔池过渡（见图 2-17c 之 6、7）。熔滴脱落后电弧间隙的电压急剧增大到超过稳定的电弧电压，并重新引燃电弧（见图 2-17c 之 8）。以后重复整个循环。显然，这与焊条电弧焊短路过渡的情况相似，弧焊电源也工作在空载、短路、负载之间周期性地变换状态之中，而且频率更高。

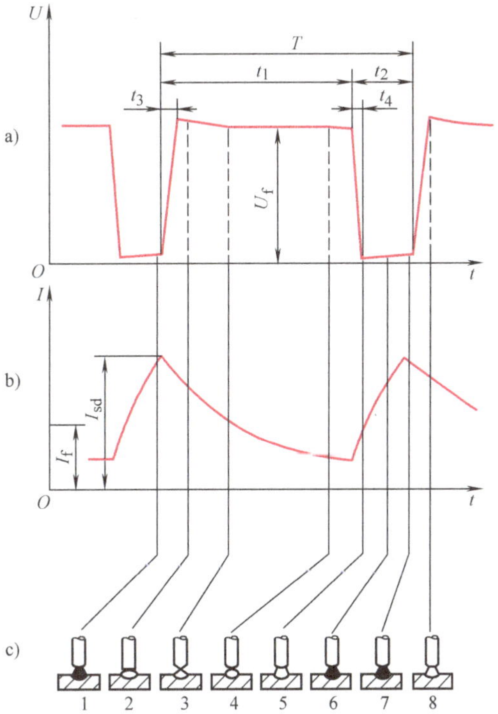

图 2-17　细丝 CO_2 焊短路过渡过程的电流、电压波形图

T—周期　t_1—电弧燃烧时间　t_2—短路电流峰值期

t_3—电压恢复时间　I_{sd}—短路电流峰值

I_f—平均焊接电流　U_f—电弧电压

通过前面两种弧焊方法的分析可知，随着电弧负载的变化，如图 2-16c、图 2-17c 所示，弧焊电源输出电压和电流的响应过程，即图 2-16a、b，图 2-17a、b 所示的曲线。这些曲线就是弧焊电源的动特性。由图可见，弧焊电源在动载作用之下不断地由一种稳态过渡到另一种稳态。例如，由"空载—短路—负载"及由"负载—短路—负载"的过渡，电流和电压不是跃变的而是逐渐变化的，且出现短路电流峰值；其中，由短路过渡到负载时，弧焊电源输出电压也有个恢复过程。短路电流的增长速度、短路电流峰值的大小和弧焊电源电压恢复的快慢，对焊接过程有重要影响。不同弧焊电源对上述电弧动载的响应过程不尽相同，即动特性曲线的形状是不一样的，这取决于电源本身的结构、原理和参数。需要了解弧焊电源动特性对焊接过程的影响，进而从保证引弧、燃弧、熔滴过渡能处于良好状态的客观要求出发，对弧焊电源动特性提出若干参考性的指标，用以指导弧焊电源的设计制造和评价电源对弧焊工艺过程的适应能力。

随着科技进步和工业生产的发展与升级以及市场的需求，为了满足超薄的镀锌板以及轻型铝合金、异种、复合等材料的焊接，实现低热能、无飞溅、精密优质焊接工艺的特殊需求，需要采用第 1 章所述的熔化电极冷电弧（Coldarc）焊接新工艺。而它配用的弧焊电源，就不再是上述仅取决于结构的动态性所能解决的，而是借助现代微电子、信息技术，设计专门的新型控制系统，在短路弧焊过程中降低电弧重燃时出现的局部能量高峰，让电弧“变冷”，成为“冷电弧”。它实质上也是一种短弧焊接过程，有周期性的短路阶段和燃弧阶段。详见第 7 章的 7.2.4 节。

2.3.3 弧焊电源动特性对焊接过程的影响及对它的要求

对弧焊电源动特性好坏的评定，就主观评定而言，是由人工试焊后做出的。所谓动特性好，一般指引弧和重新引弧容易，电弧稳定和飞溅少。就客观评定而言，是用仪器测定参数后做出评定的（按标准指标）。在这里，着重介绍焊条电弧焊电源和短路过渡的细丝 CO_2 焊用弧焊电源的动特性，对焊接工艺过程的影响及对其提出的参考指标。

1. 焊条电弧焊电源

（1）对瞬时短路电流峰值的要求　瞬时短路电流峰值，是当焊接回路突然短路时，输出电流的峰值如图 2-16 所示。一般需考虑由空载到短路和由负载到短路两种情况。

1）由空载到短路

① 瞬时短路电流峰值 I_{sd}。空载到短路电流时的 I_{sd} 影响开始焊接时的引弧过程。I_{sd} 太小，则不利于这时的热发射和热电离，使引弧困难；若此值太大，则造成飞溅大甚至引起工件烧穿。对它的要求指标，是以 I_{sd} 与稳定短路电流 I_{wd} 之比（I_{sd}/I_{wd}）来衡量。

② 0.05s 瞬时短路电流值 I'_{sd}。对于硅弧焊整流器，因短路电流过冲，存在的时间往往比较长，所以曾认为只考核 I_{sd} 是不够的，还需要考核短路过程开始后 0.05s 时的短路电流值 I'_{sd}，如图 2-16b 所示。I'_{sd} 大，则表示短路电流由峰值降下来的过程慢，短路电流冲击能量大，引起的飞溅严重，使工件烧穿的危险性大，它影响引弧性能。对它的要求指标，是以其与稳定短路电流之比（I'_{sd}/I_{wd}）来衡量。因 I'_{sd} 在实际应用中意义不大，故一般不考核。

2）由负载到短路的电流峰值 I_{fd}。它影响熔滴过渡的情况。I_{fd} 太大，则使熔滴飞溅严重，使焊缝成形变坏，甚至引起焊件烧穿、电弧不稳。I_{fd} 过小，造成功率不够，熔滴过渡困难。通常以其与稳定工作电流之比（I_{fd}/I_f）来衡量。

（2）对恢复电压最低值的要求　用焊条进行电弧焊开始引弧时，在焊条与工件短路被拉开后，即由短路到空载的过程中，由于焊接回路内电感的影响，弧焊电源电压不能瞬间就恢复到空载电压 U_0，而是先出现一个尖峰值（时间极短），紧接着下降到电压最低值 U_{min}，然后再逐渐升高到空载电压 U_0，图 2-18 所示为直流弧焊发电机典型的引弧过程电压波形图。由稳定短路状态突然拉开时的这个电压最低值 U_{min} 就叫作恢复电压最低值。

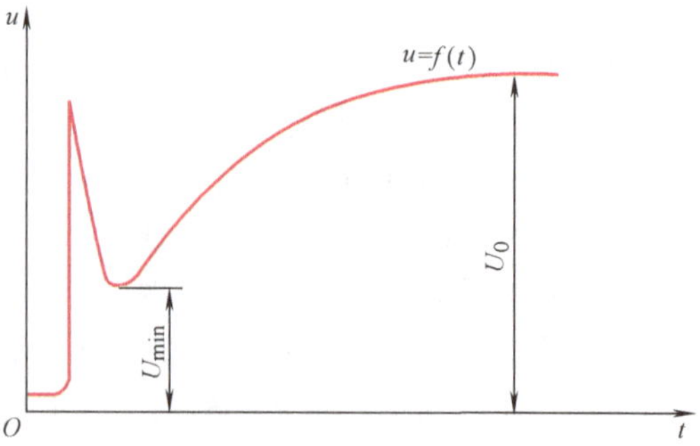

图 2-18　$u=f(t)$

在焊接过程中，熔滴将电弧间隙短路，当熔滴脱落过渡到熔池后，重新引弧过程中的弧焊电源电压变化与上述相似，也有 U_{min} 值出现。如果 U_{min} 过小，则不利于电子发射和电离，使熔滴过渡后的电弧复燃困难，所以对弧焊发电机的 U_{min} 应加以考核，提出要求。对弧焊整流器电源来说，其工作原理与弧焊发电机不同，因不存在这个电压最小值，故不必考核。

随着电子控制、数字化控制技术的不断发展和应用于弧焊电源，大幅度地提高、改善了它的动特性，而且几乎能够对它进行任意的控制，同时不同弧焊方法和各种新弧焊工艺的出现，加之动态参数的影响因素也特别多，很难用量化的指标来衡量和考核它的好与坏，因此在国家制定的新标准中，没有对其考核指标做出硬性规定。但是，为了加深对弧焊电源动特性的定性理解，还是把过去的部颁标准的弧焊整流器动特性指标列于表 2-2，仅供参考，不能作为判断动特性好与坏的唯一依据。

表 2-2　弧焊整流器动特性指标

项　目		整　流　器		指　　标
		电流/A	电压/V	
空载至短路	I_{sd}/I_f	额定值	$U_f=(20+0.04I_f)$	≤3
				≤5.5
		20%额定值		≤1.5
负载至短路	I_{fd}/I_f	额定值		≤2.5
		20%额定值		≤3

一般来说，弧焊变压器的动特性都没有问题，因此，不必考虑它的动特性。

2. 短路过渡细丝 CO_2 用弧焊电源

上面所介绍的弧焊电源动特性指标，是针对手工电弧焊下降特性弧焊电源提出的。对细丝 CO_2 焊平外特性弧焊电源动特性的指标，更无明确规定。这里只能介绍对这种弧焊电源动特性的一般要求。它主要包括短路电流增长速度、空载电压恢复速度和短路电流峰值，其中短路电流峰值对焊接过程的影响，前面已做分析这里不再重复。

（1）短路电流增长速度　从负载到短路的短路电流增长速度 di_{fd}/dt，是影响熔滴过渡过程的一个主要参数，这个参数过大或过小都是不利的。di_{fd}/dt 过小，则短路过渡频率减小，则熔滴过渡时的小桥难以断开，这将使短路时间延长，以致焊丝成段爆断，产生大颗粒金属飞溅，电弧难以复燃，甚至造成焊丝插入熔池直接与工件短路使电弧熄灭。di_{fd}/dt 过大，则造成大量小颗粒金属飞溅，焊缝成形不好，金属烧损严重。对于不同直径的焊丝，合适的短路电流增长速度是不同的，表 2-3 中列出了对它的推荐参考值。

表 2-3　推荐的短路电流增长速度

焊丝直径/mm	0.8	1.2	1.6
短路电流增长速度/($kA \cdot s^{-1}$)	50～150	40～130	20～75

弧焊整流器的短路电流增长速度往往很大，需在焊接回路串入可调的输出电抗器，以便对其控制。

（2）空载电压恢复速度　当短路阶段结束后，希望立即引燃电弧，以免焊接过程出现中断的情况，这就要求弧焊电源要有足够快的空载电压恢复速度。这一要求对平特性弧焊整流器来说，是不难实现的。

2.3.4　动特性指标问题讨论

上面所介绍的国内的弧焊电源动特性参考指标，在实行和试验研究过程中，发现与实际不尽符合，其测定方法也有待改进。在国际上，对动特性指标还没有统一的意见，一些国家的学者们仍在继续研究。在这里列举一些不同意见和做法，供大家讨论研究：

（1）在评定 MAG 焊引弧性能方面　有人采用如下综合性指标

$$\overline{X}_z = \frac{1}{n}\sum_{i=1}^{n} X_{zi} \qquad (n = 10) \qquad (2\text{-}13)$$

式中，X_{zi} 为某次引弧过程中断次数，如图 2-19所示；$\overline{X}_z$ 为 10 次引弧过程的中断平均次数。

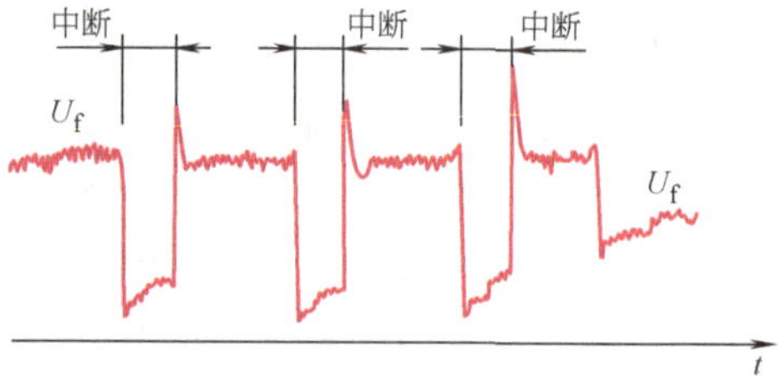

图 2-19　引弧过程电压波形

（图中所示为经过三次中断之后才引燃电弧）

自动化 MAG 焊对引弧性能的要求为：$\overline{X}_z \leqslant 3$，用于微机控制或机器人焊接的 MAG 焊，对引弧性能的要求为：$\overline{X}_z \leqslant 0.5$。

（2）用于焊条电弧焊的弧焊电源　熔滴短路时间：$t_1 = 10\text{ms} \pm 10\text{ms} \times 30\%$ 和电弧燃烧时间：$t_2 = 300\text{ms} \pm 300\text{ms} \times 30\%$ 时，希望由负载到短路的瞬时短路电流峰值 I_{fd} 能满足下列的要求，即

$$I_{fd} \leqslant I_{lin} = f(\phi_n)$$

式中，I_{lin} 为瞬时短路电流临界值（A）；ϕ_n 为焊条直径（mm）；$f(\phi_n)$ 为 I_{lin} 与焊条直径 ϕ_n 的关系，见表 2-4。

如果弧焊电源达到上述要求，可在一定程度上说明其动特性好，飞溅也较少。相反，当 $I_{fd} > I_{lin}$ 时，就可能出现较严重的飞溅，这是由于 I_{fd} 太大造成的。

表 2-4　不同碱性焊条直径（ϕ_n）与瞬时短路电流临界值（I_{lin}）关系

ϕ_n/mm	2	2.5	3.25	4	5	6
I_{lin}/A	145	175	215	300	400	600

思　考　题

1. 弧焊工艺对电源电气性能提出的要求是什么？
2. “电源—电弧”系统的稳定条件是什么？如何表示？
3. 弧焊电源的外特性是指什么？弧焊电源外特性可分为哪几种基本形状？如何定量划分？
4. 焊条电弧焊、钨极氩弧焊、等离子弧焊、埋弧焊、CO_2 焊各用什么形状的弧焊电源外特性？
5. 一般弧焊电源的空载电压数值在什么范围内？空载电压过高或过低有什么坏处？
6. 弧焊电源为什么要具备调节性能？如何调节？弧焊电源的负载持续率和额定电流的含义是什么？
7. 什么是负载特性？画图表示下降、平特性电源负载特性，并说明下降特性弧焊电源的电流调节范围以及平特性弧焊电源电压调节范围是如何确定的？
8. 熔滴过渡有哪几种形式，各有什么特点？是否都受弧焊电源动特性较大影响，为什么？
9. 画图分析，在焊条电弧焊、细丝 CO_2 短弧和冷电弧焊的过程中，弧焊电源输出电压、电流变化规律和特点及其受动特性的影响。
10. 弧焊电源的动特性是指什么？手弧焊整流器要求达到怎样的动特性指标？为什么？

弧焊变压器

第3章

内容提要：本章主要以一般变压器理论为基础，根据弧焊工艺的要求，阐明弧焊变压器的特殊性以及如何通过结构、机械控制方式获得陡降外特性和焊接参数的调节，并介绍常见弧焊变压器的结构、原理和特点。

弧焊变压器是一类交流弧焊电源，在各类电源中它占的比例最大，应用最广，结构最为简单，因而具有便于制造、使用可靠、易于维修、节约电能和价格低廉的优点。但采用弧焊变压器，因交流弧焊电源需重复引弧，不如直流电弧稳定，所以在弧焊技术发展的初期曾一度不被使用。随着焊接技术的发展，人们很快就创造出了许多能使交流电弧稳定的方法，诸如：适当提高弧焊变压器的空载电压，使焊接回路有一定电感，采用稳弧装置以及改善焊条药皮配方等。很早以前弧焊变压器已广泛用于焊条电弧焊、埋弧焊、钨极氩弧焊，遍及各个工业部门。

3.1 弧焊变压器的基本原理和分类

它是一类特殊的降压变压器，其基本原理与一般电力变压器相同，但为满足弧焊工艺要求而有以下特点：

1）为了稳弧要有一定的空载电压和较大的电感。

2）主要用于焊条电弧焊、埋弧焊和钨极氩弧焊，应具有下降的外特性，并通过结构设计获得。

3）为了调节电弧电流、电压，外特性应可调，并通过机械控制（机构调节）获得。

由上述特点可见，这类交流弧焊电源属于机械控制式。

3.1.1 基本原理

与普通变压器一样，可通过基本方程式、等效电路和矢量图三个方面来分析。主要是弄清空载电压的建立，获得下降外特性的原理和调节焊接参数的方法。

1. 基本方程式

（1）空载　如图3-1所示，在一次绕组上施加电压 $\dot{U}_1$ 产生了空载电流 $\dot{I}_0$ 和磁通 Φ_1。Φ_1 中的一部分经铁心闭合的为空载主磁通 Φ_0，它是耦合磁通；另一部分经空气闭合的为空载漏磁通 Φ_{L0}。Φ_0 分别与 W_1、W_2（一次、二次）绕组耦合，各产生感应电动势 $\dot{E}_{10}$、$\dot{E}_{20}$，在二次输出端输出空载电压 $\dot{U}_0$，上述电磁关系可表示为

$$\dot{U}_1 \rightarrow \dot{I}_0(\dot{I}_0 N_1) \rightarrow \Phi_1 \rightarrow \Phi_0 \begin{cases} \dot{E}_{10} \\ \dot{E}_{20} = \dot{U}_0 \end{cases}$$

$$\Phi_1 \rightarrow \Phi_{L0} \rightarrow E_{L0}$$

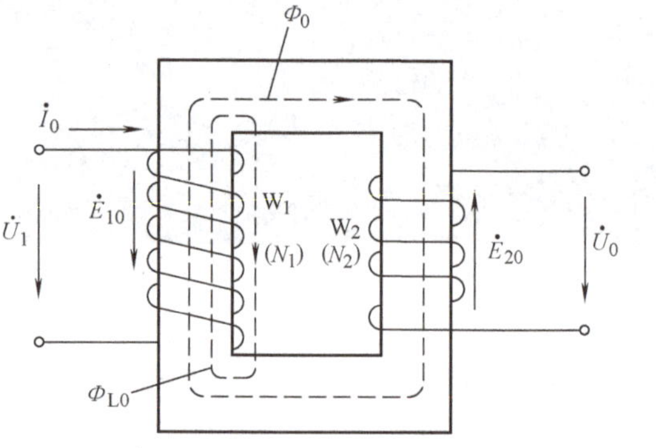

图 3-1 变压器空载运行情况

现讨论 $\dot{U}_0$ 与 $\dot{U}_1$ 之间的关系。由于变压器中的磁通可被看作是按正弦规律来变化的，故有

$$e_{10} = -N_1 \frac{\mathrm{d}\Phi_0}{\mathrm{d}t} = -N_1 \frac{\mathrm{d}(\Phi_{0m}\sin\omega t)}{\mathrm{d}t}$$
$$= -N_1\omega\Phi_{0m}\cos\omega t = N_1\omega\Phi_{0m}\sin(\omega t - 90°)$$

由上式可知，感应电动势在相位上总是滞后于磁通 90°。式中 $N_1\omega\Phi_{0m}$ 是 e_{10} 的最大值，故其有效值为

$$E_{10} = \frac{N_1\omega\Phi_{0m}}{\sqrt{2}} = 4.44fN_1\Phi_{0m} \tag{3-1}$$

式中，Φ_{0m} 为 Φ_0 的最大值（Wb）；N_1 为一次绕组的匝数。

同理有

$$\dot{E}_{20} = 4.44fN_2\Phi_{0m}$$
$$\dot{U}_1 \approx 4.44fN_1\Phi_{1m}$$

令 $\Phi_0/\Phi_1 = \Phi_0/(\Phi_0 + \Phi_{L0}) = K_M$，$K_M$ 为耦合系数，其值在 0～1 之间变化，它说明一次、二次绕组间耦合的紧密程度。若 $K_M = 1$，则 $\Phi_0 = \Phi_1$、$\Phi_{L0} = 0$，耦合得最好；若 $K_M = 0$，则 $\Phi_0 = 0$、$\Phi_1 = \Phi_{L0}$，耦合得最差。由以上式子得到

$$\frac{\dot{E}_{20}}{\dot{E}_{10}} = \frac{N_2}{N_1}$$

$$\frac{\dot{E}_{10}}{\dot{U}_1} = \frac{\Phi_{0m}}{\Phi_{1m}} = \frac{\Phi_0}{\Phi_1} = K_M$$

即

$$\dot{E}_{10} = K_M U_1$$

所以

$$\dot{E}_{20} = \frac{N_2}{N_1}\dot{E}_{10} = \dot{U}_1 \frac{N_2}{N_1} K_M = \dot{U}_0 \tag{3-2}$$

式（3-2）说明：有漏磁时，空载电压只是由耦合磁通 Φ_0（主磁通）建立的；当无漏磁时，$K_M = 1$ 则有

$$\dot{U}_0 = \frac{N_2}{N_1}\dot{U}_1 \tag{3-3}$$

在一般变压器理论中常忽略漏磁通，不讨论它的作用。而在弧焊变压器中，往往要人为地增大漏磁通来加以利用。

变压器空载时有漏磁通 Φ_{L0}，在一次绕组中也就产生了漏抗电动势 E_{L0} 或感抗压降 I_0X_1。根据克氏第二定律，可以写出变压器一次电路的复数电压方程式为

$$\dot{U}_1 = \mathrm{j}\dot{I}_0 X_1 + \dot{I}_0 R_1 - \dot{E}_{10}$$

即 $$\dot{E}_{10} = -\dot{U}_1 + \mathrm{j}\dot{I}_0 X_1 + \dot{I}_0 R_1 \tag{3-4}$$

式中，X_1、R_1 分别为一次绕组的漏抗和电阻。

（2）负载　如图 3-2 所示，在一次绕组上施加电压 $\dot{U}_1$，二次绕组与负载 R_{fz} 接通。于是在一次和二次回路各有电流 $\dot{I}_1$、$\dot{I}_2$ 和相应的磁势 $\dot{I}_1 N_1$ 和 $\dot{I}_2 N_2$。它们共同产生主磁通 Φ 并经铁心闭合，而又各自产生只与本身绕组匝链、经空气闭合的漏磁通 Φ_{L1} 和 Φ_{L2}。主磁通 Φ 穿过一次和二次绕组而分别感应电动势 $\dot{E}_1$ 和 $\dot{E}_2$。漏磁通 Φ_{L1} 和 Φ_{L2} 分别在一、二次绕组感生漏感电动势 $\dot{E}_{L1}$ 和 $\dot{E}_{L2}$，由于在各自的回路中可看作是感抗压降，因此，有漏磁的变压器可以看成为各在一、二次回路中串入电抗器（感抗值等于漏磁感抗）的一般变压器，如图 3-2b 所示。上述电磁关系可表示如下：

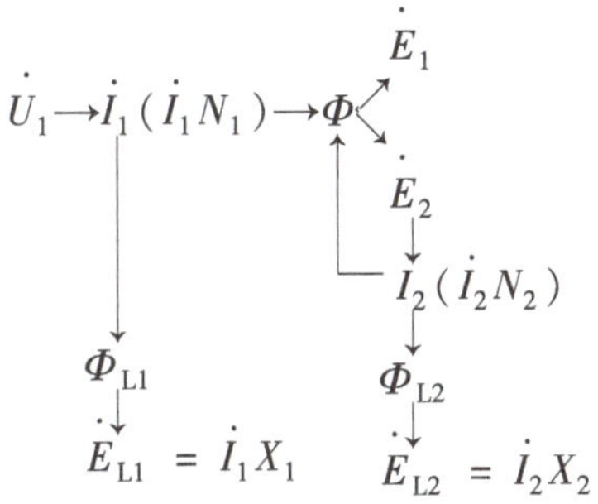

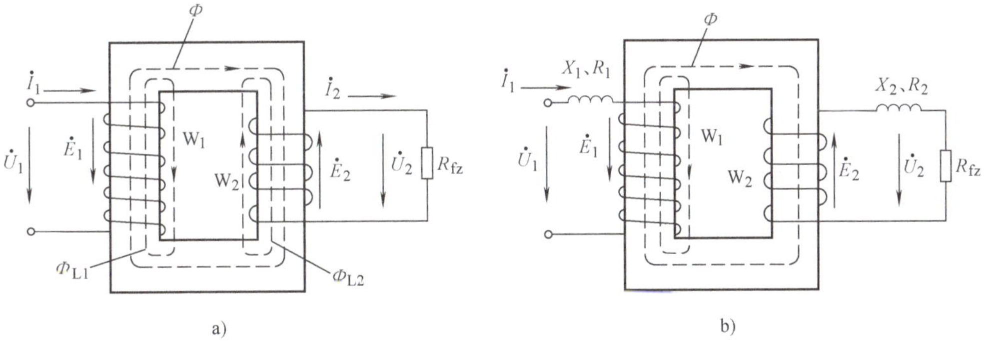

图 3-2　变压器负载运行时的原理图

a）原理图　b）等效电路图

弧焊变压器的外特性方程式推导：根据变压器基础知识，有

$$\dot{U}_1 = \mathrm{j}\dot{I}_1 X_1 + \dot{I}_1 R_1 - \dot{E}_1 \quad 即 \quad \dot{E}_1 = -\dot{U}_1 + \mathrm{j}\dot{I}_1 X_1 + \dot{I}_1 R_1 \tag{3-5}$$

$$\frac{\dot{E}_1}{\dot{E}_2} = \frac{N_1}{N_2} \quad 即 \quad \dot{E}_1 = \dot{E}_2 \frac{N_1}{N_2} \tag{3-6}$$

$$\dot{I}_0 N_1 = \dot{I}_1 N_1 + \dot{I}_2 N_2 \quad 即 \quad \dot{I}_1 = \dot{I}_0 - \dot{I}_2 \frac{N_2}{N_1} \tag{3-7}$$

将式（3-6）、式（3-7）代入式（3-5），得

$$\dot{E}_2=(-\dot{U}_1+j\dot{I}_0X_1+\dot{I}_0R_1)-j\dot{I}_2X_1\left(\frac{N_2}{N_1}\right)^2-\dot{I}_2R_1\left(\frac{N_2}{N_1}\right)^2 \tag{3-8}$$

令 $X_1\left(\frac{N_2}{N_1}\right)^2=X_1'$、$R_1\left(\frac{N_2}{N_1}\right)^2=R_1'$，并把式(3-4)代入式(3-8)得

$$\dot{E}_2=(-\dot{U}_1+j\dot{I}_0X_1+\dot{I}_0R_1)-j\dot{I}_2X'-\dot{I}_2R_1' \tag{3-9}$$

由于 $\dot{E}_{10}\frac{N_2}{N_1}=\dot{E}_{20}=\dot{U}_0$，故有

$$\dot{E}_2=\dot{U}_0-j\dot{I}_2X_1'-\dot{I}_2R_1' \tag{3-10}$$

若二次回路负载为具有感抗 X_K 的电抗器和电弧（见图 3-3），则有

$$\dot{U}_f=\dot{E}_2-j\dot{I}_2(X_2+X_K)-\dot{I}_2(R_2+R_K) \tag{3-11}$$

式中，X_2、X_K 分别为变压器二次绕组的漏抗和电抗器的感抗；R_2、R_K 分别为变压器二次绕组的电阻和电抗器的电阻。

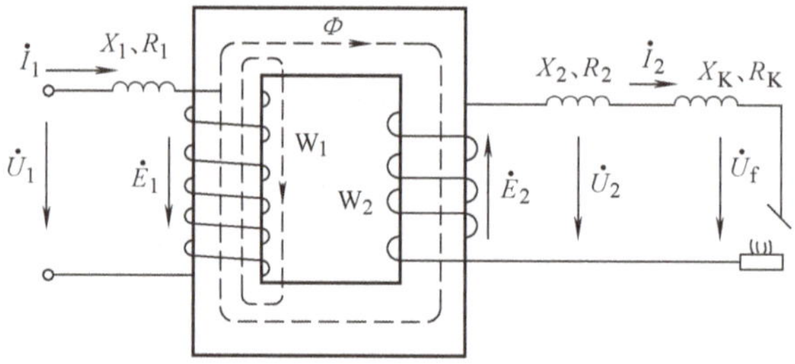

图 3-3 接有电抗器的弧焊变压器

将式（3-10）代入式（3-11）得

$$\dot{U}_f=\dot{U}_0-j\dot{I}_2(X_1'+X_2+X_K)-\dot{I}_2(R_1'+R_2+R_K) \tag{3-12}$$

令 $X_1'+X_2=X_L$ 为变压器总漏抗，而 R_1'、R_2 和 R_K 值较小可以忽略，且 $I_2=I_f$（I_f 为负载电流或电弧电流），则有

$$\dot{U}_f=\dot{U}_0-j\dot{I}_f(X_L+X_K) \tag{3-13}$$

令 $X_L+X_K=X_Z$，于是

$$\dot{U}_f=\dot{U}_0-j\dot{I}_fX_Z \tag{3-14}$$

根据以上所述可以得出以下结论：

1）式（3-12）、式（3-13）或式（3-14）是弧焊变压器的电压平衡方程式，也是弧焊变压器的外特性方程式。

2）式（3-12）说明不仅二次漏抗 X_2，而且一次漏抗 X_1（或 X_1'）也对二次的输出电压 $\dot{U}_f$ 有影响。X_1 和 X_2 的增大，都使变压器的外特性下降得更加陡。为什么一次漏抗却能影响二次侧的输出电压呢？因为一、二次侧虽为两个独立电路，二者间没有电的联系，但却有磁的联系，$\dot{E}_1$ 和 $\dot{E}_2$ 都是主磁通 Φ 感应得到的。漏磁通 Φ_{L1} 增加（即 X_1 增大），则主磁通

减少，相应地使 $\dot{E}_2$ 也减少，由式（3-11）不难看出，$\dot{U}_f$ 也随之减小。所以，无论增大 X_1 或 X_2 都有助于获得下降外特性。

3）在二次电路串联电抗器便有感抗 X_K，也可获得下降外特性。

4）弧焊变压器的外特性方程式也可以写成以下形式

$$\dot{I}_f = \frac{\sqrt{\dot{U}_0^2 - \dot{U}_f^2}}{X_L + X_K} \tag{3-15}$$

由式（3-15）容易看出，改变 X_L 或 X_K 可调节焊接电流 $\dot{I}_f$。

2. 等效电路

正如上述，变压器一、二次电路是靠主磁通联系起来的。根据式（3-12）可画出图 3-4a所示等效电路图，即用一个等效电路代替了两个相互间有磁联系的电路。通过它能更形象、更具体地理解弧焊变压器的工作原理。在图 3-4a 中，R_1' 及 X_1' 的意义也更明确，它分别是 R_1 和 X_1 的折算值，即将一次的参数 R_1、X_1 折算到二次电路中去。此外，根据式（3-14），可得到图 3-4b 所示的简化等效电路。

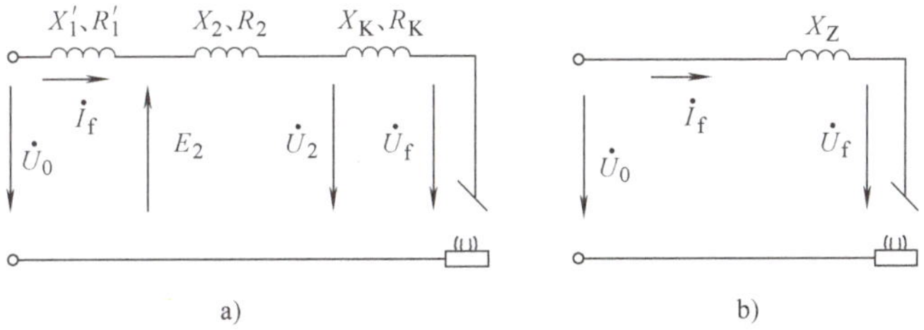

图 3-4 弧焊变压器的等效电路

a）一般等效电路 b）简化等效电路

3. 弧焊变压器的相量图

在上述分析的基础上，可以将弧焊变压器的各量按其大小和相位关系画出相量图，如图 3-5 所示。

图 3-5 是以空载主磁通 $\dot{\Phi}_0$ 为参考相量，它的方向与横轴正方向一致。由 $\dot{\Phi}_0$ 感应的电动势 $\dot{E}_{10}$、$\dot{E}_{20}$ 应比它滞后 90°。在忽略变压器的磁滞损耗条件下，可认为空载电流 $\dot{I}_0$ 与 $\dot{\Phi}_0$ 同相位。根据式（3-4），外加电压 $\dot{U}_1$ 由 $-\dot{E}_{10}$、$j\dot{I}_0X_1$ 和 $\dot{I}_0R_1$ 三个分量所平衡。因此从原点 O 开始，先作相量 $-\dot{E}_{10}$，再作导前于 $I_0$90°的 $j\dot{I}_0X_1$，继而作与 $\dot{I}_0$ 同相位的 $\dot{I}_0R_1$，此三个相量的合成量即为 $\dot{U}_1$。

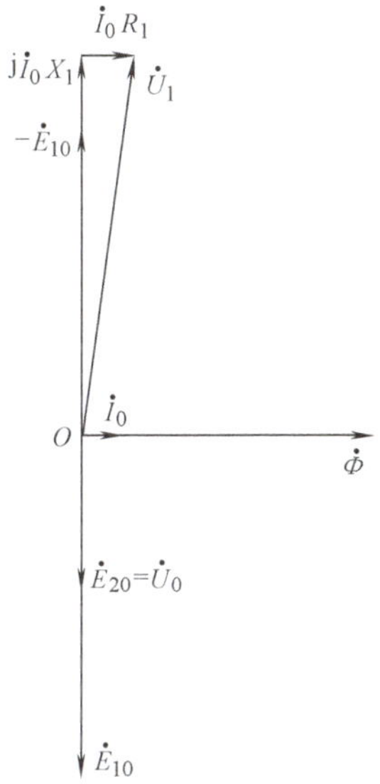

图 3-5 弧焊变压器空载时的相量图

图 3-6a 为弧焊变压器负载时的相量图。此图是以主磁通 $\dot{\Phi}$ 为参考相量。前已讲过，可近似认为空载电流 $\dot{I}_0$ 与 $\dot{\Phi}$ 同相

位，由 $\dot{\Phi}$ 感应的电动势 $\dot{E}_1$、$\dot{E}_2$ 均比它滞后90°。由于弧焊变压器的二次电路为感性，因而二次电流 $\dot{I}_2$ 比 $\dot{E}_2$ 滞后 φ_2 角。根据式（3-11），$\dot{E}_2$ 由 $\dot{U}_f$、$\dot{I}_2(R_2+R_K)$ 和 $j\dot{I}_2(X_2+X_K)$ 三个分量所平衡。因此，从原点 O 开始作电弧电压相量 $\dot{U}_f$。因为电弧可看作为一个电阻，所以 $\dot{U}_f$ 与 $\dot{I}_2$ 同相位。同理，$\dot{I}_2(R_2+R_K)$ 亦与 $\dot{I}_2$ 同相位。最后作相量 $j\dot{I}_2(X_2+X_K)$，它应比 $\dot{I}_2$ 导前90°。以上三个相量之和应等于 $\dot{E}_2$。

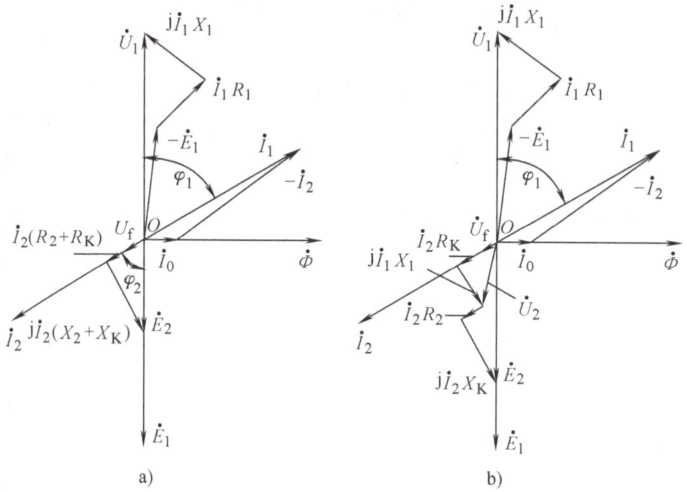

图 3-6　弧焊变压器负载时相量图

同时，根据式（3-7），则

$$\dot{I}_1 = \dot{I}_0 - \dot{I}_2\frac{N_2}{N_1}$$

令

$$\dot{I}_2\frac{N_2}{N_1} = \dot{I}_2'$$

则有

$$\dot{I}_1 = \dot{I}_0 - \dot{I}_2' \tag{3-16}$$

由式（3-16）可求得 $\dot{I}_1$ 相量：$\dot{I}_2'$ 与 $\dot{I}_2$ 相同，求 $\dot{I}_0$ 与 $-\dot{I}_2'$ 的相量和，即得 $\dot{I}_1$。根据式（3-5），求 $-\dot{E}_1$、$j\dot{I}_1X_1$ 和 $\dot{I}_1R_1$ 的相量和，即得 $\dot{U}_1$（作法与空载时相同）。

此外，式（3-11）还可写成以下形式

$$\dot{U}_f = \dot{E}_2 - \dot{I}_2(R_2 + jX_2) - \dot{I}_2(R_K + jX_K)$$

由于

$$\dot{E}_2 - \dot{I}_2(R_2 + jX_2) = \dot{U}_2$$

所以

$$\dot{U}_f = \dot{U}_2 - \dot{I}_2(R_K + jX_K)$$

根据上式，可把弧焊变压器负载时的相量图画成图3-6b所示形式，这样可以更加明了变压器各量之间的相互关系。

为了便于分析弧焊变压器的外特性，还可根据式（3-14）或图3-4b所示简化等效电路，画出弧焊变压器的简化相量图如图 3-7 所示。图中，以二次电流 $\dot{I}_f$ 为参考相量，电弧电压 $\dot{U}_f$ 与 $\dot{I}_f$ 同相，而 $j\dot{I}_f X_Z$ 则比 $\dot{I}_f$ 导前 90°。$\dot{U}_f$ 与 $j\dot{I}_f X_Z$ 的相量和即为 $\dot{U}_0$，于是 $\dot{U}_0$、$\dot{U}_f$ 和 $j\dot{I}_f X_Z$ 三个相量构成了以 $\dot{U}_0$ 为斜边的直角三角形。通过该直角三角形可以分析弧焊变压器的外特性形状。当 X_Z 不变而负载电阻减小时，使 $\dot{I}_f$ 和 $\dot{I}_f X_Z$ 值增大，图中直角三角形的顶点要沿着以 $\dot{U}_0$ 为直径的半圆往下移，如虚线所示，对应的 $\dot{U}_f$ 要减小。因此每改变一次 $\dot{I}_f$，可从图上求得一个相应 $\dot{U}_f$，即可作出如图 3-8 所示的外特性曲线。若改变 X_Z 为另一值，按上述方法可求得另一条外特性曲线。

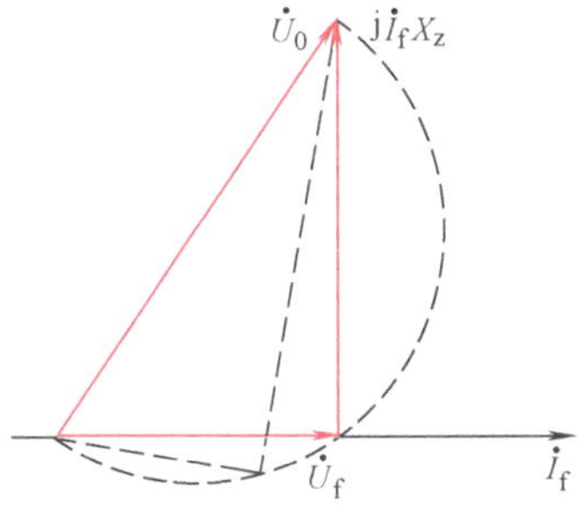

图 3-7 弧焊变压器的简化相量图

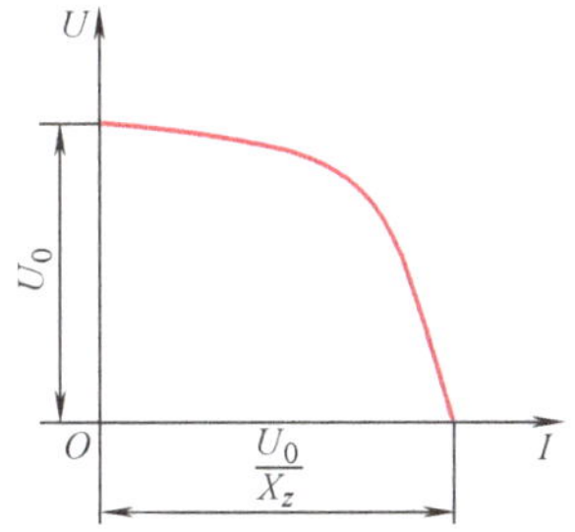

图 3-8 弧焊变压器的外特性

实际上，式（3-14）还可写成以下形式

$$\frac{I_f^2}{(U_0/X_Z)^2}+\frac{U_f^2}{U_0^2}=1 \tag{3-17}$$

不难看出，式（3-17）是个以 U_0/X_Z 和 U_0 为其长、短轴的椭圆。外特性曲线是该椭圆在第一象限的部分。X_Z 增大，则椭圆长轴——U_0/X_Z 变短，使外特性变陡。长轴长度代表短路电流值，即靠 X_Z 限制短路电路。式（3-17）称为表达弧焊变压器特性的椭圆方程。

3.1.2 弧焊变压器的分类

根据获得下降外特性的方法不同可分为：

（1）串联电抗器式 由正常漏磁（漏磁很少，可忽略）的变压器与串联电抗器构成，按结构不同又分为：

1）分体式。变压器和电抗器为独立的个体。BN 系列弧焊变压器及 BP-3×500 型多站弧焊变压器属于此类。

2）同体式。变压器与电抗器铁心组成一体，二者之间不但有电的串联，还有磁的联系。BX2 系列弧焊变压器属于此类。

（2）增强漏磁式 在这类变压器中人为地增大了自身的漏抗，而无须再串联电抗器。按增强和调节漏抗的方法不同又可分为：

1）动铁心式。在一、二次绕组间设置可动的磁分路，以增强和调节漏磁。BX1 系列弧焊变压器即属此类。

2）动线圈式。通过增大一、二次绕组之间距离来增强漏磁，改变绕组之间距离来调节漏抗。BX3 系列弧焊变压器属于此类。

3）抽头式。也是将一、二次绕组分开来增加漏磁，通过绕组抽头来改变绕组匝数以调节漏抗。BX6-120 型弧焊变压器属于此类。

3.2 串联电抗器式弧焊变压器

这类弧焊电源由变压器和电抗器所组成。前者为正常漏磁的普通降压变压器，将电网电压降至所要求的空载电压。变压器本身的外特性是接近于平的。为了得到下降外特性及调节电流需串联电抗器。下面将在介绍电抗器的基础上，再分别介绍分体式和同体式弧焊变压器。

3.2.1 电抗器

实际上它就是带铁心的线圈。当此线圈流过交流电流 I 时，有磁势 IN_K（N_K 为电抗器线圈匝数）在铁心中产生磁通 Φ_K。通常 Φ_K 是按正弦规律交变的，在线圈上有自感电动势 E_K 产生，$E_K=4.44fN_K\Phi_{km}$。E_K 在交流电路中起电抗压降作用，故 $E_K=IX_K$，即 $X_K=\omega N_K^2/R_m$。由此可见，改变 R_m 和 N_K 可以改变 X_K。按调节 X_K 的办法不同，电抗器可分为以下几种：

（1）调节空气隙式　它们的结构如图 3-9 所示，有双间隙与单间隙之分，都是靠改变磁路磁阻 R_m 来调节电抗的。磁路包含空气隙 δ 和铁心，因而磁阻也包含这两部分 $R_{m\delta}$ 和 R_{mFe}，即

$$R_m=R_{m\delta}+R_{mFe}=\frac{\delta}{\mu_0 S_\delta}+\frac{l}{\mu S_{Fe}}$$

式中，μ_0 和 μ 分别为空气和铁心材料的磁导率；δ 和 l 分别为磁路中空气隙的长度和铁心磁路的长度；S_δ 和 S_{Fe}则为空气隙中和铁心中磁路的截面积。

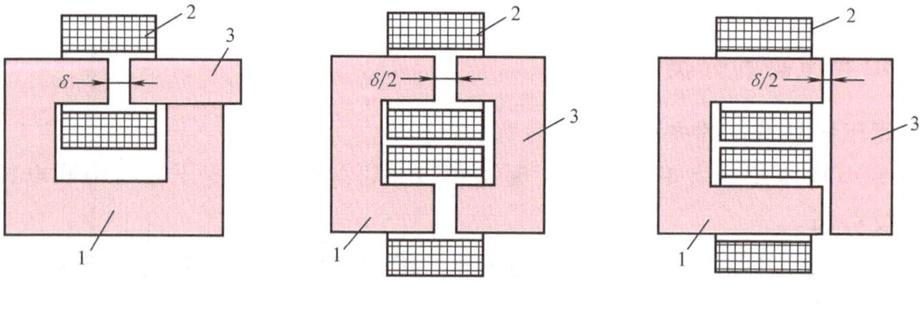

图 3-9　调节空气隙式电抗器

a）单气隙式　b)、c）双气隙式

1—定铁心　2—线圈　3—动铁心

由于 $\mu \gg \mu_0$，因此 $R_{mFe} \ll R_{m\delta}$，为简便可略去 R_{mFe}，且不考虑磁通经过空气隙段的扩散现象，可近似地取 $S_\delta=S_{Fe}$。于是有

$$X_K=\frac{\omega N_K^2}{R_{m\delta}}=\omega\mu_0\frac{N_K^2 S_{Fe}}{\delta} \tag{3-18}$$

由上式可知，空气隙 δ 增大，则 X_K 减小；反之亦然。

既然要靠改变空气隙的大小来调节电流，铁心就分为定铁心和动铁心两部分。当电抗线圈有电流通过时，这两部分铁心间就会出现强大的电磁吸力 F，而

$$F \propto B_\delta^2 S_\delta \text{ 以及 } B_\delta \propto I_f$$

式中，B_δ 为电抗器空气隙内的磁感应强度。

由于电流 I_f 是交变的，F 力的大小也随着变化，这就引起了动铁心的振动，这种电磁力常达数千帕。当调至小电流时 δ 很小，由振动引起 δ 和 X_K 的变化幅度相对较大，因此对焊接电流的影响则不可忽视，常导致电弧不稳。所以，除应设法锁紧动铁心以减轻其振动之外，还要限制最小空气隙和电流调节的下限。当然，振动还带来噪声并使动铁心传动机构易于损坏。这些是调节空气隙式电抗器的缺点。图 3-9b、c 所示的双间隙电抗器动铁心上受到的电磁力比图 3-9a 中所示单间隙的要大，振动也更严重。

此外，调节空气隙式电抗器磁路中，磁力线经过空气隙时不沿着铁心轴线方向而向周围扩散，同时线圈两端有一部分磁力线经空气形成回路（Φ_δ），如图 3-10 所示。这些方向杂乱的磁力线，有的以垂直方向穿过铁心的硅钢片和绕组铜线，从而增加了铜损、铁损而引起附加损耗。当间隙增大时，附加损耗也增大。显然，双气隙式比单气隙式的附加损耗更大。

当 δ 改变时 X_K 的变化，如图 3-11 所示。X_K 的上限受到 δ 下限的限制（考虑振动问题）。另一方面由图可见，δ 大到一定程度后其调节作用不灵敏了，这是由于电抗器中只有经铁心闭合的那部分磁通才受 δ 的影响，当 δ 较大时这部分磁通很少，就起不到主要作用所致。因而改变 δ 达到的电流调节范围是有限的。双气隙电抗器 δ 的调节范围比单气隙大一倍，对应的电流调节范围也大，但是电流的调节不及单气隙均匀。

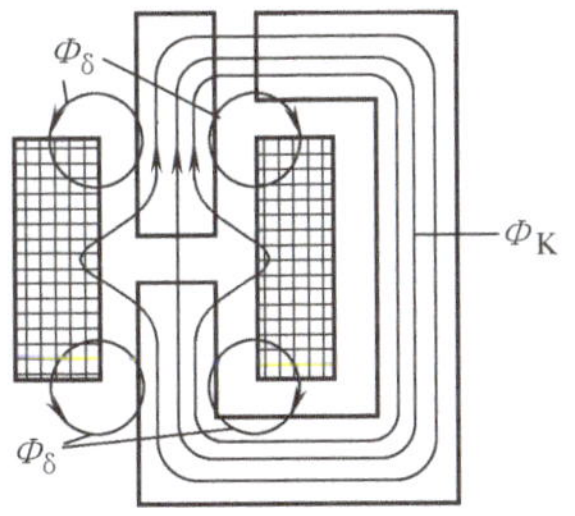

图 3-10　电抗器磁力线分布情况

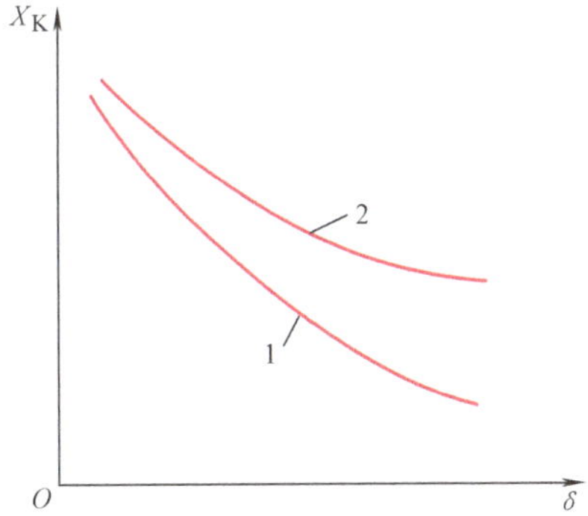

图 3-11　X_K 与 δ 的关系曲线

1—双气隙　2—单气隙

单气隙电抗器优点较多，故应用较广，双气隙电抗器适用于大容量弧焊变压器。总之，调节空气隙式电抗器能均匀调节电流，结构简单，在生产中得到实际应用。当然，它存在铁心振动，附加损耗大的缺点。

（2）调节线圈式　其结构如图 3-12 所示。它的优点是没有活动铁心，无振动问题，结构简单。由式（3-18）可知：$X_K \propto N_K^2$，改变 N_K 可调 X_K，但只能做有级调节，故应用不广。

（3）饱和电抗器　其结构如图 3-13 所示。铁心中无空气隙和活动铁心，因而避免了上

述电抗器的缺点。磁路磁阻为

$$R_m = \frac{\varphi}{\mu S_{Fe}}$$

式中，S_{Fe}是不可调的铁心磁路截面积，只有通过改变铁心材料的磁导率μ来调节。

我们知道，铁磁材料的μ是随其饱和程度而变化的。因此，在铁心上除两侧心柱套有电抗线圈之外，中间心柱上还设有直流控制绕组。改变后者流过的直流电流的大小，可改变铁心饱和程度，从而改变μ及R_m，即调节了X_K，用这种电抗器可实现均匀的、大范围的调节，且易于控制，容易实现远距离调节电流；又因没有振动而电流稳定，故多用于要求较高的场合。国产的钨极交流氩弧焊机中即采用了这种电抗器。其缺点是耗用材料较多，体积、质量较大。随着电子控制式弧焊电源的发展和推广应用，这种磁控的弧焊变压器已很少生产和使用。

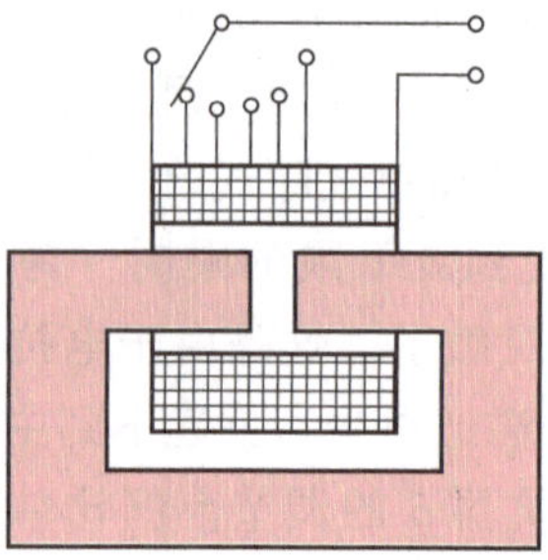

图 3-12　调节线圈圈数的电抗器

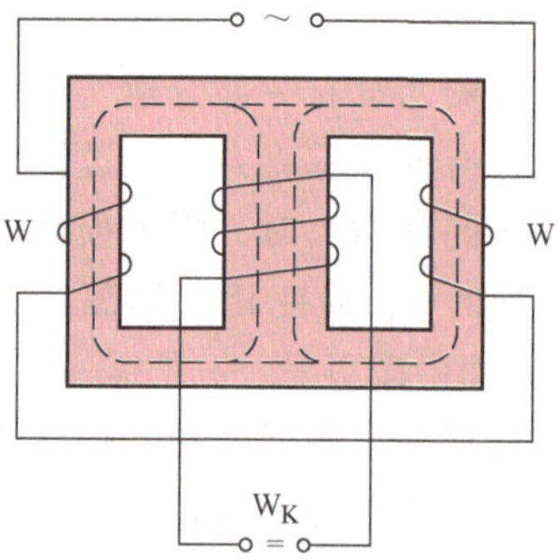

图 3-13　饱和电抗器

3.2.2　分体式弧焊变压器

它由变压器和电抗器两种独立部件组成，只是将其串联使用，故称为分体式。它可供作为单站和多站交流弧焊电源，分别介绍于下。

1. 单站分体式弧焊变压器

这种弧焊电源供单个焊工使用，故称为单站式。

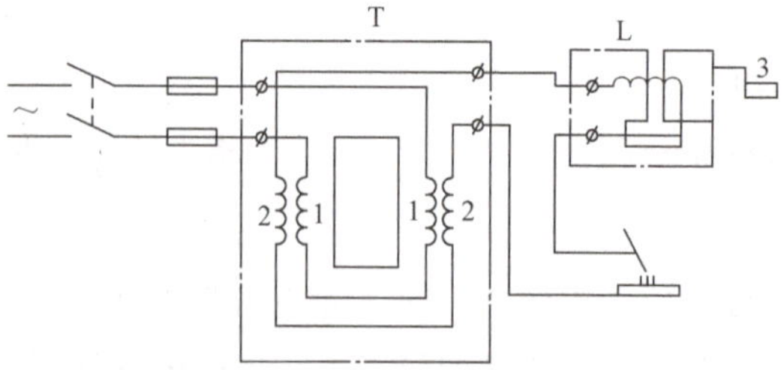

图 3-14　BN 型弧焊变压器结构示意图

（1）结构特点　如图 3-14 所示，由变压器 T 和电抗器 L 组成。变压器一次绕组 1 和二次绕组 2 共同绕在二侧心柱上。一次、二次绕组之间磁的耦合紧密，漏磁很少。L 为电抗器，装有连着传动机构的手柄 3，摇动它可调节空气隙的大小。

（2）工作原理　主要讨论空载电压的建立，如何获得下降外特性以及怎样限制短路电流的问题。

1）空载。这时电抗器线圈内没有电流，铁心内无磁通，线圈两端没有电压。空载电压全靠变压器建立。因为变压器内部漏磁可略去，即 $K_M \approx 1$，按式（3-3）有

$$U_0 = \frac{N_2}{N_1} U_1$$

2）负载。因变压器内部漏磁很少，漏抗 X_1、X_2 可以略去不计；一次和二次绕组的电阻 R_1 和 R_2 也可略去不计，则分体式弧焊变压器负载时的等效电路可用图 3-15 表示。所以，在有负载电流时，其二次电压 U_2 几乎不随电流大小而变化，与空载电压近似于相等，即

$$U_2 \approx E_2 \approx U_0$$

$U_2 = f(I_f)$ 几乎是条水平线，如图 3-16 中线 1 所示，这种弧焊变压器的外特性方程式为

$$U_f = U_0 - jI_f X_K$$

或

$$U_f = \sqrt{U_0^2 - (I_f X_K)^2}$$

随着 I_f 增大，感抗压降亦增，故输出的电压 U_f 下降。外特性曲线如图 3-16 中曲线 2 或 3 所示。

3）短路。这时 $U_f = 0$，$I_f = I_{wd}$（I_{wd}为稳定短路电流），从外特性方程可得

$$I_{wd} = U/X_K$$

即靠 X_K 限制短路电流。

（3）规范调节　根据

$$I_f = \frac{\sqrt{U_0^2 - U_f^2}}{X_K}$$

$$U_0 = \frac{N_1}{N_2} U_1$$

$$X_K = \omega\mu_0 \frac{N_K^2 S_\delta}{\delta}$$

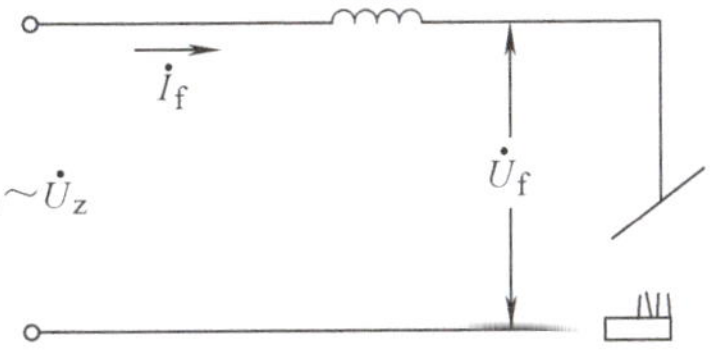

图 3-15　分体式弧焊变压器等效电路图

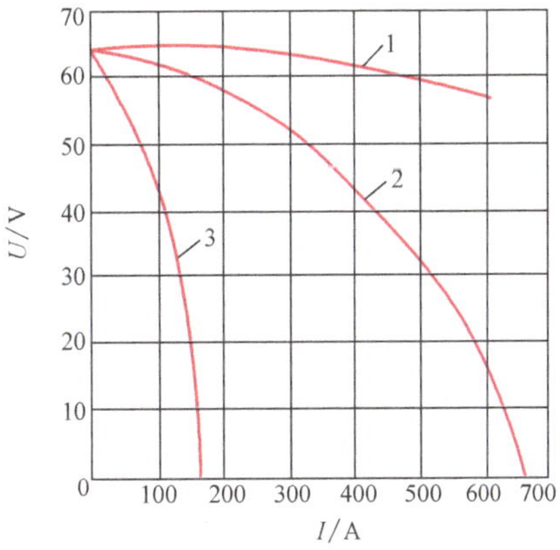

图 3-16　BN-500 型弧焊变压器外特性

可知：通过改变匝数 N_1 或 N_2 调节 U_0 进而可调 I_f。但这样要靠减小 U_0 来使 I_f 减小，不利于稳弧，且只能实现有级调节，因而一般不宜采用。在这类弧焊变压器中是靠调节电抗器铁

心空气隙 δ 来调节电流的。当 δ 减小，使 X_K 增大，从而 I_f 减小。当 δ 由最大调至最小时，外特性曲线从图 3-16 中曲线 2 均匀改变至曲线 3。

这种弧焊变压器的优点是，变压器和电抗器可分别使用，易于搬动。但缺点也是明显的：小电流时电弧稳定性差，结构不紧凑，消耗材料较多，所以目前已不生产。

2. 多站分体式弧焊变压器

（1）结构特点　在造船、锅炉等工厂的焊接车间，焊接生产任务繁重，往往可以采用多站式弧焊变压器集中供电。这种弧焊变压器本身必须是平的外特性，当要求电流自零增至额定值时，变压器端电压的降低不超过空载电压的 5%。这样可使各焊接站之间互不影响。否则，若采用具有下降外特性的变压器，只要有一个焊接站先开始焊接，则因电源输出电压已降至电弧电压，使其他焊接站无法引弧，即便是各站能同时引弧，但在焊接过程中各站焊接电流也不能稳定，将随同时工作的站数及各站电流的变化而变化，显然，这是不允许的。

尽管多站式弧焊变压器本身的外特性是平的，而各焊接站在焊接时仍要求有下降的外特性，以及各自能独立地调节焊接电流。因而各焊接站需另串电抗器 L，其供电电路如图 3-17 所示。

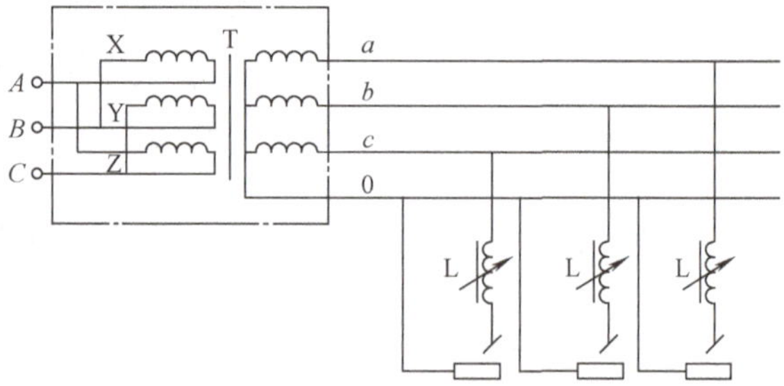

图 3-17　多站弧焊变压器供电方式

焊条电弧焊电源以短期重复方式工作（即焊接与休止相交替）。各个焊接站的焊接与休止时间往往是交错的，因此采用多站集中供电方式可提高设备利用率。一台多站式电源所能供应的站数可用下式计算

$$n = \frac{I_{de}}{KI_{me}}$$

式中，n 为可供站数；I_{de} 为多站弧焊电源的额定电流；I_{me} 为每站所需额定电流；K 为同时利用系数（一般可取 0.6）。

采用多站式供电有下列优点：节省设备投资，经常处于满载工作状态而提高了设备利用率，便于管理、维护，减少供电容量，减少占用车间生产面积。但也有以下缺点：焊接电路是低压供电，线路能量损耗大，焊接站不可随便移动而灵活性差，工作可靠性差。因此应视具体情况权衡利弊而选用。

（2）产品介绍　国产有 BP-3×500 型（旧型号为 BM-3×500），由一台具有正常漏磁的三相降压变压器和 12 个调节空气隙式电抗器组成，可供 12 个焊接站使用。由于存在上述缺点和条件所限，这种弧焊变压器应用不多。

3.2.3　同体式弧焊变压器

1. 结构特点

这种弧焊电源的结构如图 3-18 所示。下部是变压器，上部是电抗器，各自的结构与分体式相同。图中将变压器一、二次绕组画成上下叠绕是为了一目了然，实际上是同轴缠绕，一次绕组在内层，二次绕组在外层。与分体式不同之处在于，将电抗器置于变压器之上共用中间磁轭，以达到节省材料的目的。但是二次绕组 W_2 与电抗绕组 W_K 以不同极性串联时，

空载电压值和对铁心中间公用磁轭尺寸的要求将是不同的。

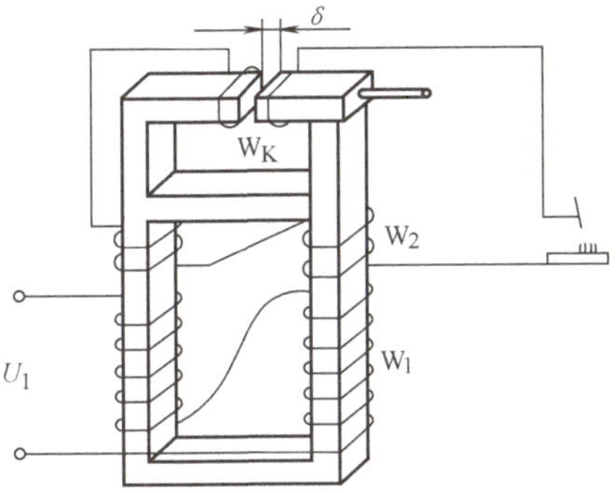

图 3-18　同体式弧焊变压器结构示意图

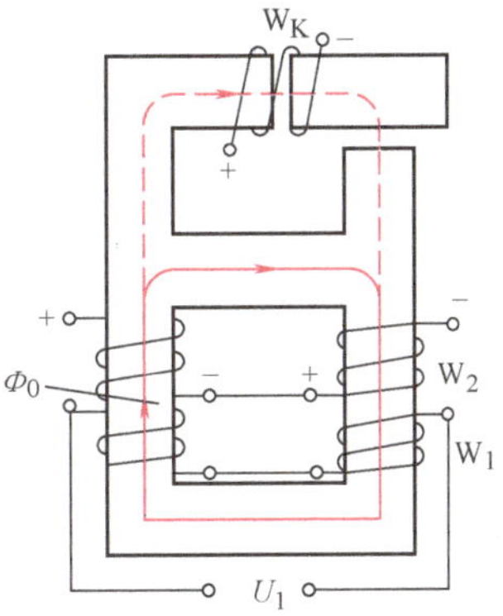

图 3-19　空载时磁通分布

2. 工作原理

(1) 空载　设空载磁通 Φ_0 的正方向如图 3-19 箭头所示。它绝大部分经中间共用磁轭闭合，如图 3-19 中实线所示。因另一条磁路中有空气隙，磁阻很大，所以 Φ_0 中只有极少部分经上部气隙穿过 W_K 而闭合，如图 3-19 中虚线所示。各部分空载磁通在二次绕组 W_2 和电抗绕组 W_K 上感应的空载电动势 E_{20}、E_{K0} 的极性如图 3-19 中正、负号所示（按右手螺旋定则确定，右手拇指指向磁通方向，另外四指所指由负到正即为规定的感应电动势正方向。不同绕组对应的正极性端或对应的负极性端称之为同名端）。我们知道，W_2 应与 W_K 串联使用，但有两种串联方式：一种是令 E_{20} 与 E_{K0} 相加，即为顺联（将两者的非同名端连在一起），如图 3-20a 所示，这时 $U_0=E_{20}+E_{K0}$；另一种是令 E_{20} 与 E_{K0} 相减，即为反联（将两者的同名端连在一起），如图 3-20b 所示，这时 $U_0=E_{20}-E_{K0}$。由此可见，由于共用磁轭变压器与电抗器有磁的联系，W_K 也参与建立空载电压。但是 Φ_0 中穿过 W_K 的份额是很小的，故 $E_{K0} \ll E_{20}$，E_{K0} 值不超过 3V。粗略地说，可以仍认为 $U_0 \approx E_{20}$，故顺、反联对空载电压的影响并不是主要的。

(2) 负载　如图 3-20 所示，负载时 W_2 与 W_K 串联，有 I_f 流过二次电路。变压器一、二次绕组共同建立主磁通，因变压器漏磁可以忽略，负载时变压器主磁通即等于空载磁通 Φ_0。为分析方便，将 Φ_0 中穿过 W_K 的部分略去。W_K 中有 I_f 流过，产生磁通 Φ_K，W_K 中电流方向及 Φ_K 方向如图 3-20 中箭头所示。当然，Φ_K 的大部分经中间公用磁轭闭合，但也有少量经变压器铁心穿过 W_1、W_2 绕组。因为后者磁路长，磁阻大，故分配的磁通份额较小。为了简便将这部分磁通也略去（所以图中并未画出）。顺联（见图 3-20a）与反联（见图 3-20b）相比 W_K 中电流方向不同，其产生的 Φ_K 方向相反，以致在中间公用磁轭中与 Φ_0 的关系不同。顺联时中间磁轭中总磁通 $\dot{\Phi}$ 为 $\dot{\Phi}_0$ 与 $\dot{\Phi}_K$ 之差，如相量图 3-20c 所示，结果 $\dot{\Phi} > \dot{\Phi}_0$。反联时中间磁轭总磁通 $\dot{\Phi}$ 是 $\dot{\Phi}_0$ 与 $\dot{\Phi}_K$ 之和，如相量图 3-20d 所示，结果 $\dot{\Phi} < \dot{\Phi}_0$。由此可见，采用反联则中间磁轭中总磁通不会大于 Φ_0，中间磁轭虽公用，但不必加大截面积，是比较合理的。因此这类产品都是将 W_2 与 W_K 反向连接。

在忽略了上述次要磁通后，它的工作原理与参数调节同于分体式，这里不再赘述。与分体式相比，不同之处在于结构紧凑、省料，但要笨重些。由于用于小电流时有电弧不够稳定的缺点，故宜做成大、中容量的电源，作为焊条电弧焊、埋弧焊电源。它应用很广，我国以及美国、俄罗斯都有这类产品。

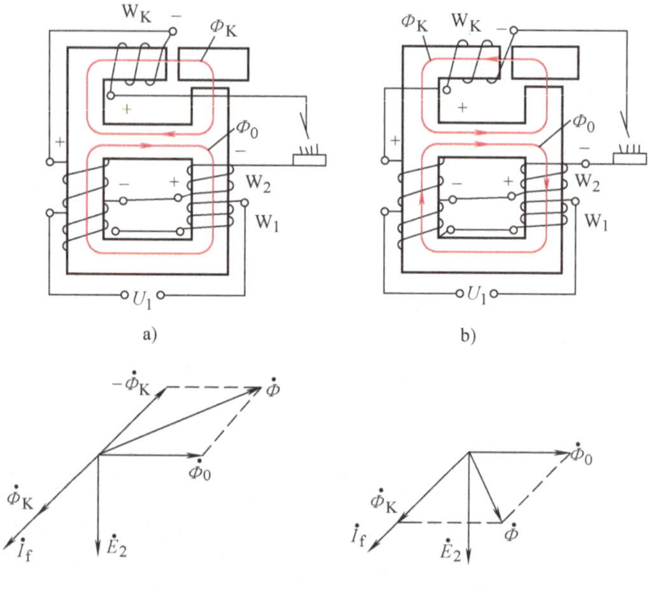

图 3-20 同体式弧焊变压器顺联、反联比较

a）顺联接线图 b）反联接线图 c）顺联相量图 d）反联相量图

3. 产品介绍

国产同体式弧焊变压器有两个系列：

BX 系列有 BX-500 型（旧型号为 BA-500 型），用于焊条电弧焊，靠手摇传动机构调节电流。

BX2 系列（旧型号为 BC 系列）有 BX2-500、BX2-700、BX2-1000 和 BX2-2000 型。后两种型号因容量大，调节机构笨重，故配备有三相交流电动机以驱动电流调节机构，这样也便于遥调。前两种型号分手动和电动调节两种，可供选用。BX2 系列弧焊变压器主电路图如图 3-21 所示，一次绕组备有抽头，电网电压正常时将点 81 与 80 连接使用。当电网电压降低时，应改为将点 79 与 82 连接使用，此时减少了一次绕组匝数以保持应有的空载电压。

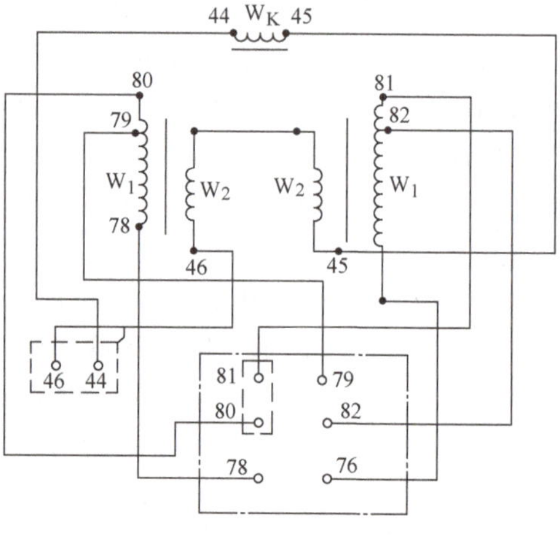

图 3-21 BX2-500、BX2-1000、BX2-2000 型弧焊变压器主电路

3.3 动铁心式弧焊变压器

1. 结构特点

它是一种增强漏磁式弧焊变压器，靠增强本身漏磁来获得下降外特性，其结构如

图 3-22所示。为增加漏磁需使一次绕组 W_1 和二次绕组 W_2 耦合得不紧密。由图 3-22 可见，W_1 和 W_2 是各自分开绕在变压器铁心 Ⅰ 上的，二者之间相距 δ_{12}，并且在 W_1、W_2 之间设有铁心 Ⅱ，用它构成磁分路，以减小漏磁磁路磁阻，从而使漏磁显著增强。铁心 Ⅱ 可以移动，进出于铁心 Ⅰ 的窗口（在图中是垂直于纸面移动）以调节漏磁，故称为动铁心式。

2. 工作原理

（1）空载　这时在一次绕组 W_1 的两端施加电压 U_1，建立了磁通 Φ_1，它可分成如下三部分：

$$\dot{\Phi}_1 = \dot{\Phi}_0 + \dot{\Phi}_{L1} + \dot{\Phi}_{fL1}$$

式中，Φ_0 是经过变压器铁心闭合，并与 W_1、W_2 耦合的主磁通；Φ_{L1} 是经过空气闭合，只与 W_1 本身耦合的漏磁通；Φ_{fL1} 是由于设置动铁心（磁分路）而增加的漏磁通，称为一次附加漏磁通。

磁通分布如图 3-23 所示。变压器空载电压是由 Φ_0 穿过 W_2 感应建立的，所以

$$U_0 = \frac{N_2}{N_1} K_M U_1$$

即：U_0 不仅与 W_2/W_1 有关，还与 K_M 有关。动铁心位置不同，Φ_{L1} 不变，而 Φ_{fL1} 是要随着变化的。当动铁心移出变压器铁心窗口时，Φ_{fL1} 磁路的磁阻增大，使 Φ_{fL1} 减小、K_M 增大，于是 U_0 增大；反之，则 U_0 减小。由于动铁心位置不同，U_0 有几伏的差别。

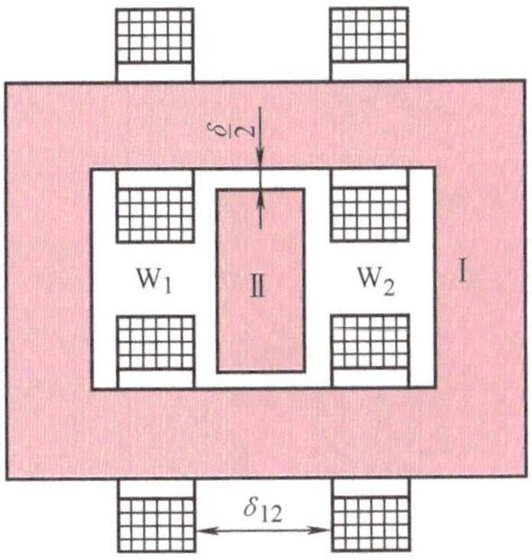

图 3-22　动铁心式弧焊变压器结构

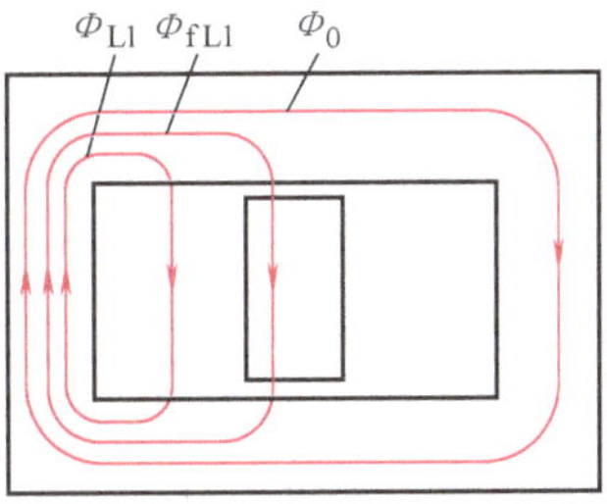

图 3-23　空载时磁通分布

（2）负载　这时除了一次绕组上施加有电压 U_1，而磁势 I_1N_1 能产生磁通之外，二次绕组接通负载而有电流 I_f、磁势 I_fN_2 也能产生磁通，它们的分布如图 3-24a 所示。变压器主磁通 Φ 是由一、二次绕组磁势共同建立的。此外，各自产生漏磁通 Φ_{L1}、Φ_{L2} 和附加漏磁通 Φ_{fL1}、Φ_{fL2}，而有对应的漏抗 X_{L1}、X_{L2} 和附加漏抗 X_{fL1}、X_{fL2}。其等效电路如图 3-24b 所示。图 3-24b 中变压器总漏抗 X_{ZL} 为

$$\begin{aligned} X_{ZL} &= X'_{L1} + X_{L2} + X'_{fL1} + X_{fL2} \\ &= \left(\frac{N_2}{N_1}\right)^2 X_{L1} + X_{L2} + \left(\frac{N_2}{N_1}\right)^2 X_{fL1} + X_{fL2} \\ &= X_L + X_{fL} \end{aligned}$$

式中，$X_L = \left(\frac{N_2}{N_1}\right)^2 X_{L1} + X_{L2}$，是变压器漏抗；$X_{fL} = \left(\frac{N_2}{N_1}\right)^2 X_{fL1} + X_{fL2}$，是变压器附加漏抗。

其外特性方程式是

$$\dot{U}_f = \dot{U}_0 - j\dot{I}_f X_{ZL}$$

或

$$U_f = \sqrt{U_0^2 - I_f^2 X_{ZL}^2}$$

即靠变压器本身具有的总漏抗获得下降外特性。

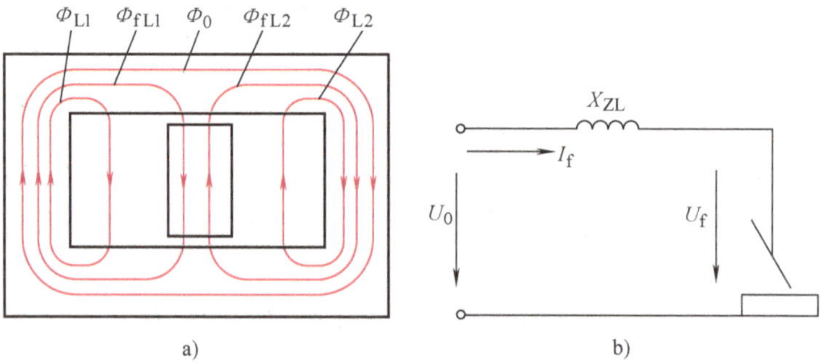

图 3-24　负载时磁通分布及其等效电路图

a）负载时磁通分布　b）等效电路

（3）短路　这时 $U_f=0$，$I_f=I_{wd}$，从外特性方程式可得

$$I_{wd} = \frac{U_0}{X_{ZL}}$$

即靠 X_{ZL} 限制短路电流。

3. 规范调节

根据

$$I_f = \frac{\sqrt{U_0^2 - U_f^2}}{X_{ZL}}$$

$$U_0 = \frac{N_2}{N_1} K_M U_1$$

可知，通过改变 X_{ZL} 可调节 I_f。具体地说，是通过移动动铁心来调节 X_{ZL}；X_L 与动铁心位置无关，所以这只是调节了 X_{fL}。前已讲过

$$X \approx \frac{\omega N^2}{R_m}$$

所以

$$X_{fL} \propto \frac{\omega N_2^2}{R_m}$$

式中，R_m 是附加漏磁通所经磁路的磁阻。如图 3-24 所示，磁路包含铁心部分和空气隙部分。由于铁心内磁阻远小于空气隙的磁阻，为了简便略去前者只计后者，即 $R_m \approx \delta/\mu_0 S_\delta$。于是

$$X_{fL} \propto \mu_0 \omega \frac{N_2^2 S_\delta}{\delta}$$

式中，μ_0 是空气的磁导率；δ 是变压器铁心与动铁心之间空气隙的长度；S_δ 是变压器铁心与动铁心之间空气隙的截面积，它近似等于动铁心的有效截面积（动铁心位于变压器铁心

窗口内那一部分的截面积）。

动铁心形状有矩形和梯形两种。前者如图 3-25a 所示，它与静铁心的配合如图 3-25b 所示。当动铁心移出时，δ 不变，而 S_δ 减小使 X_{fL} 减小；同时，K_M 增大使 U_0 增大，因而促使 I_f 增大，外特性曲线往右移。外特性调节范围如图 3-26 中实线所示。梯形动铁心如图 3-27a 所示，它与静铁心的配合如图 3-27b 所示。当动铁心位置不同，不仅 S_δ 而且 δ 也跟着改变。动铁心在最里位置时 δ 很小，近于零，因而 X_{fL} 最大值比矩形动铁心的大，电流调节的下限较小。动铁心在最外位置时 δ 比矩形铁心的大，X_{fL} 最小值比矩形铁心的小，因而电流调节的上限较大。其外特性调节范围如图 3-26 中虚线所示，电流调节范围比矩形动铁心的大。矩形动铁心式弧焊变压器，由于改变动铁心位置，电流调节范围不够宽，还要辅以改变二次绕组匝数进行粗调，使用不够便利，而且也消耗材料多。梯形动铁心式性能比较优越，在我国和日本已广为应用。国内已停止生产矩形动铁心式弧焊变压器。

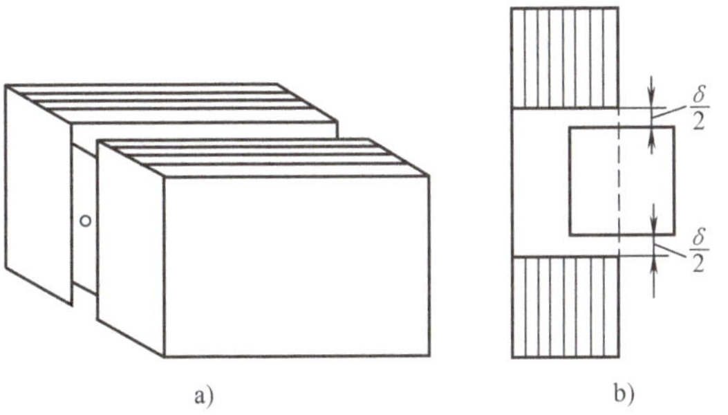

图 3-25　矩形动铁心及其静铁心的配合

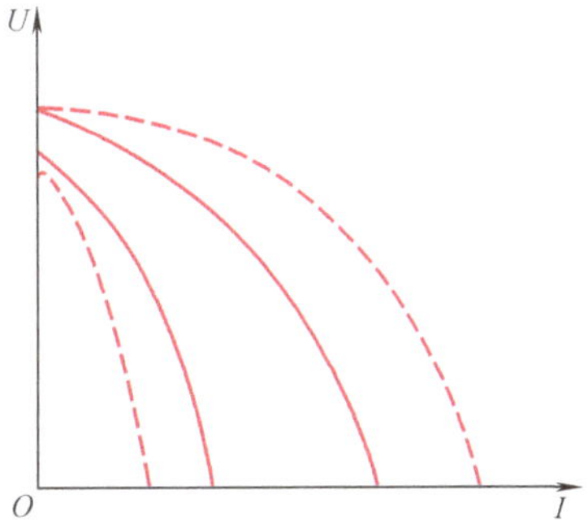

图 3-26　外特性调节范围比较

4. 产品介绍

动铁心式弧焊变压器也存在动铁心振动的问题。但作用在两个气隙处电磁力的垂直分量 F_H 与 F'_H 可以抵消，如图 3-28 所示。因此，振动很轻微，几乎无噪声，不致影响焊接电流的稳定。这类变压器由于内部漏抗足够大，不必用电抗器，从而节省了原材料的消耗。同时，结构简单，易造好用，颇受欢迎。但由于它有两个空气隙，使附加损耗较大，故宜于做成中、小容量的产品。

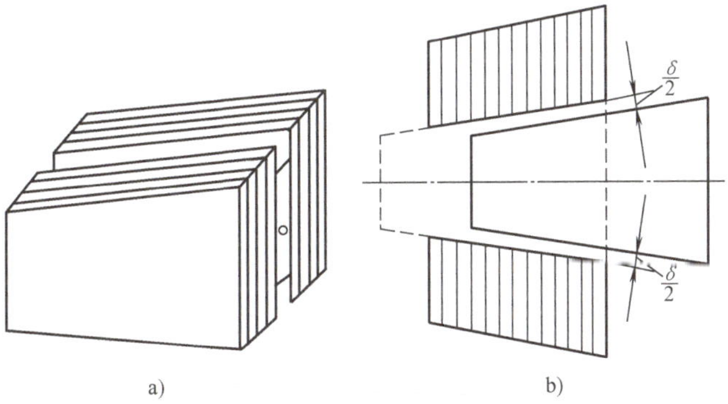

图 3-27　梯形动铁心及其静铁心的配合

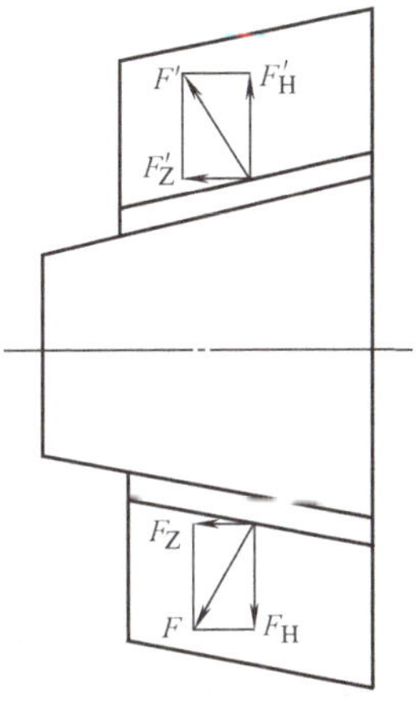

图 3-28　动铁心上的电磁力

国产动铁心式弧焊变压器目前有 BX1 系列，包括 BX1-135、BX1-300、BX1-500 型，它们的动铁心是梯形的。

现以 BX1-300 型弧焊变压器为例，其结构及原理电路如图 3-29 所示，外特性及其调节范围如图 3-30 所示。仅需移动动铁心以调节电流，其调节范围颇为宽广，达到了 75～400A，在整个范围内均匀可调，而且电流的变化与活动铁心移动距离近于呈线性关系。

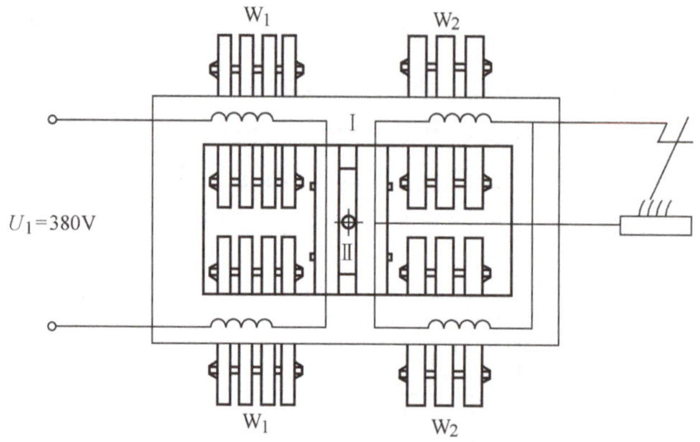

图 3-29　BX1-300 型结构原理图

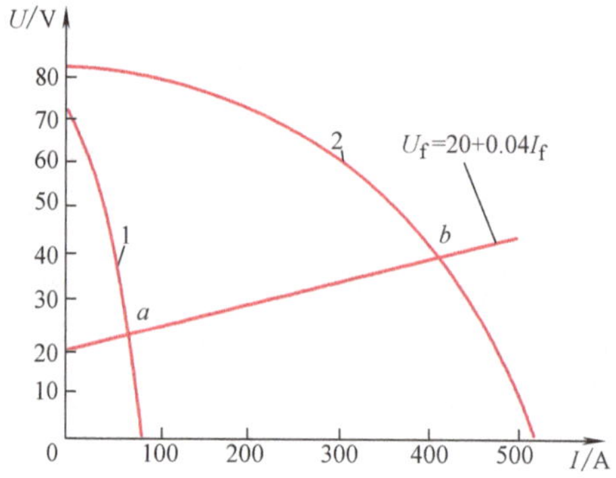

图 3-30　BX1-300 型外特性

1、2—外特性曲线

3.4　动线圈式弧焊变压器

1. 结构特点

动线圈式弧焊变压器结构如图 3-31 所示。它的铁心形状特点是高而窄，在两侧的心柱上套有一次绕组 W_1 和二次绕组 W_2。W_1 和 W_2 是各自分开缠绕的。W_1 在下方是固定不动的；W_2 在上方是活动的，摇动手柄可令其沿铁心柱上下移动，以改变其与 W_1 之间的距离 δ_{12}。由于铁心窗口较高，δ_{12}可调范围较大。这种结构特点，使得一次绕组与二次绕组之间磁的耦合不紧密而有很强的漏磁。由此所产生的漏抗就足以得到下降外特性，而不必附加电抗器。

2. 工作原理

它与动铁心式同属增强漏磁式，共同特点是变压器一、二次绕组间磁耦合不紧密。不同之处在于，动线圈式在绕组间无动铁心作磁分路，而代之以绕组之间距离较大而且可调。因而动线圈式弧焊变压器中，只有经空气闭合的漏磁而没有经动铁心闭合的附加漏磁，其余工作原理则与动铁心式相同。

（1）空载　这时一次绕组磁势产生了磁通 Φ_1，其大部分经铁心闭合，同 W_1、W_2 匝链为空载主磁通 Φ_0；少部分经空气闭合只与 W_1 本身匝链为漏磁 Φ_{L1}。它们分布情况如图 3-32 所示。故

$$U_0 = \frac{N_2}{N_1} K_M U_1$$

$$K_M = \Phi_0 / \Phi_1$$

（2）负载　这时一、二次绕组都有磁势，共同建立了主磁通 Φ，又各自产生漏磁 Φ_{L1}、Φ_{L2}，如图 3-33 所示，而产生漏抗 X'_{L1}、X_{L2}，变压器总漏抗为

$$X_{ZL} = X'_{L1} + X_{L2} = \left(\frac{N_2}{N_1}\right)^2 X_{L1} + X_{L2}$$

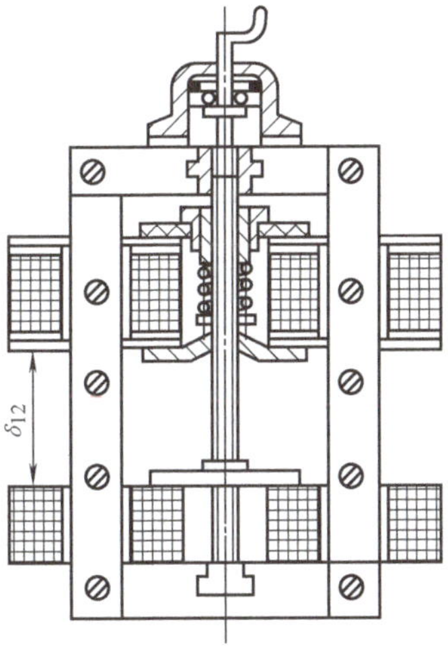

图 3-31　动线圈式弧焊变压器结构示意图

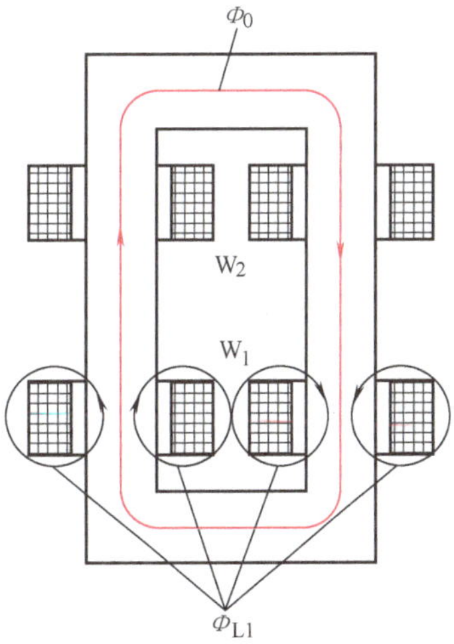

图 3-32　空载时磁通分布

外特性方程式为

$$\dot{U}_f = \dot{U}_0 - j\dot{I}_f X_{ZL}$$

或

$$U_f = \sqrt{U_0^2 - (I_f X_{ZL})^2}$$

即靠变压器内部增强了的漏抗 X_{ZL} 获得下降外特性。

（3）短路　这时 $U_f = 0$、$I_f = I_{wd}$，所以 $I_{wd} = U_0 / X_{ZL}$，即靠 X_{ZL} 限制短路电流。

3. 规范调节

根据

$$I_f = \frac{\sqrt{U_0^2 - U_f^2}}{X_{ZL}}$$

$$U_0 = \frac{N_2}{N_1} K_M U_1$$

以及空气漏抗的计算公式（推导从略）

$$X_{ZL} = KN_2^2(\delta_{12} + A) \tag{3-19}$$

式中，K 及 A 是与变压器结构数据有关的常数。由式（3-19）可知，调节规范的办法有：

（1）改变 δ_{12} 以进行均匀调节　对比图 3-33 与图 3-34 可知，当 δ_{12} 增大时，则漏磁通增加而主磁通减少，使 X_{ZL} 增大，K_M、U_0 减小，以致 I_f 减小。当 δ_{12} 由最小调至最大时，如图 3-35 所示，外特性曲线可由 4 调至 3 或由 2 调至 1。用此法调节电流，则电流下限必然受到变压器铁心窗口高度的限制，因而电流调节范围常达不到要求，为此尚需配合有级调节。

（2）改变 W_2 的匝数（N_2）以进行有级调节　X_{ZL} 是与 N_2^2 成比例的，因此改变 W_2 的匝数 N_2 可做粗调。但只改变 W_2，则 U_0 亦随着变化，所以在改变 W_2 的同时也改变 W_1，以保持其不变或变化不大。例如工作于大电流档时，可令两盘 W_1、W_2 各自并联；而工作于小电流档时，则可令它们各自串联。这样，X_{ZL} 和 I_f 在变化前后要各自相差 4 倍，当然可借以扩大电流调节范围。为使工作于小电流档时 U_0 应略有提高以利稳弧，只要在将两盘 W_1 串联时甩掉一部分线圈，使 W_2/W_1 略有提高即可。图 3-35 所示为联合使用上述二法调节规范所得的外特性。图 3-35 中 1、2 为小电流档，这时 W_1、W_2 各自串联；3、4 为大电流档，这时 W_1、W_2 各自并联。

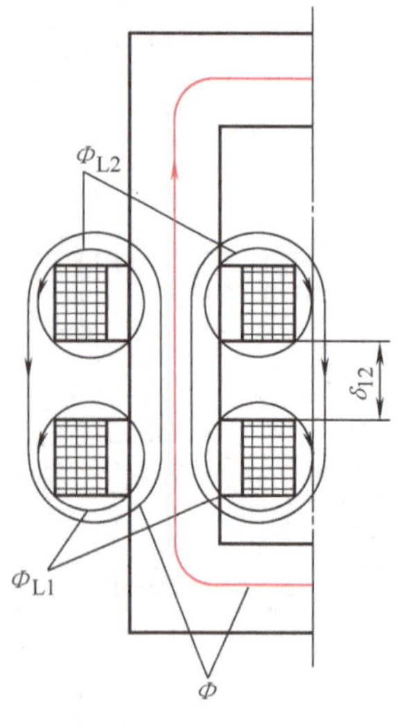

图 3-33　负载时磁通分布

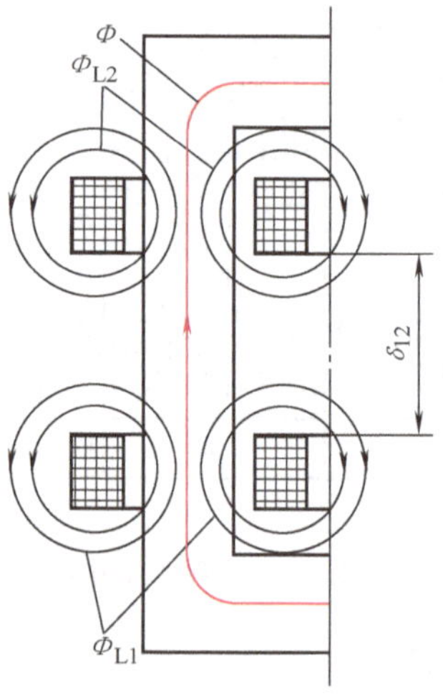

图 3-34　当 δ_{12} 较大时的磁通分布

4. 产品介绍

动线圈式弧焊变压器突出的优点是没有活动铁心，因此避免了由于铁心振动所引起的小电流的电弧不稳等一系列不利后果。虽然一、二次绕组之间也有电磁力作用，但却要小得多，几乎不会造成危害。且当调至小电流时，δ_{12} 最大，电磁力更小，故电弧稳定。它的缺点是：电流调节下限受到铁心高度的限制，因而只适用于中等容量。由于要辅以改变绕组匝数来调节规范，因而使用时不如梯形动铁心式方便；另外，就是消耗电工材料较多，经济性较差。国产这类产品属 BX3 系列，有 BX3-120、BX3-300、BX3-500 型，主要用于焊条电弧焊。还有 BX3-1-300、BX3-1-500 型，它们空载电压比前者略高，主要用于氩弧焊。它们的电路图大同小异，现以 BX3-1-500 型为例加以说明。它的电路如图 3-36 所示。图中 0—9、7—8 是二次绕组，4—6、1—3 是一次绕组，各有抽头 5 和 2。一次电流的大、小档，用转换开关换接。当转换开关处于“0”位时，则如图 3-36 所示，一次绕组从电网切除，弧焊变压器不工作。当转换开关逆时针转过 90°到“Ⅰ”位——小电流档时，它使 2 与 5 接通，这时一次电路通路是：4→5→2→1，即将 W_1 的 4—5 和 2—1 部分串接起来接到电网，而将其 5—6 和 2—3 部分甩掉不用。相应地，两盘二次绕组亦应串联，即应当用连接片将 0 与 8 点接通，则二次通路是：9→0→8→7。当转换开关顺时针转 90°到“Ⅱ”位——大电流档时，它使 3 与 4、1 与 6 相联，令两个一次绕组所有匝数全部并联使用。相应地，两盘二次绕组亦应并联，用金属连接片将 8 与 9、7 与 0 联通即可。通过改变 δ_{12}，两档各自所得到的外特性调节范围，如图 3-35 所示。

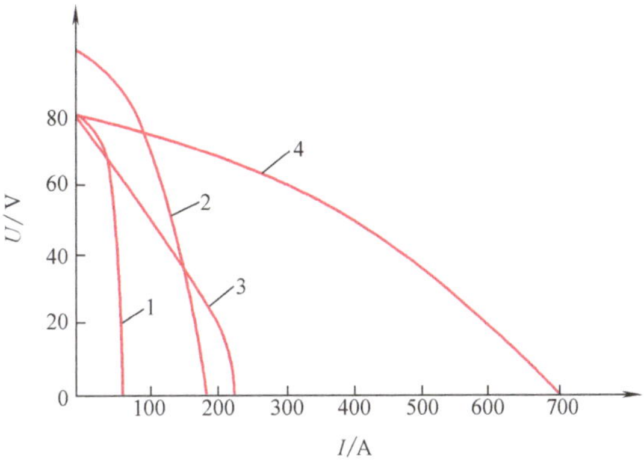

图 3-35　BX3-1-500 型弧焊变压器外特性

1、2—小电流档时　3、4—大电流档时

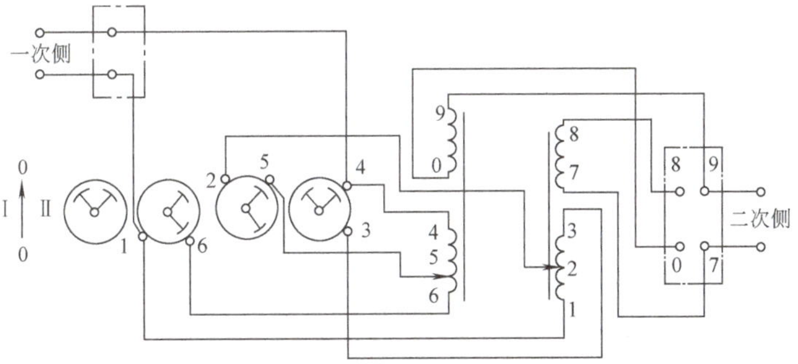

图 3-36　BX3-1-500 型弧焊变压器电路图

3.5　抽头式弧焊变压器

这里只介绍两心柱抽头式弧焊变压器。

1. 结构特点

它的结构如图 3-37 所示。在心柱Ⅰ上绕有一次绕组的一部分 $W_{1Ⅰ}$，在心柱Ⅱ上绕有一次绕组的另一部分 $W_{1Ⅱ}$ 和二次绕组 W_2。$W_{1Ⅱ}$ 和 W_2 是同轴缠绕的，它们之间的漏磁可忽略不计。而 W_2 与 $W_{1Ⅰ}$ 则分别绕在不同心柱上，彼此间有较大的漏磁。

2. 工作原理

(1) 空载　如图 3-38 所示，一次绕组在铁心Ⅰ中产生磁通 Φ_1，其主要部分 Φ_0 经铁心

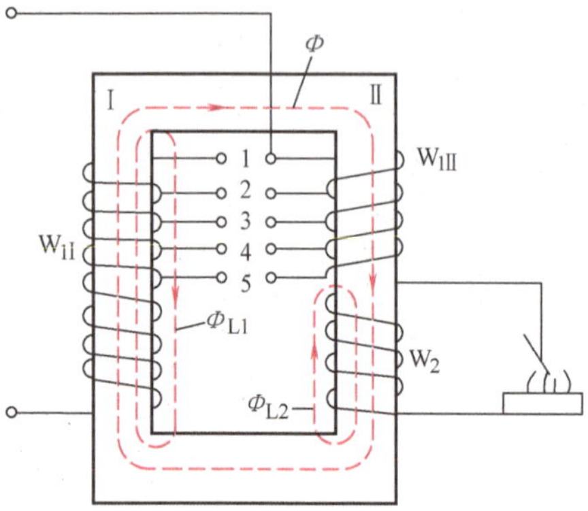

图 3-37　两心柱抽头式弧焊变压器

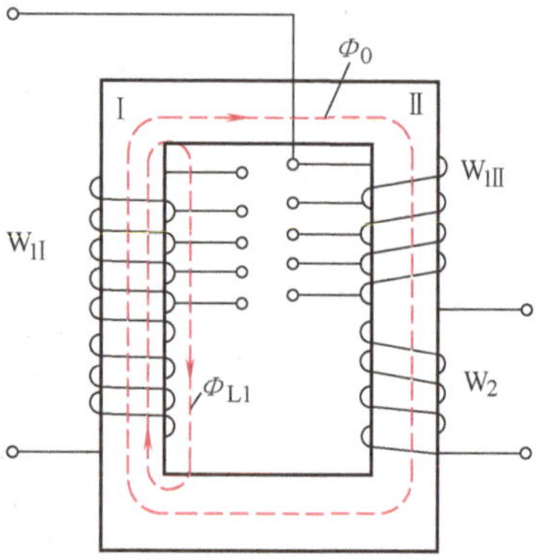

图 3-38　空载时磁通分布

闭合与 W_2 匝链，另一部分 Φ_{L1} 经空气闭合只与 $W_{1\,Ⅰ}$ 自身匝链为漏磁。于是有

$$U_1 = 4.44fN_{1\,Ⅰ}\Phi_{1m} + 4.44fN_{1Ⅱ}\Phi_{0m}$$

$$U_0 = 4.44fN_2\Phi_{0m}$$

$$\frac{U_0}{U_1} = \frac{N_2\Phi_{0m}}{N_{1\,Ⅰ}\Phi_{1m} + N_{1Ⅱ}\Phi_{0m}} = \frac{K_M N_2}{N_{1\,Ⅰ} + K_M N_{1Ⅱ}}$$

即

$$U_0 = \frac{K_M N_2}{N_{1\,Ⅰ} + K_M N_{1Ⅱ}}U_1 \tag{3-20}$$

式中，$K_M = \Phi_0/\Phi_1$（或 $= \Phi_{0m}/\Phi_{1m}$），为耦合系数。

（2）负载　如图 3-37 所示，这时有一次漏磁通 Φ_{L1}、二次漏磁通 Φ_{L2}，对应产生漏抗 X_1、X_2，靠这些漏抗获得下降特性，即

$$\dot{U}_f = \dot{U}_0 - j\dot{I}_f X_{ZL}$$

此式为其外特性方程式。变压器总漏抗可按下述经验公式计算

$$X_{ZL} = K(1-\lambda)^2 N_2^2 \tag{3-21}$$

式中，K 是由变压器结构参数决定的系数；λ 为重合率。对于图 3-37 所示结构，则

$$\lambda = \frac{N_{1\,Ⅱ}}{N_{1\,Ⅰ} + N_{1\,Ⅱ}}$$

λ 是 W_2 在同一心柱上的一次绕组匝数占一次绕组总匝数的比率。λ 值小，则说明 W_1、W_2 耦合不紧密，当然 X_{ZL} 就大，外特性就陡；反之亦然。但是这种变压器与动铁心式、动线圈式相比，其增强漏磁的措施不够有力，所以 X_{ZL} 是比较小的，即式（3-21）中的 K 值较小，因而外特性下降得不陡。

3. 规范调节

根据下式

$$\dot{I}_f = \frac{\sqrt{\dot{U}_0 - \dot{U}_f}}{X_{ZL}}$$

$$\dot{U}_0 = \frac{K_M N_2}{N_{1\,Ⅰ} + K_M N_{1Ⅱ}}$$

$$X_{ZL} = K(1-\lambda)^2 N_2^2$$

因而可改变 λ 以调节电流，即一次绕组上设许多抽头，用转换开关改变 $W_{1\mathrm{II}}$ 和 $W_{1\mathrm{I}}$，如图 3-37 所示，可以调节五级。一般都是在减少 $W_{1\mathrm{II}}$ 的同时增加 $W_{1\mathrm{I}}$，这样可使 U_0 几乎不变，否则将出现减小电流时 U_0 也降低，而不利于稳弧。图 3-37 中五对接点正是这样安排的。当把 1 接点连通时，$W_{1\mathrm{II}}$ 弃之不用、$\lambda=0$，X_{ZL} 最大、I_f 最小；当把 5 接点连通时，λ 最大，X_{ZL} 最小，I_f 最大。由于一次绕组匝数不能太多、K 值不大，所以电流调节下限受到限制，调节电流使外特性的变化，如图 3-39 所示。这种弧焊变压器电流调节范围不大，且只能做有级调节。有时为扩大调节范围也辅以改变 W_2 作为粗调。

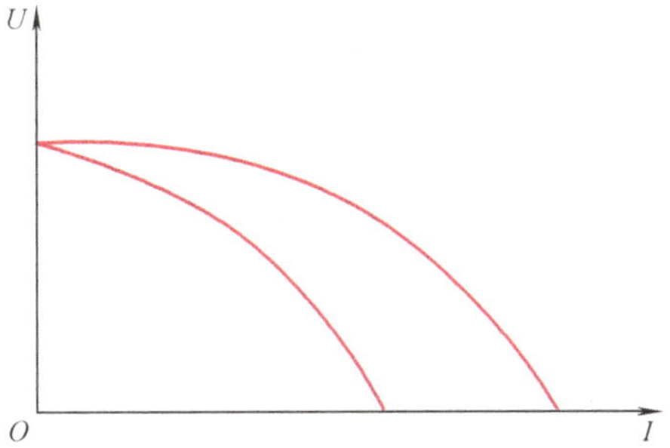

图 3-39　抽头式弧焊变压器外特性

4. 特点及产品介绍

这种弧焊变压器的结构简单，易于制造，无活动部分，避免了电磁力引起振动带来的弊端，因而电弧稳定，无噪声，使用可靠，成本低廉。但其调节性能欠佳。由于以上特点，这种变压器一般都做成轻便型，适用于维修工作。国产产品有 BX6-120-1 型。其额定电流为 120A，电流调节范围是 45～160A，额定负载持续率为 20%，质量只有 25kg。

思　考　题

1. 弧焊变压器如何保证电弧连续？弧焊变压器有何特点？
2. 弧焊变压器的空载电压、外特性及调节特性是如何获得的？
3. 弧焊变压器主要分为哪几类？它们都有哪些特点？
4. 动铁心式弧焊变压器如何增加漏磁？欲减小电流调节的下限应采取什么措施？
5. 动线圈式弧焊变压器如何使漏磁增加？欲扩大电流调节范围应采取什么措施？
6. 抽头式弧焊变压器有哪些特点？若用一台弧焊变压器同时供多名焊工施焊，应选用哪种形式？

第4章 直流弧焊发电机与硅弧焊整流器

内容提要： 本章介绍直流弧焊发电机与硅弧焊整流器的组成和分类、结构特点及基本工作原理，重点分析它们如何通过电磁式控制获得外特性形状和调节特性。简介内燃驱动的弧焊发电机、简单的硅弧焊整流器、交直流两用式和脉冲式硅弧焊整流器及有关典型产品等。

早在20世纪中期就有了专用的直流弧焊发电机，它曾经起过重要的作用。但是，由于弧焊发电机存在着耗电大、消耗材料多以及噪声大等缺点，随着半导体技术的发展和新型直流弧焊电源的不断涌现，它势必要大量被取代。目前，我国已明确规定淘汰电动机带动的弧焊发电机，并逐渐停止零配件的生产供应。在工业发达的国家，只生产少量以汽油（或柴油）内燃机为动力机的直流弧焊发电机，用于没有电网的场合。鉴于其在弧焊电源发展历史中的地位，以及目前在生产现场还少量使用着这种电源，所以本章对直流弧焊发电机做扼要介绍。

随着半导体技术的发展，到了1960年之后具有优越性能的大容量硅二极管问世，使硅弧焊整流器应运而生。硅弧焊整流器在单相或三相变压器的基础上，以硅二极管作为整流元件，将交流电整流成直流电。它与直流弧焊发电机相比有以下优点：

1）易造好修，节省材料，减轻质量，降低成本，提高效率。

2）无动力机和发电机的机械转动部分，噪声小。

3）磁放大器式硅弧焊整流器改变了机械调节方式，采用电磁控制方式。

4）易于获得不同形状的外特性，以满足不同焊接工艺的要求。同时，也可以实现交直流两用和脉冲焊接。

4.1 直流弧焊发电机的基本原理和分类

4.1.1 基本原理

通常称之为直流弧焊机的，是指由一台电动机（或柴油、汽油驱动的其他原动机）和弧焊发电机组成的机组。在弧焊电源学习中，主要讨论它的发电机部分。它基于一般发电机原理，为满足弧焊工艺要求而有其特殊结构和电气性能。因此，说明弧焊发电机的基本原理，是着重分析它的特殊部分。目前弧焊发电机主要用于焊条电弧焊、埋弧焊和钨极氩弧焊，因此需具有下降的外特性。此外，也需具有良好的调节性能和动特性。

直流弧焊发电机与一般发电机一样，都是靠电枢上的导体切割磁极与电枢之间空气隙内

的磁力线而感应出电动势 E

$$E=4.44fN\Phi=4.44\frac{nP}{60}N\Phi=K\Phi \tag{4-1}$$

式中，f 是切割磁力线的频率；n 是每分钟转数；P 为磁极数目；N 为匝数；Φ 为每个主磁极磁通量；K 为常数，由电枢转速及结构确定。

发电机电枢电压 U_a 为

$$U_a=E-I_aR_a \tag{4-2}$$

式中，I_a、R_a 各为电枢电流和电阻。

通常 R_a 很小可以忽略，一般发电机 Φ 与 I_a 无关，所以外特性是平的。由式（4-1）、式（4-2）可知，为获得下降外特性有以下几种办法：

1. 在电枢电路中串联镇定电阻

如图 4-1 所示，R_z 即镇定电阻器，发电机本身外特性是近于平的，即 $U_a\approx E\approx U_0$。负载电压 U_f 与负载电流 I_f（亦即电枢电流 I_a）的关系是

$$U_f=U_0-I_fR_z=E-I_f(R_a+R_z)=U_0-I_f(R_a+R_z)$$

由上式可知，当 I_f 增大将引起电阻压降增大，并使 U_f 减小而得到下降外特性。改变 R_z 值可调节外特性。这种方法的缺点是能量损耗大，只用于多站式直流弧焊发电机。例如 AP-1000 型多站弧焊发电机本身具有平的外特性，配备 6 个镇定电阻箱则可供 6 名焊工同时施焊。

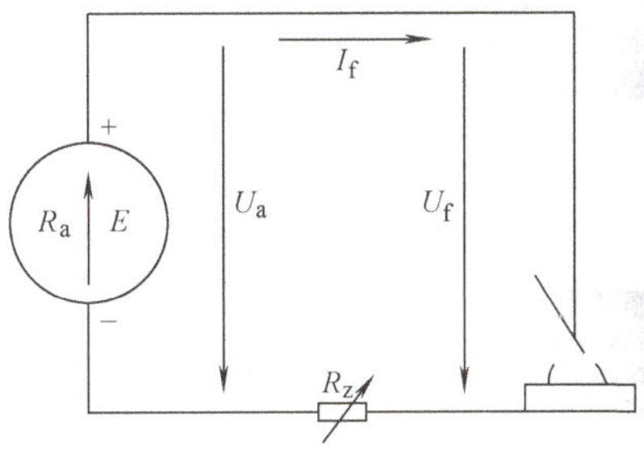

图 4-1　串联镇定电阻的电路

2. 改变磁极磁通 Φ

由式（4-1）可知，电枢电动势 E 与 Φ 成正比，因而只要设法让 Φ 随 I_f 的增大而减小就可获得下降外特性。即令

$$\Phi=\Phi_p-\Phi_b=\frac{I_pN_p}{R_{mp}}-\frac{I_fN_b}{R_{mb}}$$

式中，Φ_p、Φ_b 各为励磁、去磁磁通；I_p、N_p 为励磁绕组的电流和匝数；R_{mp} 为励磁磁路的磁阻；N_b 为去磁绕组的匝数；R_{mb} 为去磁磁路的磁阻。于是

$$U_f=E-I_fR_a=K\left(\frac{I_pN_p}{R_{mp}}-I_f\frac{N_b}{R_{mb}}\right)-I_fR_a=\frac{KI_pN_p}{R_{mp}}-I_f\left(\frac{KN_b}{R_{mb}}+R_a\right)$$

由于 $\frac{KI_pN_p}{R_{mp}}=U_0$ 以及令 $\frac{KN_b}{R_{mb}}=R_b$，R_b 是考虑去磁作用的等效电阻，而且在弧焊发电机中 R_a 很小，可以略去。所以

$$U_f=U_0-I_fR_b \tag{4-3}$$

即：只要去磁作用与负载电流成正比，就可以等效为在电枢串联了电阻。这样既可获得下降外特性，又不增加能量损耗。式（4-3）又可写成

$$I_f=\frac{U_0-U_f}{R_b} \tag{4-4}$$

由式（4-4）可知，改变 U_0（即改变 I_p）及 R_b 都可调节电流。

4.1.2 分类

1. 根据产生去磁磁通的不同方法分类

1）差复励式（用串联绕组去磁）。

2）裂极式（用电枢反应去磁）。

3）换向极去磁式（用换向极绕组去磁）。

2. 按原动机不同分类

（1）直流弧焊发电机　它以三相异步电动机为原动机。电动机与发电机同轴共壳组成一体化结构。例如 AX1-500 型弧焊发电机，其外形如图 4-2 所示。但此类弧焊发电机已停产。

（2）直流弧焊柴（汽）油发电机　它用柴油机或汽油机驱动发电机，可组装成汽车式，用汽车的发动机驱动一台或两台发电机。图 4-3 所示为 AXQ2-2×250 型直流弧焊汽油发电机的外形照片，它由轻便型越野车驱动两台弧焊发电机。

图 4-2　AX1-500 型弧焊发电机外形图

图 4-3　AXQ2-2×250 型直流弧焊汽油发电机外形图

4.2 典型直流弧焊发电机

4.2.1 他励差复励式弧焊发电机

1. 工作原理

它的原理如图 4-4 所示。W_p 为他励绕组，W_E 为串联去磁绕组，二者产生的磁通 Φ_p 与 Φ_E 方向是相反的。

（1）空载　这时 $I_f=0$，$\Phi_E=0$，空载电压只由 Φ_p 来建立，即

$$U_0=K\Phi=K\Phi_p=\frac{K}{R_{mp}}I_pN_p \tag{4-5}$$

（2）负载　这时有负载电流 I_f 流过 W_E 产生了 Φ_E。在磁路不饱和的情况下，电枢反应去磁作用可以不计。根据式（4-3）有

$$U_f=U_0-I_fR_b$$

式中，$R_b = \dfrac{KN_E}{R_{mE}}$，它考虑了串联绕组的去磁作用（$R_{mE}$为 Φ_E 磁路的磁阻），N_E 为 W_E 匝数。

该发电机就是靠这种作用获得下降外特性的。

（3）短路　这时 $U_f = 0$，$I_f = I_{wd}$，根据上面对空载和负载状态的分析，可得到

$$U_0 = \frac{KI_pN_p}{R_{mp}} = I_{wd}\frac{KN_E}{R_{mE}}$$

实际上，可以认为 $R_{mE} = R_{mp}$，故得

$$I_pN_p - I_{wd}N_E = 0$$

$$I_{wd} = \frac{I_pN_p}{N_E} \tag{4-6}$$

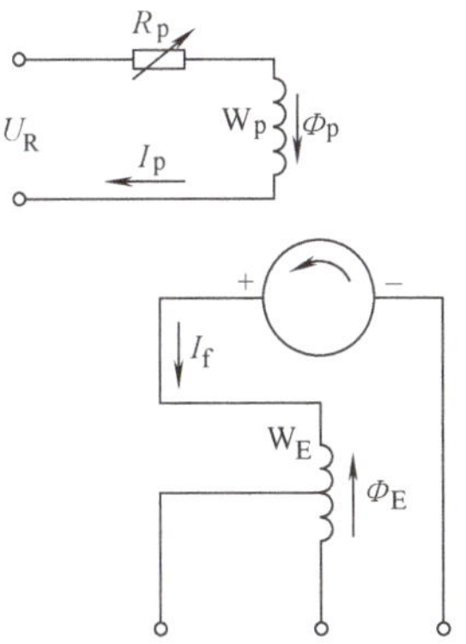

图 4-4　他励差复励式弧焊发电机原理图

2. 规范调节

由于

$$I_f = \frac{U_0 - U_f}{R_b}$$

可知调节电流的方法有：

（1）改变 I_p　只要调节图 4-4 他励电路中的电阻 R_p 即可改变 I_p、U_0 和 I_f，外特性的变化如图 4-5 所示。此种调节方法可作为细调。

（2）改变 R_b　即改变串联绕组的匝数 N_E。当 N_E 增大，串联绕组 W_E 去磁作用增强，外特性变陡而空载电压不变，如图 4-6 所示。此种调节方法只能作为粗调。

只用前一方法时，I_f 减小，伴随着 U_0 的降低将不利于引弧和稳弧，以致调节范围有限，故需配合后一方法来扩大电流调节范围。这类产品有 AX7-500 型。

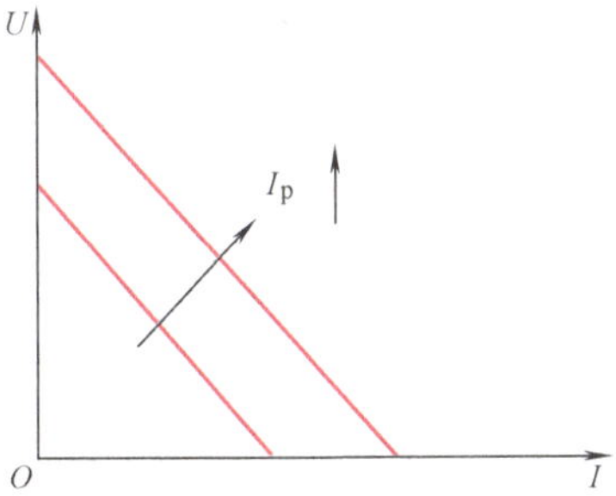

图 4-5　改变 I_p 时的外特性

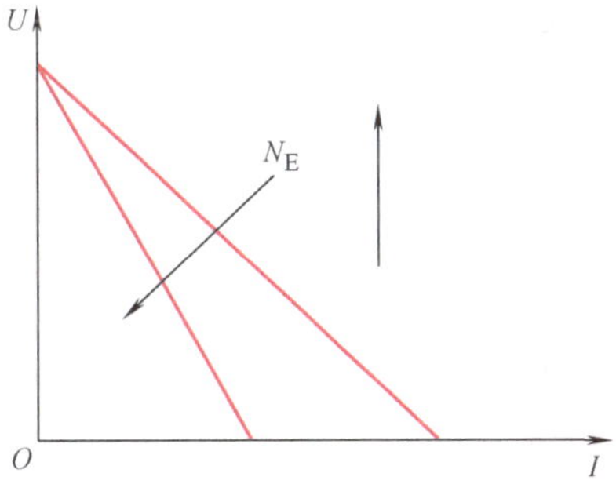

图 4-6　改变 N_E 时的外特性

4.2.2　内燃驱动的新型弧焊发电机简介

传统的电动机驱动的弧焊发电机已经逐渐遭到淘汰，特别是在没有电网的野外环境下，内燃驱动弧焊发电机成为主要的应用。从本质而言，两者只是原动机的不同，其他部分的原理是相同的。但是，随着近年来技术的发展，出现了更新换代的产品。燃油（汽、柴油）驱动的新型弧焊发电机得到了迅速发展。图 4-7 所示为这种弧焊发电机产品。

在这类新型弧焊发电机产品中，原动机为柴油或汽油发动机，发电机则为平特性，即采

用普通发电机原理。然后，通过电路来实现整流、斩波或逆变、直流滤波输出等环节，以满足焊接工艺要求。外特性和参数调节都是通过电子控制实现的。采用功率晶体管变换技术（斩波或逆变，在本书后面的章节详述其原理），大大降低了整机的质量和体积，提高了效率，同时还能够获得优越的电源控制性能和品质。通常这样的产品具有多种功能，可以得到下降的和平的不同外特性输出，不仅能用于直流焊接，也能用于交流和脉冲电流焊接。在应急情况下，它还可以作为发电机满足照明需要，还能够进行蓄电池充电等。

图 4-7　新型内燃驱动弧焊发电机

表 4-1 给出了一种内燃驱动 H700 管道焊接工作站的技术参数，它具备焊条电弧焊、TIG 焊和气体保护焊功能，可供两个单元焊接。注意，它可以单独或同时使用，输出电流分别为 500A 和 350A。

表 4-1　内燃驱动 H700 管道焊接工作站

	焊接方式	焊条电弧焊	氩弧焊	半自动焊
电源	空载电压/V	70	70	70
	焊接电压/V	单 22～40/双 22～34	单 12～30/双 12～24	单 16.5～39/双 16.5～31.5
	焊接电流/A	单 50～500/双 50～350	单 50～500/双 50～350	单 50～500/双 50～350
	负载持续率	60%		
发电机	功率	40kW		
	励磁方式	无刷励磁		
	输出电压	交流 380V		
	频率	50Hz		
	相数	三相/单相		
发动机	燃油	柴油		
	功率	额定功率 45kW/最大功率 50kW		
	额定转速/(r/min)	1500		
	起停方式	智能控制系统		
	报警方式	水温/油压/柴油机转速/燃油油位		
	油箱容量/L	70		
	冷却方式	水冷		
整机	尺寸/mm	1860×850×1205		
	质量/kg	1250		
	防护/绝缘级别	IP23/B		
	搬运方式	顶部吊钩/底部叉车插槽		

4.3　硅弧焊整流器的组成和分类

4.3.1　硅弧焊整流器的组成

为了获得脉动小，较平稳的直流电，以及使电网三相负荷均衡，硅弧焊整流器通常都采用三相整流电路，其组成如图 4-8 所示。

（1）主变压器　它的作用是降压，把三相 380V 电压降至所要求的空载电压。

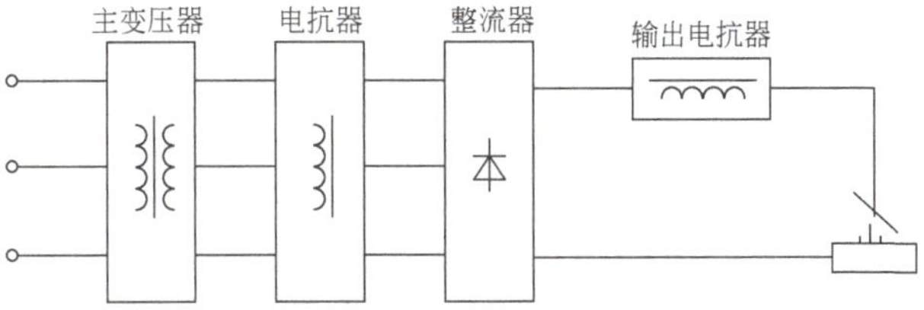

图 4-8　硅弧焊整流器的组成

（2）电抗器　可以是交流电抗器或磁放大器（磁饱和电抗器）。当主变压器为增强漏磁式或要求得到平外特性时，则可不用电抗器。它是用以控制外特性形状并调节焊接参数的。

（3）整流器　其作用是把三相交流电整流成直流，常采用三相桥式电路。

（4）输出电抗器　它是接在直流焊接电路中的直流电感（由带空气隙的铁心和线圈构成）。其作用主要是改善和控制动特性，其次是滤波。

4.3.2　硅弧焊整流器的分类

根据在其中有无电抗器，可分为两类：无电抗器的硅弧焊整流器和有电抗器的硅弧焊整流器。

1. 无电抗器的硅弧焊整流器

按主变压器的结构不同又可分为：

（1）主变压器为正常漏磁　这类电源的外特性是近于水平的，主要用于 CO_2 气体保护焊及其他熔化极气体保护焊。按调节空载电压的方法不同又分为抽头式、辅助变压器式和调压器式。

（2）主变压器为增强漏磁　这类电源由于主变压器增强了漏磁，因而无须外加电抗器即可获得下降外特性并调节焊接参数。按增强漏磁的方法不同，可分为动线圈式、动铁心式和抽头式。

2. 有电抗器的硅弧焊整流器

这类硅弧焊整流器所用的电抗器都是磁放大器式。根据其结构特点不同又可分为：

1）无反馈磁放大器（或称为磁饱和电抗器）式硅弧焊整流器。

2）有反馈磁放大器式硅弧焊整流器。根据磁放大器的反馈形式，可分为外反馈磁放大器式、全部内反馈磁放大器（自饱和电抗器）式和部分内反馈磁放大器（内桥自饱和电抗器）式硅弧焊整流器等。

从硅弧焊整流器的组成分析中可知，无电抗器的硅弧焊整流器是在弧焊变压器的原理基础上发展起来的，属于比较简单的硅弧焊整流器。而有电抗器的硅弧焊整流器，磁放大器式部分是我们所不熟悉的，因而将作为本章的重点进行讨论。同时，前者对焊接参数的调节属于机械控制方法，往往需要通过调节动铁心、动线圈或者抽头实现；后者则属于电磁控制方法，对其外特性、参数调节和电流波形控制的灵活性有所发展。

4.4 普通硅弧焊整流器

这一类所谓普通硅弧焊整流器指的是无交流电抗器（磁放大器）的硅弧焊整流器。虽然磁放大器式弧焊整流器比其他形式的弧焊整流器具有控制方便的特点，但结构比较复杂且质量大、用料多。这种简单的硅弧焊整流器在生产中常得以应用。

4.4.1 动铁心式弧焊整流器

国内的三相动铁心式弧焊整流器，型号为 ZX-320，只有少数厂家生产。ZX-320 弧焊整流器的电路原理如图 4-9 所示。它主要由三相铁心式主变压器 T、硅整流元件组 $VD_{1\sim6}$及输出电抗器 L_K 组成。图 4-9 中 MF 是风扇电动机，H 是指示灯，RS 和 A 是分流器和直流电流表，$C_{1\sim6}$和 $R_{1\sim6}$对元件起到过电压保护作用。

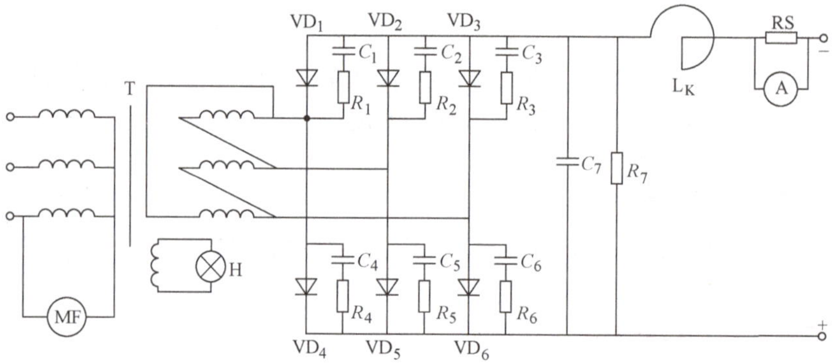

图 4-9　ZX-320 动铁心式弧焊整流器电路原理图

一次侧接成星形，二次侧接成三角形，是弧焊整流器中常用的接法。因为这是一种降压变压器，一次侧接成星形，每相绕组的相电压只有线电压的 $1/\sqrt{3}$，绕组匝数可以减少，绝缘要求可以降低。二次绕组电流比较大，采用三角形接法时，相电流只是线电流的 $1/\sqrt{3}$，可以减小导线截面积，容易绕制。

主变压器示意图如图 4-10 所示。它采用三柱式铁心，在窗口中放入两个动铁心，可在窗口内移进或移出。动铁心的作用与弧焊变压器中的相同，即增加漏磁，获得下降特性，如图 4-11 所示。它适合作为焊条电弧焊直流电源等。

输出回路中串联有输出电抗器 L_K，为带铁心的电抗绕组，其作用是：第一，减小输出电流的脉动，起滤波作用；第二，限制短路电流增长速度，减小瞬态短路电流峰值，即有改善动特性的作用。

由于主变压器三相漏磁条件不同，存在三相电流的不平衡，有振动和噪声问题。三相对称磁分路动铁心式变压器制造比较复杂，难以保证三相电压和电流平衡，因而有的动铁心式弧焊整流器只好采用单相动铁心式弧焊变压器和桥式整流，并用输出电抗器滤波。

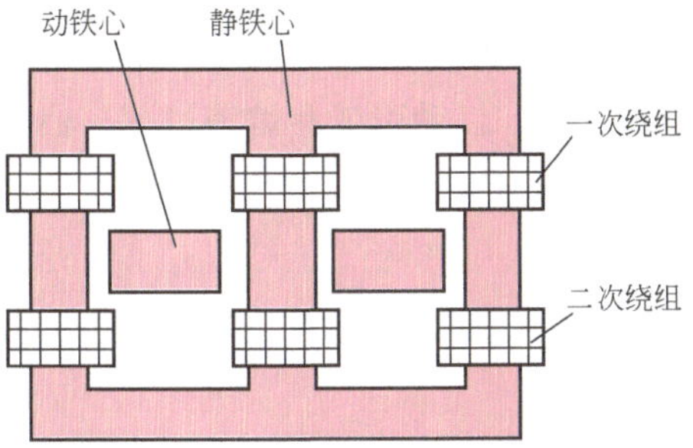

图 4-10 ZX-320 动铁心式主变压器

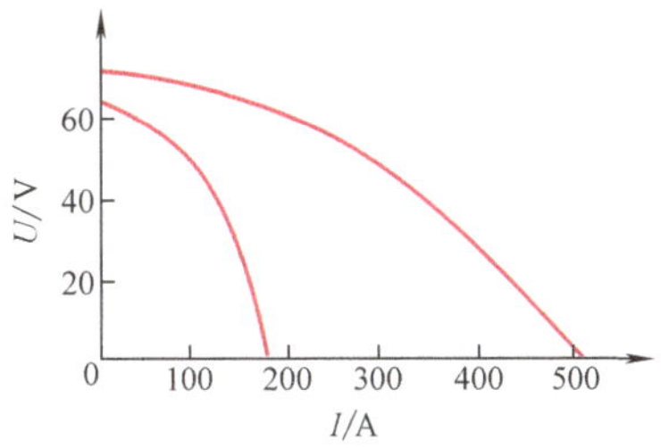

图 4-11 ZX-320 电源外特性

4.4.2 动线圈式弧焊整流器

主要由增强漏磁的三相动线圈式弧焊变压器和三相桥式整流器组成，国产动线圈式弧焊整流器有 ZXG1 型和 ZXG6 型。由于弧焊变压器漏抗很大，故可获得下降外特性。调节一、二次绕组之间的距离，即可改变漏抗的大小，从而调节电流。由于外特性较为陡降，动线圈式弧焊整流器适用于焊条电弧焊、钨极氩弧焊和等离子弧焊。

三相动线圈式弧焊变压器的结构如图 4-12 所示。图 4-12a所示为铁心，三个心柱和上下轭构成三棱柱形。这种立体结构优于一般平面结构，其三相磁路平衡，可使三相电流平衡，从而整流电流平稳。图 4-12b 所示为可移动绕组及其传动机构，一般是移动一次绕组，因其导线比二次的细、软。摇动手柄，则一次绕组沿丝杠移动，即可调节电流，其二次绕组是静止不动的。

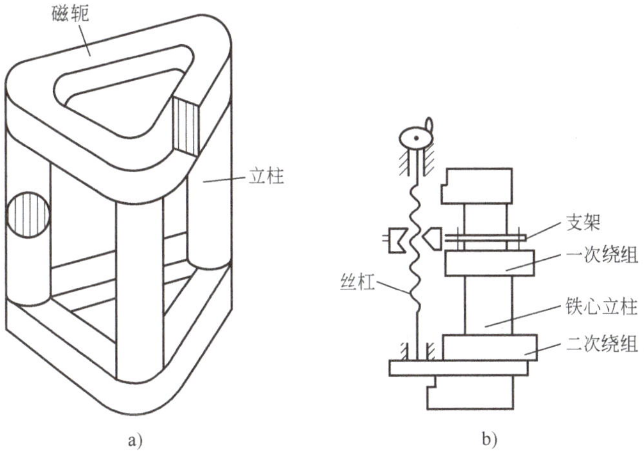

图 4-12 三相动线圈式弧焊变压器

a) 铁心 b) 绕组及其传动机构

与磁放大器式相比，它的结构及线路简单、节省原材料、质量较轻。其电磁惯性与弧焊变压器相近，动特性很好，飞溅较少，因而一般可不用输出电抗器。它的缺点是：由于绕组可动，使用时有轻微的振动和噪声，不易于实现远距离调节，不便于进行电网电压补偿等。

国产动线圈式弧焊整流器有 ZXG1 型和 ZXG6 型，例如 ZXG1-160、ZXG1-250 和 ZXG1-400 型。现以 ZXG1-400 型为例介绍，电路如图 4-13 所示。当将一、二次绕组靠近而调到大电流时，可让二次绕组部分套入一次绕组。这样可扩大电流调节范围而不必分档，又可减小绕组之间的最大推斥力。弧焊电源外特性如图 4-14 所示。

该弧焊电源装有独特的“浪涌电路”，由变压器的绕组Ⅲ、二极管 VD_7，和电阻 R_2 组成，并联在焊机的输出端。绕组Ⅲ两端的电压为14V，低于弧焊电源的空载电压和工作时的电弧电压，故在空载和焊接时 VD_7 能被反向偏置，使电路对焊接无影响。当引弧和熔滴过渡而使弧隙短路时，VD_7 导通，绕组Ⅲ向弧隙输出浪涌电流，以助引弧和熔滴过渡。浪涌电流分弱、中、强三档，供不同焊接位置、不同焊条直径时选用。

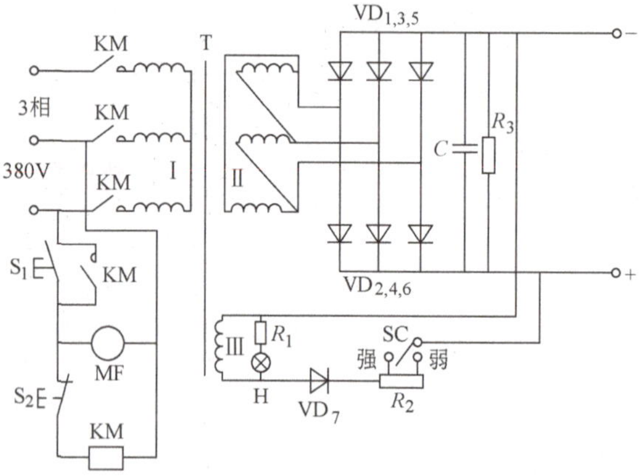

图 4-13　ZXG1-400 弧焊整流器电路

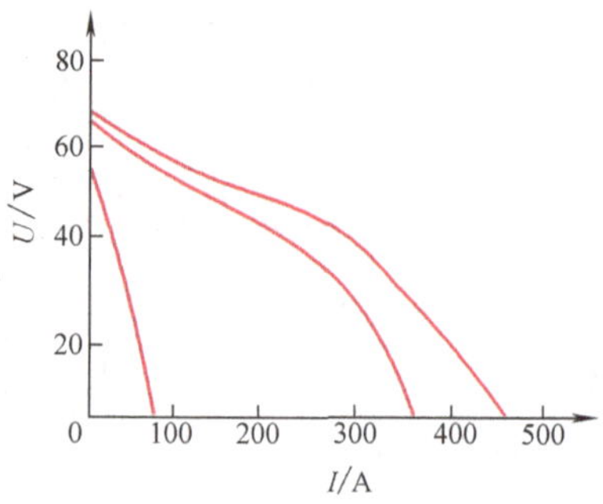

图 4-14　ZXG1-400 电源外特性

4.4.3　抽头式弧焊整流器

其基本电路如图4-15所示，由主变压器T、整流器UR和输出电抗器 L_K 组成。与前述弧焊整流器相比，其主变压器有所不同，它是正常漏磁的一般三相降压变压器。所以漏抗很小，可以获得近于水平的外特性，如图4-16所示。为了调节输出电压，在一次绕组上设有许多抽头，以便改变一次绕组匝数进行调节。

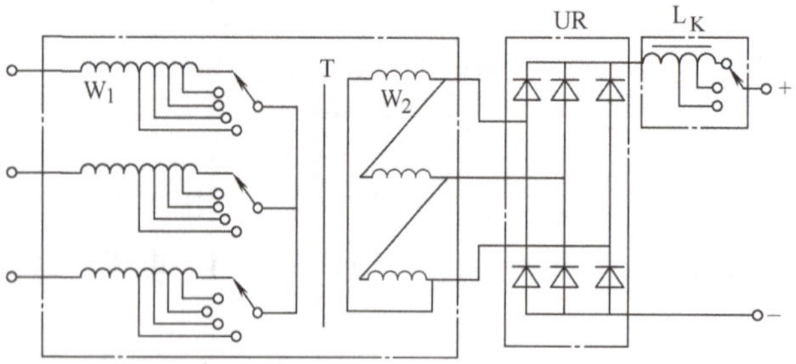

图 4-15　抽头式弧焊整流器的组成

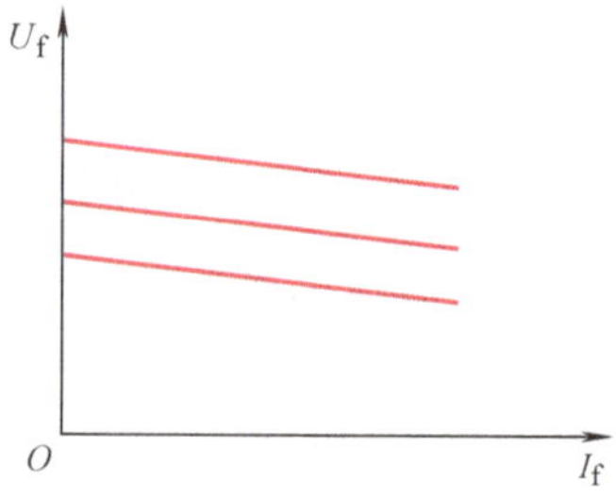

图 4-16　抽头式弧焊整流器的外特性

对于三相桥式整流电路，空载电压为

$$U_0 = 1.35U_{21} \tag{4-7}$$

主变压器二次侧为三角形联结时，线电压与相电压相等，即

$$U_{21} = U_{2a} = U_{1a}\frac{N_2}{N_1} \tag{4-8}$$

因一次侧采用星形联结，有

$$U_{1a}=\frac{U_{11}}{\sqrt{3}} \tag{4-9}$$

可以得到

$$U_0=0.78U_{11}\frac{N_2}{N_1} \tag{4-10}$$

式中，U_{11}、U_{1a}、U_{21}、U_{2a}分别为主变压器一次和二次线电压和相电压；N_1、N_2 各为主变压器一次和二次绕组匝数。

由上面关系式可知，改变一、二次绕组匝数 N_1 及 N_2 都可调节输出电压。由于一次绕组导线较细，故设抽头较容易而常被采用。在有些设备中，为了扩大调节范围也配合以二次绕组抽头作为粗调。但这种调节方法毕竟是有级的。为能均匀调节，又演变出滑动变压器式，即将主变压器一次绕组线包外层铣出一个平面，让导线金属外露，用电刷与其接触滑动，以便均匀改变一次绕组匝数。

在抽头式弧焊整流器中，输出电抗器是必不可少的。因为这种弧焊整流器主要用于二氧化碳气体保护焊，要用输出电抗器控制短路电流增长速度，以减少金属熔滴的飞溅和改善焊缝成形。

抽头式弧焊整流器的特点和应用范围是：

1）结构简单，节省材料，易于制造，使用可靠。

2）具有平的外特性，空载电压较低并与电弧电压近于相等，有时难以引弧。

3）调节电压是有级的，且不宜在负载的情况下调节，也不能遥调。

4）对电网电压波动的影响不能采取补偿措施。

这种弧焊电源主要用于细丝二氧化碳气体保护焊，因其简易、经济、可靠而易于推广，得到了广泛应用。国内外都有这种类型产品，电源简单，只是要与送丝电路等配合使用即可。例如国产的 NBC-250B 型号的某种抽头式 CO_2 焊机，其一次绕组采用一个三相组合开关配合换档，调节级数为 9 级，空载电压为 21 ~ 42V，焊接电压为 17 ~ 27V，功率 8.1kV · A，可适用直径 0.8 ~ 1.2mm 焊丝焊接。

4.5 磁放大器式弧焊整流器

磁放大器是一种常用的电磁控制元件。在磁放大器式硅弧焊整流器中，磁放大器是其中的一个主要部件，利用它可以使弧焊整流器获得所需要的外特性（下降特性或平特性），并用来相应地控制和调节焊接电流或焊接电压，因而对弧焊整流器的性能有重要的影响。本节首先介绍磁放大器的基本原理，然后对无反馈磁放大器式弧焊整流器进行分析，并着重说明其具有下降特性的原理。

4.5.1 磁放大器原理

1. 磁放大器的基本单元

众所周知，铁磁材料的磁化曲线（B—H 曲线）具有非线性，如图 4-17 所示。磁导率 μ 不是常数，而是随磁场强度 H 的变化而变化。实际上，磁放大器就是利用铁磁材料的这种特性来实现电流放大和控制作用的。

最简单的单铁心式磁放大器结构如图 4-18 所示，由铁心、直流控制绕组 W_C 和交流工作绕组 W_A 所组成。

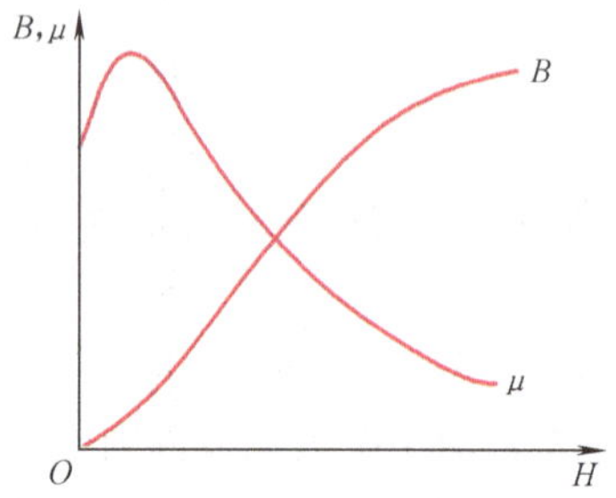

图 4-17　磁化曲线

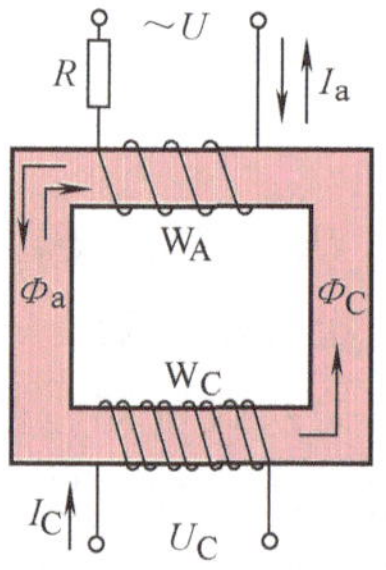

图 4-18　磁放大器的基本单元

交流绕组加上交流电压 U 后，经过负载流过电流 I_a，其有效值可表示为

$$I_a = \frac{U}{Z} = \frac{U}{\sqrt{R^2 + X^2}} \tag{4-11}$$

式中，U 为交流电压有效值；R 为交流电路总电阻；Z 为交流电路总阻抗；X 为交流绕组的感抗，$X = \omega L$，ω 为角频率，L 为交流绕组的电感。

感抗 X 的计算式为

$$X = \omega L = \omega \frac{\mu N^2 S}{l_m} \tag{4-12}$$

式中，N 为交流绕组匝数；S 为磁路截面积；l_m 为磁路平均长度；μ 为磁导率。

一般电感是通过改变铁心截面积、绕组匝数、磁路长度或气隙来改变感抗的。但是，通过改变磁场强度 H 从而改变磁导率 μ，也可以起到同样的作用。那么如何实现呢？磁场强度 H 又是由直流控制绕组和交流工作绕组产生的磁势或励磁安匝数决定的，通常直流控制绕组的匝数 N_C 远大于交流工作绕组的匝数 N_A。显然，如果通过改变控制电流 I_c 的大小，就改变了铁心的磁场强度 H 或磁导率 μ 值，从而可改变交流绕组的电感 L 和感抗 X。这样，实现了用小的 I_C 控制大的 I_a，这就是磁放大器这种常用的电磁控制元件的基本原理。

在磁放大器式硅弧焊整流器中，利用磁放大器可以调节电源外特性，这又是如何实现的呢？现以图 4-19 所示的具有单铁心磁放大器的交流电路说明。

当忽略交流工作绕组的电阻时，可以写出

$$u_f = u_0 - N_A \frac{d\Phi_A}{dt}$$

式中，Φ_A 是交流电流 i_A（在这里 $i_A = i_f$）通过 W_A 时在铁心内产生的交变磁通。

如图 4-19 所示，交流电路的平衡方程式是

$$U_f = U_0 - U_L \tag{4-13}$$

式中，U_0 为电源交变电压；U_f 为负载电压；U_L 为 W_A 两端的感抗压降。

当 I_f 增大时，如果 $\Delta\Phi$（Φ_A 的变化幅值）和 U_L 成正比地增大，使 U_f 随之减小而获得陡降外特

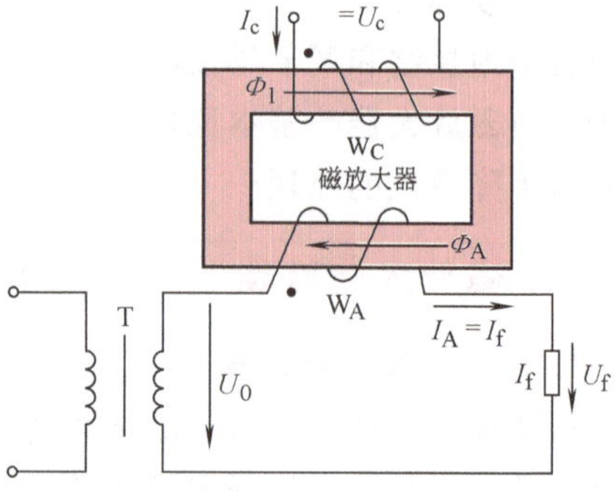

图 4-19　单铁心磁放大器的交流电路

性；反之，如果 $\Delta\Phi$ 和 U_L 保持一定的值而不明显增大，则 U_f 不随 I_f 变化而获得平特性。

根据铁磁材料的磁化曲线，当磁场强度 H 增大时，铁心将由不饱和渐渐变得饱和，即 μ 由大变小，磁阻则由小变大，因而交流绕组的等效电感减小。因而只要控制铁心的磁状态，即令其工作于磁化曲线的不同线段上，以致在相同的 $i_A N_A$ 作用下产生不同的 $\Delta\Phi$ 和电压降，从而可以控制外特性。那么，铁心的磁状态又是怎样控制的呢？由磁放大器的结构得知，它是由交流磁动势 $i_A N_A$ 和直流磁动势 $I_c N_c$ 共同磁化的。$I_c N_c$ 确定了在磁化曲线上的起始工作点（相当于晶体管输出特性上的静态工作点），再叠加上不同波形、不同幅值的交流磁势 $i_A N_A$，即确定了在磁化曲线上的工作范围。

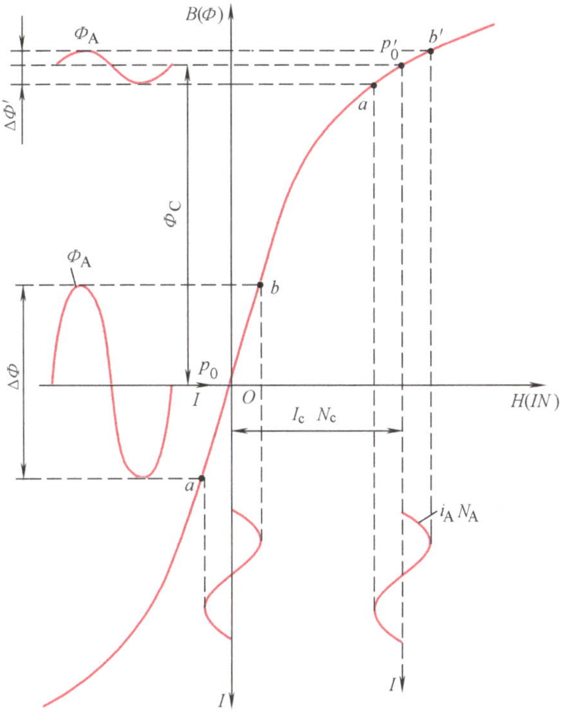

图 4-20　磁放大器对外特性的控制

如图 4-20 所示，如果铁心起始工作点 p_0 在原点，在 $i_A N_A$ 的磁化作用下工作于磁化曲线的 ab 段，处于非饱和区，这时磁路磁阻小，一定的 $i_A N_A$ 产生较大的磁通变化幅度 $\Delta\Phi$。若 $i_A N_A$ 增大会使 $\Delta\Phi$ 显著增大，而得到较陡的下降外特性。

如果控制磁通使起始工作点 p'_0 靠近饱和区，则在相同 $i_A N_A$ 同时磁化下，工作于 $a'b'$ 段上，处于较饱和的区域，相应的磁路磁阻大，对应的磁通变化幅度 $\Delta\Phi'$ 较小。以 p'_0 为起始工作点，即使 $i_A N_A$ 增大，而 $\Delta\Phi'$ 也增大得不明显，因而对应的外特性段较平缓。

由此不难理解，如何利用磁放大器直流控制绕组 W_C 的 I_c 去控制电源输出的电压和外特性形状。

2. 双铁心式磁放大器

只用一个磁放大器基本单元时，会产生如下问题：

1）交变电流会在匝数较多的控制绕组中感应出较高电势，影响磁放大器的正常工作。

2）交流磁通在正负半波分别与直流控制磁通相加或相减，使交流电流波形发生畸变，会产生直流分量，增加变压器的励磁电流。

因此在结构上有必要改进，通常采用双铁心式磁放大器可以解决上述问题，下面以无反馈的双铁心式磁放大器为例进行说明。

图 4-21 所示为其结构图，图 4-21a 为两个单铁心式磁放大器，其 W_A 及 W_C 各自串联；图 4-21b 的不同之处仅在于 W_A 是并联连接。它们连接的原则，都是当采用两个铁心与绕组后，在直流绕组中的交流感应电动势相互抵消。

磁放大器的绕组接线时，必须十分注意极性。在原理图中，通常都标示出同名端（同极性端），用黑点“·”表示。从同名端标志可以看出磁通关系，当电流都从同名端流进时，在同一个铁心中两个绕组产生的磁通应是同方向的。当两个 W_A 绕组串联或并联时，使每一瞬间电流从同名端流进或流出。串联时将非同名端接在一起；并联时将同名端接在一起。而两个 W_C 绕组的同名端采用“头—头”或“尾—尾”相连，可以避免交流绕组磁通所产生的影响，而且可使 I_f 波形畸变小。

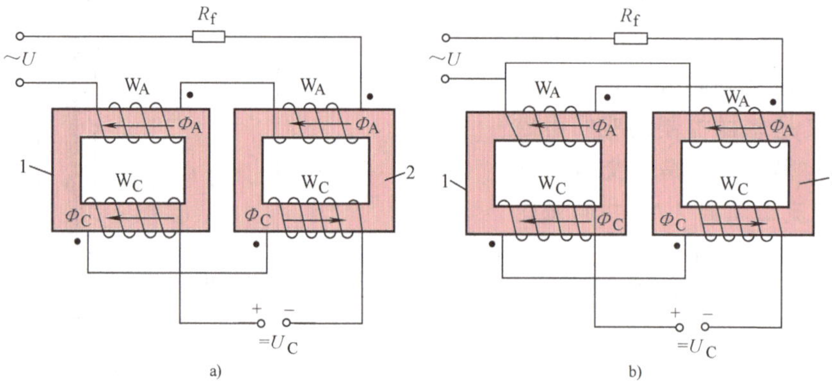

图 4-21　无反馈双铁心式磁放大器原理图

a）交流绕组串联　b）交流绕组并联

采取以上办法正确接线之后，可以令直流控制电路中的交流感应电动势相互抵消，并且使 I_f 波形畸变减小。这是因为这种连接方式使得两个铁心磁状态具有以下特点：图 4-21a 所示为交流电某一半周时的情况，铁心 1 中 Φ_A 与 Φ_C 的方向相反，总磁通 $\Phi_1=\Phi_A-\Phi_C$，处于不很饱和的状态；而铁心 2 中 Φ_A 与 Φ_C 的方向相同，总磁通 $\Phi_2=\Phi_A+\Phi_C$，处于较饱和的状态。在交流电另一半周中，由于 Φ_A 方向改变，形成 $\Phi_1=\Phi_A+\Phi_C$，铁心 1 较饱和，而 $\Phi_2=\Phi_A-\Phi_C$，铁心 2 不很饱和。即同一个半周中，二铁心磁状态不同；另一半周，即互易其磁状态。不同铁心上的两个 W_A 绕组是互相串联或并联使用的，对于每一半周来说总是由一较饱和的和另一个不很饱和的磁放大器相串联或并联。所以，在每一半周中的总负载电流 I_f 都是一样的，即正负半周波形是对称的，避免了畸变。

双铁心式磁放大器除有 4-21 图所示的结构形式之外，还可将两个铁心并在一起共用一个控制绕组 W_C，W_A 的接法如图 4-22 所示。此时，由于 W_A 采用同名端“头—头”或“尾—尾”相连的接法，两个铁心中的 Φ_A 以相反的方向穿过 W_C，所以在 W_C 中也不会有交流电势。双铁心式磁放大器在电路中的作用同单铁心式，不再赘述。

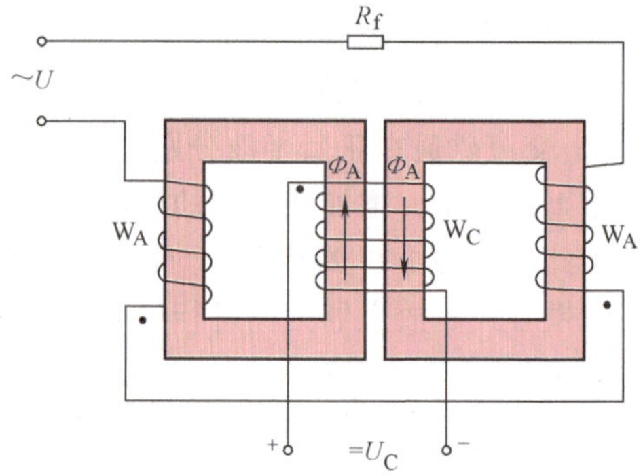

图 4-22　控制绕组共绕的磁放大器

4.5.2　典型磁放大器式硅弧焊整流器

1. 无反馈磁放大器式硅弧焊整流器

无反馈磁放大器式硅弧焊整流器的原理电路如图 4-23 所示，主要由三相正常漏磁式平特性变压器、三相无反馈磁放大器、硅整流元件和输出电抗器组成，与普通三相全波整流电路的区别，是在电路中设置有磁放大器（AM）。每相两个交流工作绕组可以是串联接法或并联接法（图中为串联），每相可以各有一个控制绕组 W_C，但也可以为图 4-24 所示的控制绕组三相共绕，使结构紧凑，节省铜线。在不同控制电流下和负载变化时，下面通过分析每相交流绕组工作情况，主要是铁心磁化曲线上起始工作点和工作范围的变化，来说明其原理。

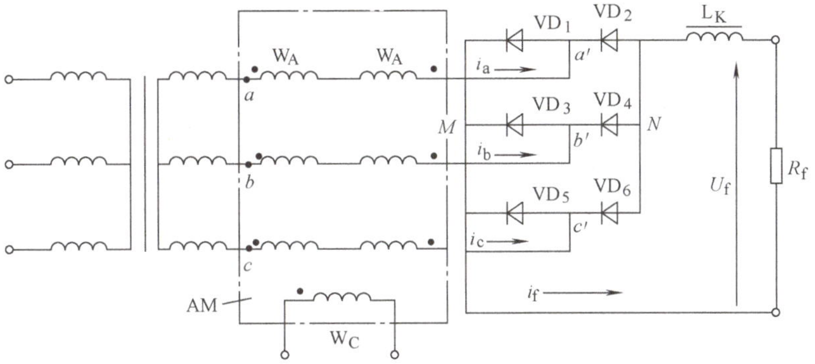

图 4-23　无反馈磁放大器式硅弧焊整流器原理图

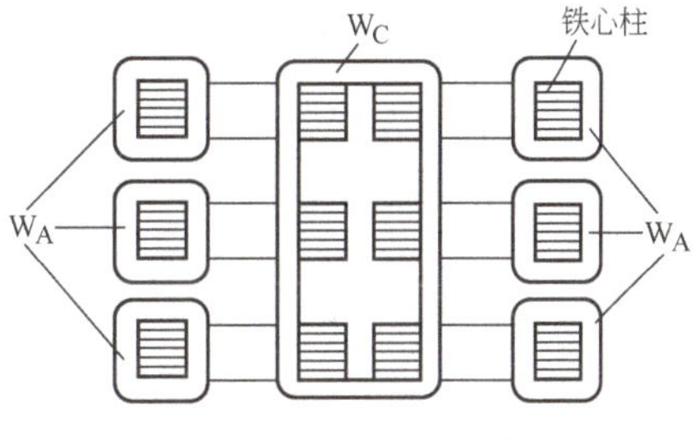

图 4-24　三相无反馈磁放大器的结构图

（1）当 $I_c=0$ 时　控制电流 $I_c=0$ 时，无控制磁通，即 $\Phi_C=0$。两个铁心中只有交流绕组电流产生的磁通 Φ_A，由于两铁心材料、尺寸和匝数相同，所以两个基本单元的工作情况完全相同。图 4-25 所示为铁心的磁化曲线，铁心起始工作点为原点。在负载电阻 R_f 较大、负载电流 I_f 很小时，交流绕组的电流幅值也很小，此时铁心不饱和。因此，两个铁心中的磁通变化幅度随着 R_f 减小、I_f 增加，而迅速增加，交流绕组上的压降将随之增加，因而 U_f 迅速降低，外特性曲线很陡，如图 4-26 所示的外特性曲线 1。随着 R_f 的进一步减小，负载电流和交流绕组电流进一步增加，直到铁心接近饱和后，由于磁化曲线的非线性使磁通变化较慢，因而 U_f 降低也较慢，故外特性出现一定的外拖缓降段。

（2）当 $I_c\neq0$ 时　$I_c\neq0$ 时由磁动势 I_cN_c 产生控制磁通 Φ_C，磁化曲线上铁心起始工作点为 P_0。如每相交流正半波时在两个铁心中分别产生磁通：$\Phi_1=\Phi_A+\Phi_C$，$\Phi_2=\Phi_A-\Phi_C$；负半波时则反之。总之，上半波在某一铁心中出现的情况，下半波在另一铁心中重现。因此，可通过研究某一半波中两个铁心磁通的变化量，得知输出电压与电流的关系。

当 R_f 较大，交流绕组中的工作电流较小时，磁放大器两个铁心的工作点分别从 P_0 点移动到 a_1 和 b_1，但仍都处于饱和区，因而对应的磁通变化总量 $\Delta\Phi_1$ 很小，两交流绕组总压降也较少，这段外特性也就较平缓，如图 4-26 所示的外特性曲线 2 平顶段。若 R_f减小，负载电流增加，交流绕组电流也增加，相应地引起磁通变化量增加。当 R_f 进一步减小，电流增大，则磁放大器铁心在磁化曲线上的工作段左端点向非饱和区深入（图 4-25 中 a_1 和 a_3，对应于去磁铁心），磁通变化总量和感抗压降随之显著增大，使外特性曲线很陡。当负载短路时，整流输出电压为零，弧焊电源空载电压将全部降落在两交流绕组中。

再设 I_c 继续增大，则起始工作点 P_0 往右移，即更加深入饱和区，则只有更大的 I_f 才能使工作段跨入非饱和区，而使外特性转入陡降段，故在图 4-26 中外特性的陡降段往右移，如曲线 3。由此可知，无反馈磁放大器交流绕组感抗压降随着负载电流的增加而增加。当负载电流增加到两个铁心中的去磁铁心脱离饱和状态后，如果负载电流再继续稍有增加，磁通变化和感抗压降显著增加，输出电压急剧下降。因此，这种电源的外特性曲线是很陡的。

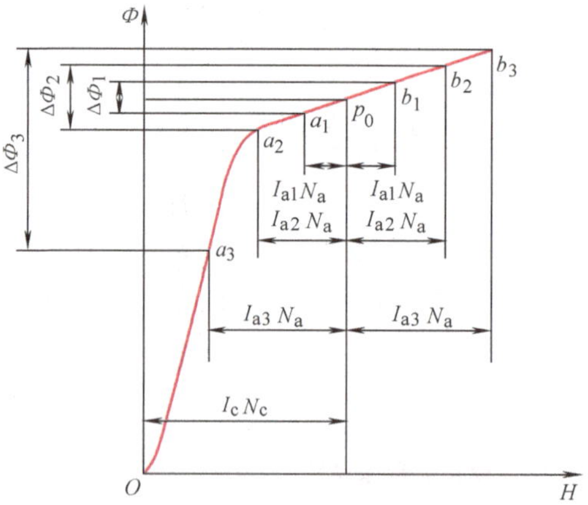

图 4-25　无反馈磁放大器的磁状态

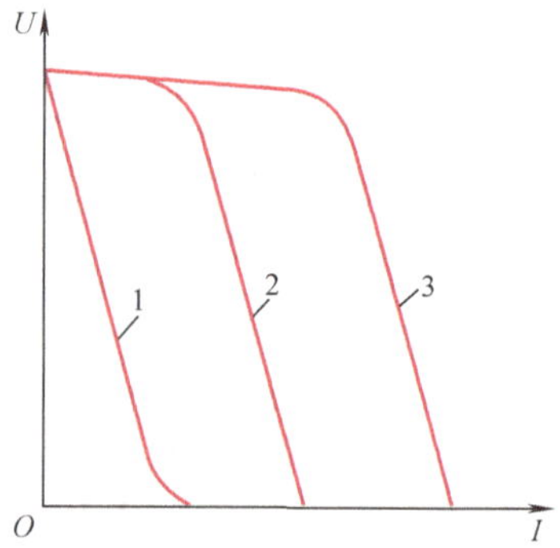

图 4-26　无反馈磁放大器的外特性

正常工作时，该弧焊电源工作于外特性曲线的陡降部分上，是两个交流绕组中铁心不饱和的在起作用。又假定磁放大器铁心材料的磁化曲线接近于理想化曲线，磁化曲线非饱和区的安匝很小，故有下面等安匝关系

$$I_c N_c - I_f N_A \approx 0 \tag{4-14}$$

$$I_f = I_c N_c / N_A \tag{4-15}$$

上式即为无反馈磁放大器的控制特性或称调节特性。上述关系表示为图 4-27 所示的直线 1，即 I_f 随 I_c 直线增大。其斜率即比值 N_c/N_A 称为电流放大倍数 K_I。

$$K_I = N_c / N_A \tag{4-16}$$

实际的磁放大器由于磁化曲线并非理想，当 $I_c = 0$ 时虽工作于非饱和区，对应的磁放大器感抗很大，但并不是无限大。所以这时 I_f 不为零，如图 4-27 中的曲线 2 所示的 I_0（称为磁放大器的空载电流）。另一方面，I_f 不能随 I_c 无限增大，因为即使磁放大器完全饱和，焊接回路中还有负载电阻及变压器的内阻抗等限制着电流，所以调节特性上升到一定 I_f 值后就不再继续上升而转为水平线段。

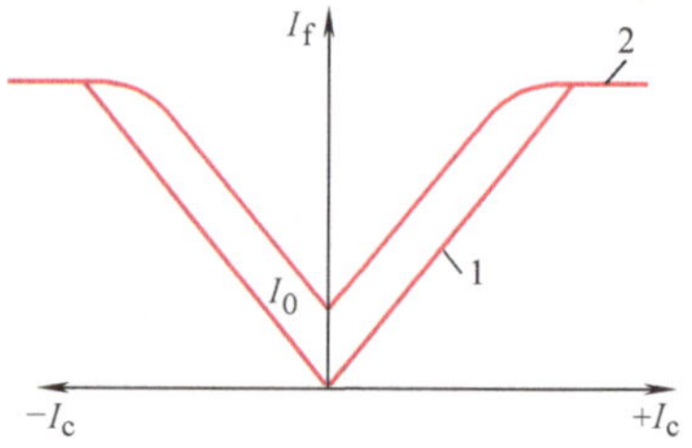

图 4-27　无反馈磁放大器的调节特性

国产的无反馈磁放大器式硅弧焊整流器有 ZXG7-300、ZXG7-500 型，用于焊条电弧焊。还有 ZXG7-300-1 型，用于钨极氩弧焊和焊条电弧焊。无反馈磁放大器式弧焊整流器可获得陡降的外特性，适合钨极氩弧焊机应用。但由于短路电流太小，引弧不易，不宜用于焊条电弧焊，故其应用范围有限。此外，电流放大倍数较小，以致控制电流太大而不便于控制。

为解决上述问题以获得平缓的外特性，可采用有反馈的磁放大器。常用的有焊接电流正反馈和电弧电压负反馈。反馈又有外反馈和内反馈之分，前者通过外加反馈绕组对直流输出电流或电压进行反馈，后者则由交流工作绕组兼起反馈作用。以下只介绍应用较广的全部内反馈式和部分内反馈式的磁放大器。

2. 全部内反馈磁放大器式硅弧焊整流器

无反馈磁放大器式硅弧焊整流器在输出范围内之所以是陡降外特性，是因为每相两个铁心中有一个铁心工作总是在不饱和状态。如果使铁心达到饱和状态，保持感抗压降为一定值，与负载电流无关，则余下的输出电压即焊接电压也是定值，因而形成平特性。全部内反馈磁放大器就是利用内反馈使铁心达到自饱和，从而获得平特性的。因此，这样的磁放大器也称为自饱和电抗器。

全部内反馈磁放大器式硅弧焊整流器的原理电路和各相磁放大器结构，如图 4-28 所示。它与无反馈式有相同之处，都由铁心、W_C 和 W_A 组成；二者的差别主要在于 W_A 的接法不同。各相磁放大器的两个 W_A 绕组的非同名端接在一起后再接交流电源，另两端则各接一个整流元件再接负载，连接的原则是使 Φ_A 与 Φ_C 的方向一致。这样使正半周交流电流通过一侧 W_A 绕组，而负半周则通过另一侧 W_A 绕组，每个 W_A 绕组中的电流是方向不变的半波脉动电流。Φ_A 由输出电流 I_f 流过 W_A 所产生，其作用是加强 Φ_C，于是交流工作绕组 W_A 就兼起电流正反馈绕组的作用。

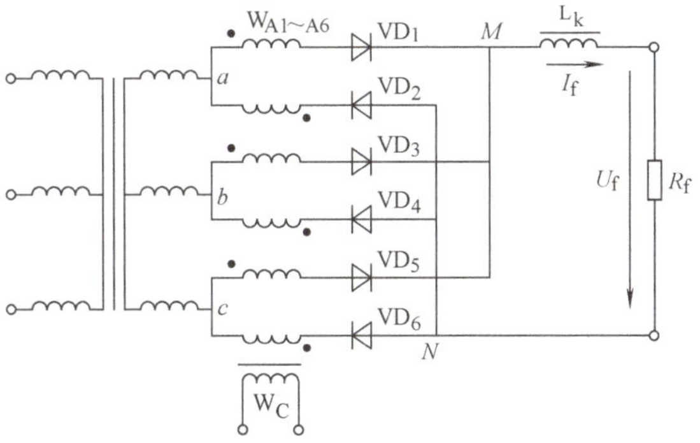

图 4-28　全反馈磁放大器式硅弧焊整流器的原理电路

全反馈磁放大器由于工作绕组串有二极管，使电流只能由同名端进去，当每相电流交变一周时每个工作绕组 W_A 中只有半周时间通电流，且所产生的 Φ_A 与 Φ_C 同向只起加磁作用。由于每相同时只有一个绕组通电，因而磁通变化量 $\Delta\Phi_m$ 应指一个 W_A 绕组导电期间电流由零增至 I_f时铁心中的磁通增量。这里仍然以磁化曲线上工作点状态来定性地分析采用全反馈磁放大器作为控制和调节元件时能得到的外特性，结果如图 4-29 和图 4-30 所示。

（1）当 $I_c=0$ 时　起始工作点 p_0 在原点，若交流工作绕组中电流 I_f 较小，则在 I_fN_A 的磁化下工作于非饱和区，随 I_f增大，$\Delta\Phi_m$ 显著增大，电压降很大，对应的外特性为陡降线段。若 I_f 达到 I_{f1}，使工作点最大达到 a 点，产生 $\Delta\Phi_{1m}$；进一步增大 I_f，则工作区右端点进入饱和区，磁通变化和电压降随着增加得很少，使外特性转入平缓线段。从而得到如图 4-30 中曲线 2 所示的外特性。

（2）当 $I_c>0$ 时　起始工作点在 p'_0，它较靠近磁化曲线的饱和区，当 I_f 达到比 I_{f1} 为小的 I'_{f1}时，工作段右端即达到 a 点，这时产生了 $\Delta\Phi'_{1m}$。与 $I_c=0$ 的情况相比，则外特性在更小的电流下由陡降转为平缓，如图 4-30 中的曲线 1 所示。

（3）当 $I_c<0$ 时　起始工作点在 p''_0，它离正向饱和区较远，要在较大的 $I_{f1}N_A$ 加磁之下，工作段右端才达到 a 点，这时的磁通变化幅度是 $\Delta\Phi''_{1m}$。即要在较大的电流值才产生外特性的转折，如图 4-30 所示的曲线 3 所示。

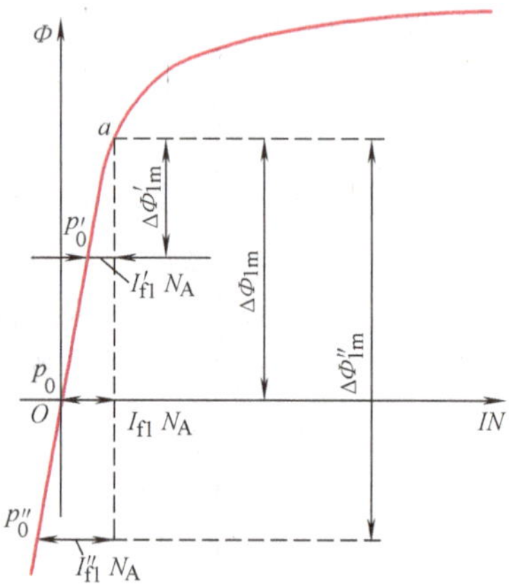

图 4-29　全反馈磁放大器铁心中磁通变化

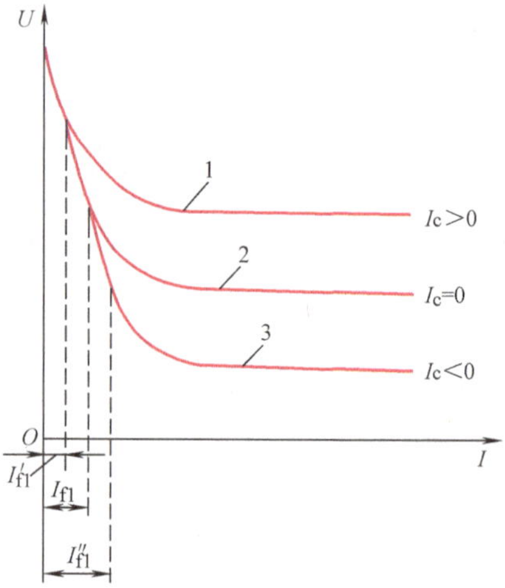

图 4-30　全反馈磁放大器式硅弧焊整流器外特性

显然，这样就获得了“L”形的平的外特性输出。$I_c<0$ 时平缓段的 U_f 值较小，$I_c=0$ 时 U_f 值居中，$I_c>0$ 时 U_f 值较大。为保证 U_f 能有一定的调节范围，通常使 $I_c=0$ 时外特性平缓段的 U_f 值约为空载电压 U_0 的 1/2。这种平特性的弧焊整流器只用于等速送丝的熔化极气体保护焊，焊接电流是由送丝速度来确定的，而调节弧焊电源外特性的结果是调节了电弧电压。

全部内反馈磁放大器整流器的控制特性（或调节特性）是指它的输出电压 U_f 与控制电流 I_c 的关系，即 $U_f=f(I_c)$。前已讲过，改变 I_c 可以改变外特性水平段电压的大小，即调节 U_f。不难理解，在一定的负载下，U_f 与 I_c 的关系——调节特性将如图 4-31 中曲线 1 所示。

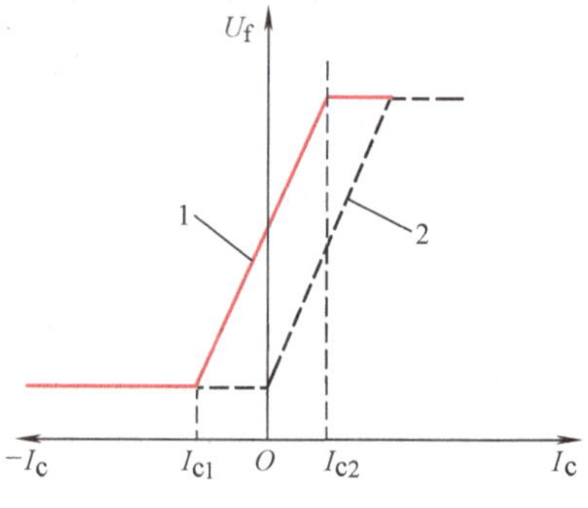

图 4-31　全反馈磁放大器式硅弧焊整流器的调节特性

在此要注意的是，这种弧焊整流器在实际焊接应用中工作点是取在外特性的平缓段上，而有 $I_fN_A \geqslant I_cN_c$，即不存在无反馈磁放大器中的等安匝关系，不能用之以求 I_f 与 I_c 之间的关系。很有用的是，可以以很小的控制电流来控制很大的负载电流，即电流放大倍数 $K_I=I_f/I_c$ 比无反馈式大得多，只要空载工作点在磁化曲线的非饱和区就可以实现。

由图 4-31 可以看出，要使 U_f 能在较宽的范围内调节，就要将 I_c 由负值调至正值，即不仅需要调节 I_c 的大小，还要改变其方向，这将给控制带来不便，为此得设法避免改变 I_c 的方向。如图 4-32 所示，只要在磁放大器铁心加上偏移绕组 W_P，让它的磁势 $-I_pN_p$ 起到去磁作用，即可达到此目的。如此，相当于把调节特性往右位移，故也称位移绕组。

全部内反馈磁放大器式硅弧焊整流器，可用于二氧化碳或惰性气体、混合气体保护下的熔化极电弧焊，在国内外都有应用。国内定型产品有 ZPG1-500、ZPG1-1500、ZPG2-500 和 GB-500 等型号。

3. 部分内反馈磁放大器式硅弧焊整流器

这里所用的磁放大器是一类介于无反馈和全反馈之间的磁放大器。按反馈方法不同，又有电阻内桥式、绕组桥式和短路桥式之分。下面仅以电阻内桥式为典型进行讨论。图 4-33 所示为其基本电路，与全反馈磁放大器的差别仅在于，在两交流工作绕组之间连接了电阻内桥。其接线原则不变，即各相也是令 Φ_A 与 Φ_C 的方向一致，只是多 3 个电阻内桥。这里仍然来定性分析这种整流器的外特性曲线形状，即通过对各相电路的分析进而推知三相情况，而在各相中通过分析磁放大器绕组电流，了解磁化曲线工作点、磁通和感抗压降变化，认识对外特性的控制作用。

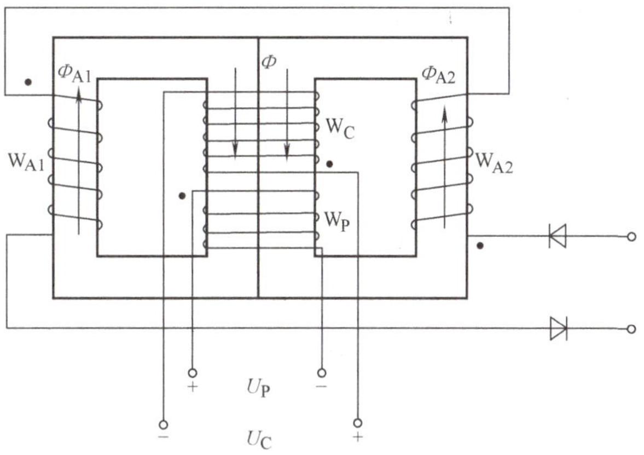

图 4-32　有偏移绕组的全反馈磁放大器

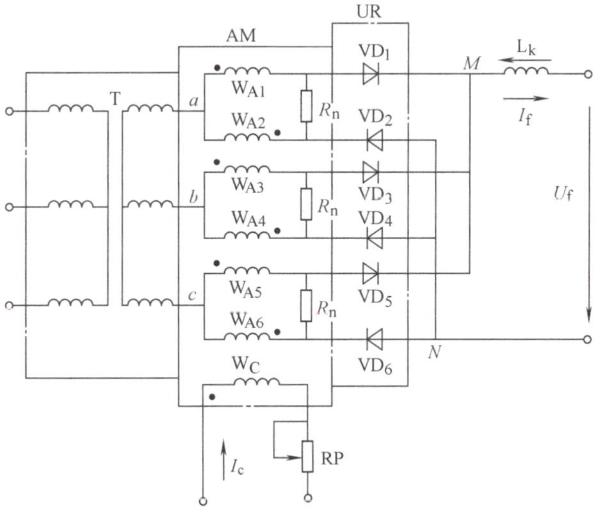

图 4-33　电阻内桥部分反馈磁放大器式硅弧焊整流器

当 a 相电压交变时，在正负半波内该相各支路中电流的变化情况，如图 4-34 所示。

图 4-34a 所示为 VD_1 导通的情况。这时 i_a 分两路：一路经 W_{A1} 形成 i_{A1}；另一路经 R_n 和 W_{A2} 为 I_n，同时 $I_n = i_{A2}$。由于后一支路阻抗比前一支路的大，所以 i_{A2} 小于 i_{A1}。

图 4-34b 所示为 VD_1、VD_2 都不导通阶段，这时 $i_a = 0$，由 W_{A1} 及 W_{A2} 内自感电势维持 I_n，它经 W_{A2}、R_n、W_{A1} 构成回路，同时 $I_n = i_{A1} = i_{A2}$。

图 4-34c 所示是 VD_2 导通的情况，这时 i_a 反向并亦分两路：一路经 W_{A2} 构成 i_{A2}；另一路经 R_n 和 W_{A1} 为 I_n，同时 $I_n = i_{A1}$。由于前一支路阻抗比后一支路的大，所以 i_{A2} 大于 i_{A1}。

按照每相电路的连接，正半波时，i_{A1} 使铁心增磁，i_{A2} 使铁心去磁，且 $i_{A2} = I_n$；负半波时，i_{A2}使铁心增磁，i_{A1}使铁心去磁，且 $i_{A1}=I_n$。因此，每个交流绕组在全波周期中的加磁电流为（I_f-I_n），去磁电流为 I_n，电流的变化显然在介于无反馈与全反馈之间，内桥电流始终存在并总是起去磁作用（负反馈）。因此，交流绕组上的磁通变化和电压降也介于无反馈与全反馈之间，因而获得下降特性。

每相的两个交流绕组中，在任意半波总有一个因去磁作用倾向于使铁心不饱和。如图4-35所示，在铁心磁化曲线上，I_cN_c 决定起始工作点。如 I_c 较小时，起始工作点工作在非饱和区，负载电流增加时，磁通变化和电压降较大，获得较陡的下降特性。如 I_c 较大时，起始工作点工作在过渡区（接近饱和区），如负载电流较小，过渡区磁通变化仍较为显著而获得较陡的下降特性；随着负载电流的增加，右边工作点进入了饱和区，左边工作点仍在过渡区，获得较为平缓的外特性；负载电流很大时，则左边工作点进入非饱和区，获得较陡降的外特性。实际外特性是比较平滑的，如图4-36所示。

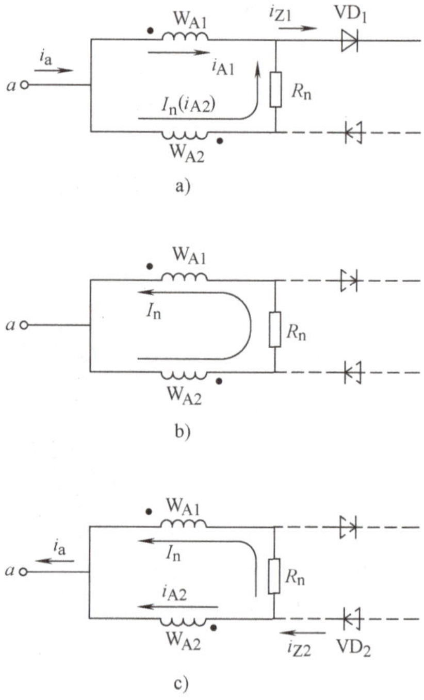

图 4-34　每个交流绕组中电流的变化情况
a）VD_1 导通时　b）VD_1 和 VD_2 都不导通时　c）VD_2 导通时

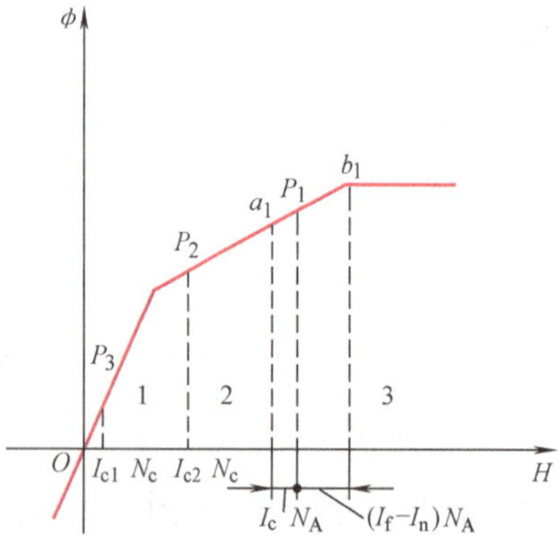

图 4-35　内桥式磁放大器磁状态图

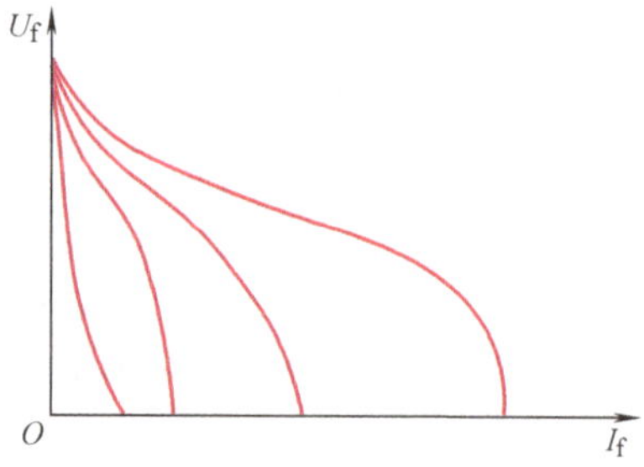

图 4-36　内桥磁放大器式硅弧焊整流器外特性

试验证明，各相电流在磁放大器交流绕组和内桥电阻构成的两条支路中，是近似按电阻并联规律分配的。有以下关系式

$$I_n \propto \frac{R_A}{2R_A+R_n}I \tag{4-17}$$

式中，R_A 为交流工作绕组的电阻。

因此，若 R_n 减小，则 I_n 增大，即去磁半波电流幅值增大，使磁通变化和感抗压降增加。通过适当选择 R_n 值可改变外特性形状，获得所要求的下降外特性。

综上可知，部分内反馈磁放大器式硅弧焊整流器，因为交流绕组有负半周电流的去磁作用，可获得下降外特性。如改变内桥电阻阻值，可改变外特性下降的陡度。与全反馈和无反馈式相比，它更具有灵活性。当 $R_n=\infty$，即将内桥断开，则变成全反馈式磁放大器，外特性接近于平的。当 $R_n=0$，即内桥为一根导线，则变成了交流绕组并联的无反馈式磁放大器，可获得陡降外特性（但交流绕组并联的无反馈式磁放大器存在短路环流，电磁惯性较大，动特性不如串联时好）。

调节特性如图 4-37 所示的曲线 1。部分内反馈式磁放大器中 i_A 为不对称交流，正半周幅值为 $(I_f—I_n)$，负半周幅值为 I_n；内桥起到负反馈去磁作用，负载电流正反馈不及全反馈式的强烈，故为部分内反馈，其电流放大倍数也就介于无反馈和全反馈之间。曲线 2 为无反馈式磁放大器的调节特性。曲线 1 和曲线 2 相比，前者的变化率大和空载电流较大。通常，为扩大调节范围和避免将 I_c 反向，也要采用偏移绕组。

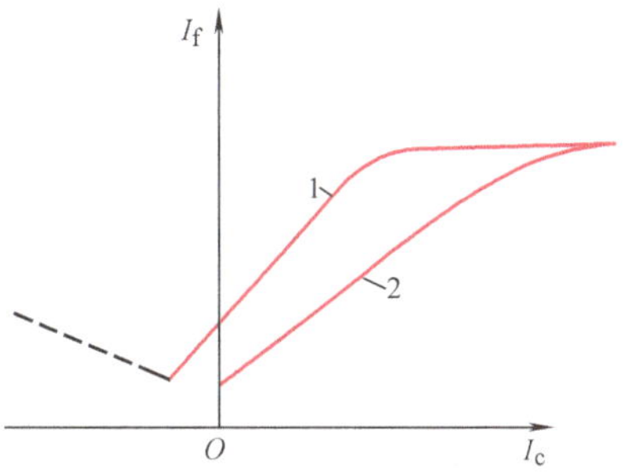

图 4-37　调节特性的比较

这类部分内反馈磁放大器式硅弧焊整流器，国内定型产品有 ZXG-300、ZXG-400 及 ZXG-500 等型号，以上产品具有下降外特性，可用作焊条电弧焊和钨极氩弧焊（TIG 焊）的直流电源。另外还有可兼获下降和平外特性的多特性弧焊整流器，定型产品有 ZDG-500-1、ZDG-1000R、ZPG-1000 等型号，可用于焊条电弧焊、埋弧焊、自动/半自动 CO_2 焊等。

4.5.3　磁放大器式硅弧焊整流器小结

一般交流电抗器磁路中有空气隙，其磁导率和感抗为线性参数，而磁放大器磁路中不设空气隙，且铁心由交流和直流磁势共同磁化。各种磁放大器均用控制绕组在磁化曲线的不同区域设置静态工作点，再加上用不同波形交流电流（半波、全波、不对称交流）的共同磁化作用，使各种磁放大器在磁化曲线上的工作区和磁状态不同，感抗为非线性参数，因而所得外特性各异。现将无反馈、全反馈、部分内反馈三种形式磁放大器的特点列于表 4-2 中，以便比较。

表 4-2　不同磁放大器式弧焊整流器特点比较

	无反馈式	全反馈式	部分内反馈式
单相电路图	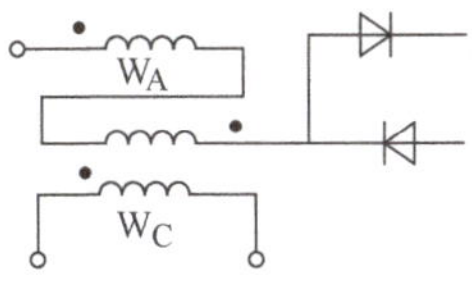 当 WA 串联时	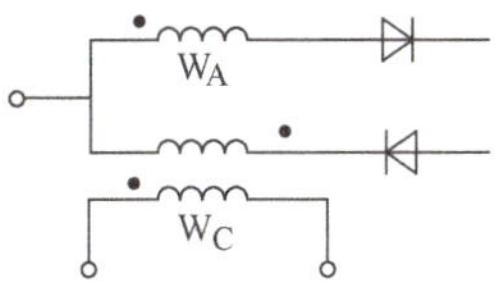	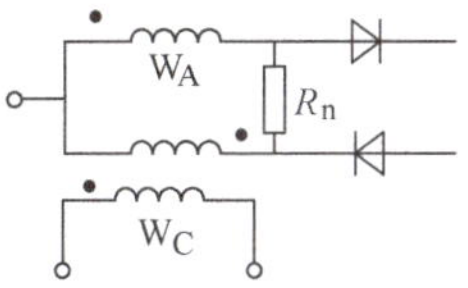
内桥电阻	$R_n=0$ 当 W_A 并联时	$R_n=\infty$	R_n 为较小值

（续）

	无反馈式	全反馈式	部分内反馈式
交流绕组中电流波形示意图	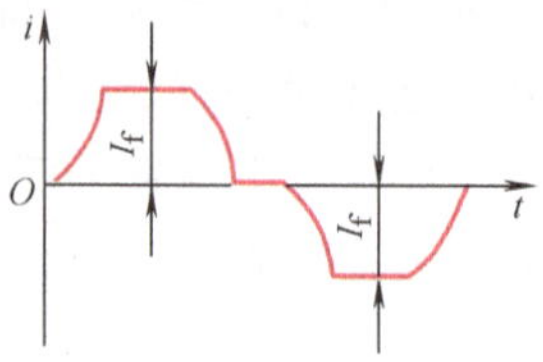	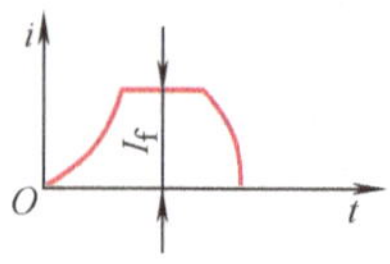	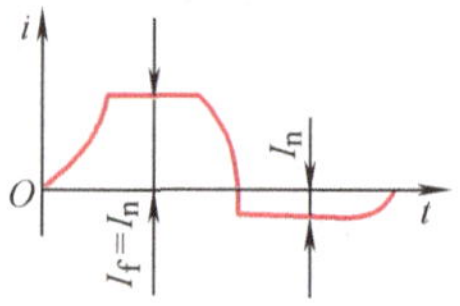
反馈系数	$K_f=0$	$K_f=1$	$0<K_f<1$
磁状态示意图	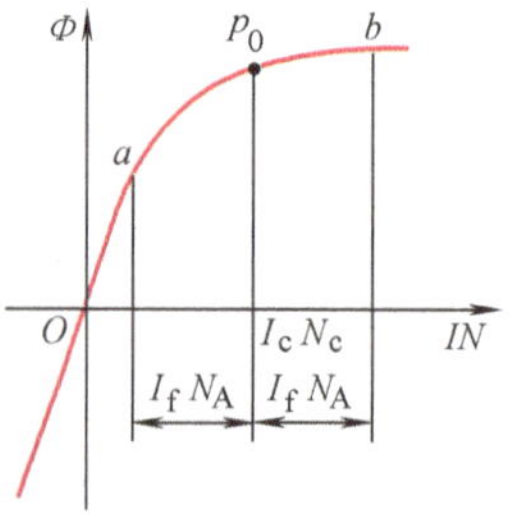	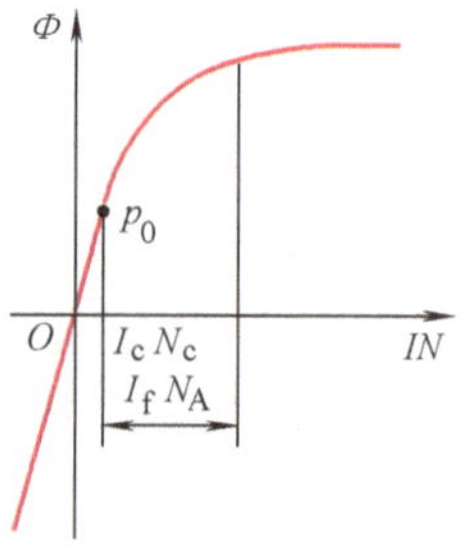	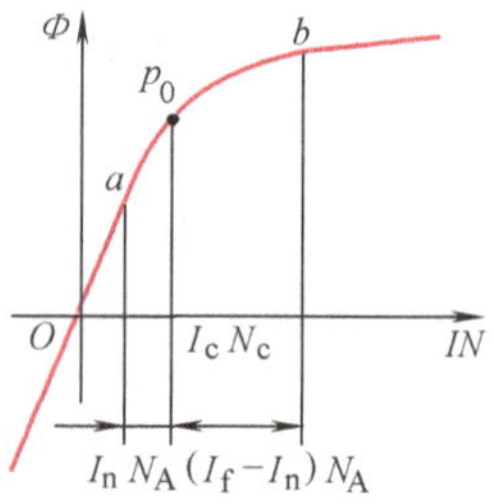
电源外特性	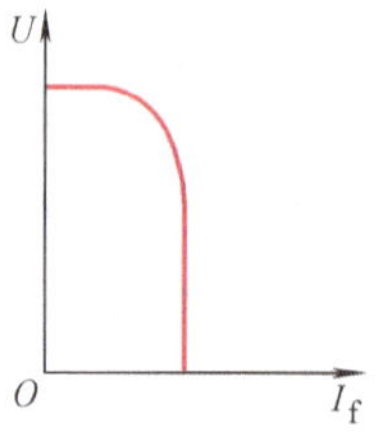	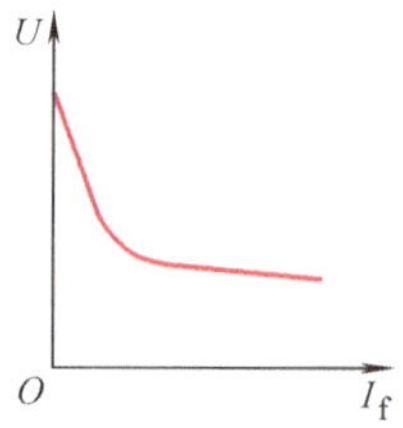	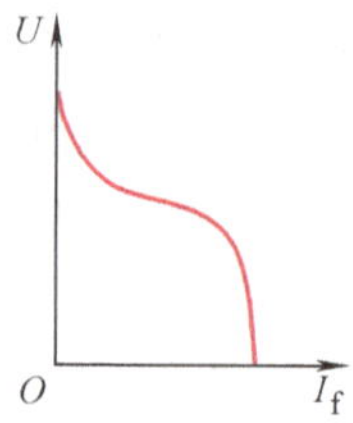
调节特性	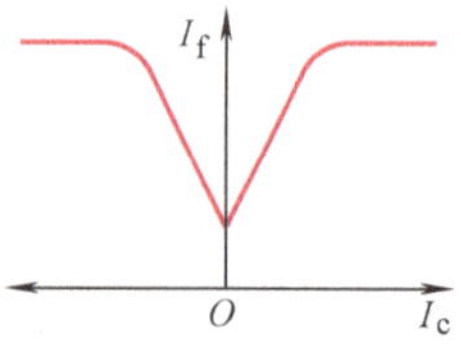	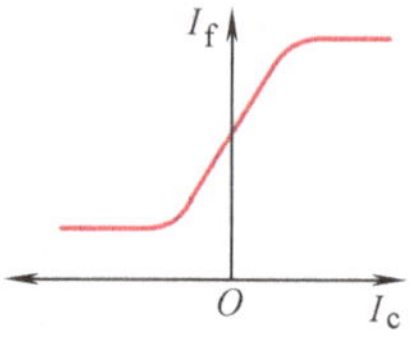	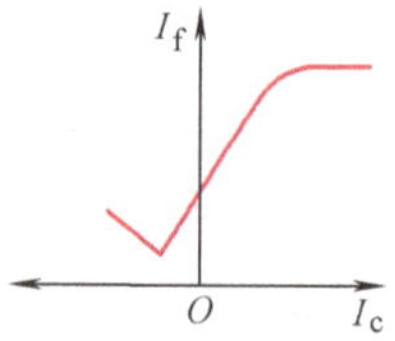

磁放大器式硅弧焊整流器在动特性方面曾存在以下问题：短路电流上升率和峰值较大，而衰减较慢，造成引弧冲击大和熔滴飞溅严重；此外，从短路到负载时瞬态负载电流最小值较低，从而降低了电弧稳定性并减弱了电弧的“挺度”和穿透力。原因在于磁放大器中有多个绕组，电磁惯性较大所致。为此需采取措施加以改善。其中最主要的是在主回路中串接直流输出电抗器，用它抑制电流的变化以减小上述电流的冲击和下跌。再加上精心设计，使上述问题得到缓解。它曾经是一种较先进的弧焊电源，可以满足一般焊接工艺的要求。但由于制造时耗材多，重量和体积偏大，已愈来愈多地被逆变式等新型弧焊电源替代。

4.6　交直流两用及脉冲式硅弧焊整流器

在硅弧焊整流器类焊接电源中，不仅可以进行直流焊接，还可以得到交流和脉冲的输出电流波形。下面将介绍较简单的单相交直流两用硅弧焊整流器、单相整流式脉冲电源和磁放大器式脉冲弧焊电源。

4.6.1 交直流两用硅弧焊整流器

交直流两用硅弧焊整流器既可以输出直流电，也可以输出交流电，具有下降外特性，是焊条电弧焊和钨极氩弧焊的一种两用电源，可用来焊接碳钢、不锈钢及铝、钛等有色金属。它的基本电路如图 4-38 所示，其中 T 是具有下降特性的交流弧焊变压器，UR 是单相桥式整流器，L_K 是电抗器。

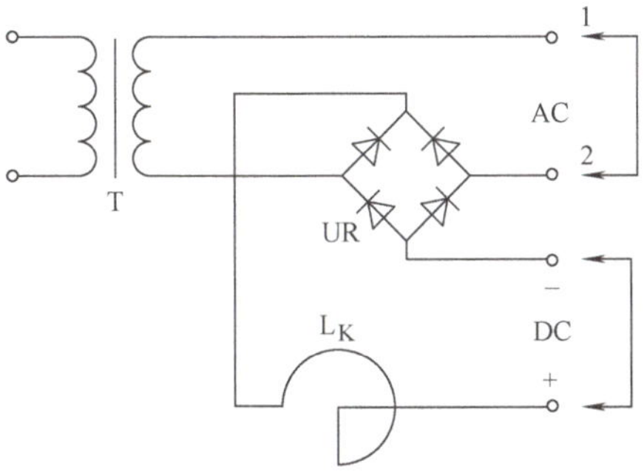

图 4-38　交直流两用硅弧焊整流器示意图

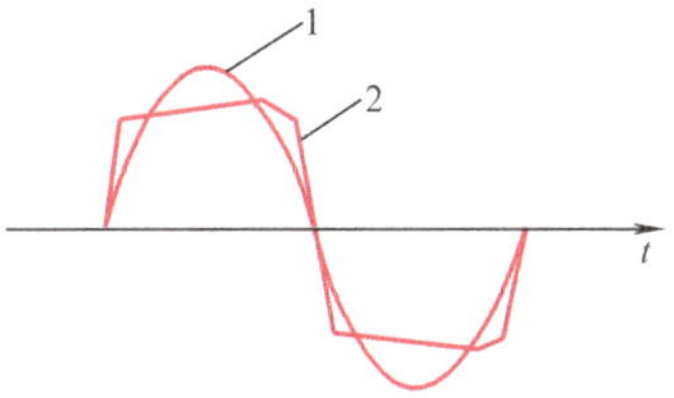

图 4-39　输出交流焊接电流波形

1—普通波形　2—梯形波形

用直流（DC）焊接时，把交流（AC）输出端 1、2 短接，从直流输出端提供焊接电流。

用交流（AC）焊接时，把直流（DC）输出端短接，从 1、2 两端输出交流电。此时由于电抗器 L_K 的串入，而且 L_K 总是通直流电，对电流有滤波作用，因而使焊接电流呈梯形波。如图 4-39 中所示，波形 1 为普通交流焊接波形，波形 2 为接近梯形波的焊接电流波形。过零点附近的时间很短，故容易再引弧，又因焊接电流半波接近于恒定直流，所以电弧较稳定。

国内外都有这种交直流两用式硅弧焊整流器。国产型号包括 ZXG3-300、ZXG9-150、ZXG9-300、ZXG9-500 等。ZXG3-300-1 型用磁饱和电抗器获得下降外特性和调节电流，并在磁饱和电抗器的励磁回路中设置梯形波电抗器，以改善交流电弧的稳定性。它还装有消除直流分量的电容器，以保证用交流电焊接铝及铝合金的质量。此外，还有电流衰减装置，能消除焊接结束时收弧处的弧坑。

4.6.2 单相整流式脉冲弧焊电源

单相整流式脉冲弧焊电源，常用的有并联式、可调并联式和阻抗不平衡式三种。这里仅概要介绍前两种的原理。

1. 并联式单相整流脉冲弧焊电源

这是一种最为简单的脉冲弧焊电源。它用一台普通的直流弧焊电源提供基本电流，用另一台变压器有中心抽头的单相半波或全波整流器与其相并联，提供脉冲电流。其电路原理示意图如图 4-40 所示。

提供脉冲电流的单相变压器的二次电压通常仅为 35～45V，便可满足使用的要求。半波整流的脉冲电流频率为 50Hz。当开关 S 合上成为全波整流时，脉冲电流的频率为 100Hz。如果采用晶闸管整流，还可以调节内脉冲宽度，从而调节脉冲幅度，用以对脉冲电流进行细调。

这种脉冲电源的结构简单，制作容易，基本电流和脉冲电流均可调节，使用可靠，成本低。但是，它的调节参数不多且会互相影响，所以它只适合于一般要求的脉冲弧焊工艺。

一般采用陡降特性的弧焊电源来提供基本电流，用平特性的整流器来提供脉冲电流。此外，必要时也可与其他外特性的电源搭配，这要根据弧焊工艺要求来确定。

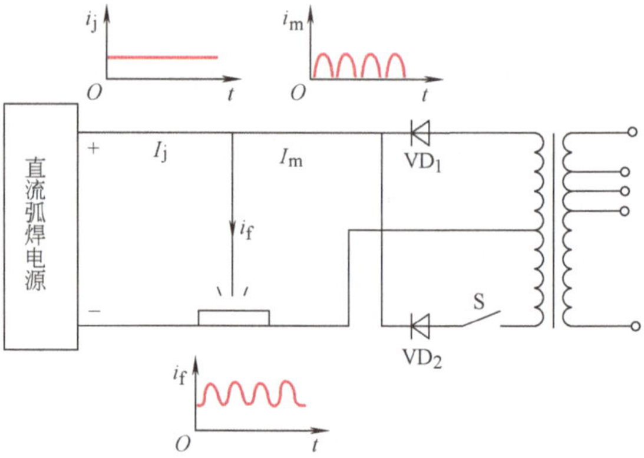

图 4-40　并联式单相整流脉冲弧焊电源

2. 可调并联式单相整流脉冲弧焊电源

它的工作原理与上述并联式单相整流脉冲弧焊电源基本相同，其电路如图 4-41 所示，只是不用带中心抽头的变压器，改用两台二次电压和容量都不同的变压器各作为正负半周的交流电源而交替工作。二次电压较高者提供脉冲电流；二次电压较低者提供基本电流。它们分别可调，互不影响。其电流波形如图 4-42 所示。可见，当 u_1 与 u_2 数值不相等时，脉冲电流频率为 50Hz；当 u_1 与 u_2 数值相等时，脉冲电流频率为 100Hz，从而实现对脉冲电流频率的调节。两个电源都采用平特性，用于等速送丝熔化极脉冲弧焊时，电弧稳定，使用和调节方便。但是，它在制造上较复杂。

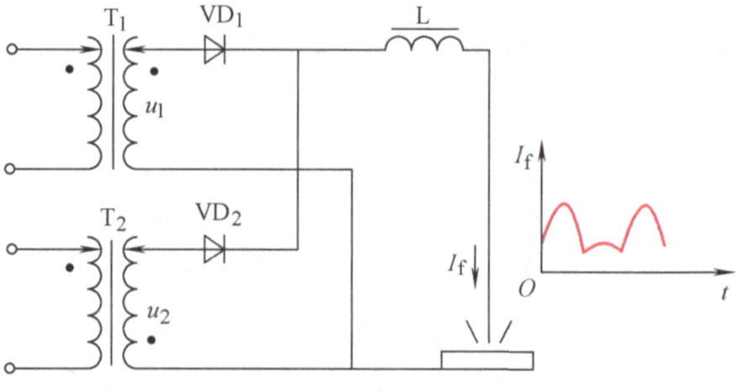

图 4-41　可调并联式单相整流脉冲弧焊电源

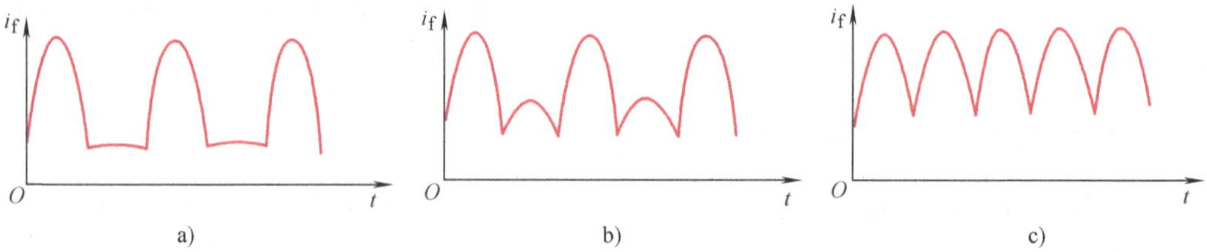

图 4-42　可调并联式单相整流弧焊电源的电流波形

a）平均电流 80A　b）平均电流 120A　c）平均电流 150A

4.6.3　磁放大器式脉冲弧焊电源

1. 基本原理与特点

（1）基本原理　磁放大器式脉冲弧焊电源可以采用主变压器二次三相电压不平衡、

三相磁放大器交流阻抗不平衡，或者为磁放大器输入脉冲励磁电流等方法来获得脉冲电流。

1）采用脉冲控制电流。图 4-43a 是这种电源的示意图。在前面已分析过，无反馈和部分反馈磁放大器式弧焊整流器的输出电流 I_f 与磁放大器的直流控制电流 I_c 是成比例的。因而，若使 I_c 从低值跃至高值，则 I_f 就会产生相应的变化，从而得到所需的脉冲电流。

2）变换阻抗（阻抗不平衡）。增大磁放大器感抗 X_L，就会使电流 I_f 减小。因此，在三相磁放大器电路中，只要把三相中某相的感抗 X_L 增大或减小（通过改变交流绕组匝数 N_A 或改变磁导率来实现），即造成三相磁放大器的阻抗不平衡。这样，它的输出电流幅值有一相是低于或高于其他两相，如此周期性变化即输出了脉冲电流。

此外，为达到三相输出不平衡，也可以使二次某相的电压增大或减小。图 4-43b 是通过使阻抗不平衡和三相电压不平衡而获得脉冲电流的示意图。

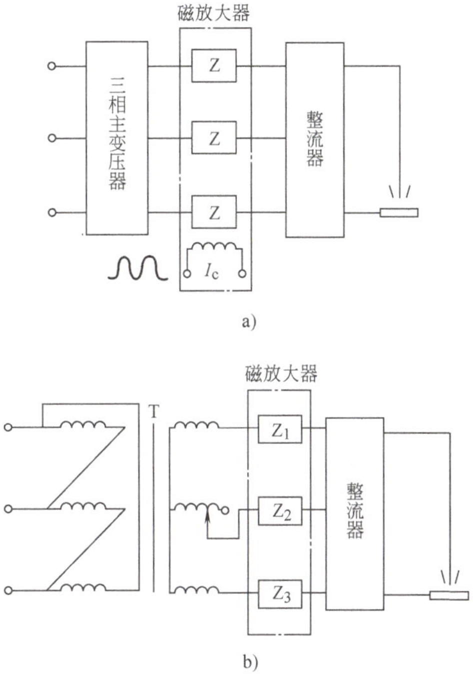

图 4-43　磁放大器式脉冲弧焊电源示意图

a）脉冲控制电流型　b）阻抗不平衡型

（2）特点

1）脉冲电流和基本电流取自同一变压器，属一体式脉冲弧焊电源，结构简单、体积小。

2）通过改变磁放大器的饱和程度，可在焊前或在焊接过程中无级调节弧焊电源的输出功率，调节参数容易，使用方便。

3）这种脉冲电源可以方便地在磁放大器式弧焊整流器基础上实现，可做到一机多用。

4）由于磁放大器的时间常数大，反应速度慢，使输出电流脉冲的频率受到限制。

2. 脉冲励磁控制磁放大器式脉冲弧焊电源

在磁放大器式弧焊整流器的控制绕组中，通以低频脉冲控制电流，便可在主电路上获得脉冲电流，这就是脉冲控制电流型磁放大器式脉冲弧焊电源。

通常是给磁放大器的控制绕组施加矩形波 U_c，由其决定脉冲电流的幅值、频率和脉宽比，同时，改变与控制绕组串联的电阻值，可以调节控制回路的时间常数 L/R，从而获得不同的电流上升率，如图 4-44 所示，以满足不同焊接工艺的要求。

这种脉冲弧焊电源具有控制功率小、结构简单、波形和电流调节方便等优点。但是，磁放大器的时间常数大，输出电流脉冲的频率受到限制，一般在 10Hz 以下。它适合用作不熔化极气体保护焊的电源。

获得脉冲控制电流的电路有多种形式，如晶体管脉冲电流控制电路和晶闸管式开关控制电路是常用的两种控制电路。

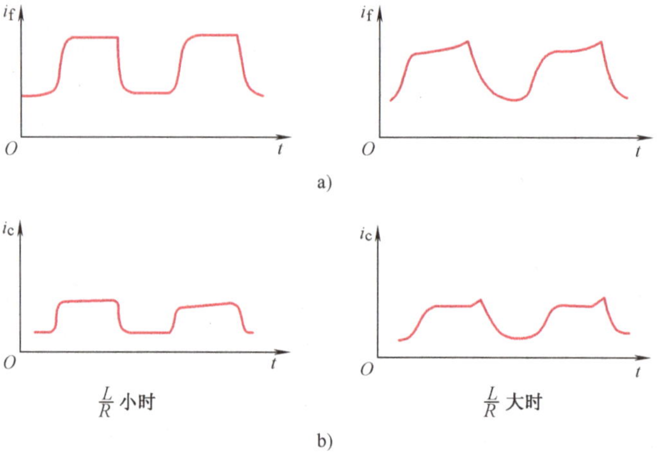

图 4-44　不同 *L/R* 时，脉冲控制电流和脉冲焊接电流的波形关系图

a）脉冲焊接电流波形　b）脉冲控制电流波形

思　考　题

1. 弧焊发电机是如何获得下降外特性的？

2. 直流弧焊柴（汽）油发电机有何特点？

3. 简述硅弧焊整流器的分类、各自的结构特点及其用途。

4. 简述抽头式硅弧焊整流器的工作原理、特点和用途。

5. 硅弧焊整流器中磁放大器的作用是什么？

6. 简述部分内反馈式磁放大器获得不同形状的外特性的原理，如何实现调节特性？能否把它改装成无反馈和全反馈式磁放大器？为什么？

7. 简述交直流两用硅弧焊整流器的工作原理和用途。

第5章 晶闸管式弧焊整流器

内容提要：本章在简要介绍晶闸管弧焊电源的组成、特点基础上，着重介绍晶闸管可控整流主电路形式及工作原理、移相触发电路形式及工作原理、晶闸管弧焊电源外特性、调节特性的控制方法，对应用较广的晶闸管脉冲波和矩形波弧焊电源原理以及ZX5晶闸管弧焊整流器典型电路进行分析介绍。

5.1 概述

晶闸管（Thyristor）是晶体闸流管的简称，又被称为可控硅整流器（Silicon Controlled Rectified——SCR），以前简称可控硅。在电力二极管开始应用后不久，1956年美国贝尔实验室发明了晶闸管，1957年美国通用电气公司开发出世界上第一只晶闸管，从此揭开了电力电子技术发展和应用的序幕。由于晶闸管容量大、耐压高、功耗小，具有良好的可控性，很适合制作弧焊电源，因此在20世纪60年代初期，便出现了以晶闸管为整流元件的弧焊电源——晶闸管式弧焊整流器。它采用小功率信号改变晶闸管的导通角来实现对弧焊电源外特性的控制以及焊接参数的调节，属于电子控制类弧焊电源之一，曾经被广泛应用。

5.1.1 晶闸管弧焊整流器的主要组成

一般晶闸管式弧焊整流器的组成如图5-1所示。主电路由三相主变压器T、晶闸管组V和输出直流电抗器L组成。二极管组VD和限流电阻R构成维弧电路。控制电路由给定电路G、检测电路M、比较电路和触发电路组成。

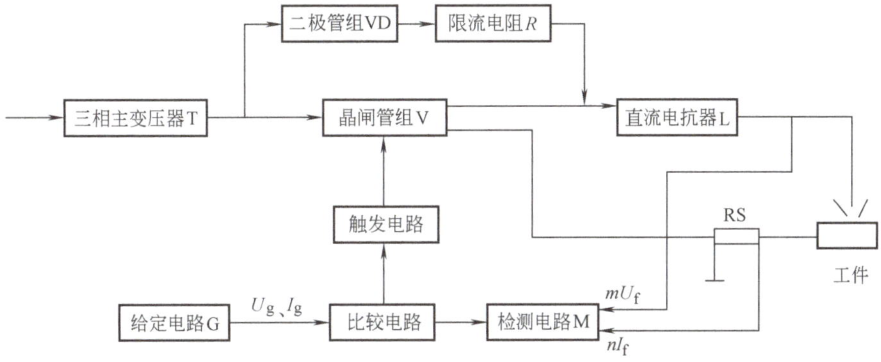

图5-1 晶闸管式弧焊整流器基本原理框图

大功率晶闸管组 V 受控于触发电路。触发脉冲的移相可以改变晶闸管导通角的大小，晶闸管导通角大，则焊接电流（电压）也大；反之亦然。晶闸管式弧焊整流器外特性控制是借助于电流、电压反馈信号，当需要获得下降外特性时，触发脉冲的相位由给定电压和电流反馈信号经比较器后得到的控制信号确定；当需要获得平外特性时，触发脉冲的相位由给定电压和电压反馈信号确定；当需要获得任意外特性时，触发脉冲的相位由电压、电流反馈信号的比例决定，改变这个比例，就可以得到任意外特性。

5.1.2 主要特点

（1）控制性能好　晶闸管可以用较小功率的触发信号，实现对大功率整流器的输出控制。与弧焊发电机、磁放大器式弧焊整流器相比，其电流电压控制范围大，有利于对焊接参数进行控制，保证参数稳定。

（2）动特性好，响应速度快　它与弧焊发电机和磁放大器式弧焊整流器相比，内部电感要小得多，系统时间常数可达十几个毫秒（一般磁放大器式的时间常数为 150 ~ 200ms），具有电磁惯性小、响应速度快的特点。其动态特性可以采用电子电抗器加以控制和调节。

（3）调节特性好　晶闸管式弧焊整流器通过不同的反馈方式，实现对弧焊电源外特性形状的任意控制，焊接电流、电压可在较宽的范围内进行调节，并易于实现网压补偿。与磁放大器式弧焊整流器相比，可输出较小的焊接电流，易于实现脉冲焊接和薄板焊接。

（4）节能、省材　与弧焊发电机和磁放大器式硅弧焊整流器相比，可以节省材料、减轻质量、节约能源。

晶闸管式弧焊整流器的输出电压、电流存在脉动和谐波问题，随着输出电压的降低，波形脉动和谐波成分（主要是六次谐波）将愈来愈大。

5.1.3 晶闸管整流波形的脉动问题

晶闸管式弧焊整流器的输出电流和电压是通过调节晶闸管的导通角来实现的，因此它的电流电压波形脉动问题比硅弧焊整流器要大。尤其是当小规范焊接时，导通角较小，整流波形的脉动加剧，甚至会出现波形不连续，引起电弧不稳定。图 5-2 为三相半波纯电阻电路控制角 α[⊖] 为 60°时的整流电压波形，图中波形出现不连续。

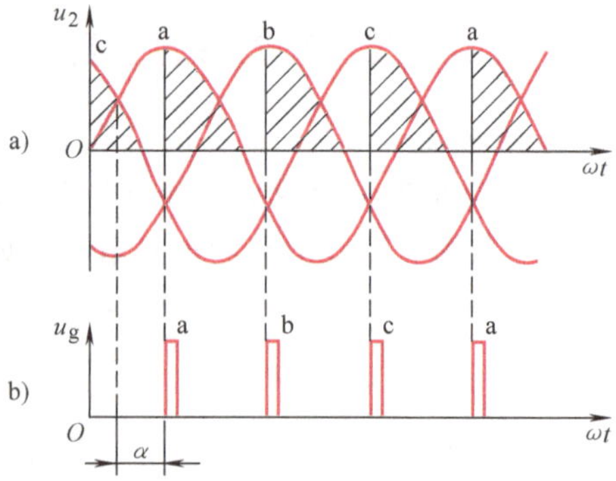

图 5-2　三相半波纯电阻电路 $\alpha=60°$时整流电压波形

a）整流电压波形　b）触发脉冲

对晶闸管式弧焊整流器的波形脉动问题可以采取以下措施：

（1）并联高压引弧电源　其基本电路如图 5-3 所示。其中变压器 T、三相半控桥式整流器组 VD_2、电抗器 L、电阻 R_2 构成晶闸管弧焊整流器的基本电源；变压器 T、不可控桥式整流器组 VD_1、电阻 R_1 构成高压引弧电源，与基本电源并联。前者在焊接时提供电弧功率，

⊖ 也称触发延迟角。

空载电压低，电流大；后者提供引弧所需的能量，空载电压高而电流小，电路中串接电阻是为了获得陡降外特性。空载和引弧时高压引弧电源工作，基本电源空载电压低于引弧电源输出电压而被反向截止（即没有输出）。焊接时，电弧电压低于基本电源空载电压，电弧电流由二者同时提供（当然主要由基本电源提供）。基本电源与并联引弧电源的外特性如图 5-4 所示。由于基本电源空载电压不必满足引弧要求，而只需略高于电弧电压，因此晶闸管导通角不需要调至很小，从而避免整流波形不连续。

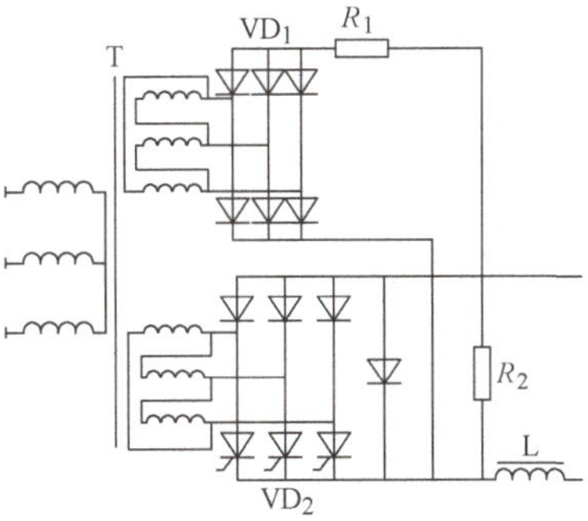

图 5-3　并联高压引弧电路

（2）并联二极管和限流电阻构成维弧电路　如图 5-5 所示，在可控整流电路中，并联六只二极管组成 $VD_{1\sim6}$组，其后串联电阻 R 及晶体管 V 构成维弧电路。二极管组作为不可控整流之用，电阻 R 起限流作用，晶体管 V 起开关作用。在晶闸管导通期间，维弧电路不工作；在晶闸管截止期间，维弧电路提供维弧电流，以维持电弧稳定燃烧。维弧电流约为 5～10A。

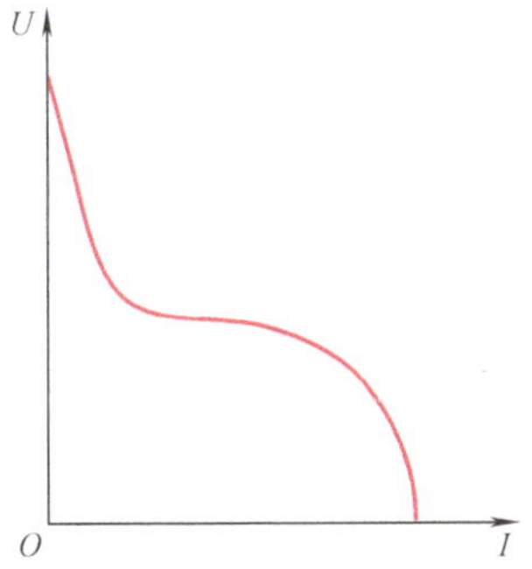

图 5-4　并联高压引弧电路外特性

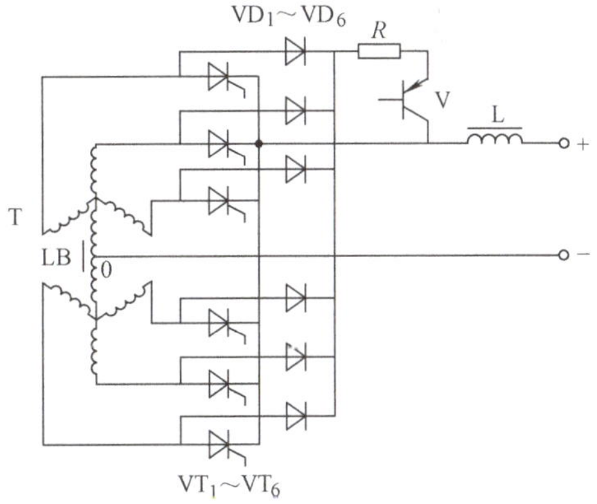

图 5-5　小电流维弧电路

（3）采用直流电抗器　如图 5-1 所示的 L，尽管导通角很小时晶闸管式弧焊整流器输出波形不连续，但经过 L 滤波后，负载上的电流电压波形是连续的。

（4）选择合适的整流电路　不同的整流电路其输出波形的脉动程度不同，如三相半控桥式整流电路波形的脉动程度比三相全桥整流电路大。选择合适的整流电路，可以减小脉动程度。

5.2　晶闸管式弧焊整流器主电路

晶闸管式弧焊整流器主电路主要有三种：三相桥式半控电路、三相桥式全控电路以及带平衡电抗器双反星形电路。

5.2.1　三相桥式半控电路

（1）电阻性负载　其电路如图 5-6 所示。图中 T 为变压器，整流电路由三个晶闸管 VT_1、VT_3、VT_5 和三个二极管 VD_2、VD_4、VD_6 组成，R_f 为负载，其中三个晶闸管构成共阴极，三个二极管构成共阳极。变压器的二次电路在任何时刻，总是有一个阳极电位最高，而且加有触发脉冲的晶闸管和一个阴极电位最低的整流二极管及负载串联构成通路。

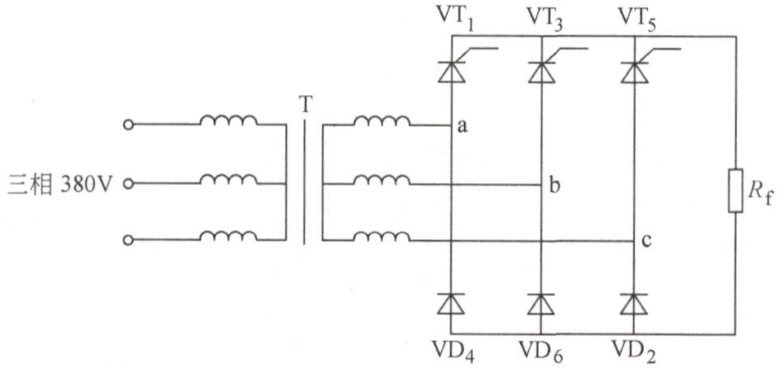

图 5-6 电阻性负载的三相桥式半控整流电路

当晶闸管控制角 $\alpha=0°$时波形分析如图 5-7 所示。分别在自然换向点 ωt_1、ωt_3、ωt_5 触发三只晶闸管，使其轮流导通。而二极管则在自然换向点 ωt_2、ωt_4、ωt_6 处自然换向。例如，在 ωt_1 由 u_{g1} 触发晶闸管 VT_1，则它与阴极电位最负的二极管 VD_6 一起导通，将线电压 u_{ab} 加到负载两端。过了 ωt_2，变成 VD_2 比 VD_6 的阴极电位更低（即 $u_c<u_b$），因而产生自然换向，由 VD_2 替代 VD_6 与 VT_1 串联导通，将线电压 u_{ac}加到 R_f 负载上。在 ωt_3 处 VT_3 受到 u_{g3}的触发而导通，且过了 ωt_3 时刻 u_b 大于 u_a，使晶闸管 VT_1 承受反向阳极电压而关断，于是由晶闸管 VT_3 替换 VT_1 与二极管 VD_2 串联导通，负载 R_f 两端电压是 u_{bc}。依此类推，各管的导电顺序以及 R_f 两端电压波形如图 5-7 所示。此时整流电路的工作情况和负载上的电压电流波形，与不可控整流电路相同，称为全导通状态，每周内有六个波峰，每只晶闸管导通角 120°，整流电压平均值最大，其值为 $2.34U_2$，U_2 是变压器二次相电压的有效值。

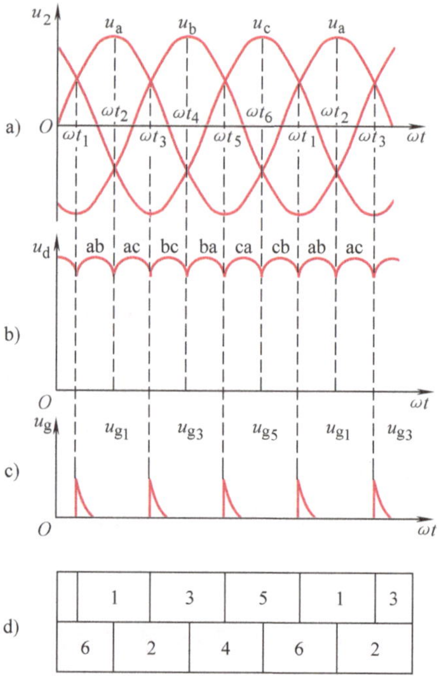

图 5-7 $\alpha=0°$三相桥式半控整流电路电阻负载波形

a）相电压 b）负载电压 c）触发电压 d）晶闸管导通顺序

当控制角 $\alpha=30°$时，如图 5-8 所示，ωt_1 时刻 VT_1 管触发导通，电源电压 u_{ab}通过 VT_1 和 VD_6 加于负载 R_f 两端。在 ωt_2 时，共阳极组整流二极管 VD_2 与 VD_6 自然换向，所以在 ωt_2 之后，VD_2 导通，电源电压 u_{ac}通过 VT_1、VD_2 加于负载，一直到 ωt_3 时刻，VT_3 管导通后使 VT_1 承受反压而关断，电路转换为 VT_3 与 VD_2 导通。R_f 两端电压是 u_{bc}。依此类推。从输出电压波形看每个周期有六次脉动，且脉动是不均匀的，如图 5-8 所示。

当控制角 $\alpha=60°$时，即在滞后于自然换相点 60°处触发晶闸管得到的负载波形如图 5-9 所示。其特点是，在触发晶闸管时正是二极管的自然换相点，因而晶闸管与二极管同时换相。例如，在 ωt_1 处 u_{g1}触发 VT_1，这时正是 c 与 b 相二极管的换相点，故 VT_1 与 VD_2 同时导通，此时 R_f 两端电压为 u_{ac}。直至过了 120°，在 ωt_3 处 $u_{ac}=0$，VT_1 关断，但同时 u_{g3}触发 VT_3，VD_2 与 VD_4 换相而改为由 VT_3 和 VD_4 导通，R_f 两端电压为 u_{ba}。如此类推，可得到图 5-9b 所示波形。由该图可以看出，$\alpha=60°$是该电路整流整压、电流波形连续的临界点。若继续增大 α，则由于某一线电压为零时，前一晶闸管已经关断，而后一晶闸管尚未受到触发不能导通。直至下一触发电压到来时才又继续接通整流电路，这就使 u_d、i_d 波形出现间断。随着 α 的增大，只要将图 5-9b 图形中的垂线部分往右移，即得到不同 α 时的输出负载电压 u_d 波形。可以导出负载电压平均值 U_d 与控制角 α 的关系如下：

$$U_d = 2.34U_2\frac{1+\cos\alpha}{2} \tag{5-1}$$

式（5-1）中 U_2 是变压器二次相电压有效值。当 $\alpha = 0°$，即全导通时，$U_d = 2.34U_2$。随着 α 增大，则 U_d 减小。$\alpha = 180°$时，$U_d = 0$，即输出为零。如图 5-8 所示，可见这种整流电路从空载到零输出要求触发电压移相范围为 180°。

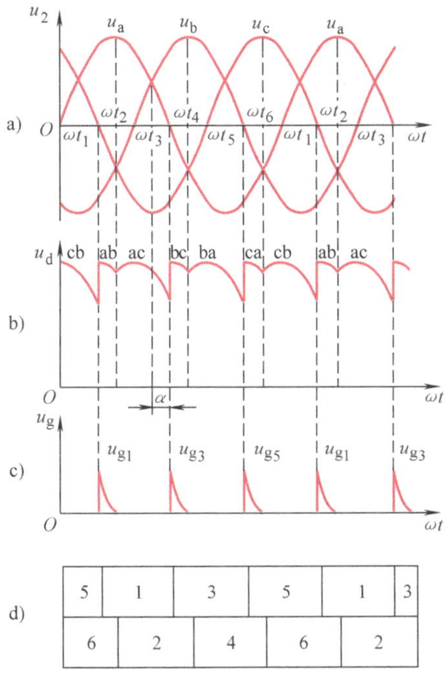

图 5-8　$\alpha = 30°$三相桥式半控整流电路电阻负载波形

a）相电压　b）负载电压

c）触发电压　d）晶闸管导通顺序

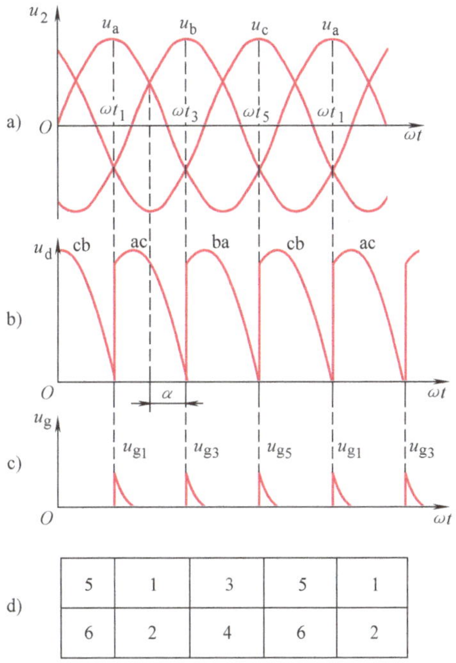

图 5-9　$\alpha = 60°$三相桥式半控整流电路电阻负载波形

a）相电压　b）负载电压

c）触发电压　d）晶闸管导通顺序

这种电路在电阻性负载情况下，$\alpha \geqslant 60°$时，U_d、I_d 波形在一个周期只有三个波峰。脉动较大，而且甚至还会出现不连续，因而在弧焊中是不适用的。

（2）电阻电感性负载　其电路如图 5-10 所示，图中为 L 输出电抗器。令 L 的电感值足够大，则当 u_f 为零出现间断时，负载电流 i_d 的减小产生自感电势 $L\frac{\mathrm{d}i}{\mathrm{d}t}$，其正负极性如图 5-10所示，它可以维持电流 i_d 不致中断。若 L 值愈大，则 i_d 波形波动愈小。但 L 值过大，常会导致晶闸管失控甚至损坏。例如，VT_1 被触发后与 VD_2 一起导通，至 ωt_3 时，虽然 $u_{ab} = 0$，但由于有 $L\frac{\mathrm{d}i}{\mathrm{d}t}$产生，同时二极管中由 VD_2 自然换相为 VD_4 导通，于是 L、R_f、VD_4

和 VT_1 之间构成回路，由 L 上的自感电动势继续为 VT_1 提供正向阳极电压使其不能及时关断。VT_1 继续导通，导通多长时间取决于 L 中储存能量的大小，甚至延到 VT_3 被触发为止。这样，实际上对晶闸管的导通角大小失去了控制。为避免上述问题的产生，应在负载两端接上续流管 VD_7。因此，当整流电压间断时，由 L、R_f 和 VD_7 构成回路续流，即使 i_d 不中断，又能使晶闸管按时关断。于是加续流管后，整流器输出的电压波形与电阻性负载的相同。

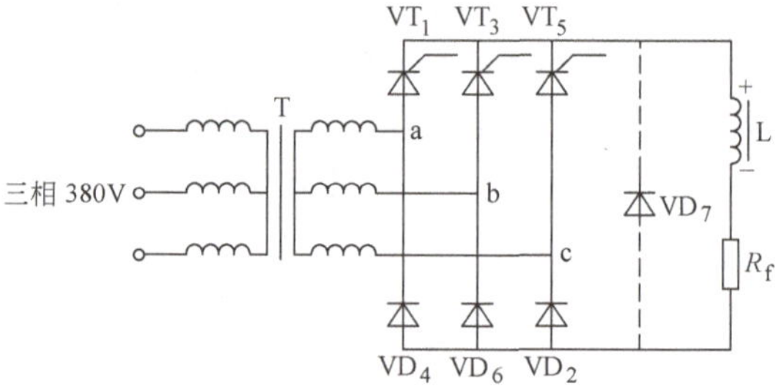

图 5-10 带电阻电感负载的三相桥式半控整流电路图

三相桥式半控整流电路只用三只晶闸管和三个触发单元，因而线路比较简单、可靠、经济和较易调试。其整流变压器为普通三相降压变压器，易于制造。其主要缺点是调至低压或小电流时波形脉动较明显。为满足对直流弧焊电源规定的脉动系数的要求（一般脉动系数 <2），需配备大电感量的输出电抗器。

5.2.2 三相桥式全控整流电路

当 $\alpha > 60°$ 时，三相桥式半控整流电路的整流电压波形每周只有三个波峰，脉动较大。如果将其三个二极管 VD_2、VD_4、VD_6 换成三个晶闸管，就变成了三相桥式全控整流电路，如图 5-11 所示，其输出电压波形较好。

1. 电阻性负载

其电路如图 5-11 所示，六只晶闸管：VT_1、VT_3、VT_5 接成共阴极组，VT_2、VT_4、VT_6 接成共阳极组。现讨论电阻性负载时的工作情况，先将输出电抗器 L 短路。要使负载中流过电流，必须让上述两组晶闸管中各有一个同时导通。与其他全波整流电路一样，由于晶闸管压降可以忽略，负载上承受的是线电压。工作过程中，共阳极组和共阴极组的晶闸管都在不断换相，换相时间取决于产生触发脉冲的相位。为了获得一周有六个波峰的负载电压波形，则需同时触发两组晶闸管。即要求同组各晶闸管的触发电压互差 120°，二组之间互差 60°。这样每隔 60°按序触发一只晶闸管，在负载两端每周出现 u_{ab}、u_{ac}、u_{bc}、u_{ba}、u_{ca}、u_{cb} 六个波峰。图 5-12 所示是 $\alpha = 0°$，即在自然换点 $\omega t_{1\sim6}$ 上，由互差 60° 的 $u_{g1\sim6}$ 按序触发对应的晶闸管 $VT_{1\sim6}$ 的波形。例如，在 ωt_1 由 u_{g1} 触发 VT_1，而 VT_6 原先已触发导通，故由 VT_1 与 VT_6 串联导通，$u_d = u_{ab}$。过了 60°，在 ωt_2 处，由 u_{g2} 触发 VT_2 而导通，这就使 VT_6 承受反向阳极电压而关断，实现 VT_6 和 VT_2 的换相，改由 VT_1 与 VT_2 串联导通，$u_d = u_{ac}$。依此类推，晶闸管导通顺序如图 5-12d 所示，u_d 和 i_d 波形如图 5-12b 所示。

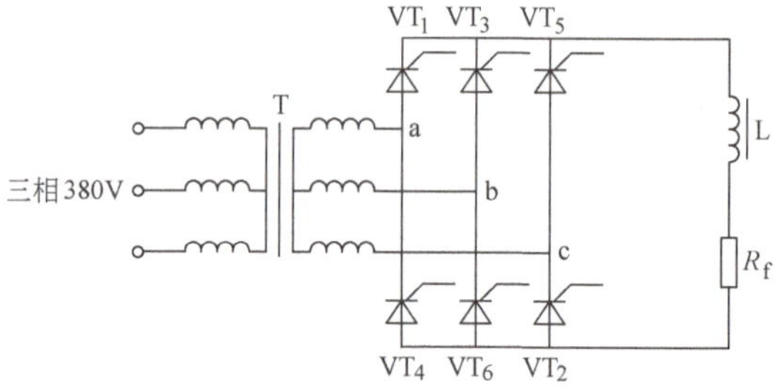

图 5-11 三相桥式全控整流电路图

在这里必须指出，为使电路起动及在负载电流断续时能正常工作，每当触发一晶闸管时，务必同步触发与其串联导通的另一晶闸管。例如，在图 5-12 中 ωt_1 处，开始给出 u_{g1} 触

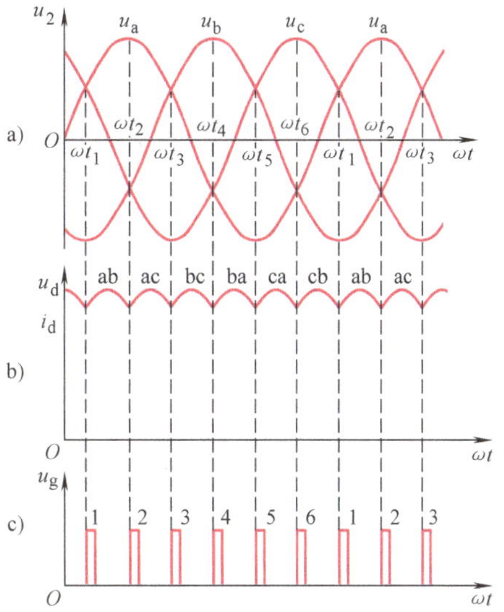

d)

5	1	1	3	3	5	5	1	1	3
6	6	2	2	4	4	6	6	2	2

图 5-12　$\alpha=0°$三相桥式全控整流电路电阻负载波形

a）相电压　b）负载电流、电压
c）触发电压　d）晶闸管导通顺序

发 VT_1 以启动整流电源，这时若不同时触发 VT_6，则单个 VT_1 晶闸管不可能导通。因此，应按晶闸管同时导通的顺序成对地给以触发电压。同理，对于 α 角较大电流断续时，也有这种必要。为此可用两种触发方式：

（1）采用双窄脉冲触发　如图 5-13a 所示，触发电压的宽度小于 60°，谓之窄脉冲。其中相互间隔 60°的 $u_{g1\sim6}$ 为基本脉冲，按序触发 $VT_{1\sim6}$ 另加添补脉冲 $u_{g1'\sim6'}$，在基本脉冲触发某一晶闸管的同时，以添补脉冲触发前一个晶闸管。例如 u_{g1} 触发 VT_1 的同时，令 $u_{g6'}$ 触发 VT_6；u_{g2} 触发 VT_2 时，令 $u_{g1'}$ 触发 VT_1……为实现图 5-12d 所示导通顺序，可按图 5-13a 所示顺序安排基本脉冲和添补脉冲。

（2）采用单宽脉冲触发　如图 5-13b 所示，触发脉冲的宽度大于 60°谓之宽脉冲。图中 $u_{g1\sim6}$ 相互间隔亦为 60°，为避免重叠而将其画成两行，重叠部分用阴影表示出来。只要按序让 $u_{g1\sim6}$ 触发对应的晶闸管 $VT_{1\sim6}$ 即可实现图 5-12d 所示导通顺序。例如，以 u_{g1} 触发 VT_1 时，u_{g6} 尚未消失，它可将 VT_6 触发，保证 VT_1、VT_6 同时导通。过了 60°，u_{g2} 触发 VT_2 时 u_{g1} 尚未消失，即使 VT_1 已关断，它还可以再次触发 VT_1，而保证 VT_1、VT_2 同时导通……实际上，单宽脉冲中起触发作用的是前后阴影所示重叠部分，它与双窄脉冲同效。当控制角 $\alpha=60°$时，负载电压波形如图 5-14a 所示。因为负载电压是由各线电压段组成，所以图中直接画出各线电压（虚线所示）与负载电压（实线所示）的关系。在此需说明一点，前面各图中控制角 α 是以整流电路的自然换相点——相电压 30°处为起点的。由于在图 5-11 中，变压器二次侧是星形接法，线电压超前相应相电压 30°，所以 α 角也就应以线电压 60°处为起点。如图 5-14 所示，各晶闸管轮流导电 120°，u_d 波形为每周期六个波峰。而图 5-9 所示 $\alpha=60°$时，三相桥式半控整流电路的 u_d 波形每周只有三个波峰。显然，前者脉动较小。另外，$\alpha=60°$为这种电路在电阻性负载情况下电流连续的临界点。α 继

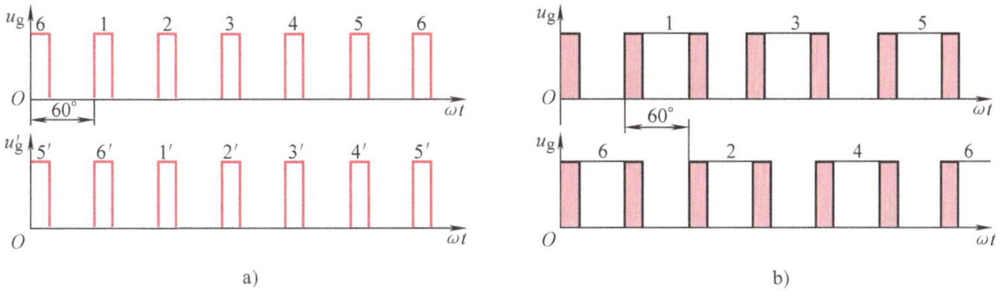

图 5-13　三相桥式全控整流电路触发方式

a）双窄脉冲触发　b）单宽脉冲触发

续增大，则出现电流波形不连续。

当控制角 $\alpha=90°$时，负载电压波形如图 5-14b 所示。u_d 波形是不连续的，电流波形与其成比例，当然也不连续。对比图 5-12、图 5-14 中 u_d 波形可知，随 α 角增大负载电压平均值 U_d 将减小。由图不难看出，$\alpha=120°$时 $U_d=0$，所以三相桥式全控整流电路在电阻性负载情况下要求触发电压移相范围为 0～120°。

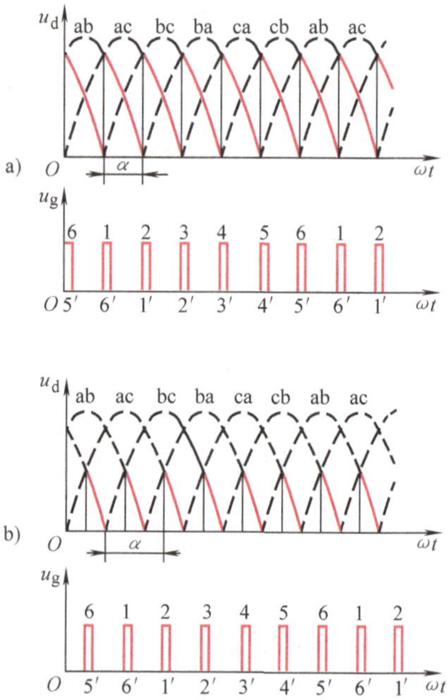

图 5-14　电阻负载三相桥式全控整流电路不同 α 角时负载电压波形

a）$\alpha=60°$　b）$\alpha=90°$

2. 电阻电感性负载

将图 5-11 中输出电抗器 L 接入电路，即构成带电阻电感负载的三相桥式全控整流电路。在 $0°\leqslant\alpha\leqslant60°$范围内，其工作情况和 u_d 波形与电阻性负载时相同。但 i_d 波形不与 u_d 波形成比例，由于有电感的滤波作用而变得平稳，当 $L\to\infty$ 时，I_d 波形也趋于水平。在 $\alpha>60°$后，在电阻性负载的情况下 u_d、i_d 波形都要出现断续。在电阻电感性负载情况下，当线电压过零变负时，电感电势仍可为晶闸管提供正向阳极电压，使其不致关断。只要 L 的电感足够大，已导通的晶闸管就可以继续导通至下一次触发换相，而使 u_d 波形连续。图 5-15 所示为 $\alpha=90°$时的 u_d 波形，其正负部分对称，$U_d=0$。所以，要求其触发脉冲移相范围为 90°。

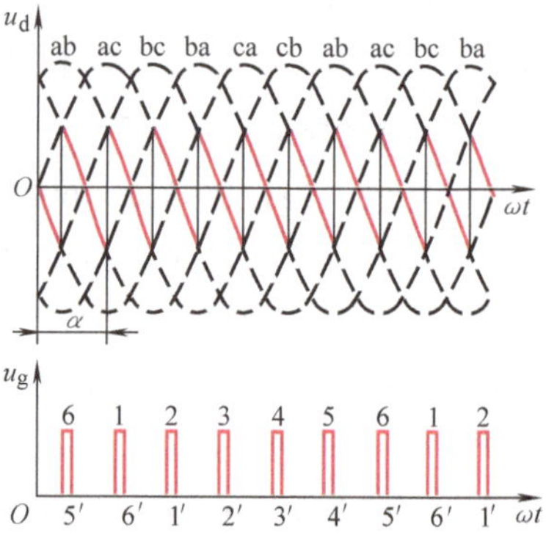

图 5-15　$\alpha=90°$时三相桥式全控整流电路负载电压波形

在电感足够大使负载电流连续的条件下，U_d 与 α 的关系式为

$$U_d=2.34U_2\cos\alpha \tag{5-2}$$

当 $\alpha=0°$时，$U_d=2.34\ U_2$；当 $\alpha=90°$时，$U_d=0$。

由上述分析可知，三相桥式全控整流电路的输出电压每周有六个波峰，脉动较小，所需配用的输出电感量也较小。所用变压器是通用的，易于制造。其缺点是要用六只晶闸管、六套触发电路，使电路复杂，增加了调试和维修的难度。

5.2.3　带平衡电抗器双反星形可控整流电路

其基本电路如图 5-16 所示，可接成图 5-16a、b 形式，其工作原理及组成是一样的。其结构由六个晶闸管、一个平衡电抗器 LB 和一个主变压器组成。主变压器是三相的，二次侧有两组绕组，各以相反极性连成星形，故称“双反星形”。实际上，它只不过是通过平衡电抗器 LB 并联起来的两组三相半波可控整流电路。图中，－a、－b、－c 点的电压各与 a、b、c 点的电压反相，VT_1、VT_3、VT_5 构成的三相半波整流电路称为正极性组，VT_2、

VT_4、VT_6 构成者称为反极性组。平衡电抗器是带有中心抽头的电感，抽头 O 两侧的线圈匝数相等。

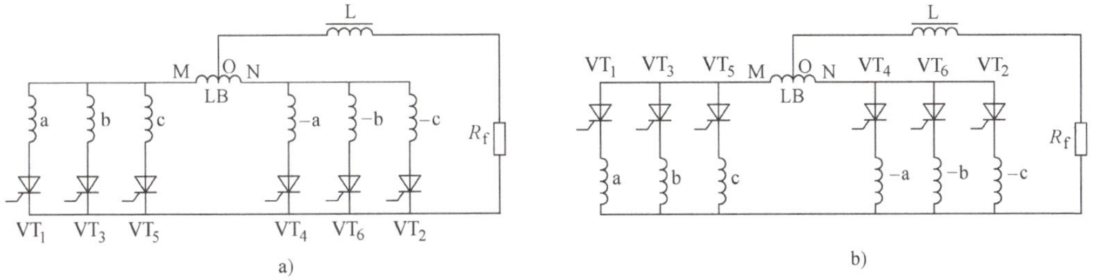

图 5-16　带平衡电抗器双反星形整流电路

为了弄清接入 LB 有什么作用，先得看一下如果不接入它会有什么问题。现以图 5-16a 所示电路形式为例进行分析，若将 LB 短接，就变成了图5-17所示的六相半波整流电路。该电路的晶闸管在每周中是依次轮流导电 60°，存在利用率不高的缺点。在这种电路中为什么不能由两管同时导电呢？让我们看图 5-18。先讨论在自然换相点触发晶闸管，即 $\alpha=0$ 的情况。例如在 ωt_1 时刻，u_a 电压最高，VT_1 导电，P 点的电压 $u_p=u_a-\Delta u$（Δu 为晶闸管正向压降）。u_{-b}电压为次高，但 M 点与 N 点同电位，如图 5-19a 所示，VT_6 承受反向阳极电压 u_{-b}，因 $u_{-b}<u_a-\Delta u$，故 VT_6 势必不能导通。欲使 VT_6 也同时导通，只有设法将 N 点电位相对于 M 点提高 u_a-u_{-b}，如图 5-19b 所示，这时 VT_6 的阳极电位（以 M 点为参考点）为

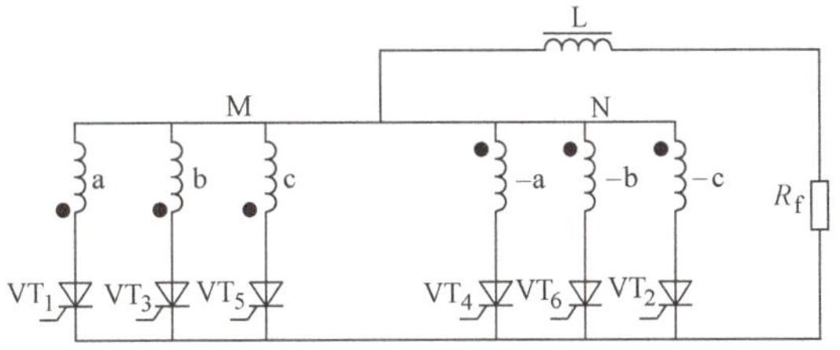

图 5-17　六相半波整流电路

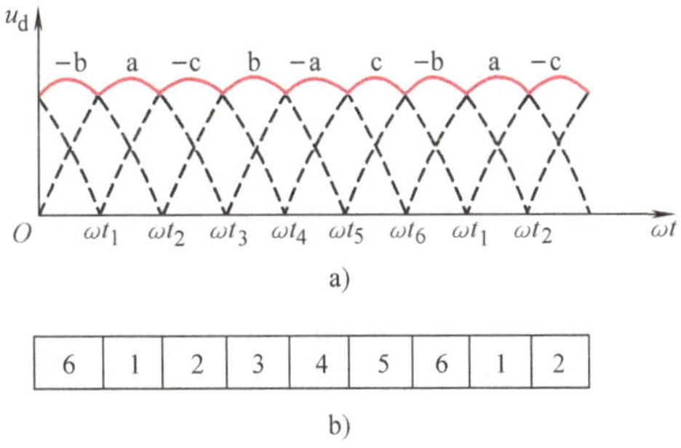

图 5-18　$\alpha=0°$时六相半波可控整流电路

a）u_d 波形　b）晶闸管导通顺序

$$u_N+u_{-b}=u_a-u_{-b}+u_{-b}=u_a \tag{5-3}$$

与 VT_1 的阳极电位相等，这样就能与其同时导通了。问题是 N 点的电位怎样才能得到这种提高呢？这就需要在 M 和 N 点之间接入平衡电抗器 LB。于是，当 ωt_1 时 u_a 最高，VT_1 导通，电流通过 LB 的 MO 流至负载，在 MO 上产生一感应电动势极性如图 5-19b 所示（右正左负）。由于 O 点是 LB 的中心抽头，故 ON 段上感应电动势与 MO 段相等且极性一致。这样就提高了 N 点电位。反极性组中 u_{-b}电压最高，故 VT_6 能与 VT_1 同时导通。当 u_a 过了其峰值之后至 ωt_2 之前，反极性组中 u_{-c}高于 u_{-b}，于是 VT_2 导通而 VT_6 关断，则该阶段由 VT_1 与 VT_2 同时导通。过了 ωt_2 是 u_{-c}电压最高，VT_2 是能导通的，此时 LB 的感应电动势极性如图5-20所示，借它提高了 M 点的电位使 VT_1 得以继续导通。直到过了 u_{-c}的峰值之后，则正极性组中是 u_b 电压最高，于是 VT_3 导通而 VT_1 关断，由 VT_3 与 VT_2 同时导通。六个晶闸管的导

电顺序可依此类推，如图 5-21e 所示。当 $\alpha=0$ 时的波形如图 5-21 所示。

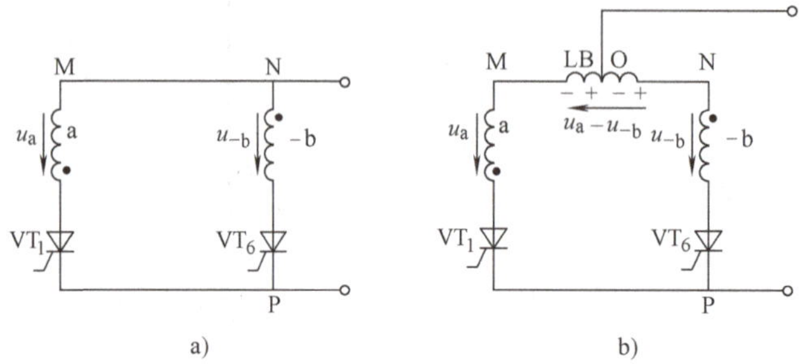

图 5-19 有无平衡电抗器的比较

a）无 LB b）有 LB

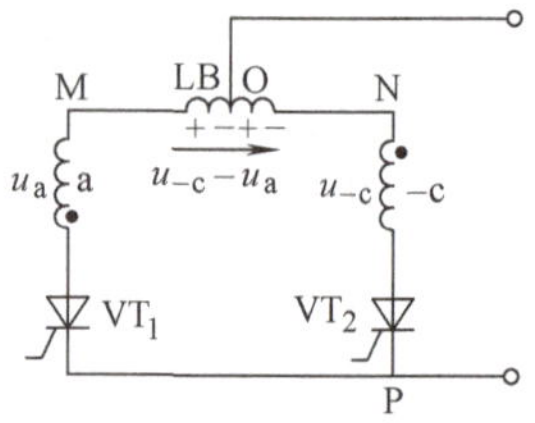

图 5-20 ωt_2 时刻 LB 上感生电动势极性

由上述分析可以看出：

1）带平衡电抗器双反星形整流电路，相当于正极性和反极性两组三相半波整流电路的并联。各组输出电压波形如图 5-21a、b 中实线所示，是各相电压的包络线。每个整流元件导通角为 120°，负载电流 I_d 同时由两个整流元件和两个变压器绕组供给，提高了利用率。每个整流元件只负担 1/6 的 I_d，使它适用于输出大电流的场合。

2）任何瞬时，正、反极性组均有一支电路导通工作。故可将该电路简化成图 5-22 所示。图中 u_a、u_b 各为某瞬时同时导通的正、反极性支路的变压器相电压瞬时值，晶闸管的正向压降略去不计，则由图不难得到：

$$u_d=u_a-(u_a-u_b)/2=u_b+(u_a-u_b)/2=(u_a+u_b)/2 \tag{5-4}$$

即负载电压瞬时值等于与导通管相应的两相电压瞬时值的平均值。因此根据相电压波形可求出 u_d 的波形，如图 5-21c 中实线所示，每周有六个波峰。该电路相当于两组三相半波可控整流电路的并联，所以整流电压平均值与三相半波可控整流电路的相等，当负载为电感和电阻时有

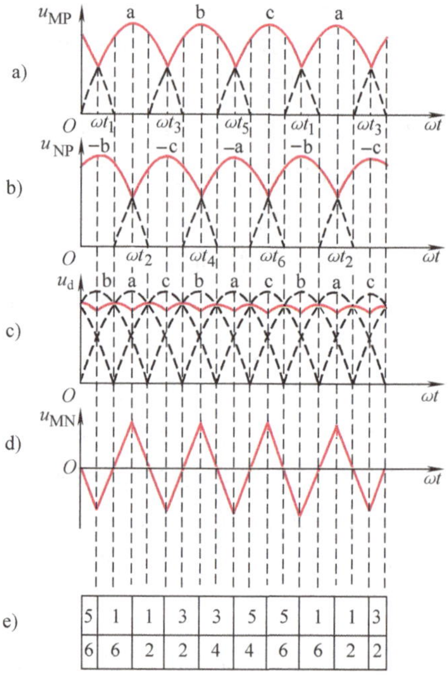

图 5-21 带平衡电抗器双反星形整流电路波形图（$\alpha=0°$时）电阻负载波形

a）正极性组的整流电压波形图 b）反极性组的整流电压波形图 c）负载电压波形 d）平衡电抗器两端电压波形 e）整流元件导通顺序

$$U_d=1.17U_2\cos\alpha \tag{5-5}$$

3）平衡电抗器是维持两组三相半波电路互不干扰各自正常工作所必需的。若 LB 的感抗为零（即相当于用导线直接连起来），则电路变成六相半波整流电路。在正常情况下，两组三相半波整流电路整流电压的平均值 U_{MP} 和 U_{NP} 是相等的，但它们的瞬时值 u_{MP}、u_{NP} 却不等（即图 5-21a、b 的波形并不重合）。LB 的两端应承受的电压是 $u_{MP}-u_{NP}$。当 $\alpha=0°$时，

其波形如图 5-21d 所示，频率为电网电压的三倍，近似于三角波形，其幅值为相电压幅值的 1/2。应该注意的是：若负载电流小于某一定值（称为临界电流，约为额定负载电流的 2% ~5%），而达不到 LB 铁心中建立上述三角波电压所需磁通的电流时，则 LB 上的电压达不到所要求值，这样，将不能维持两组三相半波电路并联工作。在极限情况下，负载电流为零，LB 失去作用，电路遂工作于六相半波整流状态，其输出的电压平均值也就升高至 $1.35U_2$，此即为空载电压值。

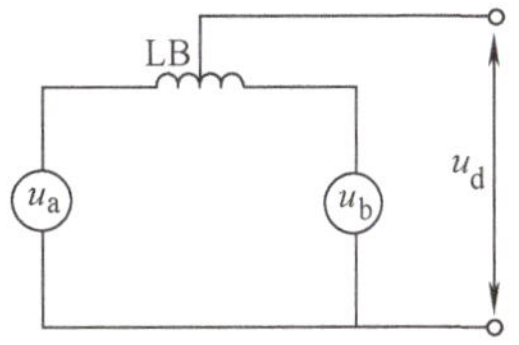

图 5-22　简化电路

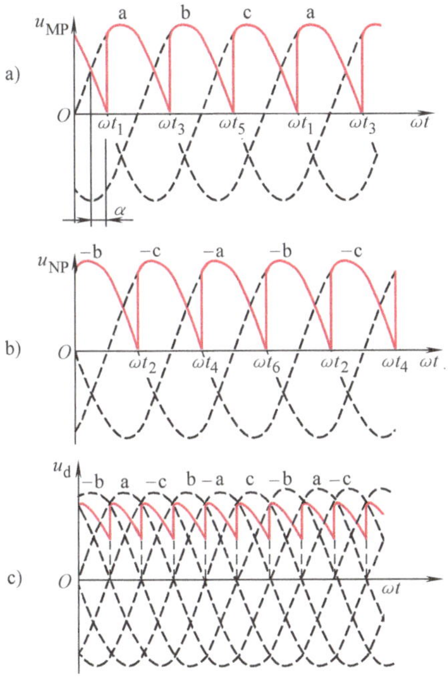

图 5-23　带平衡电抗器双反星形整流电路 $\alpha=30°$ 时整流电压

a）正极性组电压波形　b）反极性组电压波形　c）负载电压波形

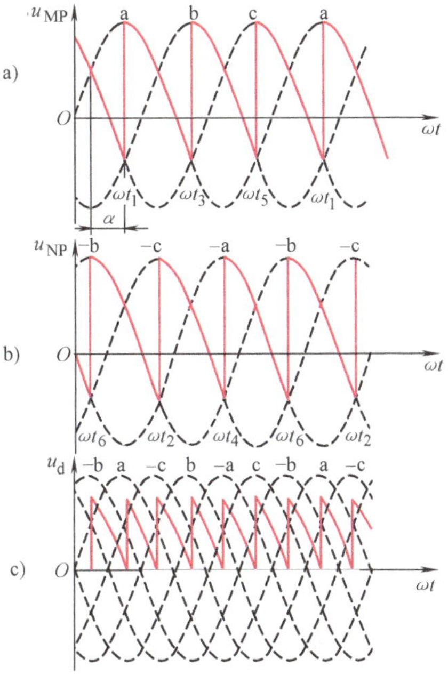

图 5-24　带平衡电抗器双反星形整流电路 $\alpha=60°$ 时整流电压

a）正极性组电压波形　b）反极性组电压波形　c）负载电压波形

当 $\alpha=30°$ 时，正、反极性组整流电压 u_{MP} 和 u_{NP} 波形如图 5-23 所示。根据 $u_{OP}=\frac{1}{2}(u_{MP}-u_{NP})$ 可画出 O、P 两点间输出整流电压波形，如图 5-23c 所示。设在电阻性负载，且整流电路参数为纯电阻性时，由图可以看出：u_d（等于 u_{OP}）的波形有明显的脉动；当 $\alpha>30°$时，则 u_{MP}、u_{NP}波形将不连续；α 增大，则 U_{MP}、U_{NP}、U_d 将减小，当 $\alpha=90°$时这些电压平均值为零。

在实用中，为使负载电流连续、波动小，常在直流输出电路中串联输出电抗器（见图 5-16 中的 L）。所以，具有现实意义的是电阻电感负载的情况。

图 5-24 为 $\alpha=60°$时的波形，正、反极性组整流电压 u_{MP}、u_{NP}波形如图 5-24a、b 所示。由图不难看出，$\alpha=60°$为临界值，继续增大 α，则 u_d 波形将不连续。不过，当电路中电感足够大时，i_d 的波形将是连续、平稳，甚至是接近于水平线的。

图 5-25 为 $\alpha=90°$时的波形，这时 u_{MP}、u_{NP}都对称于横轴，它们的平均值皆为零。当然，负载电压平均值 U_d 也就等于零。因而该整流电路用于弧焊时，只需 α 从 0°调至 90°，即可实现从空载至短路的调节。由于所要求的 α 调节范围小，为触发电路的设置带来了方便。

通过以上分析可知，带平衡电抗器双反星形整流器在电路中要有足够大的电感，与上述其他电路相比它具有以下特点：

1）它相当于两组三相半波整流电路并联。它的各相电流流通时间可延长至 120°，而六相半波整流电路每相电流流通时间只有 60°，显然前者的整流变压器和整流元件的利用率较高。该电路中，同时有两个晶闸管并联导电，每管分担 1/6 的负载电流。而三相桥式整流电路相当于两个三相半波整流电路的串联，同时有两个整流元件串联导电，每个晶闸管分担 1/3 的负载电流，后者所用晶闸管的额定电流也就要求较大。同时后者要考虑两倍的晶闸管压降，效率较低。因此，一般地说，带平衡电抗器的双反星形整流电路更适合于作为弧焊电源，因为弧焊电源要求大电流低电压。

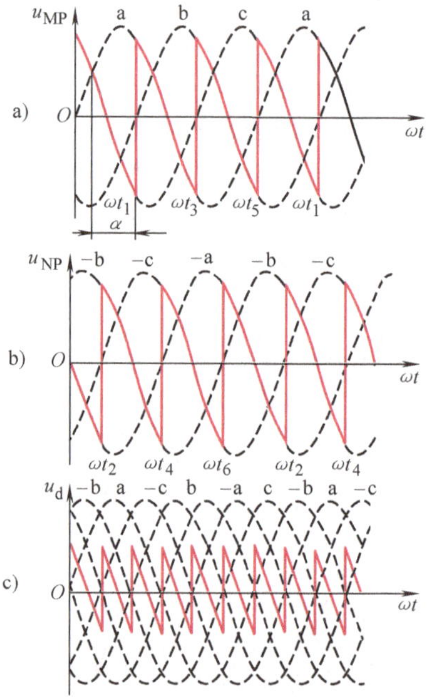

图 5-25 带平衡电抗器双反星形整流电路 $\alpha=90°$时整流电压波形

a）正极性组电压波形 b）反极性组电压波形 c）负载电压波形

2）有六个晶闸管，触发电路比三相桥式半控整流电路的要复杂，但比三相桥式全控整流电路的简单。

3）整流电压波形为每个周波六个波峰，其脉动程度比三相桥式半控电路的小，最低谐波为六次，要求输出电感的电感量及体积都较小。

4）需用平衡电抗器，且为保证电路能正常工作，其铁心不宜饱和。为此，应避免该铁心被直流成分所磁化，要求其抽头两边线圈的直流安匝相互抵消，即两组整流电路的参数（主要是变压器的匝数和漏感）应基本对称。

5.3 晶闸管移相触发电路

晶闸管是半控型器件，它最重要的特性是正向导通的可控性，当阳极加上一定的正向电压后，还必须在门极与阴极之间加上足够的正向控制电压、电流，即触发电压、电流以及达到维持晶闸管导通的维持电流时，晶闸管才能从阻断转化为导通。晶闸管导通后，门极控制信号就失去了控制作用，直到电源过零时，其阳极电流小于维持电流，晶闸管才自行关断。根据这一特性，触发电压、电流可以是交流、直流或短暂的脉冲电压、电流，为减少门极损耗与触发功率，常用脉冲电压、电流来触发晶闸管。

5.3.1 对触发脉冲的要求

晶闸管门极控制电路称为触发电路。触发电路是用来产生移相触发脉冲的，为保证晶闸管可靠地工作，触发脉冲必须满足如下要求：

（1）触发脉冲应有足够功率　信号极性要求门极为正，阴极为负。晶闸管出厂时其触发参数均写在标签上。弧焊电源使用的晶闸管其触发电压一般在 2～4V，触发电流一般在 50～200mA。

（2）触发脉冲相位必须与加在晶闸管上的阳极电压同步　触发脉冲与主电路电源电压应有相同频率且保持一定相位关系称为同步。这样才能保证在每个周期中都以同样的相位触发，即各周期的控制角不变，从而可输出稳定的电流电压。否则负载上的电压会忽大忽小，甚至触发脉冲出现在电源电压的负半周，使主电路不能正常工作。

（3）触发脉冲可以移相且能达到所要求的移相范围　为了调节焊接参数和控制电源的外特性形状，需要改变晶闸管的控制角，即通过移相触发电路改变触发脉冲相位。对于三相桥式全控、带平衡电抗器双反星形和六相半波可控整流电路，触发脉冲移相范围为 0°～90°。对于三相半控整流电路则要求 0°～180°。

（4）触发脉冲应有一定宽度　脉冲前沿应尽可能陡，以使晶闸管导通后阳极电流迅速上升，超过擎住电流而维持可靠导通。特别是当主电路存在大电感负载时，电流上升速度较慢，触发脉冲宽度通常要求有 1ms 以上宽度。对于三相全控整流电路，要求脉冲宽度大于 60°或采用双窄脉冲。

（5）多路触发脉冲之间应有电气隔离　尤其是在三相全控整流电路中各路触发脉冲必须在电气上隔离。

5.3.2　移相触发电路的套数

带平衡电抗器双反星形整流电路应用较广，因此，先就其分析需要用触发电路的套数。对于其他整流电路，以此作为参考。

（1）用六套触发电路　由于该整流电路中有六只晶闸管，每只晶闸管需要一套触发电路，总共需要六套。在国产 ZDK－500 型晶闸管式弧焊整流器中即采用了这种方案。这样，各相晶闸管的触发互不牵制，允许触发脉冲的移相范围大，可达 180°。不过这个优点在这种弧焊整流器中得不到发挥，因为从空载到短路只需触发脉冲移相 90°即可。这种方案的缺点是触发电路套数太多，各套电路参数难以达到一致，因此难以保证三相电路平衡，同时又增加了电路产生故障的可能性。

（2）用三套触发电路　该触发电路由正、反极性两组三相半波电路组成，如图 5-26a 所示。a 与－a 相、b 与－b 相、c 与－c 相的晶闸管的阳极电压刚好相反，完全可以共用一套触发电路。例如，用一套每隔 180°产生一次脉冲的触发电路同时去触发 a 与－a 相的 VT_1 和 VT_4。这时若 u_a 处于正半周，则只有 VT_1 导通；而 u_{-a}处于负半周，VT_4 虽同时获得触发信号，但不会导通。过 180°后，产生下一次脉冲时情况刚好相反，u_{-a}处于正半周，VT_4 被触发导通；而 u_a 处于负半周，VT_1 不能导通。如此用三套产生互差 120°的脉冲的触发电路，各套本身每隔 180°产生一次脉冲，各自触发一相的晶闸管即可。触发脉冲的分配如图 5-26b 所示，与六套触发电路相比，同样允许大的脉冲移相范围，但触发电路的套数却减少一半，而且提高了设备工作可靠性，简化了调试工作。

（3）用两套触发电路　把主电路接成图 5-16b 的形式（即共阳极接法，各晶闸管在负半周导通），则可以采用两套触发电路。用一套触发电路去触发其中一组三相半波可控整流

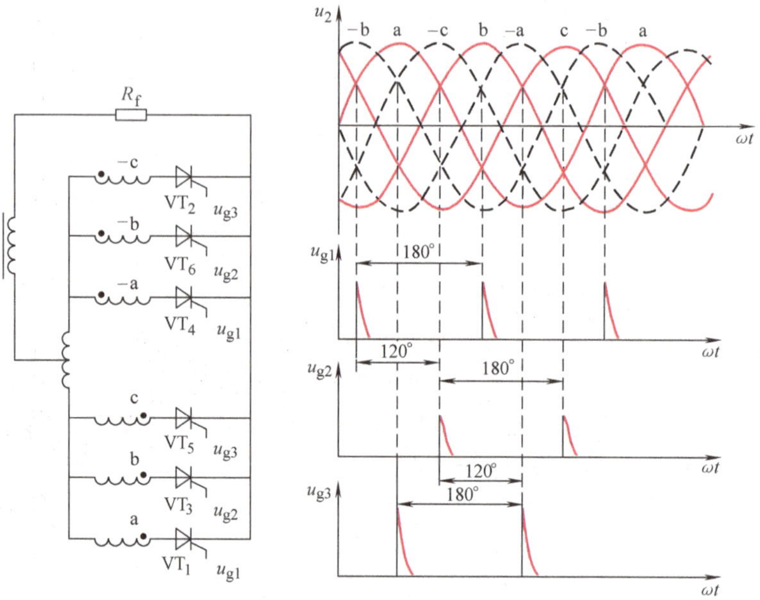

a) b)

图 5-26　三套触发电路的脉冲分配

a）电路图　b）波形图

电路中的晶闸管，在 ZX5 系列焊机中即采用了这种方案。前已讲过，当滤波电感量足够大时，三相半波可控整流电路的输出电压从空载调至短路，相应的控制角调节范围为 0°~90°。图 5-27 所示阴影部分是各相触发脉冲的移相范围。由图可见，各相所要求的移相范围是互不重叠的，所以完全可以采用一套触发电路依次触发各相晶闸管。下面我们来分析一套触发电路产生的脉冲是怎样分配给一组三相半波可控整流电路的各晶闸管的。

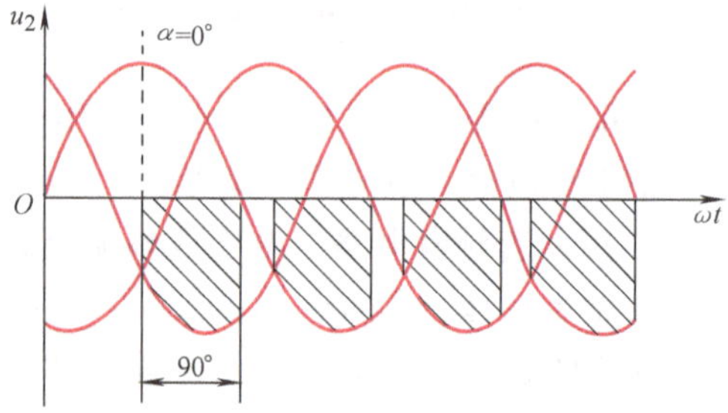

图 5-27　各晶闸管控制角的移相范围

如图 5-28a 所示，其主电路是图 5-16b 中的正极性组，其余的 VT、R、$VD_{1、3、5}$等组成脉冲分配电路。晶闸管 VT 的阳极与晶闸管 $VT_{1、3、5}$ 的阳极连接在一起，它的阴极，经 R、$VD_{1、3、5}$中之一与 $VT_{1、3、5}$中阴极电位最负的晶闸管门极相连。例如在图 5-28b 中 ωt_1 时刻 u_a 最负，即 VT_1 阴极电位最负，这时 VT 阴极经 R、VD_1 接至 VT_1 门极。由于 u_a 最负，VD_1 导通，它的正向压降可以忽略，且与其串联的电阻阻值又很小，所以 O 点的电位近似等于 u_a，以致 $VD_{3、5}$皆承受反压而不能导通。此时触发脉冲只令 VT_1 触发导通，$VT_{3、5}$因 $VD_{3、5}$阻断而不能导通。VT_1 一旦导通后，正向压降只有 1V 左右，不足以维持 VT 继续导通而关断，为触发另一只晶闸管做准备。VT 由图 5-28c 所示的相隔 120°的一系列脉冲去触发。在 ωt_2 时刻脉冲 2 触发晶闸管 VT，这时 u_b 最负，即 VT_3 阴极电位最低而被触发导通。如此类推，只要有一套能够每隔 120°产生一个脉冲的触发电路，通过脉冲分配电路即可依次触发一组整流电路中的各个晶闸管。

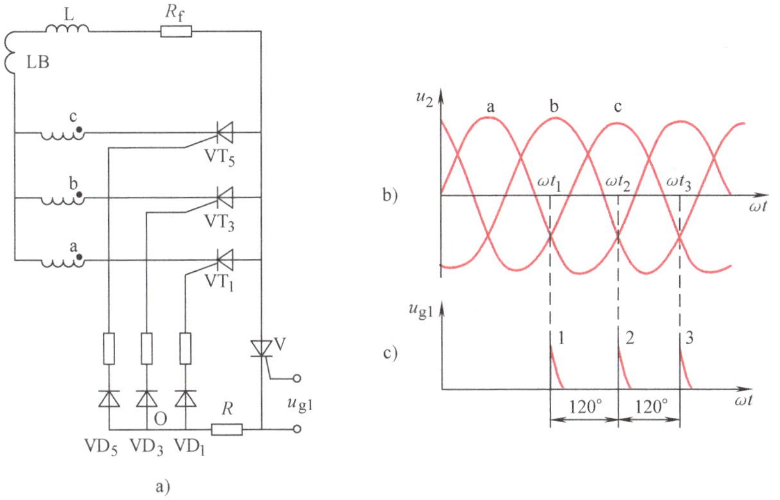

图 5-28　一套触发电路触发一组三相半波可控整流电路时脉冲分配

a）电路图　b）相电压波形　c）触发脉冲波形

这种方案所需触发电路套数最少，既可靠，又经济。其主要缺点是允许的触发脉冲移相范围较小，理论上是 120°，但这已经满足弧焊整流电源的要求。

5.3.3　移相触发电路

触发电路一般由同步电路、脉冲形成电路、脉冲移相和放大电路等组成。按触发电路使用的器件可分为单结晶体管触发电路、数字式触发电路和集成触发电路等几种。本节重点介绍这三种常用的触发电路。

1. 单结晶体管触发电路

（1）单结晶体管工作原理　单结晶体管又叫双基极二极管，它有一个 PN 结、一个发射极和两个基极。发射极和两个基极之间可以等效为一个二极管，具有二极管的单向导电特性。当单结晶体管发射极电压 $u_e=0$ 时，二极管反向偏置，发射极流过反向漏电流 i_e，如图 5-29 所示。随着 u_e 的增大，反向漏电流 i_e 减小，当 $u_e=U_A=\eta U_{CC}$时，$i_e=0$，二极管处于零偏置。式中，η 叫分压比，是单结晶体管的一个重要参数；U_{CC}为加在单结晶体管两个基极之间的电源电压。在 u_e 到达 U_P 之前，虽然二极管处于正向偏置状态，但尚不足于克服二极管的导通压降，因此，单结晶体管一直处于截止区。在 u_e 到达 U_P 之后，电流 i_e 显著增大，u_e 显著减小，呈现负阻特性。这时，把出现负阻特性的转折点 P 称为峰点，U_P 称为峰点电压，对应的电流 I_P 为峰点电流。当 i_e 增大到某一值

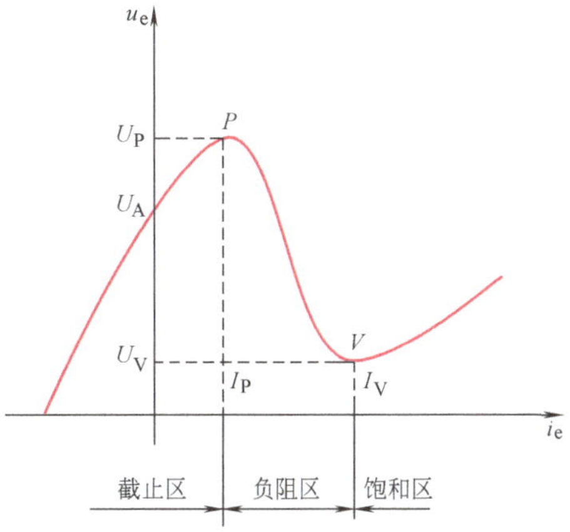

图 5-29　单结晶体管

I_V 后，u_e 又随 i_e 增大而增大，重现电阻特性，这一现象称为饱和。负阻特性结束的转折点 V 称为谷点，U_V 称为谷点电压，对应的电流 I_V 为谷点电流。

（2）脉冲产生和同步电路　ZX5 系列晶闸管弧焊整流器采用单结晶体管触发电路，其主电路如图 5-16b 所示，即接成共阳极的带平衡电抗器双反星形形式。由上节可知，可采用两套触发电路分别触发正极性组和反极性组的晶闸管。

1）脉冲产生电路。如图 5-30 所示，主要由晶体管 V_3、V_4，单结晶体管 VU_1、VU_2，电容 C_{20}、C_{21}，脉冲变压器 TP_1、TP_2 组成。控制电压 u_k 接至晶体管 V_3、V_4 基极。当有负的 u_k 输入时，C_{20}、C_{21} 分别被充电，于是由 C_{20}、VU_1 和 C_{21}、VU_2 组成的张驰振荡器不断产生振荡，脉冲变压器分别输出脉冲，该脉冲加至图 5-28 中的小晶闸管 VT 上，由 VT 触发主电路晶闸管。u_k 越负，C_{20}、C_{21} 充电电流越大，产生第一个脉冲就愈早，主电路中相应晶闸管的控制角就愈小，导通角愈大；反之亦然。改变 u_k 值即可实现脉冲移相。由于单结晶体管和晶体管的参数都存在分散性，即使它们型号相同，但参数也不尽相同。为避免两组晶闸管导通角不同造成三相不平衡，需要精细调整电路参数。图中电位器 RP_8、RP_9 分别用来弥补 VU_1、VU_2 之间参数的不一致性，电位器 RP_{10}、RP_{11} 分别用来弥补 V_3、V_4 之间参数的不一致性。调节这些电位器，可使两套电路输出脉冲对称。

2）同步电路。如图 5-30 所示，同步电路主要由控制变压器 T_2、稳压管 $VS_{1\sim6}$、电容 $C_1\sim C_3$、电阻 $R_3\sim R_8$、二极管 $VD_1\sim VD_4$、晶体管 V_1、V_2 等元件组成。

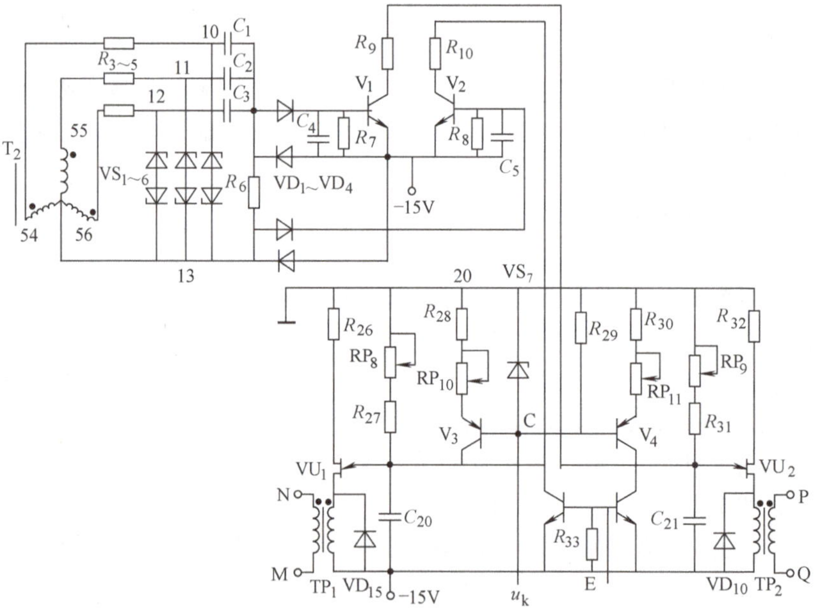

图 5-30　触发脉冲产生和同步电路

为了保证触发脉冲与晶闸管阳极电压之间的同步关系，使每只晶闸管的控制角相等，要求同组触发脉冲的相位差为 120°，不同组的触发脉冲之间相位差是 60°。我们知道，控制变压器 T_2 的二次各相电压互差 120°，与主电路正极性组的电源电压同相。各相接有正、反向稳压管，因此在点 10、11、12 对点 13 之间各得正、反向矩形波，如图 5-31a 所示。各矩形

波经电容 $C_1 \sim C_3$ 和电阻 R_6 组成的微分电路得到尖脉冲也示于图 5-31b、c、d 中。由图可见，各相正脉冲之间（脉冲 a、b、c 之间）和负脉冲之间（脉冲 a、b、c 之间）都是互差 120°。图 5-31e 是 R_6 上的波形，其正、负脉冲相间，每个正脉冲和后面的负脉冲之间都是相差 60°。现将正脉冲经 VD_1、VD_4 连接到 V_1 的发射结，而将负脉冲经 VD_2、VD_3 连接到 V_2 的发射结，以使 V_1、V_2 产生短暂的饱和导通，C_{20}、C_{21} 分别经 V_1、V_2 放电清零，正好满足了上述同步关系的要求。此外，三相可控整流电路是以自然换向点作为控制角的起始点（即 $\alpha = 0°$ 的点），该点是各相电压的交点 30°处。对于单结晶体管触发电路，同步点可设在各相电压过零或 0° ~ 30°。图 5-31 的脉冲画在相电压过零处，这是在理想情况下得到的。实际上，由于稳压管的削波作用，得到的不是矩形波，而是近于梯形波。还有隔离二极管 $VD_1 \sim VD_4$ 有正向压降等原因，使得 V_1、V_2 产生饱和的时刻（即同步点）是略滞后于各相电压过零点，也就是说，同步点略滞后于各相电压过零处。

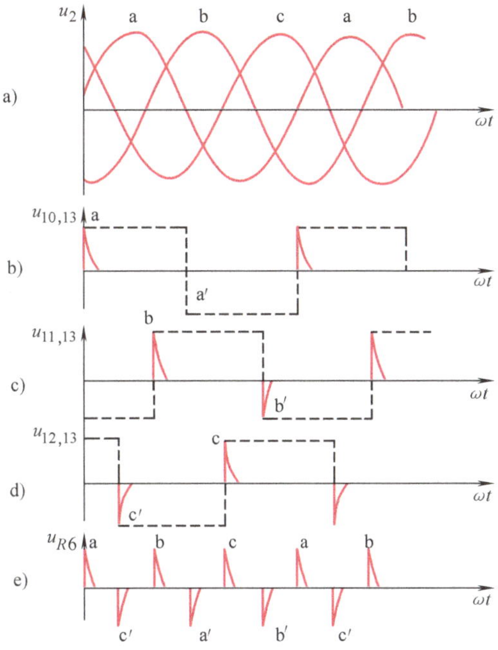

图 5-31　同步电路波形图

a）相电压波形　b）、c）、d）各相脉冲波形　e）R_6 上脉冲波形

2. 数字式触发电路

数字式移相触发电路工作原理，如图 5-32 所示。它是采用计数器对输入脉冲（即数字量频率信号）进行计数，设输入脉冲的频率为 f，则计数器的计数输出量 n 与输入频率 f 的关系为

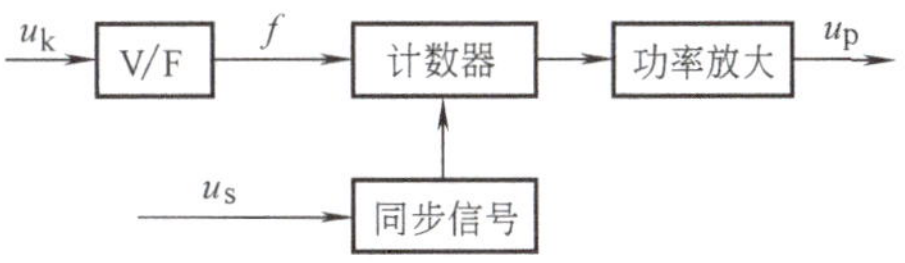

图 5-32　数字式移相触发电路原理图

$$n = \int_0^T f \mathrm{d}t \tag{5-6}$$

当计数器的输出 n 达到某一给定数值 m 时，计数器输出触发脉冲。同步信号对计数器起清零作用，所以计数器输出 n 从零到 m 所需的时间 T 就是控制角。改变计数器输入脉冲的频率 f，则计数器输出 n 从零到 m 所需的时间 T 就会发生变化，相应的控制角也会发生改变。通常改变脉冲频率 f，是通过改变控制电压 u_k 来实现的，这就需要一个转换，将电压转换成频率，即压频 V/F 转换，实现这种转换的装置称为压频转换器。

压频转换器将模拟信号 u_k 转换为数字量频率，它有多种电路形式，图 5-33 所示为一种压频转换电路原理图，其中 N_1、R_1、C_1 构成积分器，V 是放电开关，N_2、R_2、R_3 构成施密特比较器，为使 N_1 输出为正，要求 u_k 为负。当初始状态 C_1 上电荷为零时，输出电压

$u_{A1}=0$，比较器 N_2 输出电压 u_{A2} 为低电平，晶体管 V 加反压处于截止状态。设 $u_k<0$，电容 C_1 上的电荷开始增加，u_{A1} 随时间线性增长，当 $u_{A1}>U_H$（比较器上限值）时，比较器翻转，u_{A2} 由低电平转换为高电平，晶体管 V 基极加正向电压，V 导通，C_1 放电。由于放电回路电阻很小，所以放电很快，u_{A1} 下降迅速，当 $u_{A1}<U_L$（比较器下限值）时，比较器再次翻转，u_{A2} 由高电平转换为低电平，晶体管 V 基极加反向电压而截止，积分器 C_1 开始再次充电，从而形成振荡，电路波形图如图 5-34 所示。由图可知，振荡周期为 u_{A1} 由 U_L 上升到 U_H 的时间 t_1 与 u_{A1} 由 U_H 下降到 U_L 的时间 t_2 的和，其中时间 t_2 为固定值，时间 t_1 与控制电压 u_k 成反比，u_k 增加，C_1 的充电电流增大，u_{A1} 上升速度增大，u_{A1} 从 U_L 上升到 U_H 的时间 t_1 减小。频率 $f=1/(t_1+t_2)$，因此比较器 N_2 的输出电压 u_{A2} 的变化频率 f 与控制电压 u_k 的幅值成正比。压频转换电路还有其他许多形式，而且已有专用集成电路可供选择。

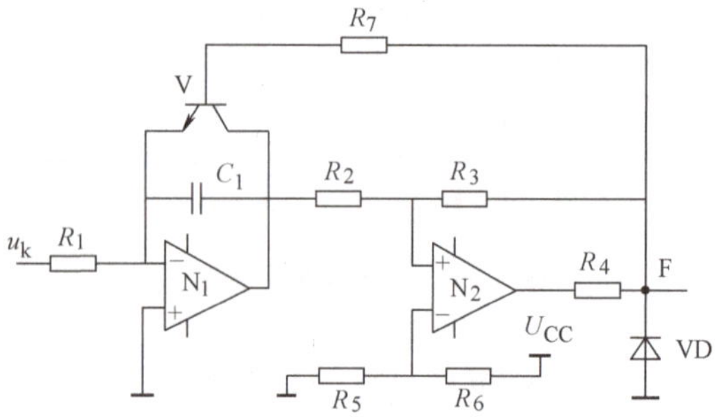

图 5-33　压频转换器电路原理图

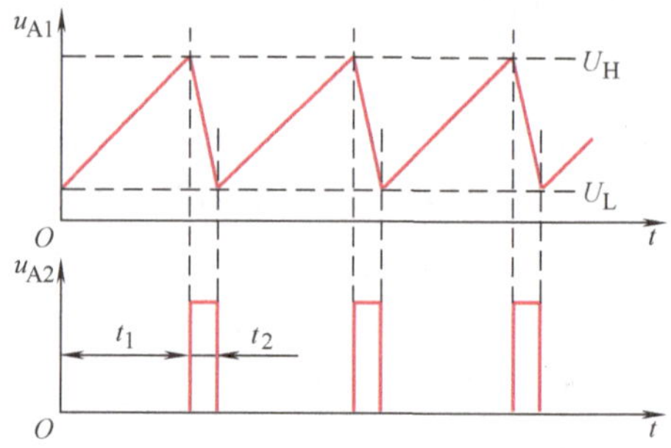

图 5-34　压频转换器工作波形图

3. 集成触发电路

自从 1957 年美国的 GE 公司发明晶闸管至今，其控制技术一直是电力电子行业探索的课题。晶闸管控制技术主要是移相触发电路的设计，20 世纪 60 年代至 70 年代都采用分离元件，80 年代经历了模拟-数字集成时期，目前移相触发电路已完成了大规模集成电路和全数字化转变，并已逐步取代分离元件电路。

集成触发电路可靠性高，技术性能好，体积小，功耗低，调试方便。国内常用的有 KJ 系列和 KC 系列，两者生产厂家不同，但很相似，如 KC04 与 KJ004，其引脚和性能完全相同，二者可以互换使用。下面以 KC04（或 KJ004）晶闸管移相触发电路为例，简要介绍集成触发器的组成、特点及工作原理。

（1）特点　KC04（或 KJ004）晶闸管移相触发电路，适用于单相、三相全控桥式供电装置中作为晶闸管的双路脉冲移相触发。KC04（或 KJ004）器件输出两路相差 180°的移相脉冲，可以方便地构成全控桥式触发器线路。该电路具有输出负载能力大，移相性能好，正负半周脉冲相位均衡性好，移相范围宽，对同步电压要求低，有脉冲列调制输出端等功能与特点。其技术参数如下：

1）电源电压：直流 +15V、−15V，允许波动 ±5%（±10% 时功能正常）。

2）同步电压：任意值。

3）同步输入端允许最大同步电流：6mA（有效值）。

4）锯齿波幅度：≥10V。

5）移相范围：≥170°（同步电压 30V，同步输入电阻 15kΩ）。

6）输出脉冲宽度：400μs～2ms（通过改变脉宽阻容元件达到）。幅度：≥13V。

7）最大输出能力：100mA（流出脉冲电流）。

8）正负半周脉冲相位不均衡：≤±3°。

（2）组成　KC04（或 KJ004）为标准双列直插式 16 引脚集成电路，它的引脚排列如图 5-35 所示。引脚名称及用法见表 5-1。

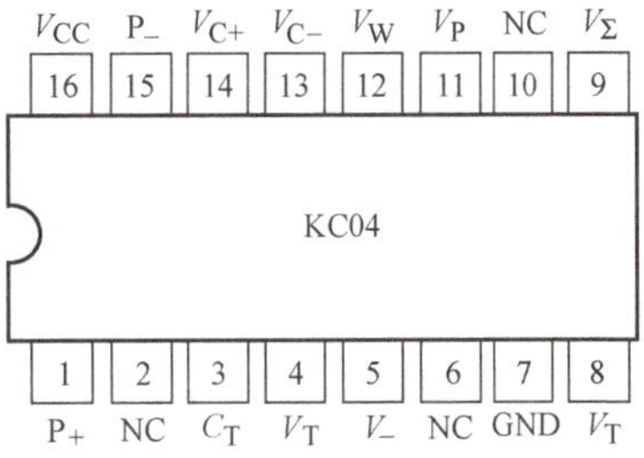

图 5-35　KC04（或 KJ004）引脚排列

表 5-1　KC04 的引脚名称、功能及用法表

引脚号	符号	名称	功能或用法
1	P_+	同步脉冲输出端	接正半周导通晶闸管的脉冲功率放大器及脉冲变压器
2	NC	空端	使用中悬空
3	C_T	锯齿波电容连接端	通过电容接引脚 4
4	V_T	同步锯齿波电压输出端	通过电阻接移相综合端
5	V_-	工作负电源输入端	接用户系统负电源
6	NC	空端	使用中悬空
7	GND	地端一个	整个电路参考地端，使用中接控制电源地端
8	V_T	同步电源信号输入端	使用中通过一个电阻接同步变压器二次侧，同步电压为 30V
9	V_Σ	移相、偏置及同步信号综合端	使用中分别通过三个等值电阻接锯齿波、偏置电压、移相电压
10	NC	空端	使用中悬空
11	V_P	方波脉冲输出端	该端输出信号反映了移相脉冲相位，使用中通过一个电容接到引脚 12
12	V_W	脉宽信号输入端	该端与 11 脚所接电容的大小反映了输出脉冲的宽度，使用中通过一个电阻接正电源
13	V_{C-}	负脉冲调制及封锁控制端	通过该端输入信号的不同，可对负输出脉冲进行调制或封锁，使用中接调制脉冲电源输出或保护电路输出
14	V_{C+}	正脉冲调制及封锁控制端	通过该端输入信号的不同，可对正输出脉冲进行调制或封锁，使用中接调制脉冲电源输出或保护电路输出
15	P_-	反相脉冲输出端	接负半周应导通晶闸管的脉冲功率放大器及脉冲变压器
16	V_{CC}	系统工作正电源输入端	使用中接控制电源

（3）工作原理　图 5-36 为 KC04 电路原理图，其中点画线框内为集成电路部分。从图中可以看出，它与分立元件的锯齿波移相触发电路相似，可以分为同步、锯齿波形成、移相、脉冲形成、脉冲分选及功放几个环节。

1）同步电路。同步电路由晶体管 V_1～V_4 等组成。同步电压 u_S 经限流电阻 R_{20} 加到 V_1、V_2 基极。在 u_S 的正半周，V_1 导通，电流从 +15V—R_3—VD_1—V_1—地。在 u_S 负半周，V_2、

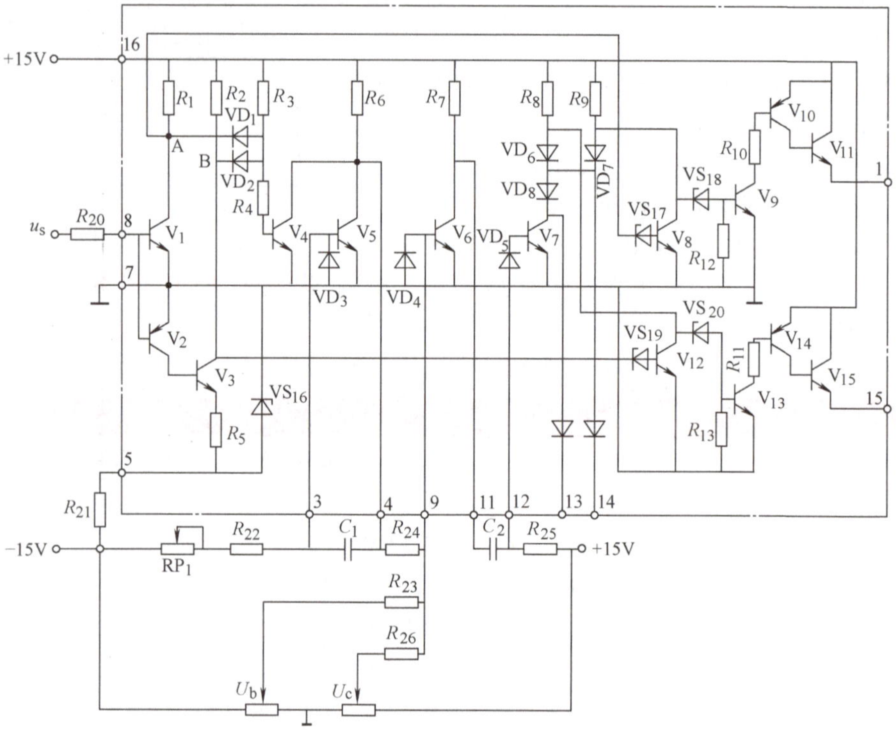

图 5-36 KC04（KJ004）电路原理图

V_3 导通，电流从 +15V—R_3—VD_2—V_3—R_5—R_{21}—（-15V）。因此，在 u_S 为正或负半周期间，A、B 两点总有一点是处于低电位状态，因而 V_4 处于截止状态。只有在同步电压处于零点附近即 $|u_S|<0.7V$ 时，V_1～V_3 才同时处于截止，使 A、B 两点同时为高电位，V_4 从电源 +15V 经 R_3、R_4 取得基极电流才能导通，其波形如图 5-37 所示。

电容 C_1 接在 V_5 的基极与集电极之间，组成电容负反馈的锯齿波发生器。在 V_4 导通时，C_1 经 V_4、VD_3 迅速放电。当 V_4 截止时，电流经 +15V—R_6—C_1—R_{22}—RP_1—（-15V）对 C_1 充电。在脚 4 形成线性增长的锯齿波，锯齿波的斜率取决于流过 R_{22}、RP_1 的充电电流和电容 C_1 的大小。根据 V_4 导通的情况可知，在同步电压正、负半周均有相同的锯齿波产生，并且两者有固定的相位关系，如图 5-37 所示。

2）脉冲移相。V_6 及外接元件组成了移相环节。锯齿波电压 u_{c5}（即脚 4 电压）、偏移电压 U_b、移相控制电压 U_c 分别经 R_{24}、R_{23}、R_{26}，在 V_6 基极上叠加。当 $u_{be6}>+0.7V$ 时，V_6 导通。设 u_{c5}、U_b 为定值，改变 U_c，则改变了 V_6 导通的时刻，从而调节了脉冲的相位。

3）脉冲形成。V_7 等组成了脉冲形成环节。平时 V_7 经电阻 R_{25} 获得基极电流而导通，电容 C_2 由电源 +15V 经电阻 R_7、VD_5、V_7 基射结充电。当 V_6 由截止转为导通时，C_2 所充电压通过 V_6 成为 V_7 基极反向偏压，使 V_7 截止。此后 C_2 经 +15V—R_{25}—V_6—地放电并反向充电，当其充电电压 u_{c2}（即脚 12）≥ +1.4V 时，V_7 又恢复导通。这样，在 V_7 集电极就得到固定宽度的移相脉冲，其宽度取决于充电时间常数 $R_{25}C_2$ 的大小。

4）脉冲分选及功率放大。V_8、V_{12} 为脉冲分选环节。在同步电压一个周期内，V_7 集电极输出两个脉冲，这两个脉冲的相位差为 180°。脉冲分选是通过同步电压的正负半周进行

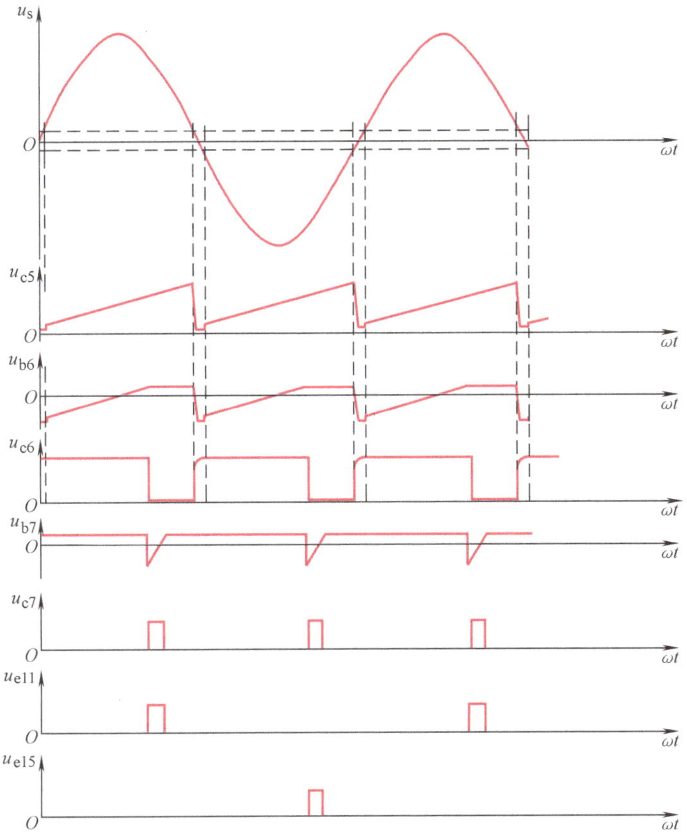

图 5-37　KC04 电路波形

的。例如在 u_S 正半周 V_1 导通，如图 5-36 所示的 A 点呈现低电位，B 点为高电位，V_8 截止，V_{12}导通。V_{12}把来自 V_7 的正脉冲钳位在零电位。同时，V_7 正脉冲又通过二极管 VD_7，经 V_9 ~ V_{11}放大由脚 1 输出脉冲。在同步电压负半周，情况则相反，V_8 导通，V_{12}截止。V_7 正脉冲经 V_{13} ~ V_{15}放大由 15 脚输出负相脉冲。

KC04 中稳压管 VS_{17} ~ VS_{20}可提高晶体管 V_8、V_9、V_{12}、V_{13}的门限电压，这样可以提高电路的抗干扰能力。二极管 VD_1、VD_2、VD_6 ~ VD_8 为隔离二极管。

（4）应用　采用 KC04 组成的三相全控桥式整流电路如图 5-38a 所示。同步电压由同步变压器提供，由于 KC04 中晶体管 V_8、V_{12}的脉冲分选作用（图 5-36），使得同步电压在一周内有两个相位上相差 180°的脉冲产生，这样，要获得三相全控桥式整流电路脉冲，只需要三个与主电路同相的同步电压即可，如图 5-38b 所示。采用三片 KC04 元件组装的六脉冲触发电路，二极管 VD_1 ~ VD_{12}组成六个或门形成六路脉冲，并由晶体管 V_1 ~ V_6 进行脉冲功率放大，如图 5-38c 所示。

图 5-38 中 RP_1 ~ RP_3 为锯齿波斜率电位器，RP_4 ~ RP_6 为同步相位微调电位器，调节这些电位器就能得到理想的三相平衡度。

晶闸管移相触发电路无论采用哪种方式，都是通过一个控制电压产生一系列与交流电压保持同步（即同相或固定相位差）的触发脉冲信号，最终实现电源的功率输出。

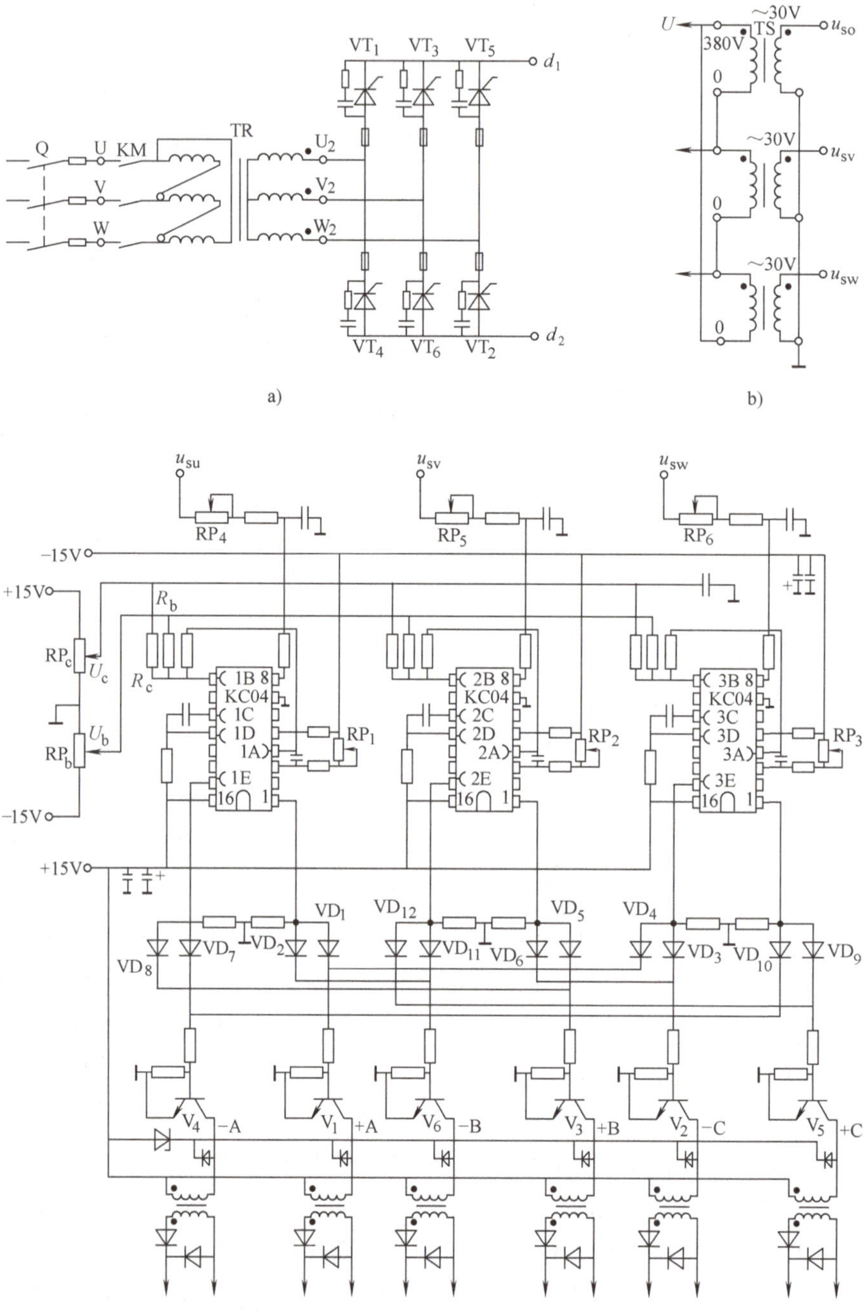

图 5-38 三相全控桥式集成触发电路

a）三相全控桥整流电路 b）同步电路 c）KC04 集成触发电路

5.3.4 触发脉冲的传输方式

触发脉冲信号传输给晶闸管有多种方式，只有传输方式合适，才能可靠地触发晶闸管。采用的触发脉冲传输方式有以下几种。

1. 电磁耦合

电磁耦合采用脉冲变压器 TI 来传输脉冲信号，其电路如图 5-39 所示。其工作原理是移相脉冲触发信号 U_p 驱动晶体管 V_1，使 V_1 导通，变压器一次侧流过脉动直流电流，二次侧感应出正的脉冲电压。当没有移相脉冲触发信号 U_p 时，V_1 截止，TI 产生反电动势，在二次侧感应出负脉冲。续流二极管 VD_1 的作用是为防止 TI 产生的反电动势对 V_1 造成危害，VD_2 用于阻断负脉冲。电阻 R_1 和 C_1 防止 V_1 导通时产生电流冲击，C_2 的作用是防止误触发，避免晶闸管 V_2 因干扰而产生的误导通。

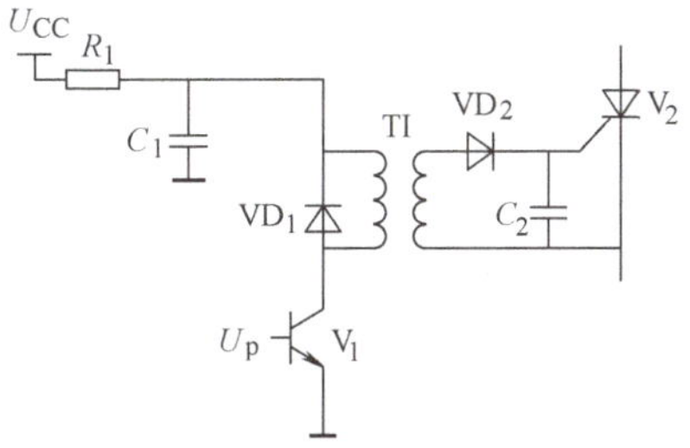

图 5-39 脉冲变压器输出与晶闸管的典型连接方法

如图 5-39 所示，脉冲变压器的目的是：阻抗匹配，在触发脉冲电压一定的情况下，触发电流由晶闸管门极导通电阻所决定；在触发多个晶闸管时，可输出多路隔离的触发脉冲，并可改变脉冲的正负极性；实现主电路与控制电路之间的电气隔离。

脉冲变压器一般只能输出窄脉冲。若需要输出大于60°的宽脉冲，如图 5-39 所示的变压器体积需要做得很大（避免磁饱和），而且流过晶体管 V_1 的电流将很大，加大了驱动功率，所以宽脉冲输出时很少采用这种传输方式。脉冲变压器实现宽脉冲输出的方法是采用连续的窄脉冲替代宽脉冲，如图 5-40 所示，这样可以减小变压器体积和驱动功率。若想要触发大功率晶闸管，可以采用先触发小功率晶闸管，然后利用已导通的小晶闸管去触发大功率晶闸管的方式。

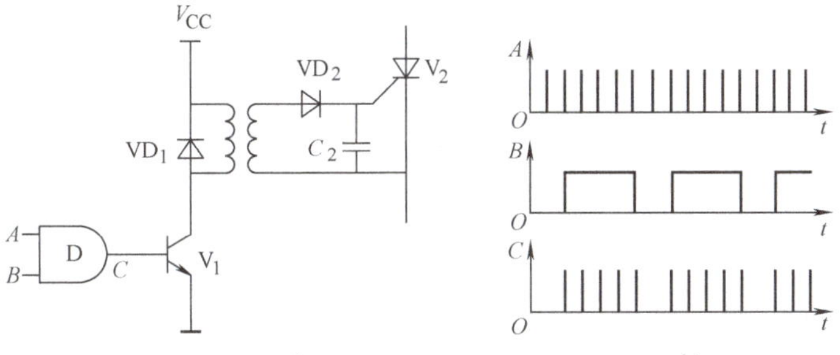

图 5-40 高频调制宽脉冲触发电路原理

a）电路图 b）波形图

2. 光电耦合

光耦合器件是由发光元件和光敏元件组成在一体的器件，采用光电耦合传递信号。光耦合器件的输入与输出之间在电气上是隔离的，这一点与电磁耦合中的脉冲变压器一样。所不同的是，光电耦合的输出只是一个无源开关，只起开通和关断作用，而脉冲变压器则可以输出电信号，这是光耦合器件不如变压器的地方。但是它不存在变压器的反电动势和磁饱和问题，因此驱动电路简单，而且可以采用宽脉冲触发。图 5-41 所示为光耦合器输出电路。它也是一种强触发方式，具有以下优点：

1）驱动晶体管不承受感性负载产生的反电压，工况得到改善。

2）可输出任意波形脉冲信号。

3）光耦合器件与脉冲变压器相比，成本低，体积小，易于在电路板上安装焊接。

3. 直接传输

对于晶闸管式弧焊整流器，由于主电路电压较低，控制电路输出级与主电路的隔离主要目的是解决各晶闸管之间的不等电位问题。如果不存在不等电位问题，则可以采用直接传输方式。直接传输是将移相触发电路的脉冲信号经功率放大后，直接输出到主电路的晶闸管，如图 5-42 所示。例如在三相桥式半控电路中，将三只晶闸管接成共阴极形式，即可采用直接传输方式。这种脉冲传输方式的优点是结构简单；其缺点是控制电路与主电路之间没有隔离，易产生干扰。

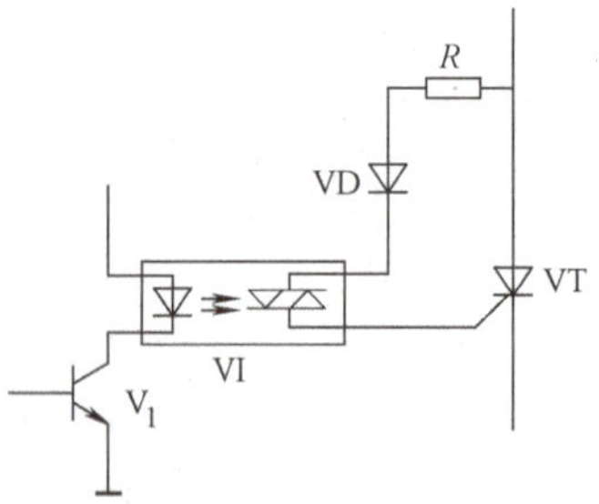

图 5-41 光耦合器输出电路

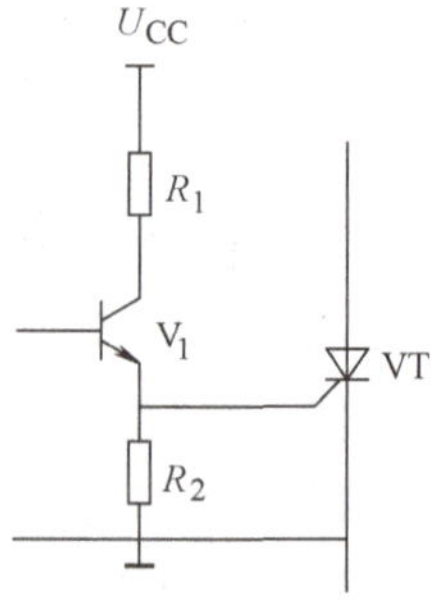

图 5-42 无隔离直接输出电路

5.4 晶闸管式弧焊整流器外特性的控制方法

对该种弧焊电源外特性的要求，比其他任何弧焊电源都更为突出，比对其他特性的要求都更为重要，因为这是作为弧焊电源负载的电弧特性所决定的。在前一节中已给出移相触发电路。在移相触发电路中，控制电压的变化改变触发脉冲的相位，从而决定了晶闸管的导通角和弧焊电源的输出电压。如果仅从控制电压和输出电压的关系看，晶闸管式弧焊整流器的外特性是由给定电压与输出电压、电流负反馈来控制和形成的，当采用电流反馈、电压反馈或电流电压联合反馈时，可以得到陡降、恒压（平）或缓降等外特性。

5.4.1 晶闸管式弧焊整流器的开环特性

在主电路分析中已知，晶闸管式弧焊整流器的输出电压 U_0 与控制角 α 的关系为

$$U_0 = AU_2\cos\alpha \tag{5-7}$$

式中，A 为与主电路结构有关的系数（三相桥式全控 $A=2.34$，六相半波 $A=1.35$，双反星形带平衡电抗器 $A=1.17$）；U_2 为变压器二次侧相电压；α 为控制角。

由式（5-7）可见，当控制角 α 一定时，输出电压 U_0 也一定，所以晶闸管式弧焊整流器开环时为平特性，如图 5-43 所示。

如图 5-43 所示，虚线为理论外特性曲线，实线为实际外特性曲线。理论外特性曲线为水平特性，实际外特性曲线是略有下降的平特性曲线。实际外特性与理论外特性的差别是由于主电路中变压器的漏抗以及电路导线电阻等分布参数所引起的压降所造成的。对弧焊电源

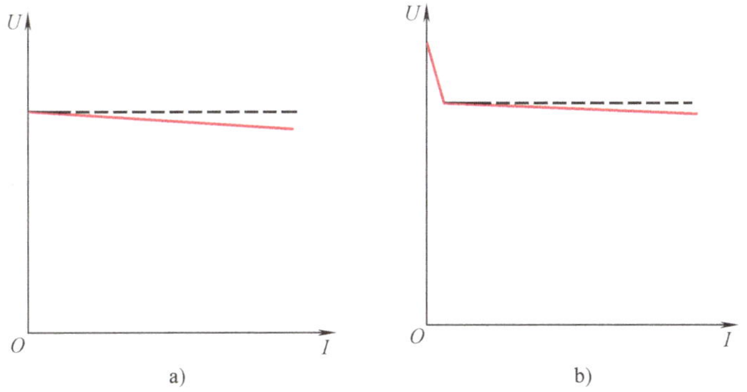

图 5-43 晶闸管式弧焊整流器的开环外特性

a）三相全控桥式 b）双反星形带平衡电抗器

内部多因素引起压降可用等效的集中参数 R_0 表示，则实际外特性可表示为

$$U_f = U_0 - I_f R_0 \tag{5-8}$$

式中，U_f 为输出电压；I_f 为输出电流；U_0 为空载电压。

由式（5-8）可见，输出电压随输出电流的增加而下降，下降斜率由 R_0 所决定，即 $R_0 = \dfrac{\Delta U_f}{\Delta I_f}$，它代表了电源的等效内阻。

如图 5-43a、b 所示的差别是在空载和小电流阶段，这是因为后者电路中有平衡电抗器，而当电流很小时，平衡电抗器不起作用，此时相当于六相半波电路，系数 $A=1.35$，要比正常工作时的系数 $A=1.17$ 高，所以在空载和很小电流时的输出电压比正常工作时高。

在移相触发电路中，设控制电压 U_k 对电源输出的控制作用为正极性，即：晶闸管式弧焊整流器的输出电压与 U_k 成正比。因此移相触发与主电路可以用一个比例环节表示，设比例系数为 A_0，则晶闸管式弧焊整流器的开环控制框图如图 5-44 所示。

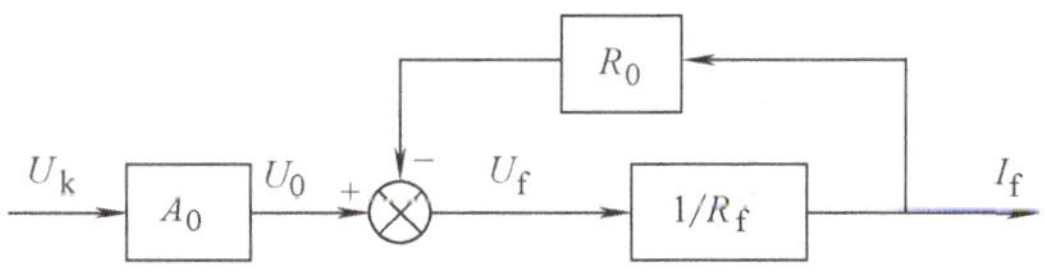

图 5-44 晶闸管式弧焊整流器开环控制框图

图 5-44 中，U_k 为控制电压，是该系统的输入量；U_f 为晶闸管式弧焊整流器的输出电压，是该系统的输出量；A_0 则为该系统的传递函数，这是一个比例系统（表示系统的放大倍数）；R_0 为弧焊电源的等效内阻；R_f 为其输出端的负载电阻；I_f 为输出电流。如图 5-44 所示的框图关系得

$$U_f = A_0 U_k - I_f R_0 \tag{5-9}$$

其中，$A_0 U_k = U_0$，为弧焊电源的空载电压，所以式（5-8）与式（5-9）实质是相同的，但它表明输出电压 U_f 可由控制电压 U_k 调节。

5.4.2 晶闸管式弧焊整流器的闭环特性

将晶闸管式弧焊整流器的输出电压、电流，通过某种采样环节及放大环节，再与给定量进行比较和放大，由此形成控制电压 U_k，U_k 再作用于移相触发电路和主电路，这样便构成了闭环反馈系统。此时的弧焊电源外特性将由反馈环节所决定。

1. 反馈控制系统的基本特性

首先不失一般性地给出晶闸管式弧焊整流器的闭环反馈系统框图，如图 5-45 所示。在这个系统中，含有电流、电压反馈，U_k、A_0、R_0 同前述开环系统，U_f 为输出电压，I_f 为输出电流，m 为电压反馈系数，n 为电流反馈系数，U_{gu} 为电压给定量，U_{gi} 为电流给定量，A_m 为电压反馈环节误差放大倍数，A_n 为电流反馈环节误差放大倍数。

晶闸管式弧焊整流器的闭环反馈系统的外特性方程为

$$U_f = A_0 U_k - I_f R_0 \tag{5-10}$$

式（5-9）与式（5-8）看起来完全相同，但这只是形式上的相同，而实质是不同的。在式（5-8）中，U_k 是一固定的给定电压，与输出无关，而式（5-9）所示的关系可以得到 U_k 为

$$U_k = U_{ku} + U_{ki} = A_m(U_{gu} - mU_f) + A_n(U_{gi} - nI_f) \tag{5-11}$$

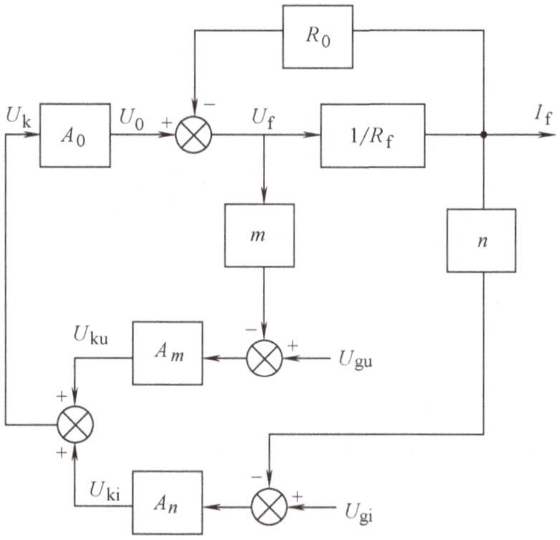

图 5-45 晶闸管式弧焊整流器闭环反馈系统框图

式（5-11）中前一项是电压给定量 U_{gu} 与电压反馈量 mU_f 的差进行误差放大后的控制量，记为 U_{ku}；后一项是电流给定量 U_{gi} 与电流反馈量 nI_f 的差进行误差放大后的控制量，记为 U_{ki}。所以 $U_k = U_{ku} + U_{ki}$，是电压、电流反馈的合成结果。将 U_k 代入式（5-10）中得

$$U_f = A_0\{A_m(U_{gu} - mU_f) + A_n(U_{gi} - nI_f)\} - R_0 I_f \tag{5-12}$$

如果对式（5-12）进行整理，并写成弧焊电源外特性的基本表达式：$U_f = U_0 - R_n I_f$ 的形式（其中 U_0 为空载电压，R_n 为电源等效内阻），则有

$$U_f = \frac{A_0 A_m U_{gu} + A_0 A_n U_{gi}}{1 + mA_0 A_m} - \frac{nA_0 A_n + R_0}{1 + mA_0 A_m} I_f \tag{5-13}$$

对式（5-13）进行分析可以得到一系列关于弧焊电源外特性的主要参数，如在式（5-13）中设 $I_f = 0$，则此时的 U_f 即为空载电压 U_0，其为

$$U_0 = \frac{A_0 A_m U_{gu} + A_0 A_n U_{gi}}{1 + mA_0 A_m} \tag{5-14}$$

在式（5-13）中设 $U_f = 0$，则此时的 I_f 即为短路电流 I_d，其为

$$I_d = \frac{A_0 A_m U_{gu} + A_0 A_n U_{gi}}{nA_0 A_n + R_0} \tag{5-15}$$

在式（5-13）中对电流 I_f 求导数，得到 U_f 对 I_f 的变化率，其物理含义即为闭环反馈控制弧焊电源的等效内阻 R_n，即

$$R_n = \frac{nA_0 A_n + R_0}{1 + mA_0 A_m} \tag{5-16}$$

将式（5-13）所示方程，用一以 U_f 为纵坐标、I_f 为横坐标的直角坐标系表示，即为电源外特性曲线，如图 5-46 所示。显然这是一条直线，其与纵坐标的交点为空载电压 U_0，由

式（5-14）所决定；与横坐标的交点为短路电流 I_d，由式（5-15）所决定。这条直线的斜率即为电源的等效内阻 R_n，由式（5-16）所决定。此式表述了闭环反馈控制弧焊电源的等效内阻 R_n 与开环控制弧焊电源的等效内阻 R_0 的关系。由以上分析可见，在闭环反馈的弧焊电源系统中，通过改变控制电路中的参数，如反馈系数、放大倍数等即可改变弧焊电源的外特性。

2. 陡降外特性

陡降外特性是一种最常见的弧焊电源外特性，如焊条电弧焊和 TIG 焊等。所谓陡降外特性，就是当负载电流增加时负载电压迅速下降的外特性。如果用式（5-13）所示的弧焊电源外特性曲线方程描述，即电源的等效内阻 R_n 特别大，当 I_f 增加时，在 R_n 上将产生很大的压降。由此可见，要获得陡降外特性，可以通过增加电源的等效内阻 R_n 来实现。为此分析式（5-16）所示的 R_n 的表达式，首先可以看到 R_n 与电压反馈系数 m 成反比，所以为了增加 R_n 应减小电压反馈量，在此令 $m=0$，即完全取消电压反馈的作用。这时弧焊电源外特性方程及空载电压 U_0 和弧焊电源内阻 R_n 分别为

$$U_f = A_0 A_n U_{gi} - (nA_0 A_n + R_0) I_f \tag{5-17}$$

$$U_0 = A_0 A_n U_{gi} \tag{5-18}$$

$$R_n = nA_0 A_n + R_0 \tag{5-19}$$

式（5-19）表示无电压反馈只有电流反馈时 R_n 由两部分组成：其中一部分为电源开环时的固有内阻 R_0（R_0 通常很小）；另一部分为电流反馈形成的等效电阻 nA_0A_n。A_0、A_n 分别为弧焊电源开环系统和电流误差放大器的放大倍数。通常有 $R_0 << nA_0A_n$，所以 $R_n = nA_0A_n$。R_n 不是一个实体的电阻，但它具有电阻的量纲，所以称为等效电阻。现在详细分析一下由电流反馈形成等效电阻的过程。n 为电流采样系数，注意 n 是有量纲的，因为 n 表示将电流通过某种传感方式转换为电压的转换系数，所以它的量纲是 U/I，即为电阻，这恰好符合 R_n 的物理含义。实际上电流采样环节有时候就相当一个电阻，如通常使用的分流器，标准分流器在额定电流时的压降只有 75mV，这对于数百安培的输出电流表明它本身的电阻值极小。设分流器的电阻值为 n，由于 n 极小，所以分流器上的电压降为 nI_f 也是一个极小的电压值，但将该信号接入图 5-45 所示的闭环反馈系统后，以负反馈的方式作用于误差放大器。将使误差放大器的输出电压 U_k 下降 nI_f，再通过移相电路和主电路放大 A_0A_n 倍后，则使主电路输出端电压下降 $nA_0A_nI_f$。对比电流分流器上 I_f 的系数，可见电流负反馈相当于将原来极小的电阻 n 放大了 A_0A_n 倍，所以闭环反馈系统的等效电阻即为 nA_0A_n。通过以上分析可见，对于开环特性为平特性的弧焊电源，以电流反馈的方法获得陡降特性，实质上是用输出电流通过负反馈控制输出电压，当反馈系统放大倍数很大时，只要输出电流有很小的变化，由于强烈的负反馈作用就会使输出电压产生很大的反向变化（电流上升→电压下降，电流下降→电压上升），由输出端看电压相对于电流的变化关系，等效于电源有很大的内阻。

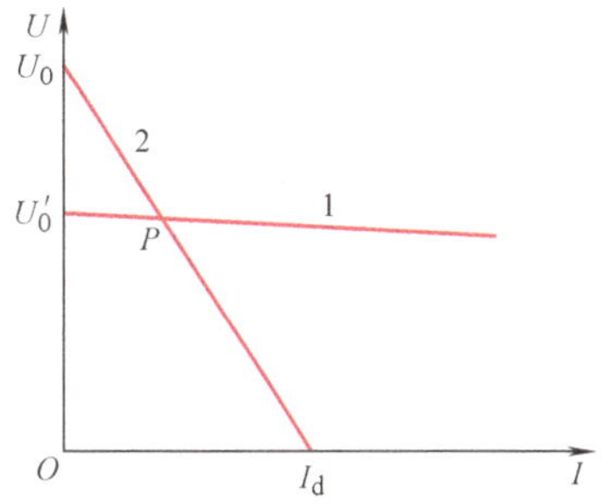

图 5-46 陡降特性弧焊电源外特性曲线

1—开环外特性曲线
2—电流负反馈外特性曲线

陡降特性弧焊电源的外特性曲线如图 5-46 所示。在图中曲线 1 为弧焊电源的开环外特性曲线，曲线 2 为电流负反馈的外特性曲线，曲线 1 与 2 在 P 点相交。弧焊

电源的实际外特性为，曲线1由U_0'点至P，然后由P点沿曲线2向下转折到I_d点，得U_0'—P—I_d三点构成的折线。下面分析一下上述折线形外特性的形成过程。在陡降外特性的弧焊电源中，为了获得较大的陡度（较大的等效内阻）常将A_0A_n做得很高，这样一来，由式（5-18）得到空载电压的计算值$A_0A_nU_{gi}$将很高，可能有上百伏，而实际电源最高的空载电压一般为60~70V（控制角$\alpha=0°$时的电压）。因此对于一个实际的弧焊电源，最高输出电压由开环特性曲线1所限制，所以当输出电压的计算值$U_f=A_0A_n(U_{gi}-nI_f)>(U_0-R_0I_f)$时，放大系统处于饱和状态，控制角$\alpha=0°$，电流反馈实际不起作用，弧焊电源特性由开环特性所决定，故为曲线1所示的平特性。当$U_f=A_0A_n(U_{gi}-nI_f)=U_0-R_0I_f$时，曲线1与曲线2相交于$P$点。当$U_f=A_0A_n(U_{gi}-nI_f)<(U_0-R_0I_f)$时，放大系统退出饱和状态，控制角$\alpha$随控制电压$U_k$变化而变化，电流反馈开始发挥作用，电源特性由开环特性曲线1转向电流负反馈特性曲线2。P点为转折点，也称拐点，是以电流反馈方式获得陡降特性的电源中的一个重要参数，在外特性测量中，精确确定P点是获得准确外特性的关键数据。

对于陡降外特性电源，将式（5-17）变为电流表示，则有

$$I_f=\frac{U_0-U_f}{R_n}=\frac{A_0A_nU_{gi}-U_f}{nA_0A_n+R_0} \tag{5-20}$$

在式（5-20）中，当电源处于短路状态时，$U_f=0$，同时考虑到在陡降特性的弧焊电源中，为了获得较陡的外特性，放大倍数A_0A_n必然也很大，则有$nA_0A_n>>R_0$，这时弧焊电源的短路电流可由式（5-20）简化为

$$I_d=\frac{U_{gi}}{n} \tag{5-21}$$

由于是陡降电源，则有$I_f\approx I_d$的近似关系，所以式（5-20）的电流表达式可以简化为

$$I_f\approx I_d=\frac{U_{gi}}{n} \tag{5-22}$$

式（5-21）实际是$U_f=0$的短路电流，对于陡降外特性的弧焊电源可以用短路电流近似表示工作电流。

3. 平外特性

平外特性也是一种最常见的弧焊电源外特性，如CO_2焊和MIG、MAG焊等。所谓平外特性（或称恒压特性），就是当负载电流增加时，负载电压保持不变的外特性。如果用式（5-23）所示的弧焊电源外特性曲线方程描述，即弧焊电源的等效内阻R_n特别小，当I_f增加时，在R_n上产生的压降很小。由此可见，要获得平外特性，可以通过降低电源的等效内阻R_n来实现。为此分析式（5-16）所示的R_n的表达式，首先可以看到，R_n与电压反馈系数m成反比，与电流反馈系数n成正比，所以，为了降低R_n应减小电流反馈量，在此令$n=0$，即完全取消电流反馈的作用。这时弧焊电源外特性及空载电压和等效内阻分别为

$$U_f=\frac{A_0A_mU_{gu}}{1+mA_0A_m}-\frac{R_0}{1+mA_0A_m}I_f \tag{5-23}$$

$$U_0=\frac{A_0A_mU_{gu}}{1+mA_0A_m} \tag{5-24}$$

$$R_n=\frac{R_0}{1+mA_0A_m} \tag{5-25}$$

由式（5-25）可见，R_n 的分子为电源开环时的固有内阻 R_0，分母为 $1+mA_0A_m$，电压反馈使弧焊电源的内阻降低了（$1+mA_0A_m$）倍，通常 R_0 本身就很小，而又有 $mA_0A_m>>1$，所以电压反馈使电源的等效内阻 $R_n\to0$。与电流反馈一样，R_n 也不是一个实体电阻，但它具有电阻的量纲，所以称为等效电阻。现在详细分析一下由电压反馈降低电源等效电阻的过程。m 为电压采样系数，是无量纲的系数，m 表示从输出电压端获得 mU_f 的电压反馈量，$0<m<1$，一般由分压电阻构成。为了分析方便，不妨先设 $m=0$，即开环状态，这样式（5-23）变为

$$U_f=A_0A_mU_{gu}-R_0I_f \tag{5-26}$$

对比式（5-23）与式（5-26）可见，有电压反馈的闭环状态比无电压反馈的开环状态使输出电压 U_f 降低了（$1+mA_0A_m$）倍。由式（5-23）和式（5-26）可知，U_f 包括空载电压 $A_0A_mU_{gu}$ 和内阻压降 R_0 两部分，电压反馈作用使这两部分同时降低，即有电压反馈时空载电压降低为 $A_0A_mU_{gu}/(1+mA_0A_m)$，内阻压降也降低为 $R_0I_f/(1+mA_0A_m)$。这样对于相同的输出电流 I_f，电源内阻压降也相应地降低了（$1+mA_0A_m$）倍，即等效于使弧焊电源内阻降低了（$1+mA_0A_m$）倍。

由于一般整流电源的 R_0 本身就较小，通常晶闸管式弧焊整流器的开环外特性曲线的下降斜率不大于：3V/100A，即 $R_0<0.03\Omega$，而一般电压反馈系统中 $mA_0A_m>10$。所以有电源等效内阻 $R_n<R_0/10=0.03\Omega$。这样即使输出电流 $I_f=1000\text{A}$，输出电压下降不足 3V，而一般电弧电压 $U_f>20\text{V}$，所以电源等效内阻 R_n 上的压降可以忽略不计，这样式（5-23）则可简化为

$$U_f\approx U_0=\frac{U_{gu}}{m} \tag{5-27}$$

值得指出的是，在晶闸管式弧焊整流器中，无论是电流反馈增加内阻，还是电压反馈降低内阻，都不改变弧焊电源内部的损耗，电源内部损耗恒为 R_0I_f。

5.5 晶闸管式脉冲及矩形波交流弧焊电源

以晶闸管作为开关产生脉冲波形的脉冲弧焊电源，称为晶闸管式脉冲弧焊电源。

以晶闸管作为开关产生矩形波交流的弧焊电源，称为晶闸管式矩形波交流弧焊电源。

5.5.1 晶闸管式脉冲弧焊电源

晶闸管式脉冲弧焊电源可分为晶闸管给定值式和晶闸管断续器式脉冲弧焊电源。

1. 晶闸管给定值式脉冲弧焊电源

晶闸管式脉冲弧焊电源的主电路和控制电路工作原理与晶闸管式弧焊整流器的工作原理基本相同，如图 5-47 所示。它们两者之间所不同的是，后者控制电路中的比较电路环节的给定值为直流电压，其主电路输出电流为一般直流电；而前者控制电路中的比较电路环节的给定值为脉冲电压，其主电路输出电流为脉冲电流，这就是所谓的给定信号变换式的脉冲弧焊电源。当给定脉冲电压为高幅值时，主电路将输出相应幅值的脉冲电流；当给定脉冲电压为低幅值时，主电路将输出与其相应的基本电流。通过调节脉冲给定电压的脉冲宽度和脉冲间歇时间，就可以实现输出电流的脉宽比和脉冲频率的调节。当晶闸管式弧焊电源为平外特性时，如采用上述脉冲式给定电压，则输出为电压脉冲。

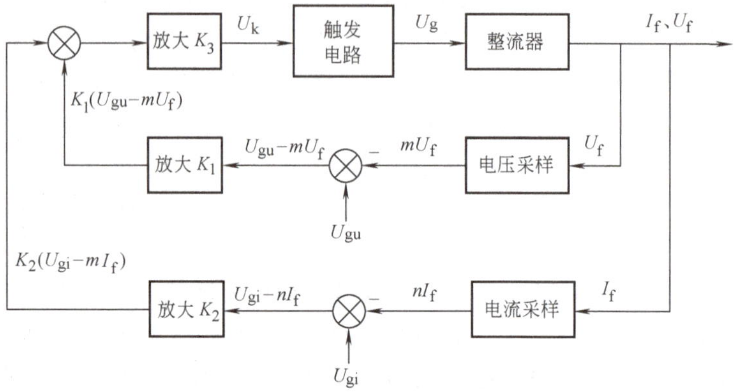

图 5-47 晶闸管式弧焊整流器闭环控制系统示意图

这种晶闸管给定值式脉冲弧焊电源的主要特点有：

1）输出的脉冲电流波形为方波或带前沿尖峰的方波。

2）脉冲电流和基本电流都由同一电源供给，即是一体式脉冲弧焊电源。

3）脉冲频率、脉冲电流和基本电流幅值、脉宽比等均可无级调节，操作方便。

4）脉冲频率调节范围较小，例如 0.2～10Hz，比较适用于钨极氩弧脉冲焊接。

5）易于实现一机多用，既可作为直流弧焊电源，又可作为脉冲弧焊电源，主要取决于脉冲电流控制电路的给定值是直流式还是脉冲式。

6）控制线路比较复杂，不易维修。

2. 晶闸管断续器式脉冲弧焊电源

晶闸管断续器式脉冲弧焊电源，主要由直流弧焊电源（弧焊整流器或直流弧焊发电机）和晶闸管断续器两个部分组成。

晶闸管断续器在脉冲弧焊电源中所起的作用，从本质上说相当于开关。正是依靠这种开关作用，把直流弧焊电源供给的连续直流电流切断，变为周期性间断的脉冲电流。

焊接电流一般都比较大，从几十安到几百安。在大电流回路中，晶闸管的工作具有“开易关难”的特点，这可比喻为大河急流的“放易截难”。

晶闸管断续器式脉冲弧焊电源的分类和特点：

晶闸管断续器式脉冲弧焊电源，按晶闸管断续器的结构形式可分为交流断续器和直流断续器两类。

采用直流断续器的晶闸管式脉冲弧焊电源，在非熔化极氩弧焊、熔化极氩弧焊、等离子弧焊和微束等离子弧焊以及全位置窄间隙焊中都得到了应用。

应指出，主晶闸管工作在大电流的焊接回路中，确保它的可靠关断是极为重要的。

采用直流断续器的晶闸管脉冲弧焊电源，按供电方式可分为双电源式和单电源式两类。

1）双电源直流断续器晶闸管式脉冲弧焊电源。它由并联工作的两个电源供电。基本电流由额定电流较小的直流电源供电；脉冲电流由直流弧焊电源（弧焊整流器或直流弧焊发电机）和晶闸管断续器相串联或并联组成的电源装置供电，其额定电流较大。这种双电源的供电方式，可使小电流时电弧稳定，而且两个电源可分别调节焊接参数。

双电源直流断续器式脉冲弧焊电源，不如单电源式简单，故较少采用，不再赘述。

2）单电源直流断续器晶闸管式脉冲弧焊电源。如图 5-48 所示，主要由直流弧焊电源、晶闸管直流断续器 Q 和电阻 R_1 组成。脉冲电流和基本电流由直流弧焊电源分别通过断续器 Q 和电阻 R_1 提供。当 Q 断开（即晶闸管断开）时，电源通过 R_1 对电弧供以基本电流。当开关 Q 闭合（晶闸管导通）时，则对电弧直接供给较大的脉冲电流。如果让开关 Q 不断地闭合和断开，就可以对电弧提供间断出现的脉冲电流和基本电流。改变开关 Q 的断开和闭合的周期，即可控制脉冲电流的频率。控制 Q 的延迟断开时间 t_1，就可调节脉宽比（t_1/T）。基本电流值和脉冲电流幅值分别通过 R_1 和直流弧焊电源进行调节。

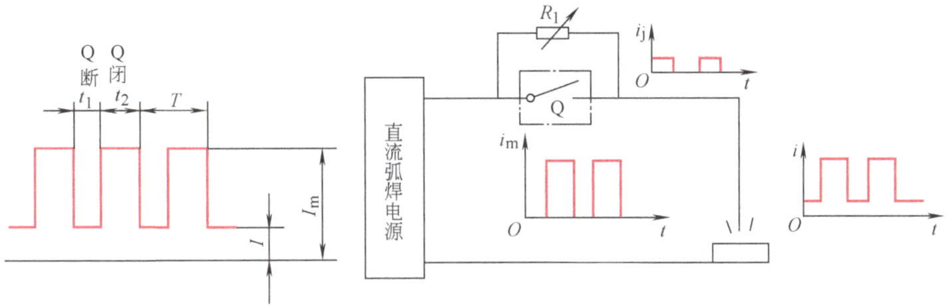

图 5-48　采用单电源直流断续器的晶闸管式脉冲弧焊电源示意图

5.5.2　晶闸管式矩形波交流弧焊电源

矩形波交流电流与正弦波交流电流比较，主要的特点是电流过零点时的上升与下降率高，其次是通过电子控制电路，使正、负半波通电时间比和电流比值均可以自由调节。因此，把它用于铝及其合金的钨极氩弧焊接时，在弧焊工艺上具有以下特点：电弧稳定，电流过零点时重新引弧容易，不必加稳弧器；通过调节正、负半波通电时间比，在保证阴极雾化作用的条件下增大正极性电流，从而可获得最佳的熔深，提高生产率和延长钨极的寿命；可以不必采用消除直流分量的装置。矩形波交流弧焊电源还可以应用于碱性焊条手工弧焊，可使电弧稳定、飞溅小。把它用于埋弧焊时，焊接过程稳定，焊缝成形良好，提高了焊接接头的力学性能。因此近几年来，矩形波交流弧焊电源的研制和生产有了很大的发展，应用范围也日益广泛。

矩形波交流弧焊电源又称方波交流弧焊电源。根据获得矩形波交流电流的原理和主要器件的不同，矩形波交流弧焊电源可分为如下三种：逆变器式、晶闸管电抗器式和数字开关式矩形波交流弧焊电源。这里主要介绍晶闸管电抗器式矩形波交流弧焊电源。其余在相关章节讲述。

晶闸管电抗器式矩形波交流弧焊电源的组成如图 5-49所示。它由变压器、晶闸管桥及直流电抗器组成主电路。通过晶闸管桥的开关和直流电抗器的储能作用，把正弦波交流电流转变成矩形波交流电流。因此，又可把它称为晶闸管桥直流电感式矩形波交流弧焊电源。

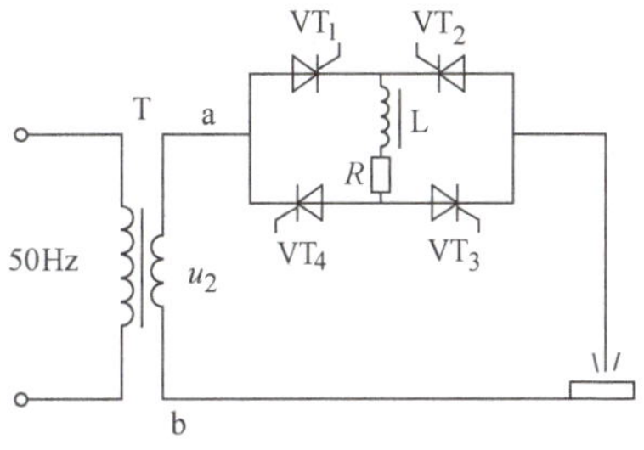

图 5-49　晶闸管电抗器式矩形波交流电源示意图

1. 矩形波交流电流的获得原理

该弧焊电源的主电路如图 5-49 所示。实际上只是把单桥式全控整流电路电源主电路略加改动，不把电弧放在直流侧与电抗器 L 相串联，而是将其放在交流一侧与变压器二次绕组相串联。其中 L 是个带有间隙的电抗器。由于其电感量很大，具有储能及续流作用，而保证小电流的连续性。在单相桥式整流电路中，若滤波电感很大、变压器漏感可以忽略时，则流过滤波电感的是平稳直流，而流经变压器绕组的是矩形波交流电流。在图 5-49 中，电弧是与变压器绕组串联的，因而电弧电流也是矩形波交流。为了进一步弄清矩形波交流的形成原理，需分析其形成的物理过程。当交流过零点时，由于电感上的电流不能突变，则得到带尖峰的电压波形，同时使电流过零较快，得到近似方波交流电流，如图5-50所示。图 5-50a 中的 u_2 为变压器二次电压波形。设在正半波 t_1 时触发晶闸管 $VT_{1、3}$，则电流 i_f 的通路为：a→VT_1→L→VT_3→电弧→b。电流大小由下列电压平衡方程式决定：

$$u_2 = L\frac{di_f}{dt} + u_f \tag{5-28}$$

在 $t_1 \sim t_2$ 期间，$u_2 > u_f$，所以 $L\frac{di_f}{dt} > 0$，即电流 i_f 增大。由于 L 的电感量很大，限制了电流的上升速度，使电流从 p 点非常缓慢地上升至 q 点，此时 L 处在储能过程中。

在 t_2 时刻，$u_2 = u_f$，所以 $L\frac{di_f}{dt} = 0$，电流 i_f 达到了 q 点对应的最大值。

在 $t_2 \sim t_4$ 期间，$u_2 < u_f$，所以 $L\frac{di_f}{dt} < 0$，因此 i_f 减小。此时，L 向电弧释放磁能，维持 VT_1 和 VT_3 的继续导通。电流 i_f 由 q 点开始缓慢地下降直至 t_4 时刻的点 r。此时正好触发脉冲使 VT_2、VT_4 导通，而 VT_1、VT_3 因承受反向电压而关断，i_f 立即改变方向为负值，而开始进入负半波。负半波电流通路为：b→电弧→VT_2→L→VT_4→a。

在 $t_4 \sim t_6$ 期间，重复上述过程形成负半波电流。

从正、负半波的电流流向可以看到，流过 L 的电流方向不变。若 L 的电感量足够大，则电流为平稳直流，于是 i_f 为图 5-50b 所示的正、负半波幅值相等的矩形波电流。实际上 i_f 电流波形应如图 5-50c 所示，与图5-50b 所示略有差别，即在每个半波前沿均出现了幅值较大的尖峰电流，这是由主电路中电感感应电动势引起的。出现该尖峰，对于稳弧将是有利的，当然其幅值也不宜太大。显然，流过 L 的电流为直流。

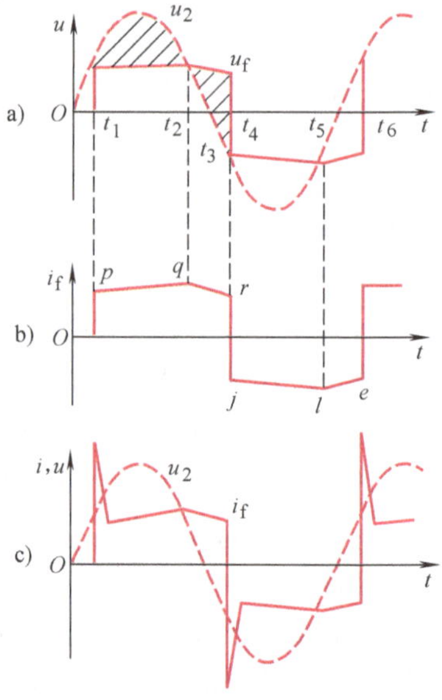

图 5-50　矩形波波形

a）u_f 波形　b）i_f 波形　c）实际 i_f 波形

2. 外特性控制和规范调节

（1）外特性控制　图 5-51a 所示是晶闸管电抗器式矩形波交流弧焊电源外特性曲线的一个实例。形成这种接近恒流外特性是由于采用了电流截止负反馈。当负载电流增大到一定值之后，通过电流负反馈作用，使输出电压随着晶闸管组 $VT_{1\sim4}$ 的控制角迅速增大而急剧下降，从而获得恒流外特性。当然，还可以采用不同的反馈控制获得所需的其他形状的外特性。

（2）规范调节　改变给定电路的电压值便可以得一族外特性曲线，以满足调节规范的要求。调节规范，实际上就是调节输出总电流。而总电流是正极性电流 i_{sp} 和反极性电流 i_{Rp} 的平均值之和。调节总电流即相应地调节了负载电流有效值。

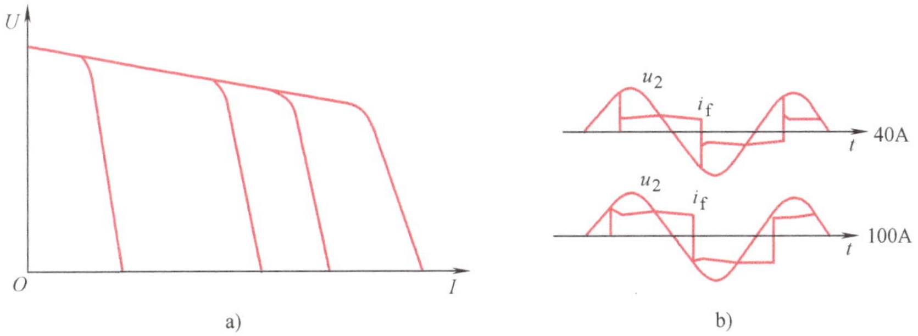

图 5-51 晶闸管电抗器式矩形波交流弧焊电源外特性及电流波形
a）外特性 b）电流波形

调节总电流时，正负半波触发脉冲同时提前或推迟，这样，正负半波导通时间不变，但由于负载电流 i_f 的幅值改变，因而 i_{sp}、i_{Rp} 和总电流得到调节。图 5-50b 所示为正、负半波通电时间比例为50:50，而晶闸管控制角不同时的 i_f 电流波形，正半波的控制角比负半波的大，因而 i_f 的幅值较小，总电流也就较小。即若同时将正负半波的触发脉冲推迟，就可使负载电流有效值减小；反之亦然。

矩形波交流的另一参数是电流比 β 为

$$\beta=\frac{|I_{sp}|}{|I_{sp}|+|I_{Rp}|}\times 100\% \tag{5-29}$$

正、负半波晶闸管的控制角不同，则 i_{sp}、i_{Rp} 和 β 就不同。β 表示一周期内电极为负时的半波电流占总电流的百分数，它是矩形波交流弧焊电源的一个主要特性参数，对阴极雾化区宽度、熔深、熔宽和背面焊道形状等有重要影响。这种弧焊电源输出矩形波的频率恒定为工频 50Hz。

若将图 5-49 所示的主电路改成一般单相桥式全控整流电路，即电弧负载由与变压器二次绕组串联改为与滤波电抗器 L 相串联，这样就能获得直流电弧电流。因此，只要通过简便的电路换接便可实现交、直流两用。

3. 晶闸管触发电路

这里介绍一种可以实现恒流外特性控制，正、负半波电流比例调节以及交流方波低频脉冲电流输出的晶闸管触发电路，如图 5-52 所示。

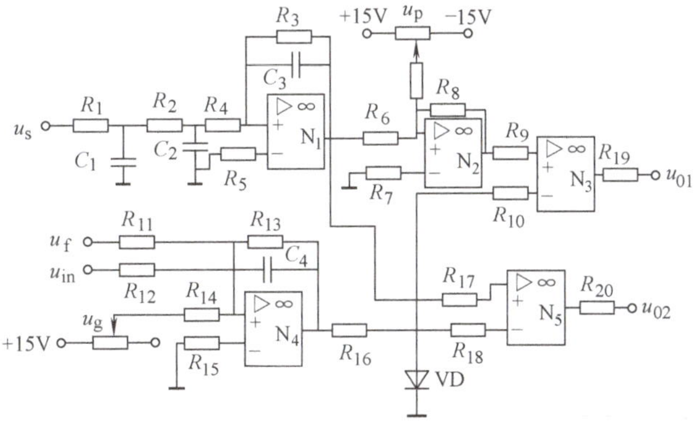

图 5-52 晶闸管触发电路图

同步电压信号 u_s 来自于主变压器 T 铁心上的同步线圈。为了控制触发晶闸管的脉冲信号相位从 0~180°范围内变化，将同步信号 u_s 移相 90°，因移相范围较大，采用了两级阻容移相电路，分别由 R_1、C_1、R_2 和 C_2 来完成。移相信号经运算放大器 N_1 反相输入，输出信号分为两路，其中一路经 N_2 倒相，加入比较器 N_3 中，另一路加入比较器 N_5 中。给定信号 u_g 与电流截止负反馈信号 u_f 同时加在运算放大器 N_4 中实行加法运算，当 $|u_g| > |u_f|$ 时，输出为正信号后经二极管 VD 钳位，保证晶闸管 VT_1、VT_3 与 VT_2、VT_4 全导通（图 5-49），在任何电流输出时空载电压 U_0 不变（WSE-300 方波交直流焊机 U_0 = 80V），保证可靠的引弧与稳弧性能。当电流负反馈信号 $|u_f| > |u_g|$ 时，则运算放大器 N_4 输出负信号。此信号与由 N_1 输出的同步移相信号一起分别加到运算放大器 N_3 与 N_5 进行比较，两信号的交点决定了输出信号的相位，将此信号经过驱动放大后，分别用来触发晶闸管 VT_1、VT_3 与 VT_2、VT_4。随着输出电流的加大，电流负反馈产生的信号 u_f 值增大，运算放大器 N_4 输出的负信号绝对值增大，它与同步信号在比较器中比较后，使脉冲信号后移，使晶闸管导通角变小，而获得恒流的输出外特性。适当的选择元件参数可使恒流特性的精度达到 1% 左右，即输出为 200A 的电流，在电压由 60V 变到 0V 时输出电流的变化小于 2A。适当地选择电抗器 L 的电感值，交流焊机电流可以达到最小 10A 左右，直流焊接电流可以达到 5A，在此电流值下，可以输出连续的电流波形，保证焊接过程的稳定。

为了控制正、负半波电流比例，在倒相器 N_2 的负端加入了直流偏移信号 u_p，它可以独立地调节移相后同步信号的参考电位，使同步信号沿零线上、下相对移动，单独地改变了某半波触发信号的相位。控制了这半波触发脉冲 u_{01} 的位置，造成晶闸管 VT_1、VT_3 与 VT_2、VT_4 触发脉冲相位的差别，使输出交流电流正、负半波不对称，它的波形如图 5-53 所示。

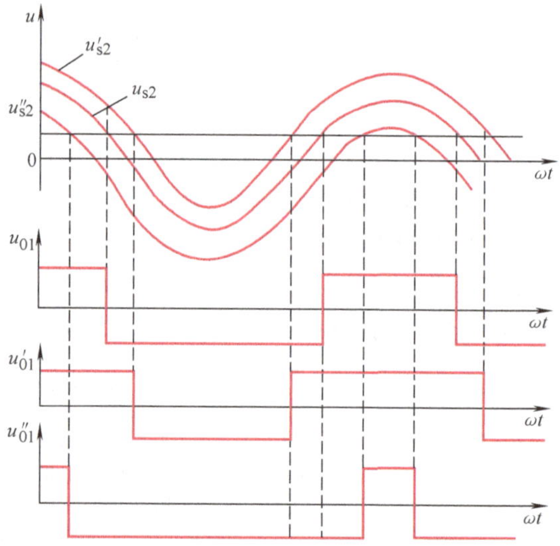

图 5-53　正、负半波电流比控制电路波形图

可以控制正、负半波电流通电时间在 8:2 到 5:5 的范围任意变化。但实际上正、负半波通电时间只在 6:4 到 5:5 之间变化。铝合金交流钨极氩弧焊时，由于钨极与铝板物理性能的差别，即使在正、负半波通电时间对称的情况下，也会形成直流分量，正负半波电流也是不对称的。因此当正负半波通电时间比为 6:4 时，正半波电流比值 β 可能达到 0.7 左右。这种电源为单相交流输出，经电抗器 L 及四支晶闸管输出变成方波，它可以减少焊接回路的直流分量对焊接变压器的影响，因此这种焊机可以不加电容消除直流分量，进行铝合金的交流钨极氩弧焊。当正负半波通电时间比例不一样时，则使焊接变压器正、负半波输出电流不对称，形成的直流分量对变压器正常工作有很大影响，造成焊接变压器发热，因此这种形式的焊机都限制正负半波电流比，一般取 β 值在 0.4~0.6 之间变化。当正半波电流比值为 0.6 时，焊机的负载持续率下降 10% 左右。这种弧焊电源输出的方波及不对称方波交流电流波形如图 5-54 所示。

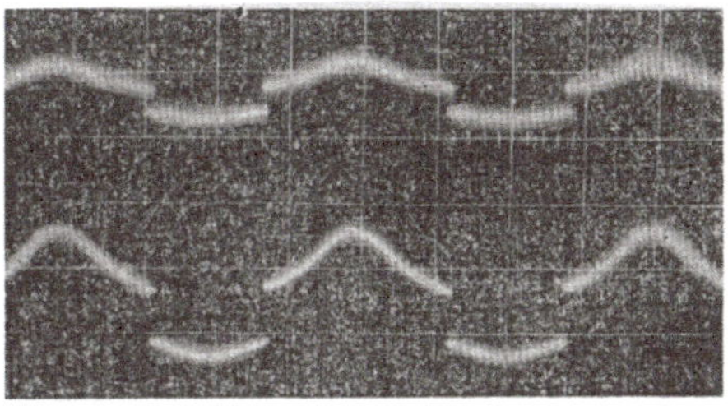

图 5-54　方波交流不对称电流波形图

由上述分析可以看出，控制 u_p 的大小，就可以控制正、负半波电流比值的变化。

5.6　晶闸管式弧焊整流器典型产品简介

5.6.1　概述

国内各电焊机厂家生产晶闸管式弧焊整流器的电路形式很多，不同形式的主电路和控制电路可以组成多种实用电路，其中生产和应用较为普遍的是 ZX5 系列晶闸管式弧焊整流器电路，包括 ZX5-250、ZX5-400、ZX5-630、ZX5-1000 等型号。

ZX5 系列焊机的典型电路是主电路采用带平衡电抗器的双反星形电路，控制电路采用以单结晶体管为核心的移相触发电路。下面以 ZX5-400 的典型电路为例进行分析。

1. 主要技术参数

输入电压：3 相 380V；

额定输入电流：37A；

额定焊接电流：400A；

电流调节范围：80～400A；

空载电压：64V；

额定负载持续率：60%。

2. 主要特点

ZX5 系列弧焊整流器动特性好，电弧稳定，飞溅小，焊缝成形好。焊机具有引弧电流和推力电流调节装置，以及电网电压自动补偿功能，适于各种牌号焊条电弧焊。

3. 晶闸管式弧焊整流器组成及原理框图

晶闸管式弧焊整流器主要由主变压器、晶闸管整流器、控制变压器、同步电路、触发电路、引弧电路、推力电路、误差放大器、给定和反馈电路等组成，其电路原理框图如图 5-55 所示。

5.6.2　主电路

如图 5-56 所示，主电路包括交流接触器 KM_1、主变压器 T、晶闸管 VT_1～VT_6、平衡电抗器 LB、直流电抗器 L 等。KM_1 用于接通或断开主电路。FU 为熔断器。Q_1 为电源开关。MF 为电风扇。主变压器的一次为星形联结，二次为带平衡电抗器的双反星形联结。六只晶闸管均采用共阳极接法，有利于散热和触发。其中 VT_1～VT_3 和 VT_4～VT_6 分为两组，每组

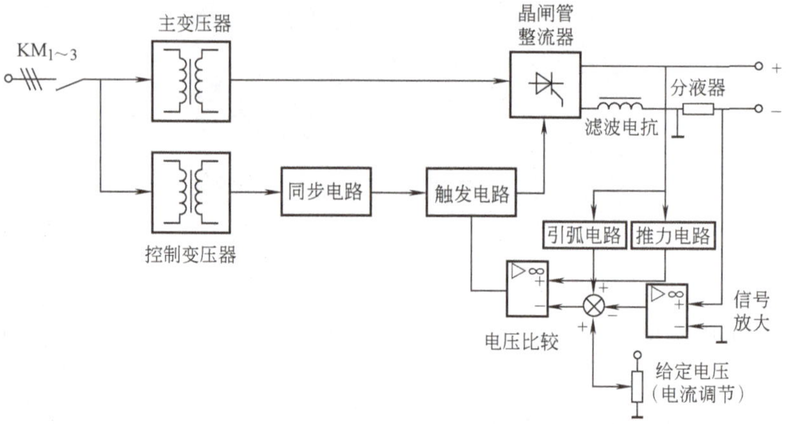

图 5-55　弧焊整流器原理框图

都有单独的触发电路控制。

5.6.3　控制电路

控制电路主要由晶闸管移相触发电路、外特性控制电路、引弧控制电路、电弧推力控制电路、网压补偿电路和稳压电源电路等组成。

1. 晶闸管移相触发电路

触发脉冲移相电路采用单结晶体管触发电路，如图 5-30 所示。其工作原理分析参见 5.3.3 节。控制电压 u_k 来自于图 5-57 中运算放大器 N_4，经电阻 R_{69}从点 C（145）输出的信号。左右两套电路各自生成触发脉冲由 P-Q 和 M-N 输出，分别触发晶闸管 VT_7 和 VT_8（见图 5-56）。

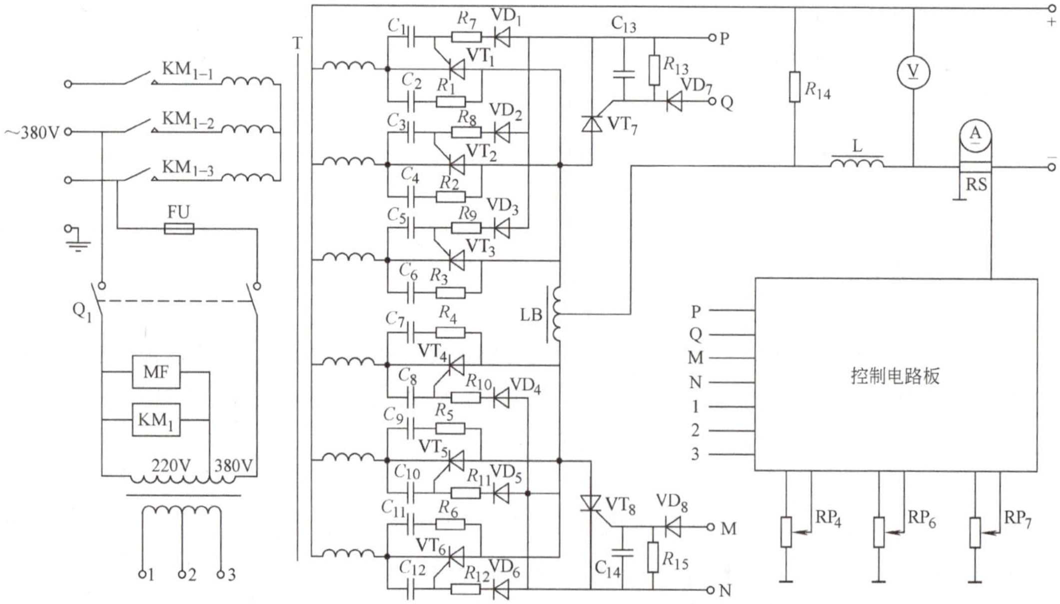

图 5-56　ZX5-400 型晶闸管式弧焊整流器电气原理图

2. 外特性控制电路

如图 5-57 所示，从主电路分流器 RS 上进行电流采样，得到正的电流反馈信号，经电阻进入 N_3 构成的反相放大器，进行放大后输出负的信号电压 u_f，u_f 与反馈电流 I_f 的关系为

$$u_f = -nI_f$$

再将该信号电压 u_f 输入到 N_4 的反向端，与电位器 RP_4 上取出的给定信号电压 u_g 进行代数相加并放大，最后从点 C 输出：

$$u_k = -k(u_g + u_f) = -k(u_g - nI_f) \tag{5-30}$$

如图 5-56 所示，u_k 从 C 点输出，加到图 5-30 中晶体管 V_3、V_4 的基极，控制 V_3、V_4 导通。当 u_g 一定时，随着焊接电流的增加，信号电流 I_f 也增加，u_f增加，因此，u_k 的绝对值减小。这使 V_3、V_4 的集电极电流 i_c 减小，C_{20}、C_{21}的充电速度减慢，主晶闸管导通角减小，主电路输出的整流电压降低，从而得到下降的外特性。

电位器 RP_4 可实现近控或遥控。调节电位器 RP_4，可以调节给定电压 u_g，即可调节 u_k，改变晶闸管的控制角，控制输出电流的大小。电位器 RP_2 可以改变外特性陡度，并整定额定焊接电流大小。

需要说明是：在触发电路的 C 点与接地点之间接有稳压管 VS_7（图 5-30），它使电流负反馈带有截止。由式（5-30）可以看出，当电流 I_f 减小时，u_k 的绝对值 $|u_k|$ 将增大，当 $|u_k|$ 大于 VS_7 的稳压值时，则这时加于 C 点与接地点之间的电压就是 VS_7 的稳压值，而与 nI_f 无关，即相当于电流负反馈被截止。只有当 I_f 超过这个限度，使 $|u_k|$ 小于 VS_7 的稳压值，则点 C 与接地点之间电压才与 nI_f 有关，而有电流负反馈作用。

3. 引弧控制电路

如图 5-57 所示，引弧电路是从焊机输出的正端（A 点）引入电压加到控制线路的 A 端。此电压经降压后由电位器 RP_{14}取出信号电压，经稳压管 VS_1 及电阻输入到晶体管 V_9 的基极。当接通电源后，焊机有 60V 左右的空载电压输出，该电压很高，使稳压管 VS_1 击穿导通，晶体管 V_9 导通，电容 C_{24}、C_{25} 被短接。引弧时，焊机输出短路，A 点电位变为 0，此时 VS_1 关断，V_9 截止，+15V 电源经电阻 R_{57}向 C_{24}、C_{25}充电，于是从电位器 RP_7 的动点输出正的电压，使给定电压 u_g 升高，N_4 输出电压的 $|u_k|$ 增大，主晶闸管导通角增大，得到较大的引弧电流。电弧引燃后，焊机的输出不再短路，而有一定的工作电压（即电弧电压），使 VS_1、V_9 再次导通。C_{24}、C_{25} 放完电后被短接，RP_7 输出的附加电压消失。调节 RP_7，即可调节引弧电流的大小。

4. 电弧推力控制电路

如图 5-57 所示，电弧推力控制电路是当弧焊电源输出端（A 点）电压高于 15V 时，二极管 VD_{18}因反向电压而截止。由 D 点输往 N_4 的电压是 ±15V 电源在 RP_6、R_{50}、R_{49}上的分压，该电压接近于 0V，A 点电压对 N_4 输出的 u_k 无影响。当 A 点电压低于 15V 时，VD_{18}导通，使 D 点电位随焊机输出端（A 点）电压的降低而具有电压负反馈作用。因而，使晶闸管弧焊整流器的外特性在低电压段下降变缓，出现外拖，短路电流增大，使焊件熔深增加并避免焊条被粘住。调节 RP_6，可改变外特性在低电压外拖段的下降斜率，以满足不同工件施焊时对电弧穿透力的要求。

5. 网压补偿电路

参见图 5-57 的左边，整流器由二极管组成，能够反映电网电压的变化。其整流电压 U_p

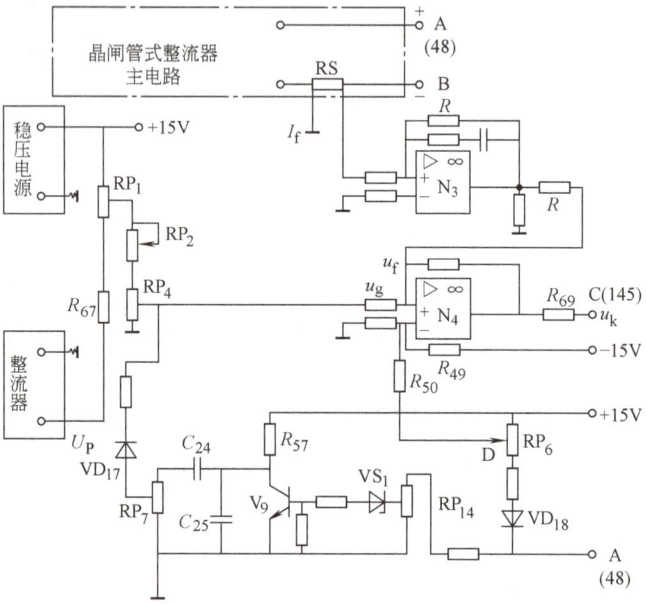

图 5-57　控制电路简化图

串联在由 R_{67}、RP_1、+15V 的稳压电源而组成的支路上。u_g 是从 RP_1 的动点与接地点之间的电压而取得的分压。所以，当电网电压上升时，整流器负端的电压随之更负（与 +15V 电源电压方向相反），而 +15V 稳压电源电压不变。因此，RP_1 动点的电位下降，使 u_g 以及 u_k 的绝对值减小，晶闸管的导通角减小，弧焊整流器输出电压降低，从而抵消电网电压升高对输出电压的影响。反之，当电网电压下降时，则补偿情况相反。

6. 稳压电源电路

±15V 稳压电源电路，由一般的单相桥式整流和集成块（7815 和 7915）组成。

思　考　题

1. 晶闸管开通和关断的条件是什么？
2. 晶闸管弧焊电源的组成和特点是什么？
3. 晶闸管式弧焊整流器主电路形式、工作原理及其特点是什么？
4. 移相触发电路由哪几部分电路组成？按器件可以分成哪几类？
5. 移相触发脉冲信号传输方式有哪几种？
6. 试述晶闸管弧焊电源外特性、调节特性、脉冲波形的控制原理。
7. 试述矩形波交流电流的获得方法、原理和用途。

第6章 弧焊逆变器

内容提要：主要介绍弧焊逆变器基本组成、基本原理、逆变主电路及其控制驱动、反馈电路、外特性、调节特性，以及动态特性的获得基本方法、特点、分类和应用。晶闸管式、晶体管式、场效应晶体管式、IGBT 式弧焊逆变器，在结构、工作原理上的共性和个性，并以愈来愈多应用的硬、软开关型 IGBT 式弧焊逆变器为重点，同时还介绍这类弧焊电源获得多功能用途的方法，以及如何通过多种外特性的切换来获得脉冲电流和多种脉冲波形、多参数的变换及矩形波交流等的技术原理。

6.1 弧焊逆变器概述

直流（DC）与交流（AC）之间的变换称为逆变，实现这种变换的装置就称为逆变器。为焊接电弧提供电能，并具有弧焊工艺所要求的电气性能的逆变器，被称为弧焊逆变器。为了获得较好的传递电能的效果，一般是把直流电变换成较高频率（几千至几万，甚至二十万赫兹）的交流电或称高（中）频交流电。把直流电逆变成交流电可以采用硬开关，也可采用软开关进行切换。所谓硬开关，是指在较高电压和较大电流状态下进行“开”与“关”。所谓软开关，是指在零电压、零电流状态下进行“开”与“关”，其原理将在后面介绍。过去一般是采用电感、电容振荡电路来产生中、高频交流电，这不仅装置庞大，造价高，而且可调参数也不多。随着大功率电子开关器件和集成电路技术的发展，使先进的中、高频逆变技术付诸实施，并愈来愈多地推广和应用。它从应用于中频加热稳压电源、电化学加工，发展到应用于电弧焊接、电阻焊接和电子束、激光焊接等。因为焊接的供电对象是特殊的电弧负载，特别是熔化极短路过渡的电弧焊，所以逆变器要承受剧烈变动着的负载，工作情况十分复杂，工作可靠性和稳定性面临着严峻的挑战。

6.1.1 弧焊逆变器的主要组成及其作用

弧焊逆变器按逆变主电路中核心电子功率开关管所处的换流状态（条件）不同，有硬开关型弧焊逆变器和软开关型弧焊逆变器之分，下面首先介绍硬开关型弧焊逆变器。

弧焊逆变器是电子控制弧焊电源中的一种新形式，因而它的基本原理、主要组成与通常的电子控制弧焊电源相比，在本质上说是基本相同的。其主要组成部分为：供电系统、电子功率系统、电子控制系统、给定与反馈电路及焊接电弧等。一般都采用闭环反馈系统控制它的电气性能，即控制它的外特性和动特性。弧焊逆变器的基本组成框图如图 6-1 所示。由图可见，弧焊逆变器的主要组成及其作用如下：

1. 弧焊逆变器主电路

弧焊逆变器主电路由供电系统、电子功率系统和焊接电弧组成。

（1）供电系统　除了把工频交流电变成直流电对电子功率系统供电之外，还通过整流滤波及稳压系统对电子控制系统提供所需的不同大小的直流稳压电。

（2）电子功率系统　在弧焊逆变器中它实质上是一次侧分频开关型功率系统，即在逆变器主电路（或称逆变器）中起着分频开关、变换电参数的作用。这里指的是电压电流大小及波形的变换，并按弧焊工艺要求向焊接电弧提供不同参数的大电流、低电压电能。这里必须指出，一个电子功率系统其本身并不能焊接，它必须与电子控制系统紧密结合起来，才能实现焊接。也就是说，只有两者的结合才能对焊接电弧提供所需的电气性能和焊接参数。

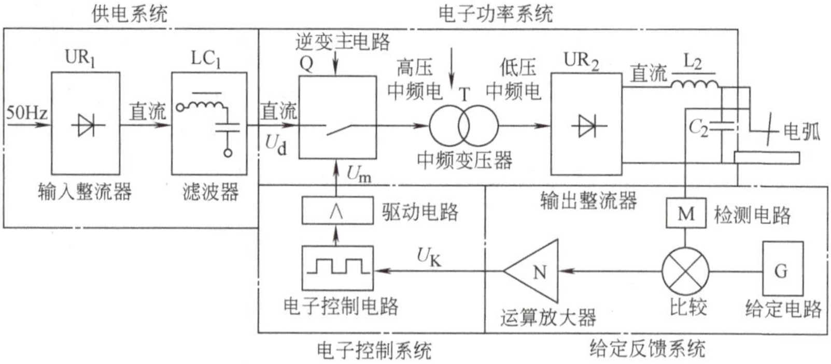

图 6-1　弧焊逆变器主要组成和基本原理框图

2. 电子控制系统

对电子功率系统（逆变主电路）提供足够大的、按电弧所需变化规律的开关脉冲信号，驱动逆变主电路的工作。更精确地说，它用于与电子功率系统配合，产生焊接电弧所需的静态（外）特性和动态特性，其重要组成部分是静态单元和动态单元。电子控制系统往往包括驱动电路。

3. 反馈与给定系统

它由检测电路（M）、给定电路（G）、比较和放大电路（N）等组成。检测电路主要用于提取电弧电压和电流的反馈信号；给定电路用于提供给定信号，决定对电弧提供焊接参数的大小；比较放大电路用于把反馈信号与给定信号进行比较后放大。它与电子控制系统一起，实现对弧焊逆变器的闭环控制，并使弧焊逆变器获得所需的外特性和动特性。

6.1.2　弧焊逆变器的基本原理

弧焊逆变器的基本原理可以概括于图 6-1 所示的框图。在供电系统中，单相（或三相）50Hz 或 60Hz 的交流网路电压单相 220V（或三相 380V），经输入整流器（UR_1）整流和滤波器（LC_1）滤波之后，获得逆变主电路所需的平滑直流电压单相整流约 310V（或三相整流约为 520V）。该直流电压在电子功率系统中经逆变主电路的大功率开关电子器件（晶闸管、晶体管、场效应晶体管或 IGBT）组 Q 的交替开关作用，变成几千至二十万赫兹的中频高压电，再经高（中）频变压器（T）降至适合于焊接的几十伏低电压，并借助于电子控制系统的控制驱动电路和给定与反馈电路（M、G、N 等组成），以及焊接回路的阻抗来获得弧焊工艺所需的静态外特性（简称外特性）和动态特性（简称动特性）。如果需要采用直流电进行焊接，还需经输出整流器 UR_2 整流和经电抗器 L_2、电容器 C_2 的滤波，把高（中）频交流变换成为直流输出。如果用作交流电源时，还要用电子开关再次逆变成低频交流电。在这里要特别指出的是，输出整流器 UR_2 采用的二极管并非普通二极管，而是快速二极管。

在工频电网输入端往往设有输入电压软启动装置，为了防止合闸浪涌电流，可以通过不同的电路环节来实现。例如，串入限流电阻，在启动之后再将它短接；或串入晶闸管，在启动过程中令其导通角逐渐增大；也可把输入整流器改为晶闸管式，在启动过程中逐渐增大输出的电压等。输入端的滤波器包括低通滤波器和整流滤波器。低通滤波器置于输入整流器之前与工频电网连接，其作用是防止工频电网上的高频干扰进入弧焊逆变器，同时阻止弧焊逆变器本身产生的高频干扰反串入工频电网。

简言之，弧焊逆变器的变流过程是：工频交流（AC）→直流（DC）→高、中频交流（AC）→降压→交流（AC）并再次变成直流（DC），必要时再把直流变成矩形波交流（AC）。

由此可见，在弧焊逆变器中可采用三种逆变体制：

1）AC—DC—AC。

2）AC—DC—AC—DC。

3）AC—DC—AC—DC—AC（矩形波交流）。

目前采用较多的是第二种逆变体制，特别是在音频范围（约 800 ~ 16000Hz）和 20000 Hz 以上，更是如此，故在国外常把它称为弧焊整流器，或逆变式弧焊整流器。

第三种逆变体制也有不少应用，主要用在铝及其合金 MIG 焊或埋弧焊接。由于它最终输出的是矩形波交流电，因而被称为逆变式矩形波交流弧焊电源或矩形波交流弧焊逆变器。

在弧焊逆变器中，与其他所有的电子控制的电源一样，电子功率系统（逆变主电路）、电子控制系统（还包括控制驱动电路）、给定与反馈系统的质量是决定弧焊逆变器质量的关键因素。电子控制系统应能通过工作参数、焊接电压和电流，实现对焊接电弧的调节和监督，并借此对电子功率系统进行正确的动态控制，从而实现焊接过程的控制。而电子功率系统（逆变主电路）的任务是实现一次侧分频开关，并把微弱的电控信号放大为大功率信号。从基本原理上可以把它与音响设备的末级放大器相比。这一放大器的质量愈好，它输出功率信号与控制信号就愈接近，其工作性能也就愈好。而且电子功率系统工作的可靠性是整个弧焊逆变器可靠性和稳定性的关键。从调节意义来说，它应能提供最高的反应速度，以提高对剧烈而频繁变化的电弧动负载的适应性，实现平稳而无、少飞溅的焊接过程。

6.1.3　弧焊逆变器的输出电气特性

为了满足弧焊工艺的要求，弧焊逆变器的输出电气特性（性能）必须具有相应的适应性。电气特性主要包括外特性、调节性能和动特性。下面对这三种基本特性的获得及控制原理做介绍。

1. 弧焊逆变器的外特性

弧焊逆变器是利用电子控制系统和电流电压反馈对电子功率系统进行闭环控制，来获得不同外特性曲线形状的。

根据弧焊逆变器的基本原理框图（图 6-1），就可以用框图和方程式来描绘弧焊逆变器闭环控制系统，如图 6-2 所示。

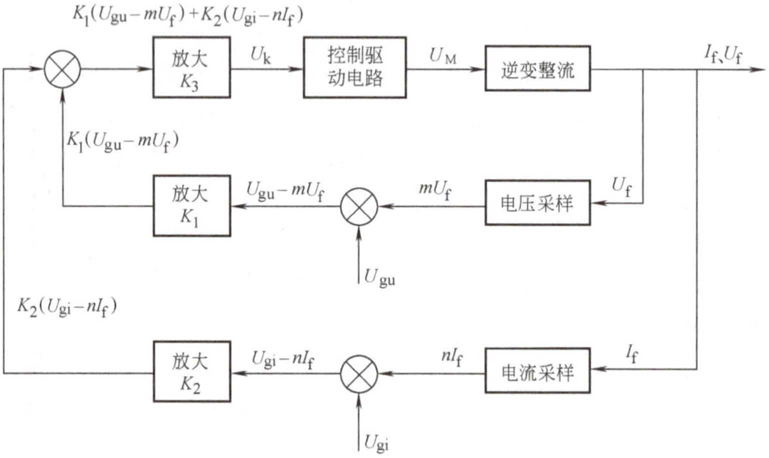

图 6-2 弧焊逆变器闭环控制系统示意图

该闭环控制系统的平衡关系建立如下：图 6-2 中有电弧电压（U_f）负反馈，输出电压经电压采样环节（常用电位器分压）得到与其成正比的反馈量 mU_f。还有电弧电流（I_f）负反馈，输出电流经电流采样环节（常用分流器或霍尔元件）得到与其成正比的反馈量 nI_f。mU_f 和 nI_f 又分别经过比较放大环节与电弧电压给定量（U_{gu}）、电弧电流给定量（U_{gi}）比较及放大，于是各自输出 K_1（$U_{gu}-mU_f$）和 K_2（$U_{gi}-nI_f$）。最后，经综合、放大得到控制电压（U_k），再输入控制驱动电路，以驱动电子功率系统运行。

$$U_k=K_3[K_1(U_{gu}-mU_f)+K_2(U_{gi}-nI_f)] \tag{6-1}$$

式中，K_1、K_2、K_3 是放大环节的放大倍数；U_k是控制电压，一般只有零点几伏至几伏。因放大倍数 K_3 值是较大的，所以有

$$K_3[K_1(U_{gu}-mU_f)+K_2(U_{gi}-nI_f)]\approx 0 \tag{6-2}$$

下面讨论恒压、恒流及缓降特性如何获得：

（1）恒压特性　只取电弧电压负反馈时，即 $mU_f\neq 0$，$nI_f=0$，根据式（6-2）得到

$$U_{gu}-mU_f=0,\text{即 } U_f=U_{gu}/m \tag{6-3}$$

式中，m 是分压比，取定后为常数。

可见，U_f 取决于 U_{gu}，一经给定后不变，则弧焊逆变器输出电弧电压 U_f 也不变，即只用电弧电压负反馈时可得到恒压外特性，如图 6-3 中曲线 1 所示。由 $U_k=K$（$U_{gu}-mU_f$）知，当电网压波动或负载电流增大引起 U_f减小时，由于 U_{gu}不变而使 U_k增大，进而使控制脉冲往增大输出电压方向变化，所以 U_f得以增大；反之亦然。

（2）恒流特性　只取电流负反馈时，即 $nI_f\neq 0$，$mU_f=0$ 时，根据式（6-2）得

$$U_{gi}-nI_f=0 \tag{6-4}$$

式中，n 是分流比，确定之后为常数。

根据式（6-4），U_{gi}一经确定，I_f即不变，在理想的情况下可得到恒流特性。

但实际上，若放大倍数取得太大，系统将易产生振荡，所以不能将其取得太大，因而只能得到较为陡降的外特性，如图 6-3 中曲线 2 所示。

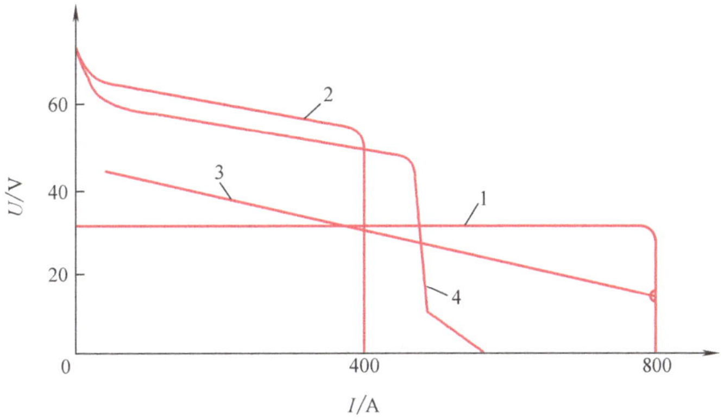

图 6-3 弧焊逆变器的外特性图

1—恒压特性 2—恒流特性 3—缓降特性 4—恒流加外拖特性

（3）缓降特性

1）同时采用电弧电压、电流负反馈，根据式（6-3），$mU_f \neq 0$，$nI_f \neq 0$ 时，可得

$$\frac{\partial U_f}{\partial I_f} = -\frac{K_2 n}{K_1 m} \tag{6-5}$$

由式（6-5）可知，得到的外特性是缓降的，如图 6-3 中曲线 3 所示。

2）电压大于一定值时只取电流负反馈，当电压小于此值时，同时采用电流负反馈和电压负反馈，分别根据式（6-4）和式（6-5），可得如图 6-3 中曲线 4 所示的恒流加外拖特性，此外，还可以获得其他形状的外特性。

2. 弧焊逆变器的调节性能

由上述弧焊逆变器外特性曲线形成原理可知，对于恒压特性来说给定电压值 U_{gu} 的大小，决定了输出端电弧电压的大小。也就是说 U_{gu} 大，U_f 也大；反之亦然。如 $U_{gu1} < U_{gu2}$，外特性曲线由 1 上移到曲线 2，如图 6-4a 所示，稳定工作点由 A_1 移至 A_2 点。

对于恒流特性来说，给定电流的电压值的大小决定了输出焊接电流 I_f 的大小。也就是说 U_{gi} 大，I_f 也大；反之亦然。如 $U_{gi1} < U_{gi2}$，外特性曲线由 1 右移至曲线 2，如图 6-4b 所示，稳定工作点相应由 A_1 移至 A_2 点。

然而，弧焊逆变器是工作在开关状态，它又是如何通过改变给定值（U_{gu} 或 U_{gi}），来控制外特性上下移动（恒压特性）和左右移动（恒流特性），而达到调节焊接参数的目的呢？

通常，弧焊逆变器不同的类型，采用不同的调节体制来实现对外特性控制和焊接参数的调节，以满足弧焊工艺的不同需求。我们将在不同类型的弧焊逆变器的工作原理中逐一介绍。

3. 弧焊逆变器的动特性

弧焊逆变器用于有熔滴短路过渡的弧焊工艺时，必须对它的动特性提出严格的要求，而影响 MAG/CO_2 焊短路过渡的主要参数是短路电流上升率 di_{sd}/dt，其大小与焊接回路的时间常数 τ（$\tau = L'/R_f$，L'为焊接回路的等效电感，R_f 为电弧电阻）有着直接的关系。R_f是随焊接电流大小而变化，不能任意改变；而 L'可以通过在焊接回路中串入电抗器来改变的。另外，也可通过改变闭环系统的时间常数来改变 di_{sd}/dt。在弧焊逆变器中通常是采用如下两个方式改善和控制它的动特性：

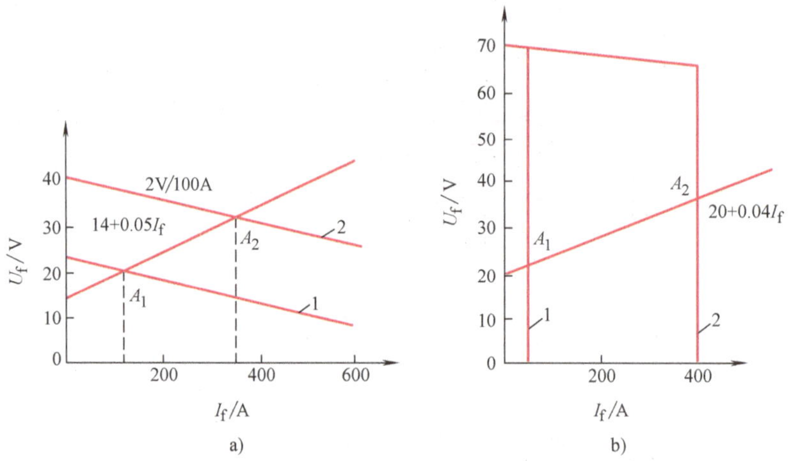

图 6-4 弧焊逆变器规范调节特性示意图

a）恒压特性 b）恒流特性

(1) 在焊接回路中串入电抗器 这种电抗器是由带有间隙铁心（高值硅钢片或铁氧体、非晶态合金、超微晶合金）和绕组组成的，必要时在绕组中可加抽头以便粗调电感量（L）。显然，L 愈大，焊接回路的等效电感 L' 也会愈大，$\mathrm{d}i_{sd}/\mathrm{d}t$ 减小；若 $\mathrm{d}i_{sd}/\mathrm{d}t$ 太小，会出现大颗粒飞溅和造成电弧不稳定。L'太小，$\mathrm{d}i_{sd}/\mathrm{d}t$ 太大，则会出现小颗粒飞溅。

通常，电抗器不仅为了改善动特性而设，而且也有滤波作用。由于逆变器的工作频率比一般弧焊整流器滤波频率要高得多，因而只要很小的电感量就足以起到滤波要求。在一般情况下，只要几十微亨的电感量。若从控制短路电流上升率的角度来说，这个数量级是不够的，但却为通过电子电路在较大范围内实现无级控制、调节时间常数和短路电流上升率，并达到最佳状态提供了条件。

(2) 设计电子电抗器弧焊逆变器 即可以用电子电路来替代带铁心的电抗器，控制 $\mathrm{d}i_{sd}/\mathrm{d}t$，这也是其控制性能优越性的又一体现。这是因为逆变器借助它的电子功率系统和电子控制系统，不仅可以控制它的稳态参数，还可以通过电子电路的积分、微分运算来控制动态参数，即控制 $\mathrm{d}i_{sd}/\mathrm{d}t$ 值。图 6-5 所示为采用积分环节来控制 $\mathrm{d}i_{sd}/\mathrm{d}t$ 的电子电路，或称为电子电抗器的实例。如果采用电压负反馈，原为给定值 U_{gu} 与反馈电压 mU_f 之差，送入线性放大器 N。若把 N 作为“比例—积分”环节，就可达到控制 $\mathrm{d}i_{sd}/\mathrm{d}t$ 的目的，其效果与焊接回路中串入铁心电感是一样的，故有人把它称为电子电抗器。可用式（6-6）表达它的电参数关系

$$I_f \propto \int (U_{gu} - mU_f)\,\mathrm{d}t \tag{6-6}$$

当电弧突然短路（即从电弧电压 U_f 突然降低至近于零），但给定电压 U_{gu} 不变时，差值（$U_{gu} - mU_f$）突然变大，则焊接电流 I_f 随时间按斜直线上升。其上升斜率与“比例—积分”环节 R_1、C、R_2 及分压比 m 有关。通过适当地选择这些参数（调 C 或 R_1、R_2），就可以得到合适的 $\mathrm{d}i_{sd}/\mathrm{d}t$。

其时间常数为 $\tau = L'/R_f$。当焊接电流小、R_f 大时，时间常数 τ 较小，$\mathrm{d}i_{sd}/\mathrm{d}t$ 较大，正好符合弧焊工艺的要求。

因此，在弧焊逆变器中可以用电子电路进行无级调节，从而可最大限度减少飞溅。

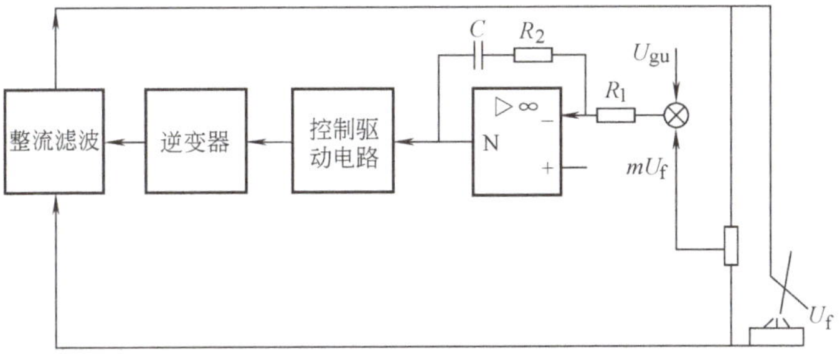

图 6-5 采用积分环节来控制动特性的电子电路图

4. 外特性、调节特性和输出脉冲的控制方式

通常，弧焊逆变器采用三种调节控制方式来实现对外特性控制、调节特性（焊接参数调节）和形成输出脉冲波形。

（1）定脉宽调频率（PFM） 脉冲电压宽度不变，通过改变逆变器的开关频率来形成外特性曲线形状、调节特性（调节焊接参数大小）和输出脉冲波形。通过给出逆变器频率的给定值和不同的反馈信号（电弧电压或电流反馈信号或两者的综合）来形成不同的外特性曲线形状。在调节焊接参数时，频率给定值愈高，电弧电压（电流）就愈大；反之亦然。频率高低按一定的规律的变化，就形成一定形状（不同脉冲峰值、基值、频率、占空比等）的脉冲输出。通常，晶闸管式弧焊逆变器采用这种原理来实现对外特性控制、调节特性（焊接参数调节）和形成输出脉冲波形。

（2）定频率调脉宽（PWM） 脉冲电压频率不变，通过改变逆变器开关脉冲的脉宽比（占空比）来形成外特性曲线形状、调节特性（调节焊接参数大小）和输出脉冲波形。通过给出逆变器脉宽比的给定值和取不同的反馈信号（电弧电压或电流反馈信号或两者的综合）来形成不同的外特性曲线形状。在调节焊接参数时，脉宽比的给定值愈高，电弧电压（电流）就愈大；反之亦然。脉宽比高低按一定规律的变化，就形成一定形状（不同脉冲峰值、基值、频率、占空比等）的脉冲输出。通常，晶体管式、场效应晶体管式和 IGBT 式弧焊逆变器均采用这种原理来实现对外特性控制、调节特性（焊接参数调节）和形成输出脉冲波形。

（3）混合调节 是把定脉宽调频率和定频率调脉宽两种机制结合起来调节。如晶闸管式弧焊逆变器，因其换流频率受到逆变主电路容抗、感抗参数的制约，即其调节范围不够大，因而除了用改变逆变器来均匀调节焊接参数之外，还通过换向电容的换档来进行粗调，此时脉宽也随之改变。

6.1.4 弧焊逆变器的逆变主电路基本形式

弧焊逆变器主电路由供电系统、电子功率系统和焊接电弧等组成。它工作于中频以上，其负载是焊接电弧，常处于“空载—短路—负载”的频繁变化之中，而且承受高电压，工作条件严酷。其供电系统属一般的电力整流滤波电路，除对它的可靠性和在电子功率系统的逆变启动过程有限流要求外，没有特别要求。而承担功率换流的电子功率系统俗称逆变主电路。它的正确设计和制作是整机可靠工作和性能好坏的关键之关键，必须根据弧焊方法、容量大小、直流输入电压和工作频率等来选择和设计逆变主电路形式和结构。下面着重简介几种常用的逆变主电路基本形式，如图 6-6 所示。

1. 单端通向逆变主电路

如图 6-6a 所示，功率开关管（以电子开关符号示意）V_1、V_2 同时按中频周期性通断，从而把输入的直流电逆变成断续的中频电，经中频变压器 T 降压、快速二极管 VD_1 整流、电感 L_2 滤波，向电弧输出直流电。两个开关管同时承受输入电压 U_d，对耐压要求较低，适用于中小功率的逆变器。

2. 半桥式逆变主电路

如图 6-6b 所示，输入的直流电压 U_d 被两组电解电容器 C_1、C_2 平分，串联的两个功率开关管 V_1、V_2 轮流通断，形成矩形波交流电。经 T 降压，VD_1、VD_2 的全波整流，输出直流电。VD_1、VD_2 必须选用承受双倍输出电压幅值的快速二极管。V_1、V_2 只承受 $U_d/2$，对功率开关管的耐压要求较低。

3. 全桥式逆变主电路

如图 6-6c 所示，由对边桥臂的两对功率开关管 V_1、V_4 和 V_2、V_3 按中频周期性轮流通断，其余工作情况与半桥式相同。功率开关管亦只承受 $U_d/2$，适合于中大功率的焊接需求。

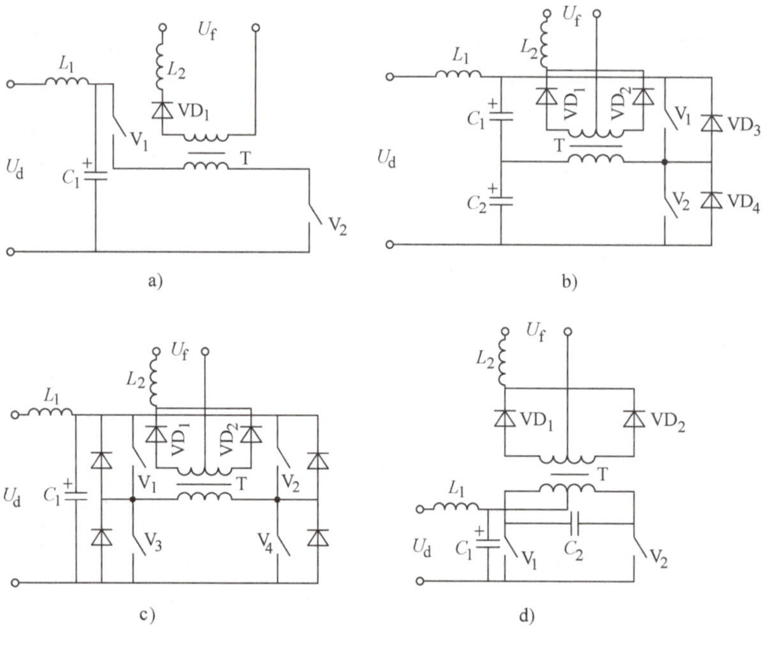

图 6-6 逆变主电路常用的基本形式

a）单端通向式 b）半桥式 c）全桥式 d）并联式

4. 并联式逆变主电路

如图 6-6d 所示，这种主电路也称为推挽式逆变主电路。功率开关管 V_1 和 V_2 按中频周期性轮流通断，经 T 降压，VD_1、VD_2 全波整流，输出直流电。开关管承受两倍以上 U_d，对耐压要求很高，一般只用于晶闸管式逆变器。

所使用的功率开关管类型不同，具体的逆变主电路结构也有差异，这些将在后面几节再做具体分析。

6.1.5 弧焊逆变器控制、驱动电路

弧焊逆变器的电子控制系统，实际上包括电子控制电路与驱动电路。它们是实现弧焊逆变器电气性能的另一重要组成部分。因而，有必要深入了解它的功能和如何更好实现这些功能要求。

1. 电子控制电路的基本功能

电子控制电路的作用在于，向弧焊逆变器驱动电路提供一对前后沿陡峭、相位差 180°、对称和宽度可变或相位可移动的矩形脉冲列（除晶闸管逆变器之外）。有的逆变器，如半桥式、全桥式等，要求脉冲列彼此绝缘。对于单端逆变主电路而言只要一组脉冲。

通过成对脉冲电压的有和无、脉冲的窄和宽、脉冲宽度的变化量，或改变脉冲频率或相位，基本脉宽和最小脉宽以及从最小脉宽增大到额定脉宽的速度，从最小脉冲频率到额定脉冲频率等的关系来实现设计目标。更具体地说，控制电路必须具备如下的基本功能：

1）为驱动电路提供前后沿陡峭、相位差 180°、对称的脉冲列。根据逆变器类型不同和调节体制的不同，要求脉冲宽度可变，或频率可调。

2）有足够的电路增益，在输入电网电压和负载电流允许的变化范围内使弧焊逆变器输出电压、电流达到规定的精度。

3）获得规定的输出电压、电流调节范围。

4）实现输入、输出电压的软启动。

5）应能输出弧焊工艺所要求的电气性能（外特性、调节特性、动特性和波形）。

6）负载功率（含电弧电压和电流）超过额定值时，应能自动限制输出功率或切断主电路供电电源。

7）一般场合下都要求控制电路能实现输出和反馈输入之间的电隔离、绝缘。

8）按设计的次序接通和关断主电路电源、控制电路电源。

9）在机器人焊接、半自动与自动焊接时，操作者远离弧焊逆变器，需使用遥控盒来操作逆变器的工作。

10）设置与外围设备有联系的强、弱电接口。

11）其他功能：

① 对于桥式或推挽式逆变主电路，要求控制电路能在两个半工作周期出现不对称时具有能自动加以平衡的功能。

② 温度监视（大功率开关管、高频变压器等关键部件的温度监视）。

③ 对限流、过载、缺相等状态的警告和指示等，必要时也应给予考虑。

2. 驱动电路的基本功能

由控制电路提供的脉冲控制信号一定要具有足够大的功率，而且由于开关管的类型、型号、容量不同，对驱动脉冲信号的功率大小要求也不同。因逆变主电路形式不同，对驱动脉冲信号还有不同的隔离要求，例如全桥式、半桥式逆变主电路中位于高和低电位的开关管，其驱动脉冲信号必须进行可靠的隔离。

晶闸管类和晶体管类逆变器的驱动电路有着不同的特点和要求。

（1）对晶闸管类逆变器驱动电路的要求

1）触发脉冲信号应有足够的功率（电压和电流）。

2）触发脉冲信号应有足够的宽度，保证触发的晶闸管可靠导通。

3）触发脉冲形式应有助于晶闸管的导通。在大电流晶闸管并联电路中，要求并联的器件同一时刻导通，使开关管在允许的 d*i*/d*t* 范围内。

4）必须确保晶闸管在需要关断时能十分可靠地关断。

（2）对晶体管类逆变器驱动电路的要求　晶体管类逆变器驱动电路的作用，是把控制电路输出的脉冲放大到足以激励高压开关管。它所提供的驱动脉冲幅度和波形，关系到晶体管类的饱和压降、存储时间、开通和关断瞬间集电极或漏极的电压、电流上升下降速率等运行特性，从而直接影响其损耗和发热。驱动电路是决定 PWM 型逆变器性能优劣的主要因素之一。

晶体管类逆变器根据它所采用的大功率开关管类型的不同，对驱动电路的要求也不同，大致可以归纳为电流驱动电路和电压驱动电路两种。

1）电流驱动电路　双极性晶体管（GTR、BJT）作为逆变主电路的大功率高压开关管，输入阻抗比较小，采用的驱动电路为电流驱动电路。

2）电压驱动电路　以绝缘栅单极型晶体管（场效应晶体管 MOSFET）和绝缘栅双极型晶体管（IGBT）为逆变主电路大功率高压开关管，则要求采用电压驱动电路。为了可靠关断，往往还需在门极（栅极）施加反向偏压。

弧焊逆变器驱动电路可归纳为触发角控制、电流控制和电压控制三种类型。它不仅直接影响逆变器是否正常工作，还将影响到逆变器的安全工作、效率和性能。

6.1.6　弧焊逆变器的特点、分类和应用

1. 弧焊逆变器的特点

在弧焊整流器中用于降压的主变压器，其质量和材料占整机的 3/4 左右。根据变压器的原理

$$U = 4.44fNBS \times 10^{-8} \tag{6-7}$$

如果将上式做移项变换，即为 $1/f \propto NS$。也就是说，变压器的绕组匝数 N、铁心截面积 S 与频率 f 成反比。在逆变器中，通过高频逆变和高速电子开关“IGBT”把工频 50Hz 提高到 20000Hz 或更高之后，其变压器一次绕组匝数 N_1 为十多圈，二次绕组匝数 N_2 为二、三圈，而且各只需要 1 个，而工频（50Hz）弧焊整流器的主变压器的一次绕组为几百圈，二次绕组几十圈，而且各需 3 个。同时逆变器的铁心截面积 S 也大大减小。因而，不仅可把变压器的质量和体积、材料成反比例大幅度减小，节约大量贵重的纯铜、硅钢片，而且可大幅度减小电热损耗，大幅度提高效率，以及减小焊接主回路的时间常数和增强动态响应，改善焊接工艺性能。

由此可见，弧焊逆变器与传统的弧焊电源比较，传统的弧焊电源均用工频（50Hz 或 60Hz）来传递电能和变换电参数，而弧焊逆变器则把工频提高到几千至二十万赫（兹）进行电能的传递和变换。从工作原理上来讲，由于频率的提高，给弧焊逆变器的结构和性能上带来突出的特点：高效节电、省材轻巧、动态响应快，电气性能、焊接工艺性能优良。

具体来说，弧焊逆变器与弧焊变压器、直流弧焊发电机、硅弧焊整流器、晶闸管式弧焊整流器等传统的弧焊电源比较，具有如下显著的特点和优点：

（1）高效节能　效率可达 80%～92%，节电 20%～35%（随负载大小有所变化），空载损耗极小，只有几十瓦至一百多瓦，仅为传统弧焊电源的十几分之一。

（2）质量轻、体积小　中频主变压器的质量仅为传统弧焊电源主变压器的十几分之一，体积仅为其 1/5 至 1/3，移动十分轻便。

（3）电气性能优良

1）因为频率高，交变电流过零的时间极短，电流换向和熄弧期间，由于热惯性使电弧空间的残余热场可保持在较高的水平；换极性后电弧空间重新进行气体放电所需的电场强度可以降低，从而提高交流电弧的稳定性。

2）由于三相或单相交流输入整流成直流后，负载为直流负载，在输入整流电路和输出回路中又均存在着起储能作用的电容器，从而可以明显减少无功损耗和提高功率因数，不仅在负载时较高，而且在空载时高出了 1 倍以上。

3）它属电子控制型，无论哪种类型弧焊逆变器，它们的控制功率都比较小，特别是电压控制型，其控制功率几乎接近零，不仅很适合用电子控制，也特别适合用数字化控制和柔性、多功能控制。

4）接入焊接主回路滤波的电抗器的电感量，因频率的提高而大为减少，故减小了时间常数，便于采用易于无级精密控制的电子电抗器，动特性得到较大的改善。

（4）具有良好的弧焊工艺性能　由于它采用了快速开关功率电子器件和电子/数字化控制电路，可以设计出最合适的外特性曲线形状，并根据不同的焊接工艺要求，对外特性可做任意变换、多参数的调节与匹配和动特性任意控制，甚至可把一个 10～20ms 的熔滴短路过渡过程的电参数（电压、电流）分割成几块来进行精密的动态控制，以适应各种不同的弧焊方法进行各种位置、各种材料的焊接，获得优良的焊接工艺性能，实现少、无飞溅和成形好的焊接工艺需求。

为了说明它的优越性，把弧焊逆变器与传统式弧焊电源的主要技术指标列于表 6-1。

表 6-1　弧焊逆变器与传统式弧焊电源的主要技术指标比较

弧焊电源类型	电源电压/V	空载电压/V	输出电流/A	负载持续率(%)	效率(%)	功率因数	质量/kg	尺寸/cm × cm × cm
弧焊发电机 AX-320	3×380	50～80	320	50	53	0.87	830	1195×600×992
弧焊整流器 ZXG7-300-1	3×330	72	300	60	68	0.65	200	410×600×790
弧焊逆变器(晶闸管式) CAAYWELD350	3×380	50	300	60	83	0.95	37	570×265×410
弧焊逆变器(晶闸管式) POWCON300SS	3×380	80	300	60	82.5		32	430×260×490
弧焊逆变器(晶体管式) US220AT	220	负载 55	200	60	81	0.99	25	350×550×365
弧焊逆变器(场效应晶体管) NZC6-315	3×380	63	315	60	88.6		29	290×350×560
弧焊逆变器(IGBT) ZX7-400A	3×380	70	400	80	86		40	630×280×570
弧焊整流器(晶闸管) ZX5-1000	3×380	80	1000	60	75	0.75	400	762×566×1016
弧焊逆变器(IGBT) MZ-1250	3×380	84	1250	60	88～90	0.94	130	760×445×910

2. 弧焊逆变器的分类和应用

分类如下：

弧焊逆变器从不同的角度可以有不同的分类。

(1) 按不同的大功率开关器件分类

1) 晶闸管 (SCR) 式弧焊逆变器。

2) 晶体管 (GTR) 式弧焊逆变器。

3) 场效应晶体管 (MOSFET) 式弧焊逆变器。

4) IGBT 式弧焊逆变器。

5) 其他，随着新功率开关器件的出现，还可分为 IGHT 式、GTO 式、SITH 式、MCT 式、MGT 式弧焊逆变器，以及正在迅速发展中的 SiC、GaN 类等具有高频高效、耐高温，或耐高温稳定性、轻量化、高性能、高可靠性等特点的新一代弧焊逆变器。

(2) 按输出电流种类的不同分类

1) 直流式弧焊逆变器。

2) 脉冲式弧焊逆变器。其又分为：

① 低频脉冲式弧焊逆变器。

② 中频脉冲式弧焊逆变器。

③ 高频脉冲式弧焊逆变器。

3) 矩形波交流式弧焊逆变器。

(3) 按输出外特性形状的不同分类

1) 恒流特性的弧焊逆变器。

2) 恒压特性的弧焊逆变器。

3) 缓降特性 (含恒流加外拖) 弧焊逆变器。

4) 多特性弧焊逆变器。

应用如下：

由于它具有上述的优良电气性能，控制性能好，易获得多种外特性曲线形状与不同种类的电弧电压、电流波形 (直流、脉冲、矩形波交流等) 和良好的动态特性，且能输出焊接电流可达 1000A 以上。因而可以说，它几乎可取代现有的一切弧焊电源，用于焊条电弧焊和 TIG 焊、MAG/CO_2/MIG/药芯焊丝焊、等离子弧焊与切割、埋弧焊、机器人焊接等各种弧焊方法，焊接各种金属材料及其合金，特别是用在工作空间小、高空作业、需较多移动焊机、用电紧缺等场合。

6.2 晶闸管式弧焊逆变器

以快速晶闸管 (SCR) 为逆变主电路的大功率高压开关管，通过其触发角来进行控制的弧焊逆变器，通常称为晶闸管式弧焊逆变器。它是以触发角来控制的，也可称为触发角控制式弧焊逆变器。

早在 20 世纪 70 年代末就有晶闸管式弧焊逆变器的研究成果，并有报道。80 年代初中期它有较大发展，从中等容量到大容量；从焊条电弧焊到 CO_2/MAG 焊、埋弧焊和电阻焊；从直流焊到矩形波交流焊；从电子控制到微机、数字化控制等，应用领域也不断发展；逆变频率从几千赫（兹）到数万赫（兹）（带谐振）。但到了 20 世纪 80 年代后期，由于它的频率毕竟偏低，控制性能欠佳，有噪声干扰等，而逐渐被后起之秀——“场效应晶体管式、IGBT 式弧焊逆变器”所代替，因此，晶闸管式弧焊逆变器应用的比例逐渐减少，但在世界上仍有一定地位。这里应指出，新型晶闸管类，例如静电感应晶闸管（SITH）和场控晶闸管（MCT）等的出现，将会改变它的地位，有利于它的继续发展和推广。

6.2.1 主要组成与基本原理

晶闸管式弧焊逆变器主要组成和基本原理框图，如图 6-7 所示。它的电路主要组成和作用如下：

（1）输入整流器（UR_1） 这是一个普通的单相或三相整流桥。它把 50Hz 或 60Hz 工频电压变成直流电压。

（2）输入滤波器（LC_1） 由带间隙的普通电抗器和电容器组成滤波器，使输入直流变得比较平滑。

（3）大功率快速晶闸管组 VT 它作为大功率高压电子开关，把直流电压（电流）逆变成为数千赫兹的中频电压（电流）。

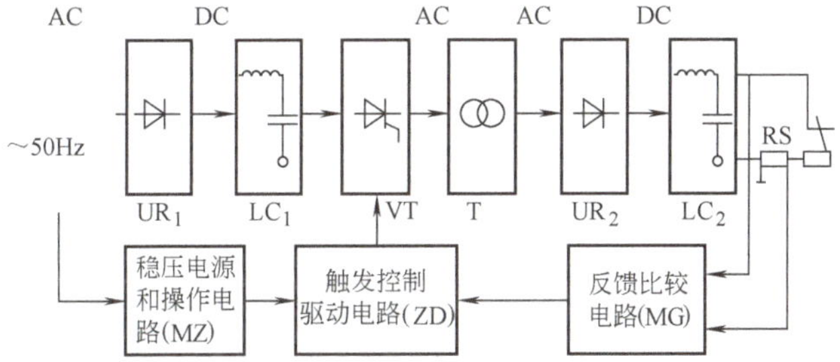

图 6-7 晶闸管式弧焊逆变器主要组成和基本原理框图

（4）中频变压器（T） 它把高压小电流转变为符合焊接工艺所需要的低电压大电流输出。通常，它的铁心材料是用铁氧体或用非晶态合金、微晶、高 ρ 值硅钢片。

（5）输出快速整流器（UR_2） 把低电压中频交流电整流为直流电。

（6）输出滤波器（LC_2） 使脉动系数较大的直流电变得比较平滑。但是它与输入滤波器有所不同，输入滤波的脉动频率为 100 ~ 300Hz，而输出滤波的脉动频率为数千至数万赫，故需采用中频滤波器件。

（7）触发控制驱动电路（ZD） 用于产生晶闸管组 VT 的触发控制驱动脉冲信号。

（8）稳压电源和操作电路（MZ） 它为触发控制驱动电路、操作电路和给定-反馈比较电路提供稳压电源。

（9）反馈比较电路（MG） 从输出电路按一定比例取出电弧电压、电流的负反馈信号，与给定（标准）电压进行比较和放大，为触发驱动电路提供控制信号，以便改变输出电压、电流，适应焊接工艺的需要。

6.2.2 逆变主电路的形式与工作原理

晶闸管式弧焊逆变器由于采用了快速晶闸管作为高压大功率开关管，而这种晶闸管最早用于逆变器，成熟程度高、容量大，但它本身的开关速度慢。快速晶闸管的技术性能为这种逆变器带来了结构与性能的如下特点：工作可靠性高、逆变工作频率低，驱动功率低，控制电路比较简单，单管的容量大，价格低；但其控制性能不够理想，功率因数小，冲击电流大，效率比其他类型的弧焊逆变器低。

1. 逆变主电路的基本形式及换流原理

（1）逆变主电路的基本形式　为便于选用，在这里着重列举几种逆变电路基本形式，如图 6-8 所示。图 6-8a 为串联不对称半桥式电路；图 6-8b、c 为串联对称半桥式电路；图 6-8d 为串联对称桥式电路；图 6-8e 为并联式全波电路；图 6-8f 为并联式麦克默利电路。它们是由单相桥式或半桥式、对称或不对称、串联或并联电路构成的晶闸管式逆变电路。它们的基本工作原理比较简单，由读者自己分析。在这里应特别指出，在图 6-8e、f 两种逆变电路中，晶闸管需承受 2 倍以上的直流电源反向电压，对晶闸管的耐压要求很高，选用时必须注意。

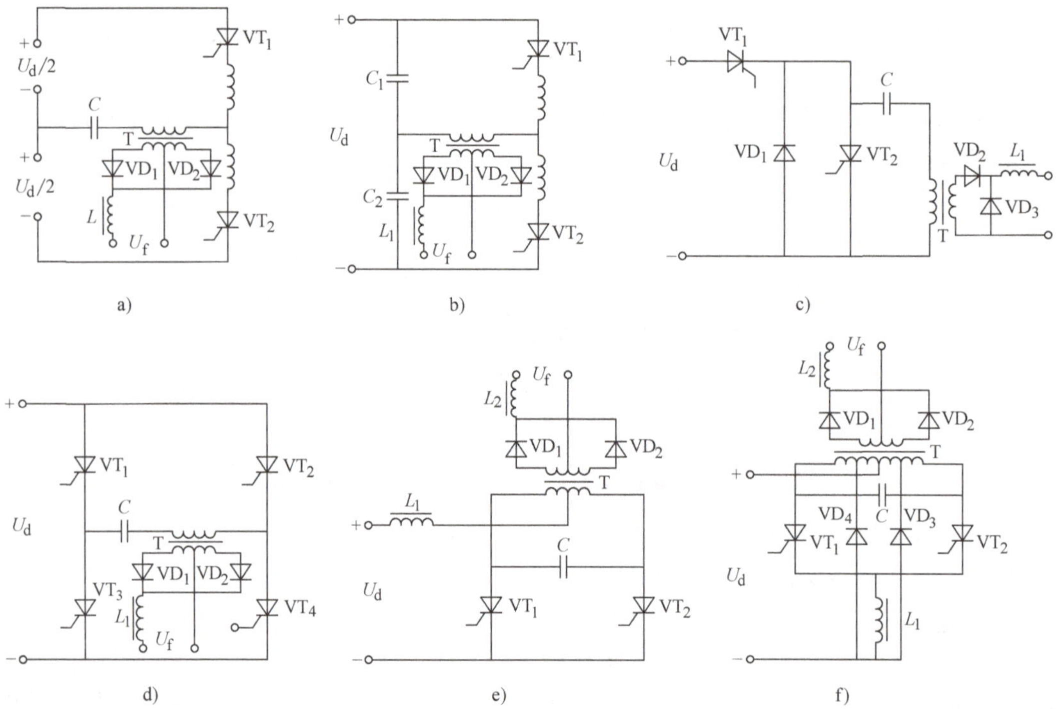

图 6-8　晶闸管式弧焊逆变器的逆变主电路基本形式

（2）逆变主电路的换流原理　在逆变主电路中，使晶闸管由导通转为关断通常是在晶闸管的阳极与阴极间施加一定时间的反向电压，使之在短时间内关断。产生反向电压的方法有两种：

1）自然换流。它利用负载回路中电阻、电容和电感所形成的振荡特性，使电流自动过零，只要负载电流超前于电压的时间大于晶闸管的关断时间，就能保证晶闸管自然关断，再触发另一路晶闸管导通，使电流换流。目前生产的并联、串联谐振式中频弧焊逆变器就是属于这种负载的换流。这种换流，主电路不必附加换流环节，故称为自然换流，也称为负载谐振式换流。

2）强迫换流。在电路中设置电感、电容等元件构成换流回路。换流时，让辅助晶闸管或另一只主晶闸管导通，使换流回路产生一个脉冲电压，反向施加于原先导通的晶闸管上，强迫其电流迅速下降到零，其持续时间必须大于晶闸管的关断时间 t_q，使之关断，故称为强迫换流，或称为脉冲换流，并通过串联或并联式逆变主电路实现。

2. 逆变主电路的工作原理

（1）逆变主电路的工作原理　为了便于说明逆变主电路的工作原理，这里用通用性逆变主电路来讲。实际上用于弧焊工艺的晶闸管式弧焊逆变器，其工作频率一般做成可调的，而且用于不同的弧焊工艺，输出负载随时间变化的情况也是不同的，因而逆变电路的电流波形也有所不同，且晶闸管的工作频率未必都能接近电路的谐振频率。

晶闸管工作频率取决于它的触发脉冲的频率，而电路的谐振频率则取决于电路的电感 L、电容 C 和电阻值。输入整流器主要由整流桥 UR_1 和滤波电容 C_1、C_2 组成，R_1、R_4 为电容器充电的限流电阻，R_2、R_3 为均压电阻，如图 6-9 所示。

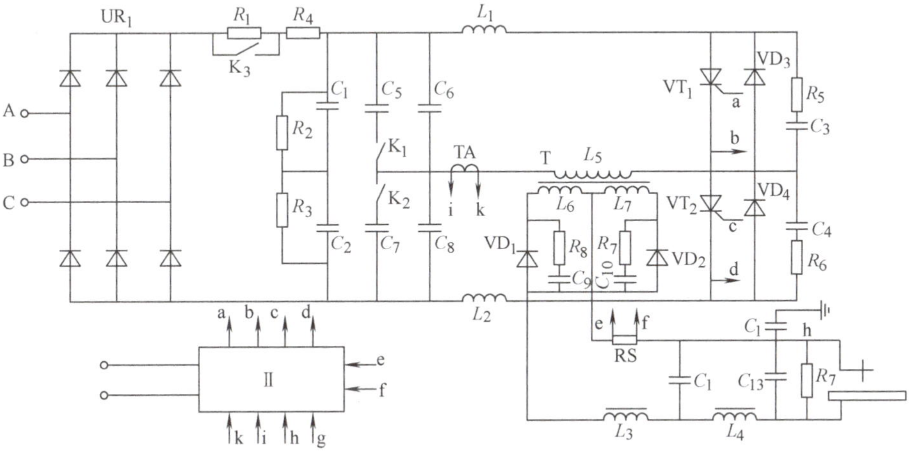

图 6-9　晶闸式弧焊逆变器主电路

主电路的核心部分是逆变电路，它由换向电容器 $C_{5\sim8}$、主变压器 T（L_5、L_6、L_7）、开关器件——晶闸管 $VT_{1,2}$、二极管 $VD_{3,4}$和限制冲击电流的电感 $L_{1,2}$等组成，构成半桥式逆变器。这部分电路可简化成如图 6-10 所示，现通过它说明逆变器的原理和过程。

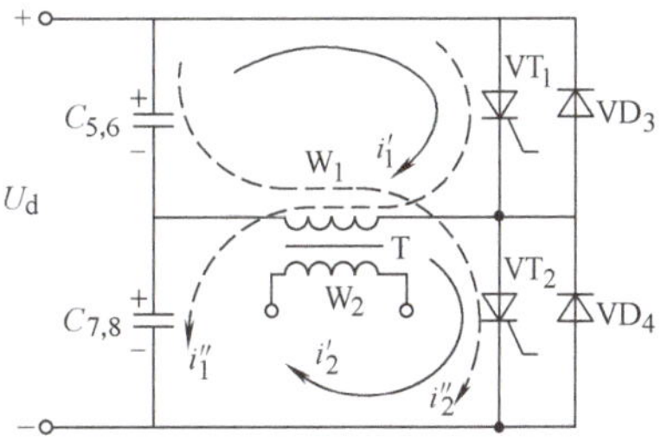

图 6-10　晶闸管逆变器简化图

逆变过程的波形如图 6-11 所示。当 VT_1 被触发导通而 VT_2 为关断时，先是 $C_{5,6}$ 经 VT_1、W_1（主变压器的一次绕组）放电，电流为 i_1'，$u_{C5,6}$逐渐下降至零，于是 $C_{5,6}$中电场能量转变成为变压器的磁场能量；接着磁场释放能量而向 $C_{5,6}$ 反向充电，$u_{C5,6}$出现负值。如图 6-11b 中 1 ~ 2 时间间隔的波形。与此同时，输入整流器经 VT_1、W_1 给 $C_{7,8}$充电，充电电流为 i_1''。i_1'和 i_1''构成了变压器绕组 W_1 中的正半波电流 i_1（$=i_1'+i_1''$），如图 6-11e 中 1 ~ 2 时间间隔的电流波形。在上述 $C_{5,6}$被反向充电之后又经 W_1、VD_3 反向放电，放电完毕再由变压器磁场释放能量对其正向充电。i_1'的方向与前相反，构成了 i_1 的负半波，如图 6-11e 中 2 ~ 3 时间间隔的电流波形。在 2 ~ 3 阶段随着 $C_{5,6}$的反向放电及正向充电，$u_{C5,6}$由负值变为正值的 U_T。在 $u_{C5,6}$出现负值阶段促使 VT_1 关断。因此 W_1 中电流 i_1 只振荡一周。由于振荡电路有能量消耗，所以 i_1 的正半周幅值比负半周的大。

等到 VT_2 被触发导通时（图 6-11 的时刻 4）VT_1 是关断的，逆变器工作过程与上述相似，即：先是 $C_{7,8}$ 经 VT_2、W_1 放电，电流为 i_2''；接着变压器磁场释放能量向 $C_{7,8}$ 反向充电，$u_{C7,8}$ 出现负值。与此同时输入整流器向 $C_{5,6}$ 充电，电流为 i_2''。i_2'、i_2''的方向与 i_1'、i_1''相反，因而它们构成了 W_1 中的负半波电流 i_2（$=i_2'+i_2''$），如图 6-11e 所示。同理，在图 6-11的时刻 5 之后，$C_{7,8}$ 又经 W_1、VD_4 反向放电及正向充电，i_2 变为正值，$u_{C7,8}$由负值增为正值 U_T，在 $u_{C7,8}$出现负值时促使 VT_2 关断。

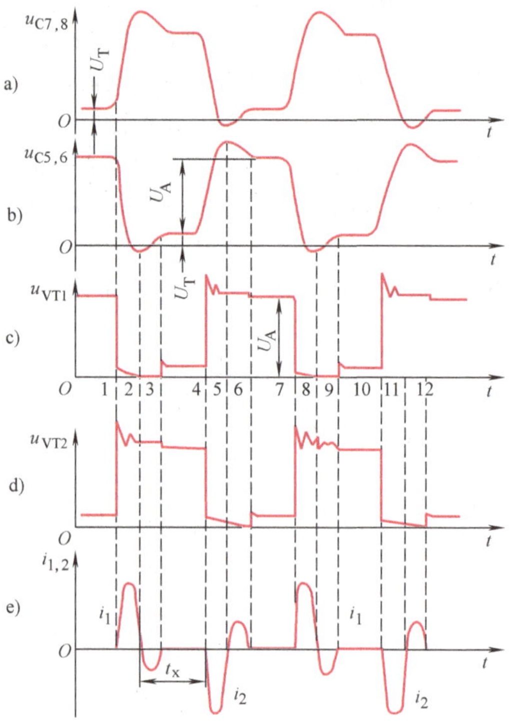

图 6-11　晶闸管逆变器波形图

这样每当 VT_1 和 VT_2 交替导通、关断一次，就在主变压器上出现一个周波的电流。它们每秒通断的次数就决定了逆变器的工作频率。$VT_{1,2}$的通断，受图 6-9 中电子控制电路Ⅱ从 a—b、c—d 输出的触发脉冲所控制。为使逆变器能正常工作，在任意工作规范下，必须使图 6-11c 中 2 ~4、5 ~7 时间间隔均大于晶闸管的关断时间 t_q，因此，逆变器的工作频率受限于 t_q。另外还要说明的是，由于主变压器存在漏感，因而在图 6-11 中 4、10 和 1、7 这些时刻，当一个晶闸管导通时，就在另一个关断的晶闸管两端施加上很大的骤增电压，因而需通过 R_5、C_3 和 R_6、C_4 的吸收作用（图 6-9），使该电压幅值不致超过允许值。

逆变主电路的其余组成部分是输出整流器及其滤波电路。

（2）运行成败关键问题的讨论　晶闸管式弧焊逆变器运行成败的关键，可以归纳为下述两点：

1）确保交替通断工作的晶闸管不同时导通。如图 6-10 所示，交替通断工作的大功率晶闸管 VT_1 和 VT_2 绝对不允许同时导通，否则网路电源将被短路，以致烧坏晶闸管并使逆变过程失败。为了防止出现这种直通现象，应使晶闸管的休止时间 t_x（图 6-11）足够长。因此，必须对每只晶闸管的最高工作频率 f_m 加以限制，即要求

$$f_m \leqslant \frac{1}{2t_x}$$

而且，晶闸管的休止时间 t_x 必须大于晶闸管的关断时间 t_q，即

$$t_x > t_q$$

这样才可以确保在一个晶闸管可靠地关断一段时间后，另一个晶闸管才开始导通，使逆变过程能稳定地进行。

2）防止过大冲击电压、电流损坏晶闸管。晶闸管在弧焊逆变器中的工作条件十分恶劣。一是它们置于电压高达数百伏的一次侧，每秒开关数千次；二是它们处在电弧负载由空载到短路、燃弧之间频繁交替变化的情况下工作，特别是在由空载到短路和在其本身开关的过程中，都会引起电流上升率$\frac{di}{dt}$和重加电压上升率$\frac{du}{dt}$的显著增大，同时，还会出现过大冲击电压和电流。为此，在逆变器主电路中要有足够大的电感 L 以限制$\frac{di}{dt}$，并通过阻容吸收环节限制$\frac{du}{dt}$，以便保证晶闸管的可靠工作和避免损坏。

6.2.3 触发控制电路主要形式与工作原理

为了实现弧焊逆变器的外特性、调节性能、动特性及波形的控制和调节，对晶闸管式弧焊逆变器通常采用时间比例控制技术中定脉宽脉频调制控制（PFM）方式。

PFM 型控制调制方式的电路基本组成与结构形式如图 6-12 所示。它由辅助电源、恒定脉宽发生器、“电压-频率转换”电路（简称 V/F 电路）、软启动电路、分频器、检测放大（电路）、保护电路等组成。

低压交流电经辅助电源整流滤波稳压，对触发控制电路的上述各个电路单元供电。由恒定脉宽发生器产生触发脉冲信号，经 V/F 电路转换进行恒定脉宽频率调节，在进入分频器变换成相位差 180°的两组触发脉冲信号，并进入驱动电路产生足够大的触发脉冲，去触发逆变主电路的功率晶闸管，实现大功率电能的逆变转换过程。软启动电路用于逆变转换过程的软启动（即开始时触发脉冲频率由低到高逐渐增加），以避免启动电流过大和危及功率晶闸管的安全工作。检测放大（电路）从逆变主电路输出端获得电弧电压（或电流）反馈信号，并与电弧电压（或电流）给定值比较，同时在 V/F 电路完成触发脉冲信号频率的调节。保护电路从逆变主电路输出端获得电弧电压（或电流）反馈信号，经 V/F 电路的频率调剂处理，限制逆变主电路输出过大的电弧电流（电压），从而起了保护作用。

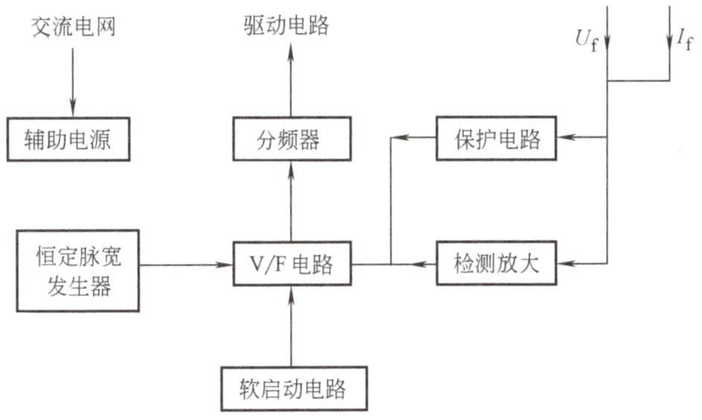

图 6-12　脉频调制方式控制电路原理图

PFM 型控制调制方式：在开环状态下，触发脉冲的周期 $T\downarrow$（脉频 $f\uparrow$）$\rightarrow U_f$、$I_f\uparrow$；

进入反馈闭环控制状态状下，U_f、I_f↑→T↑（脉频f↓）。

触发控制电路提供的触发脉冲控制信号，通过驱动电路获得足够大的功率，确保功率晶闸管的可靠触发。由于开关管的类型、型号、容量不同，对驱动脉冲信号的功率大小要求也不同。逆变主电路形式不同，对驱动脉冲信号还有不同的隔离要求，例如全桥式、半桥式逆变主电路中位于高电位和低电位的开关管，其驱动脉冲信号必须进行可靠的隔离。驱动电路的基本形式和连接，参见下文产品介绍。

晶闸管类和晶体管类逆变器的驱动电路有着不同的特点和要求。对晶闸管类逆变器驱动电路的要求如下：

1）触发脉冲信号应有足够的功率（电压和电流）。

2）触发脉冲信号应有足够的宽度，保证触发的晶闸管可靠导通。

3）触发脉冲形式应有助于晶闸管的导通。在大电流晶闸管并联电路中，要求并联的器件同一时刻导通，使开关管在允许的 di/dt 范围内，同时又必须保证在大电流工作的晶闸管能可靠地关断。

6.2.4 外特性、调节特性和脉冲输出的获得方法

1. 外特性的获得方法

晶闸管弧焊逆变器的外特性形状，是通过弧焊电流（或弧焊电压）给定值与电流、电压负反馈比较和放大，以改变频率f来控制的。例如，从图 6-9 的分流器 RS 的 e、f 取电流负反馈信号，送到电子控制电路，再由电子控制电路的 a、b 和 c、d 输出端口把触发脉冲输给晶闸管，用于轮流触发两个串联工作的晶闸管 VT_1、VT_2。

若取弧焊电流反馈信号，随着焊接电流的增大，当它增大到接近给定值之后，使逆变器的工作频率（和电弧电压）迅速降低，从而获得恒流外特性。若取弧焊电压反馈信号，随着焊接电流的增大，弧焊电压基本不变，从而获得恒压特性。同理，欲获得其他形状的外特性，只要采用相应的反馈，控制逆变器相应的工作频率变化规律即可。晶闸管弧焊逆变器的各种外特性如图 6-13 所示。

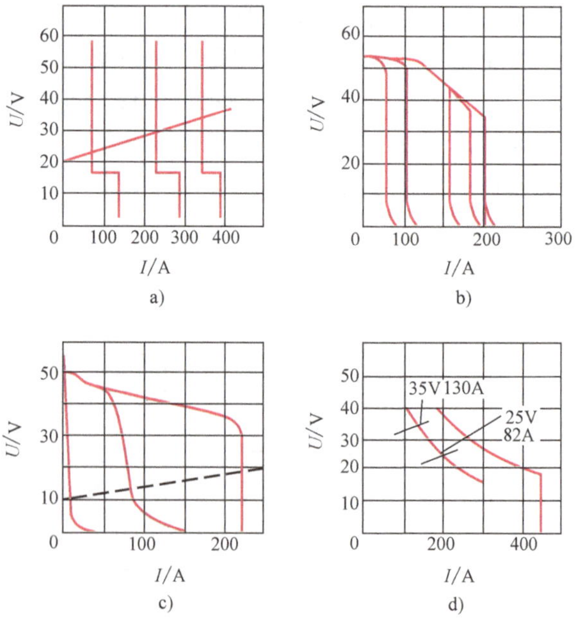

图 6-13　晶闸管弧焊逆变器的各种外特性曲线

2. 调节特性的获得方法

通常，晶闸管式弧焊逆变器是采用“定脉宽调频率”的调节方法来调节焊接参数的，即通过改变晶闸管的开关频率（即逆变器的工作频率）来进行的。晶闸管开关频率愈高，图 6-11 中的 3～4、9～10 时间间隔减小得愈多，于是焊接电流或电压也就愈大。

这里应指出，逆变器的频率有两种参数。一种是由逆变器主电路的电感 L 和电容 C 决

定的固有振荡频率 f_0，在忽略主电路电阻时有

$$f_0 = 1/(2\pi\sqrt{LC})$$

f_0 愈大，则逆变器脉冲周期愈小。另一种是人为调节的逆变器工作频率 f，它由触发脉冲的频率来确定。显然，f_0 应大于 f。

电流的均匀调节是通过改变逆变器的工作频率 f，以“定脉宽调频率”方式进行的。为了拓宽调节范围，还需辅以分档粗调，这可通过换向电容的换档来实现。例如在图 6-9 中，由触点 K_1、K_2 将 C_5、C_7 断开，使换向电容容量减小，于是 f_0 提高。这时，可在高档范围改变 f，使对应的焊接参数在大档范围均匀调节；反之亦然。

为了晶闸管的安全工作，在空载状态时，电子控制电路使逆变器的工作频率自动降至几赫兹，即采用弱规范引弧，以免在短路接触引弧时出现过大的冲击电流。在焊接过程中，若短路时间超过 1s 或产生断弧时，工作频率都会自动降低。

3. 直流脉冲和矩形波交流输出的获得方法

（1）直流脉冲输出的获得方法　对于薄板和热敏感大的金属材料的焊接，以及进行全位置焊接等场合，一般需用直流脉冲电流焊接。对串联逆变弧焊电源的电流调节，是控制恒定脉宽发生器（见图 6-12）输入电位改变逆变频率达到输出电流的调节。若在恒定脉宽发生器的输入端接一方波发生器，方波发生器的频率、占空比、脉冲峰值均可调，其原理如图 6-14 所示。

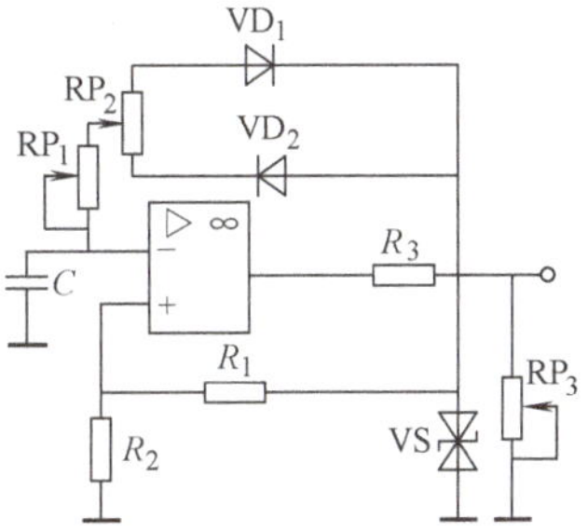

图 6-14　方波发生器原理图

图中 RP_1 是脉冲频率调节电位器，RP_2 是脉冲占空比调节电位器，RP_3 是脉冲峰值调节电位器。

设 RP_1 的阻值为 R_4，RP_2 的阻值为 (R_5+R_6)，电容值为 C，脉冲的频率为

$$f = \frac{1}{(2R_4 + R_5 + R_6)C\ln\left(1 + \frac{2R_2}{R_1}\right)}$$

脉冲电流的占空比为 20% ~80%，频率为 1 ~40Hz。

（2）矩形波交流波输出的获得方法

1）矩形波交流的获得原理。晶闸管逆变式矩形波交流弧焊电源由两个晶闸管式逆变电路组成。第一个逆变电路，将三相 380V 的工频正弦波交流电经过“工频 AC—DC—中频 AC—降压—DC”的逆变变换获得几十伏的较大电流的直流电压 U_d。再通过一个晶闸管全桥式逆变电路，实现二次逆变变换“DC—低频—AC”，将直流电压 U_d 变成低频矩形波交流电压电流，对交流焊接电弧提供电能。由于过零点快，电弧仍然十分稳定。这是一般正弦波交流氩弧电源难以达到的。它还可以应用于碱性焊条电弧焊，可使电弧稳定，飞溅小。将它用于埋弧焊时，过程

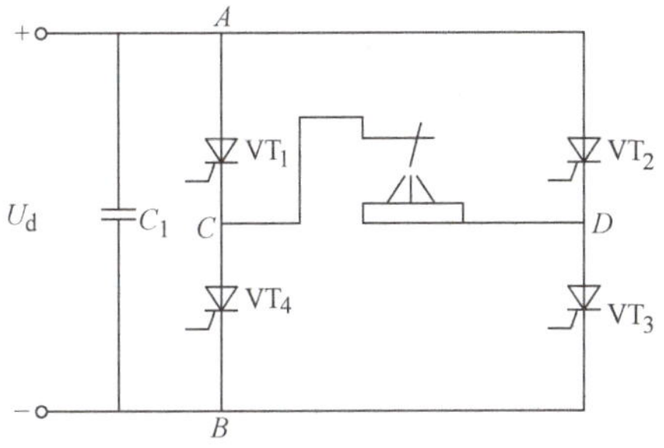

图 6-15　矩形波交流晶闸管式逆变器主电路图

稳定，焊缝成形好，而且没有磁偏吹，能提高焊接接头的力学性能。实质上它是通过“AC—DC—AC—DC—AC”的逆变体制来获得矩形波交流电流输出的。

矩形波交流晶闸管式弧焊逆变器主电路如图 6-15 所示。当晶闸管 $VT_{1,3}$ 触发导通，而 $VT_{2,4}$ 处于关断时，电流通路为：+（A）→VT_1→电弧→VT_3→-（B），从而获得正半波电弧电流。当 $VT_{2,4}$ 导通而 $VT_{1,3}$ 关断时，电流通路为：+（A）→VT_2→电弧→VT_4→-（B），从而获得负半波电弧电流。由于主电路中电容放电，使每半波电流前沿带有尖峰，这是有利于重复引弧的，电流波形如图 6-16 所示。由此可见，只要使 $VT_{1,3}$ 和 $VT_{2,4}$ 两组晶闸管轮流导通，便可切换电弧电流的方向；同时控制两组晶闸管导通时间的长短和相对比例，就可以得到频率和正负半波通电时间比例不同的矩形波交流电流。

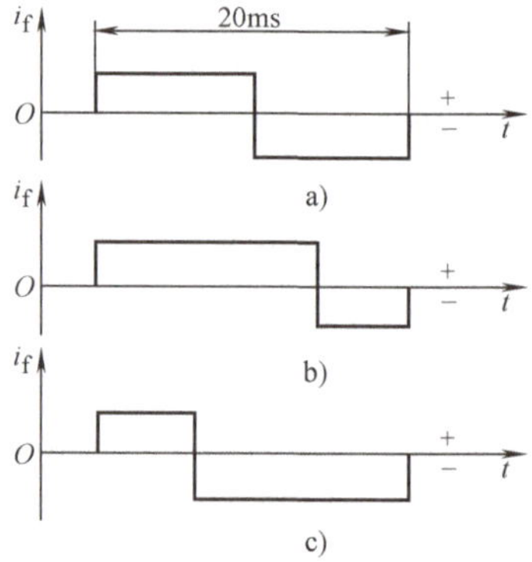

图 6-16 矩形波交流焊接电流波形正、负半波通电时间比示意图

a）50:50 b）70:30 c）30:70

为实现逆变主电路 $VT_{1,3}$ 和 $VT_{2,4}$ 的轮流关断，可以采用两种办法：一是采用强迫关断，其关断原理与晶闸管断续器式脉冲弧焊电源的相同，不再详述；另一种是采用可关断晶闸管，即所谓 GTO 晶闸管。它是靠控制信号来关断晶闸管的。

2）外特性控制和规范调节。这种类型的矩形波交流弧焊电源，实质上是由通用弧焊电源（含弧焊逆变器）与矩形波交流发生器（即晶闸管逆变器）所组成的。其外特性形状的控制和矩形波交流电流幅值的调节，是通过直流弧焊电源来实现的。

直流弧焊电源可以采用晶闸管式弧焊整流器或其他弧焊电源等。但从控制性能和弧焊性能来看，最好还是采用晶闸管式弧焊逆变器。该电源的外特性形状是由晶闸管式弧焊逆变器的闭环反馈电路来控制的，改变晶闸管的导通角，即可调节由逆变器输出矩形波交流电流的幅值。正、负半波通电时间比和频率，则是通过改变逆变器中晶闸管导通的时间来调节的。图 6-16 所示为这种电源的一种矩形波交流电流波形。

下面列举晶闸管逆变器式矩形波交流弧焊电源的一个实例，它的主要技术性能指标如下：交流电流频率为 1～100Hz；正半波通电时间与周期比值的调节范围为 30%～70%。

在用小电流对铝及其合金的薄板进行交流氩弧焊接时，要求此弧焊电源具有良好的引弧和稳弧性能。试验表明，这种矩形波交流电源在用 10A 电流进行焊接时，电弧仍然十分稳定，这是一般交流氩弧焊电源难于达到的。

6.2.5 特点和应用（典型产品）

1. 特点

（1）采用大功率晶闸管作为开关元件 在较早的时候已能生产出大容量、耐高电压和性能好的大功率晶闸管，一般只需要用一只或一对晶闸管，其成本较低。但是由于受晶闸管关断时间 t_q 的限制，在一般情况下，逆变器的额定工作频率仅为 2000～5000Hz。在此频率范围内，噪声较大，特别是在交流弧焊时，其电弧噪声对人体有一定影响。

(2) 具有一般弧焊逆变器共同的特点　它与弧焊发电机和弧焊整流器比较，具有高效节能、重量轻、体积小、功率因数高和弧焊工艺性能好等优点。

2. 应用（典型产品）

晶闸管式弧焊逆变器的应用范围较宽，从焊条电弧焊到 CO_2/MAG/MIG/等离子弧焊、埋弧焊和电阻焊；从直流焊到脉冲焊/矩形波交流焊；从电子控制到微机、数字化、智能控制。如下列举一个系列产品做介绍。

ZX7-315Z、ZX7-400 系列晶闸管式逆变弧焊逆变器，主要用于焊条电弧焊及 TIG 焊。ZX7 系列晶闸管式弧焊逆变器是采用交流—直流—交流—直流系统，即 AC—DC—AC—DC 系统。它是将三相 380V 交流电整流成近 600V 的直流电，再由晶闸管串联式逆变器逆变成中频交流电，再经单相全波整流和滤波得到直流输出。由于中频交流电的频率可达 3000Hz，所以变压器的质量和尺寸都较小，使其晶闸管式弧焊逆变器的质量只有同容量晶闸管弧焊整流器质量的 1/3。

ZX7 系列晶闸管式弧焊逆变器的电路由主电路和控制电路组成，其控制电路采用新型的无单独脉冲源式的变频控制法，此法是将主电路和控制电路共同构成一环型振荡系统，环型振荡系统的核心是一片双列直插式专用中规模集成电路。它通过电流信号采集与变换电路，电弧电压信号采集与变换电路，晶闸管反压信号采集与变换电路，晶闸管触发电路，4 个阻容延时单元等与主电路连成环路，实现变频控制。空载电压由电弧电压信号采集与变换电路确定，它的输出电流由给定信号、焊接电流反馈信号和变换电路确定。控制电路比较简单，可靠性高，制造、调试、维修方便。专用集成电路的内部由电源空载与负载状态转换电路、互锁触发信号形成电路及 4 个延时电路等组成。由主电路和控制电路构成的环型振荡系统有 3 种状态，即停振状态、空载运行状态和负载运行状态。ZX7-400 外特性如图 6-17 所示。

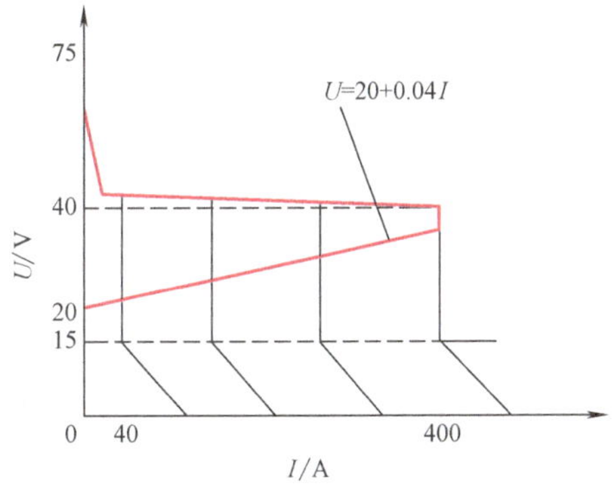

图 6-17　ZX7-400（焊条电弧焊时）外特性

6.3　晶体管式弧焊逆变器

晶体管式弧焊逆变器属于电流控制式弧焊逆变器。

因触发角控制式弧焊逆变器的出现，无疑有利于推动弧焊电源的革命，但是，由于作为大功率电子开关的晶闸管本身的开关速度慢、逆变频率低、控制性能不理想以及噪声大等缺点的存在，限制了它的继续发展。为此，科学家和工程技术人员又着手寻找一种开关速度较快、控制性能较好的大功率电子开关元件，以克服晶闸管式弧焊逆变器的不足之处。因而，在逆变弧焊电源发展史上，逆变器功率开关元件，由晶闸管发展到大功率晶体管（GTR），后来又发展到场效应晶体管（MOSFET）和绝缘栅双极型晶体管（IGBT）等。尽管晶体管有二次击穿、负温度系数等问题，但至今 GTR 逆变弧焊电源仍在生产，特别是在日本仍占较大的比例。这是因为它具有自关断能力，并有开关时间短、饱和压降低和安全工作区宽等优点。近年来，由于 GTR 实现高频化、模块化、廉价化，因此它在逆变弧焊电源中仍有一定竞争力。目前，GTR 的容量已达到 400A/1200V、1000A/400V，甚至更大，耗散功率已达 3kW 以上。

采用晶体管（组）作为大功率电子开关元件和借助电流控制，并具有弧焊工艺所需电气性能的逆变器，就称为电流控制的弧焊逆变器，通常称为晶体管式弧焊逆变器。

6.3.1 主要组成与基本原理

1. 主要组成及其作用

晶体管式弧焊逆变器电路的主要组成和作用原理如图 6-18 所示。整个核心电路可分为两大部分：逆变器主电路和驱动控制电路。

（1）逆变器主电路　包括供电系统、电子功率系统和焊接电弧，是从电网将能量进行转换、传递给负载（电弧）的电路（含逆变主电路）。

（2）驱动控制电路　包括电子控制系统（电子控制电路、晶体管组驱动器、稳压电源程序控制电路）、弧焊特性电路（反馈检测电路 M、给定电路 G、比较电路、放大器 N）。

驱动控制电路提供的矩形波脉冲电压，经驱动电路对其进行电流放大，确保高压开关大功率晶体管组具有足够大的基极电流，实现饱和导通，降低管压降。这对属于电流控制的晶体管来说，是至关重要的。矩形波脉冲电压由时钟振荡电路或恒定脉宽发生器提供。借助反馈检测电路、给定电路、比较电路、放大电路等，实现对晶体管式弧焊逆变器的闭环控制，获得所需的外特性和调节特性（工艺参数调节）、动特性和输出脉冲波形。

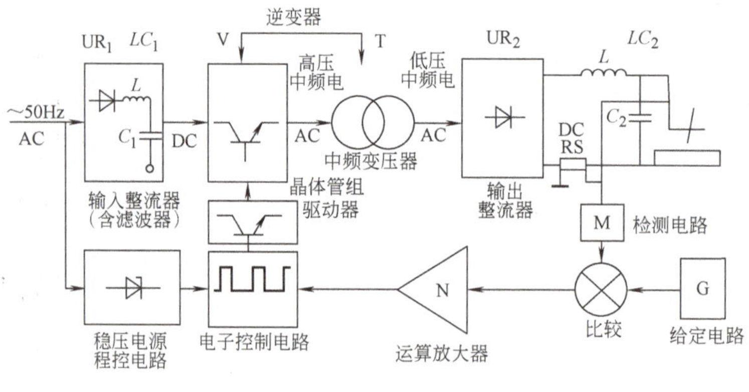

图 6-18　晶体管式弧焊逆变器原理框图

2. 基本工作原理

从本质上来说，晶体管式弧焊逆变器也是一种开关型的稳压、稳流（恒压、恒流）弧焊电源。从基本原理上讲，可以追溯到前面介绍的磁放大器式、晶闸管相位控制式弧焊整流器以及开关式晶体管弧焊整流器，它们都是开关型电源。但是，它们的大功率开关元件均串联在负载回路，输出电压、电流的调节和稳定，都是借助于功率管组上的电压降落和通断时间比（时间比率）的调整来实现的，因而对于输出低电压大电流的这种焊接工艺条件，大量的功耗是由功率管组承担的，效率较低，而且主变压器工作频率为工频 50Hz，其质量和体积都很大。而晶体管式弧焊逆变器这种新颖开关电源，其功率管组工作在高电压低电流的一次侧，主变压器的工作频率可达 16 ~ 25kHz，因而，它的效率高得多，体积也大大减小。最常采用的逆变频率为 20kHz，由此可见，它是“20kHz 电源技术革命”的又一实例。晶体管式弧焊逆变器的主要特征是：采用大功率开关晶体管组来代替大功率晶闸管作为逆变器的大功率开关元件；采用时钟振荡器、V/W 电路来代替恒定脉宽发生器、V/F 电路；用脉宽大小来控制、调制方式和借助反馈检测电路、给定电路、比较电路、放大电路等，实现对晶体管式弧焊逆变器的闭环控制，获得所需的外特性和调节特性（工艺参数调节）、动特性和输出脉冲波形。

6.3.2 逆变主电路的形式与工作原理

1. 逆变主电路的形式

晶体管式弧焊逆变器的逆变主电路形式很多，其中单端通向逆变主电路和半桥式、全桥式、并联（推挽）式逆变主电路的组成、原理及其特点，与 6.1.4 节所述和图 6-6 所示的形式基本相同。此外，还有双单端通向逆变主电路也比较常用。如图 6-19 所示，它由两个单端通向逆变电路并联组成，输出功率比单端提高 1 倍，而且有利于减少输出电抗的体积和输出纹波，可用于需要较大焊接电流的场合。

2. 逆变主电路的工作原理

为了便于分析比较和说明工作原理，这里列举的是串联半桥型的晶体管式弧焊逆变器的逆变主电路形式。它与晶闸管式逆变电路相比，在逆变过程的基本原理方面是基本相同的。晶闸管的容量比较大，可以用一只晶闸管承担半波的工作。现有大功率晶体管的容量也比较大，用一只晶体管也足以承担半波的工作。但开始时由于单管容量有限，需采用多只晶体管并联工作。随着生产能力的提高，单管容量增大，可用单管完成大功率输出，但价格较高，为降低成本和减小风险，仍有人采用多只晶体管并联工作。单管完成大功率输出的工作原理比较简单、好理解。多只晶体管并联工作，相对于场效应晶体管的并联工作来说，比较麻烦。

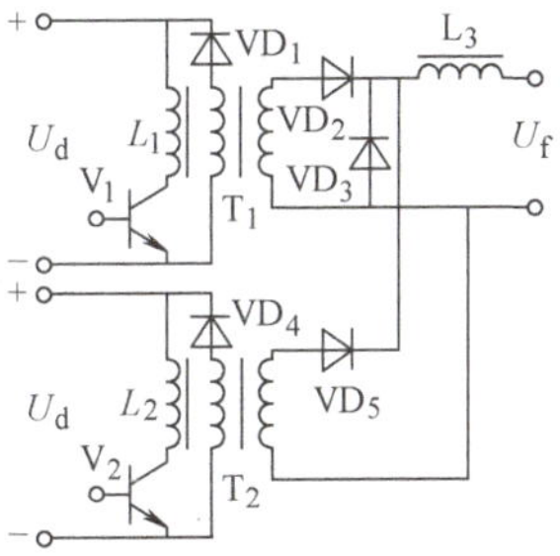

图 6-19 晶体管式双单端通向开关逆变主电路图

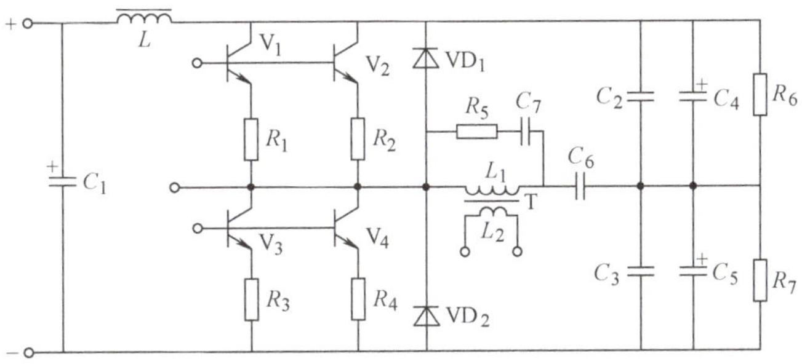

图 6-20 晶体管式（多管并联）逆变主电路示意图

场效应晶体管由于是正的温度系数，并联工作的每只场效应晶体管可不串联均流电阻，而晶体管在并联工作时，需在发射极上串联均流电阻 R_1、R_2、R_3 和 R_4，以解决均流问题。为此，在这里以晶体管式逆变主电路为例，介绍多管并联的逆变主电路工作原理，如图 6-20 所示。逆变主电路中的 C_2、C_3 是高频干扰信号的旁路电容；C_6 是为了解决正负半波电流波形的对称性而设。晶体管式逆变主电路和控制电路的电压、电流波形，如图 6-21 所示，包括大功率开关晶体管的集电极—发射极之间的电压 u_{ce}波形、集电极电流 i_c和基极电流 i_b的波形。现以晶体管式弧焊逆变器为例说明这些电压、电流波形的形成。当上组（V_1、V_2）和下组（V_3、V_4）晶体管都截止时，C_4 和 C_5 的电容量相等而且电路对称，则 $U_{C4}=U_{C5}=U_d/2$。当上一组晶体管（例如 V_1、V_2）导通时，截止的下一组晶体管（V_3、V_4）所施加的电压即为输入电压 U_d，位于图 6-21 所示的 1 ~ 2 时间间隔。接着，上、下组晶体管又同时截止，并共同承担输入电压，即 $U_{C4}=U_{C5}=U_d/2$，这段时间间隔为 2 ~ 3。在下一组 $V_{3,4}$ 晶体管导通期间（时间间隔为 3 ~ 4），其本身只承受饱和导通管压降，而上一组晶体管 $V_{1,2}$ 承受全部的输入电压 U_d。此外，在 $V_{1,2}$ 由导通转为截止的关断过程中，存储在中频变压器漏感中的能量将释放，经 R_5、C_7 形成阻尼振荡，该电压叠加在关断电压上形成集电极关断尖峰电压，如图 6-21 的时刻 4。为防止 $V_{1,2}$受过电压而击穿，在其集射两极间反向并联快速恢复二极管 $VD_{1,2}$。当产生过电压而达到 $VD_{1,2}$的反向耐压值时，它即反向导通钳位，从而可将尖峰电压限幅于 U_d 值。当 $V_{1,2}$晶体管组导通时，电容 C_4 立即经过 $V_{1,2}$和中频变压器 T 的 W_1 放电，集电极电流出现瞬时尖峰；在这期间 $V_{1,2}$的集电极电流 i_c，除含负载电流之外，还有中频变压器的励磁电流等。由于变压器铁心饱和程度的不断增加等原因，i_c 随着导通脉冲宽度的增加而线性上升。当 $V_{1,2}$关断时，i_c 迅速下跌，甚至会出现瞬时的负值。

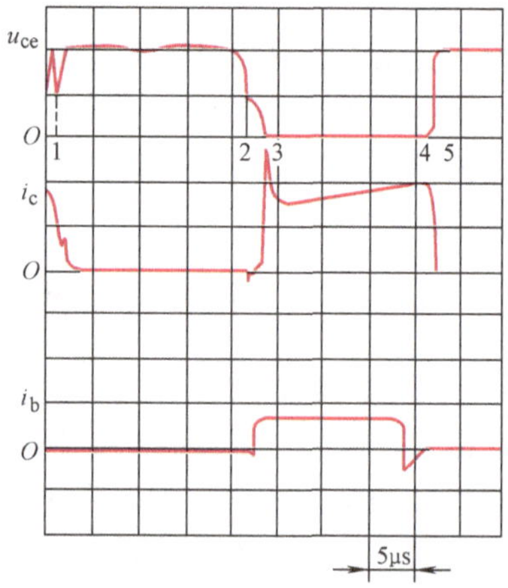

图 6-21　晶体管式主电路中晶体管的电压、电流波形图

上图晶体管的电压、电流波形

下图晶体管的控制（基极）电流波形

若晶体管的功率足够大，则只需采用单管，不必多管并联，也不必采取均流措施。单管晶体管的电压 u_{ce}波形、集电极电流 i_c 和基极电流 i_b 的波形与上述类似。

6.3.3　控制驱动电路主要形式与工作原理

1. 控制电路主要形式及原理

为了实现弧焊逆变器的外特性、调节性能、动特性及输出波形的控制与调节，晶体管式弧焊逆变器采用"定频调脉宽（PWM）"的调制方式。过去是采用分立元件组成，现在多采用单片集成芯片进行控制。它的电路基本结构形式如图 6-22 所示，主要由时钟振荡器、V/W 电路、分频器、检测放大电路、保护电路、软启动电路和辅助电源等单元电路组成。

现以 MC3420/3520 单片集成芯片控制电路为典型电路介绍。在国内相对应的产品为 W3420/3520。

W3420/3520 是脉宽调制开关电源集成控制器，也称开关电源脉宽调制器，专为脉宽调

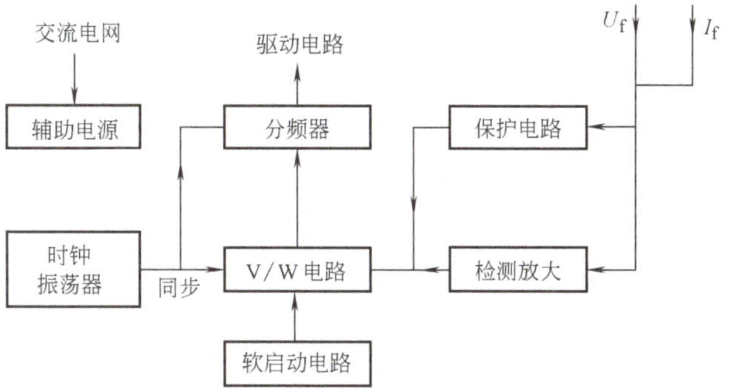

图 6-22 "定频调脉宽"调制方式控制电路原理图

制式推挽、桥式、单端等逆变电源提供全部控制电路系统的控制集成芯片，其内部结构框图如图 6-23 所示。由图可知，它主要由基准电压源、锯齿波发生器、脉宽调制器、死区时间比较器、分相器、输出级和与非门等模拟和数字电路组成。

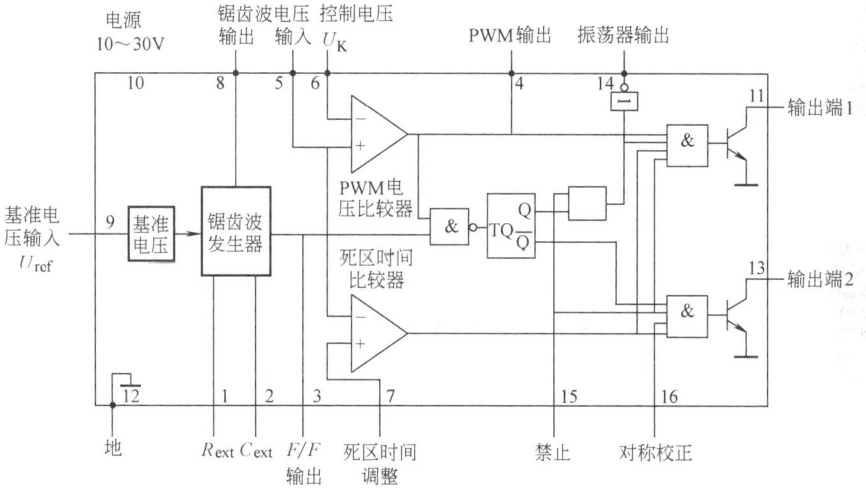

图 6-23 W3420/3520 集成芯片的内部结构与电路原理

基准电压源向片内电路提供一个 7.8V 的稳定基准电压，使锯齿波发生器产生幅度在 2.4～6.3V 的对称三角波，由引脚 8 输出，经引脚 5 输入到脉宽调制器（PWM 电压比较器）的同相端，与此同时锯齿波发生器又向下一级的与非门提供一个同步方波脉冲。它们的频率由引脚 1、2 的外接电阻 R_{ext} 和电容 C_{ext} 所决定，一般可以从 4kHz 调到 200kHz，因为这个频率是输出晶体管频率的 2 倍，因而被控制的 PWM 型逆变器工作频率的可调范围为 2～100kHz。当来自取样电压（主电路输出端负载电压负反馈或经放大的负载电流负反馈信号）与基准电压源提供的 7.8V 基准电压比较再经比较放大器放大后，其输出控制电压 U_K 从引脚 6 输入 PWM 反相端，再与对称三角波比较。当控制电压 U_K 低于三角波电压时，脉宽调制器输出高电平；反之则输出低电平。因而，U_K 在 2.4～6.2V 之间变化时，PWM 输出脉冲的占空比将从 100% 变到 0，可见 PWM 输出脉宽受到 U_K 的调制。若将此脉冲用来控制主电路大功率晶体管组的导通与截止，则其导通与截止的时间也将受到 U_K 的控制。在主电路存在双组晶体管输出工作时，为了避免产生同时导通的情况而设置死区时间比较器。该比较器的反相端输入对称三角波电压，其同相端根据使用者要求由基准电压 U_{ref} 分压经引脚 7 输入，若电压控制在 2.4～6.3V，则死区（即脉冲宽度在半个周期内达不到的区域，一般称为死区，死区太小易产生共同导通）时间比较器可将其输出脉宽的占空比控制在 100%～0，若将死区时间比较器输出脉冲与“PWM”输出脉冲经与门直接送往输出晶体管基极，则输出晶体管就限制在 0～50% 周期内导通，由触发器 TQ 组成了分相电路。TQ 的触发信号是来自“PWM”输出脉冲和锯齿波发生器输出方波脉冲经与非门后的输出信号，这样使两个输出晶体管即使在负载瞬时也能正确地交替。如图 6-24 所示，在各种工作状态下，单片控制电路各部分电压波形的时间关系。

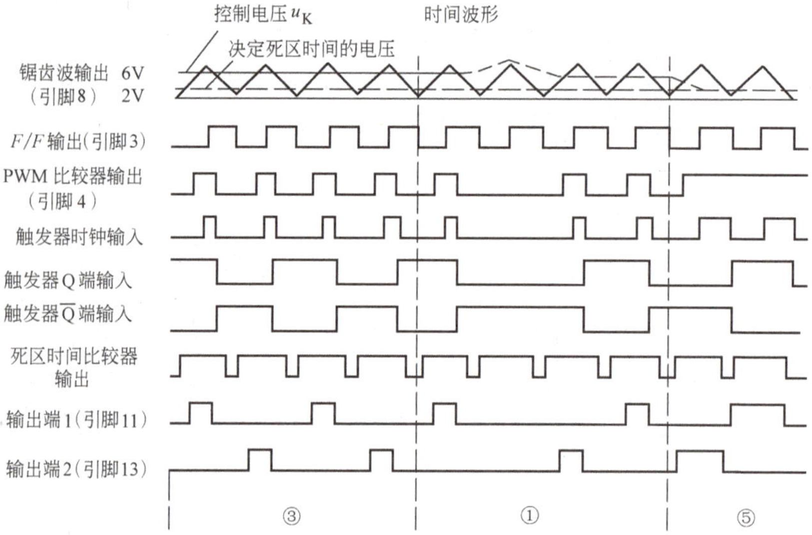

图 6-24　W3420/3520 集成芯片各部分电压波形的时间关系

W3420/3520 还在引脚 15 提供禁止功能，它作为分相器与门的四个输入端中的一个，当该引脚的控制电压为低电平约 0.7V 时，两个输出晶体管立刻被强制截上，同时，作为振荡器输出引脚 14 的振荡输出亦被强制中断。

分相器与门的四个输入端分别为 PWM 电压比较器输出、TQ 型触发器输出、死区时间比较器输出以及“禁止”输入，只有当它们全都为高电平时才有输出。下边与门的一个输入端不直接引入 PWM 电压，而是通过引脚 16 引向片外，引脚 16 为对称校正输入端。若将引脚 4 与 16 相连，则输出端 2（引脚 13）的占空比，亦取决于 PWM 电压和输出端 1（引脚 11）一样。当引脚 16 由外电路驱动时，输出端 2 的占空比将独立于输出端 1，可控范围除死区时间外，可为 0～50%，在不需外部对称校正时，一般将引脚 16 与 4 短接。

2. 驱动电路主要形式及原理

晶体管的控制脉冲信号“基极电流 i_b”，与晶闸管触发脉冲波形对比可见，这些弧焊逆变器的大功率开关元件的控制电压、电流波形有很大的不同。晶闸管式弧焊逆变器的触发脉冲被形为尖脉冲或窄脉冲，决定晶闸管导通时间长短的不是触发脉冲的宽度而是逆变回路的 *LC* 等电参数。晶体管式弧焊逆变器的控制脉冲为近似于矩形波的基极电流 i_b。决定晶体管导通时间长短的是控制脉冲的宽度。晶体管属电流控制型，而且由于大功率开关晶体管的电流放大倍数较小，需用驱动器，以获得足够大的控制电流和功率。在功率开关晶体管饱和导通期间，i_b 幅值基本不变。

功率开关晶体管 V_2 的基极驱动电路可分为直接驱动和隔离驱动两种方式。直接驱动方式指驱动电路与主电路之间直接连接，而隔离驱动方式则是指驱动控制电路与主电路间没有电的联系，驱动信号是通过隔离元件间接传送的。

直接驱动基本方式与其他两种弧焊逆变器的大同小异，后面将介绍，供学习参考，但要注意其电流的放大，以保证电流驱动的需要。

在很多场合主回路与控制回路间必须进行电的隔离，为此必须采用基极隔离驱动电路。常用的隔离方式有电磁隔离和光电隔离两种。

图 6-25a 为用脉冲变压器做电磁隔离的简单电路。在驱动管 V_1 导通时，脉冲变压器中的励磁电流自上而下流过，因而在其二次侧感应出星号端为正的电势使 V_2 开通，当驱动管 V_1 关断时，脉冲变压器的励磁电流反向地流过 V_2 的基极，加速了 V_2 的关断进程。但使用中应注意防止脉冲变压器出现饱和现象，影响正常工作。图 6-25b 所示为采用光耦合器的光电隔离基极驱动电路。当输入信号 U_i 为高电压时，驱动管 V_1 导通并使光耦合器件 VI 导通，形成驱动控制信号使输出管 V_3 导通，向 V_2 提供正向基极电流，促使 V_2 开通。当输入信号 U_i 为低电压时，驱动管 V_4 关断并使光耦合器件 VI 关断，进而使输出管 V_3 关断而 V_4 导通，此时向 V_2 提供反向基极电流回路，加速了 V_2 的关断过程。光耦合器件的一、二次侧隔离电压高，电磁干扰小，因而是一种常用方式。

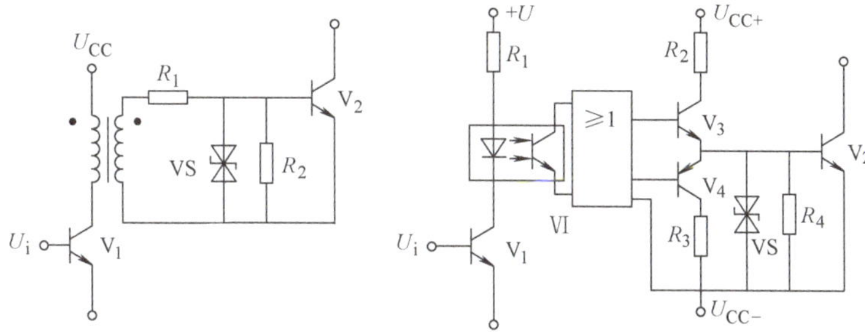

a)　　　　b)

图 6-25　基极隔离驱动电路

上述基极驱动电路的介绍对学好原理有帮助，但它们都存在着元件多、电路复杂、稳定性欠佳和使用不便的缺点。大规模集成化基极驱动电路的出现，使这些问题迎刃而解。THOMSON 公司的产品 UAA4002 驱动保护电路芯片具有代表性，其原理框图如图 6-26 所示。它具有输入接口、输出接口和保护三项主要功能。输入接口的任务是将来自控制电路的信号与 UAA4002 的内部逻辑处理器进行必要的匹配。输入信号可以有电

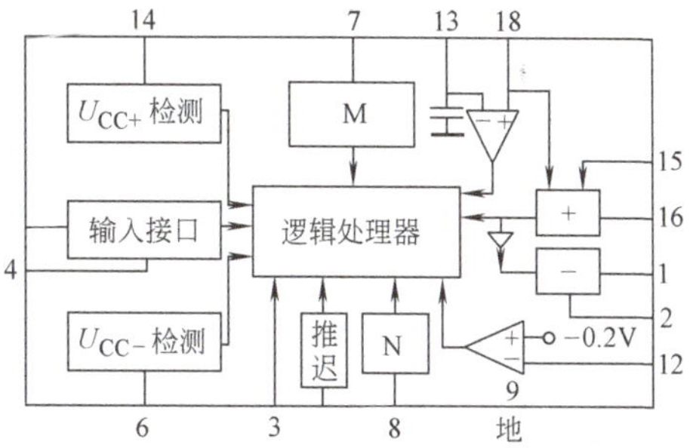

图 6-26　UAA4002 模块的原理图

子和脉冲两种工作方式。输出接口的任务是向 V_2 提供驱动电流。同向输出电流可自动调节以保证 V_2 总处于准饱和状态。反向输出电流可保证 V_2 快速关断。这两个电流均可通过增加外部晶体管进行扩展。

3. 外特性、调节特性和脉冲输出波形获得与控制原理

晶体管式弧焊逆变器控制驱动电路的工作原理，为便于理解用图 6-22 所示的简图来说明，低压交流经辅助电源整流滤波稳压，对控制电路的上述各个电路单元供电。由时钟振荡器产生矩形波脉冲信号，经“V/W 电路”进行“定频调脉宽”的调剂，在进入分频器变换成相位差 180°的两组脉冲信号，并进入驱动电路产生足够大的矩形波脉冲，去驱动逆变主电路的功率晶体管，实现大功率电能的逆变转换过程。软启动电路用于逆变转换过程的软启动（即开始时脉冲宽度由小到大逐渐增宽）。检测放大（电路）从逆变主电路输出端获得电弧电压（或电流）反馈信号，并与电弧电压（或电流）给定值比较，同时在 V/W 电路完成脉冲信号宽度的调制。保护电路从逆变主电路输出端获得电弧电压（或电流）反馈信号，经 V/W 电路的脉宽的调剂处理，限制逆变主电路输出过大的电弧电流（电压），从而起了保护作用。

借助于“PWM”型控制调制方式：固定控制脉冲的频率，通过调节脉冲的宽度，就可以很方便地获得任意形状的外特性、调节特性和任意的输出波形，其原理如下：

（1）调节特性和任意输出波形的获得原理　在开环状态下，脉冲宽度 $W\uparrow\rightarrow U_f$、$I_f\uparrow$，也就是说，控制信号给定值（U_K）愈大，脉冲的宽度愈大，输出的平均电压、电流也愈大，从而获得所需的调节特性，实现焊接参数的调节，如图 6-27a、b 所示。如果通过给定信号值（U_K）按脉冲的规律变化，控制驱动脉冲的宽度也会按此给定信号（U_K）的脉冲波形变化，使脉冲在一段时间里宽度大（平均电流大），一段时间宽度小（平均电流小），前一段为低频的脉冲电流，后一段为维弧电流，这就是低频调制的脉冲电流和维弧电流，从而调制出输出脉冲波形。这种通过低频调制获得脉冲电流和维弧（基本）电流，其波形如图 6-27c 所示。获得所需的焊接脉冲电压、电流、脉冲幅值、基值大小、频率等，通过改变给定信号（U_K）的脉冲频率、波形，就可以获得相应形状的波形、频率。

（2）外特性的获得原理　在进入反馈闭环控制状态下，U_f、$I_f\uparrow\rightarrow$脉冲宽度 $W\downarrow$。如上所述，若只取电弧电压负反馈，只要给定信号值（U_K）一定，随着焊接电流的增加，只要保持脉冲宽度 W 一定，输出的电弧电压也保持恒定，从而获得恒压特性。控制信号给定值（U_K）大，脉冲宽度 W 也大，恒压特性曲线往上平行移动，即输出电压高；控制信号给定值（U_K）小，脉冲宽度 W 也小，恒压特性曲线往下平行移动，即输出电压低。也就是说，改变给定信号值（U_K）的大小，改变控制脉冲宽度的大小，就可调节输出平均电弧电压的大小，实现焊接参数大小的调节。若只取电弧电流负反馈，只要给定信号值（U_K）一定，随着焊接电流增加到相应给定值左右，控制脉冲宽度急速变小，输出电压急速下降，从而获得恒流特性。控制信号给定值（U_K）大，控制脉冲宽度大，恒流特性曲线往右移动，即输出电流大；反之亦然。也就是说，改变定信号值（U_K）的大小，改变控制脉冲宽度的大小，就可调节输出平均电流的大小，实现焊接参数大小的调节。若按一定的比例取电弧电流和电压负反馈，控制脉冲宽度变化大小的规律，介于上述两者之间，即获得缓降特性。以此类推可获得任意形状的外特性。

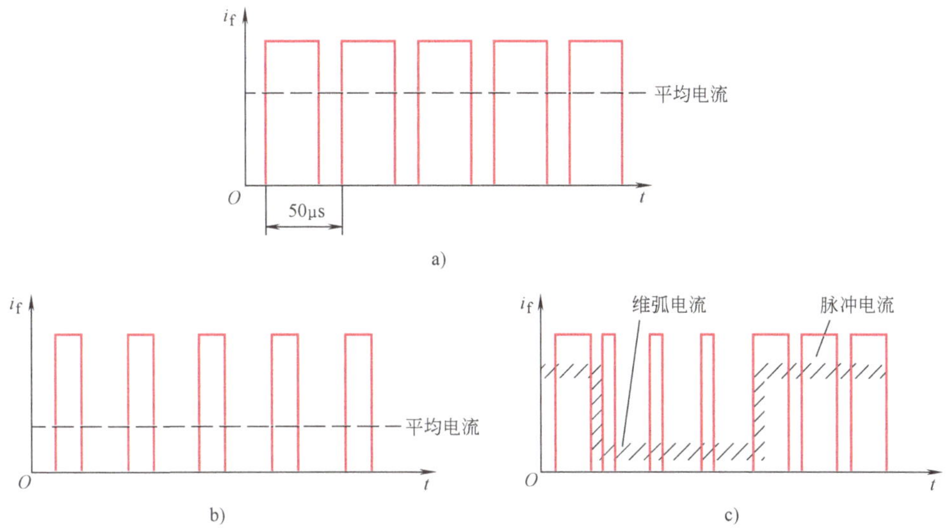

图 6-27 定频调脉宽调制和低频调制脉冲、维弧电流示意图

6.3.4 晶体管式弧焊逆变器的能耗分析

晶体管（GTR）式弧焊逆变器是节能弧焊电源，因为它具有逆变电源的特点，逆变工作频率、效率和功率因数都较高，而且逆变器的功率晶体管工作在开关状态，比模拟型晶体管电源的损耗也小得多，经测量和计算其总的能量损耗约为输入功率的 14% ~20%。它与焊接工艺有密切关系。由于晶体管弧焊电源的可靠性和整机效率与功率晶体管损耗有直接影响，因此着重分析如下：

晶体管在恒定负载（如 TIG 焊）状态下的功率损耗如图 6-28a、b、c、d 所示。图 6-28a是导通过程的情形。晶体管的损耗可分为开关损耗（在 U_{CE}、I_C 上升、下降期间，即接通与关断过程所产生的损耗）、饱和导通损耗和截止损耗。图 6-28b 为接通过程的功率损耗。图 6-28c 和图 6-28d 分别表示关断过程波形及其功率损耗。

在短路过渡的焊接过程中，即在“空载（或负载）—短路—负载”的过程中，不同状态下功率损耗是有较大差别的。图 6-28e、f、g 和 h，分别表示在空载状态下晶体管的接通过程及其功率损耗，关断过程及其功率损耗。图 6-28i、j、k 和 l，分别表示在短路状态下晶体管的接通过程及其功率损耗，关断过程及其功率损耗。

晶体管组的总功率损耗 P_3 表示为

$$P_3 = P_E + P_D + P_A + P_S$$

式中，P_E、P_D、P_A 和 P_S，分别表示接通、饱和导通、关断和截止过程的功率损耗。

由图 6-28 可见，在短路状态下晶体管关断过程的功率损耗峰值特别大，因而，在选用晶体管时要留有余地。

从上面分析可知，晶体管式弧焊逆变器是脉宽调制型的，它的特点是功率开关晶体管在高电流和高电压下开关，每次开关其瞬时功耗较大。这种工作条件，虽然控制简单，但随着频率的提高，开关损耗也会迅速增加，而且器件本身的寄生参数也限制了工作频率的进一步提高。

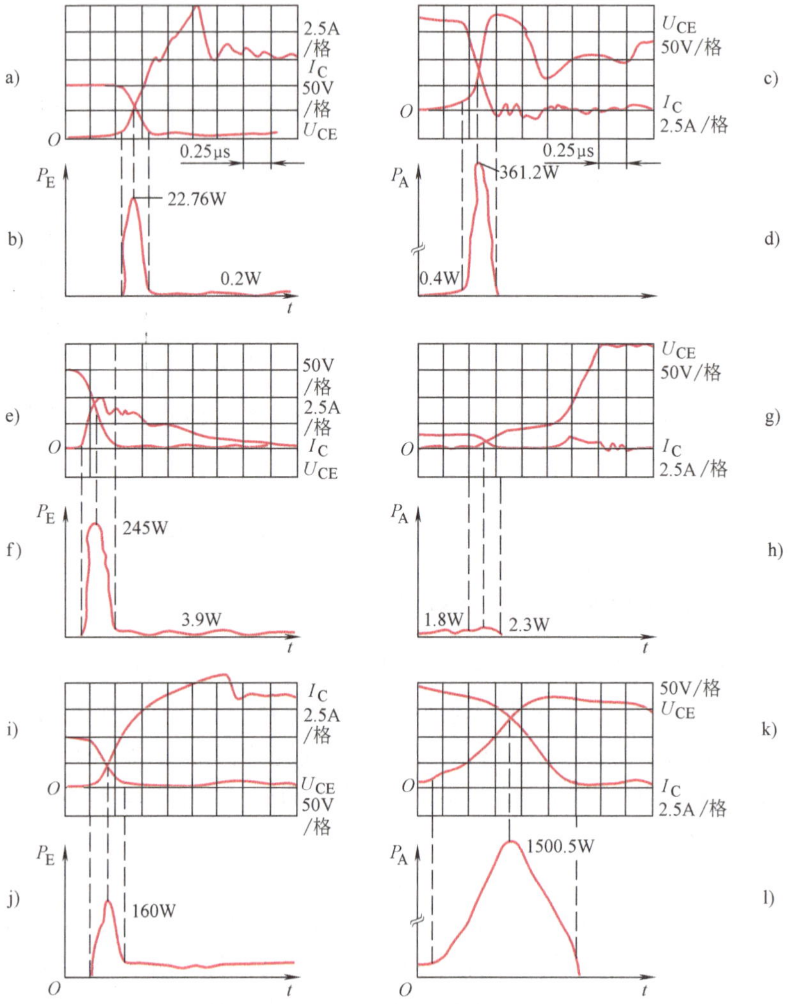

图 6-28　晶体管开、关、导通和截止的波形和功率损耗

新发展的谐振变换器和多谐振变换器利用了器件结电容，在电路中增加 *LC* 元件，使开关器件在零电流或零电压下开关，这样大大地降低了开关损耗和应力，从而可进一步提高工作频率，降低逆变器的体积和质量，向节能电源集成化迈进了一步。

6.3.5　特点与应用

1. 特点

与晶闸管式弧焊逆变器相比，由于大功率开关晶体管本身在性能上比晶闸管更好，因而给晶体管式弧焊逆变器带来了如下特点和优点：

（1）逆变器的工作频率较高　工作频率达 16kHz 以上（一般为 20kHz），因而既无噪声的影响，又有利于进一步减轻逆变器的质量和减小体积。

（2）采用“定频率调脉宽”（PWM）的方式来调节规范和控制外特性　可以无级调节

焊接参数，不必分档粗调，操作方便。

（3）控制性能比较好　晶闸管式弧焊逆变器的控制参数受主电路参数（如 L、C 等）的限制，且关断较麻烦。而晶体管式采用电流型控制，以基极电流控制晶体管的开关，其控制性能好。由控制信号直接控制通断，不存在难关断的问题，而且控制比较灵活，受主电路参数影响较小。

2. 应用

晶体管式弧焊逆变器在国内外仍在不断开发生产。在日本这类弧焊电源仍占较大的比例，我国也有些厂家在生产。这些产品主要用在 MIG/MAG 焊、TIG 焊、等离子弧焊、切割、焊条电弧焊以及作为弧焊机器人焊接电源。

6.4　场效应晶体管式弧焊逆变器

晶体管式弧焊逆变器的出现，虽然使逆变频率达到了 20kHz 的水平，有利于提高效率，减小逆变器的体积和质量，但是存在二次击穿和需要较大的电流驱动（电流控制型）等不足。因而，科技工作者又积极寻求一种性能更优的功率开关管来代替它，这就是大功率场效应晶体管（MOSFET），通常以 VF 表示。它属于电压控制型，称为电压控制弧焊逆变器，通称场效应晶体管（MOSFET）式弧焊逆变器。它只需要控制驱动电压和极微小的瞬间电流，就能实现功率场效应晶体管的开关控制，而且开关速度更快，无二次击穿。

6.4.1　主要组成和基本工作原理

MOSFET 式弧焊逆变器的主要组成和基本原理，与晶体管式相比大同小异，其原理框图如图 6-29 所示。它也采用“定频率调脉宽”的 PWM 调节方式，晶体管式的主电路逆变频率一般固定在 20kHz 或其左右，而 MOSFET 式一般采用 40～50kHz，但也有 50kHz 以上。它的外特性、调节特性（焊接参数调节）的获得方法也是借助于控制驱动脉宽的变化（调制）来实现。包括输出脉冲波形的低频调制在内，输入整流滤波电路、逆变主电路基本类型、输出滤波电路、带有反馈的闭环控制电路及其原理，都与晶体管式基本相同，在此不再详述。

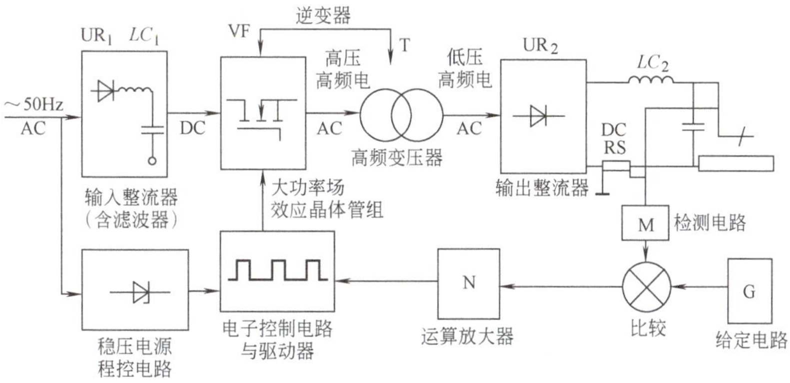

图 6-29　MOSFET 式弧焊逆变器主要组成和原理框图

6.4.2 逆变主电路工作原理

MOSFET 式弧焊逆变器的逆变主电路形式与晶体管式类似，常采用单端正激式、半桥式、全桥式和双重正激单端式逆变主电路。至于并联（推挽）式逆变主电路，对于三相输入 380V 的逆变主电路，要求开关管耐压必须在 2000V 以上，因而，一般很少采用。下面以双重正激单端逆变主电路原理为例进行介绍。

双重正激单端逆变主电路的组成和基本形式如图 6-30 所示。由图可见，它由两个独立的单端正激逆变主电路所组成，即由 VF_1、VF_2、VD_1、VD_2 和 T_1 组成一个单端正激逆变主电路，而由 VF_3、VF_4、VD_3、VD_4 和 T_2 组成另一个单端正激逆变主电路。VD_6、VD_7 分别为它们的二次侧输出整流快速二极管，VD_5 为共用的续流快速二极管。

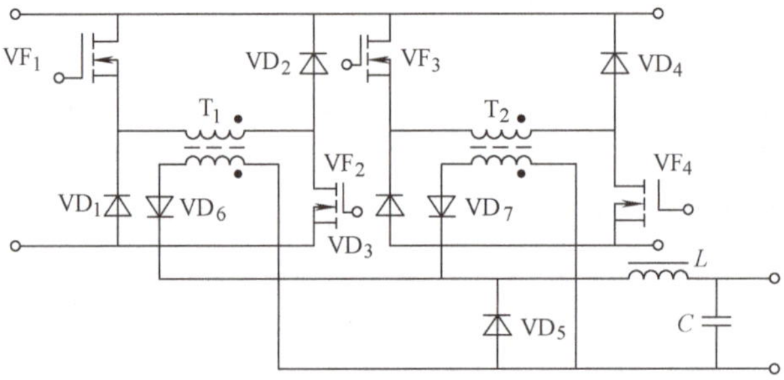

图 6-30 MOSFET 式双重正激单端逆变主电路

为便于分析，先取第一个单端正激逆变主电路来讨论，如图 6-31a 所示。这种逆变主电路的开关管耐压高于 2 倍的输入直流电压。而本方案采用了两个 MOSFET 开关管（VF_1、VF_2）、两个快速二极管钳位电路，VF_1、VF_2 可用较低的耐压值，对于 3 相 380V 交流供电来说，它们的耐压值 1000V 便足够，其直流输入电压（三相 380V 整流而得）约为 540V。VF_2 由 PWM 脉冲激励同时通断。施加在 VF_1、VD_1 和 VF_2、VD_2 的电压、电流波形分别相似。图 6-31b 所示为 VF_1 的电压 u_{DS}、电流 i_D 波形图（上方）和 VD_1 的电压 u_{VD1}、电流 i_{VD1}波形图（下方）。开关管组通断和切换过程如下：当 VF_1 和 VF_2 同时导通时，输入电压约 540V，施加到主变压器 T_1 绕组 W_1 上，通过 VF_1、VF_2 的集电极电流 i_D 因 T_1 励磁电流的增加而逐渐增加，呈上升规律，如图 6-31b 所示，尖峰是二次侧整流二极管的恢复特性和集电极电容引起的电流尖峰。同理，VF_2、VD_2 与 VF_1、VD_1 是同步通断的。它们的电压、电流波形是近似的。在 VF_1、VF_2 关断截止时，W_1 上的电压极性颠倒，快速二极管 VD_1、VD_2 导通，i_{VD1}波形如图 6-31b 下图所示，二极管反向恢复时间是它从正向导通转为反向截止所经过的转换过程所需的时间，即管结电容放电所需的时间。电压被钳位，VF_1、VF_2 截止期间漏源极间施加电压幅值与输入直流电压 U_d 相等。接着，在通过 VD_1、VD_2 的电流 i_{VD2}下降到零之前，VF_1、VF_2 由于再次激励（当控制脉冲电压 u_{GS}到来时）而再次导通。

单端正激逆变主电路二次输出续流二极管流过的电流幅值大，二极管的恢复时间也长，如图 6-31b 所示下方的 t_{rr}，二次侧整流电路的频率等于逆变主频率，是双重电路的一半，故其输出滤波器体积较大，高频变压器磁心仅工作在磁滞回线的一侧，效率与利用率较低，仅适用于中小功率输出的场合。为提高单端逆变器的输出功率，通常采用叠加技术，即把两个

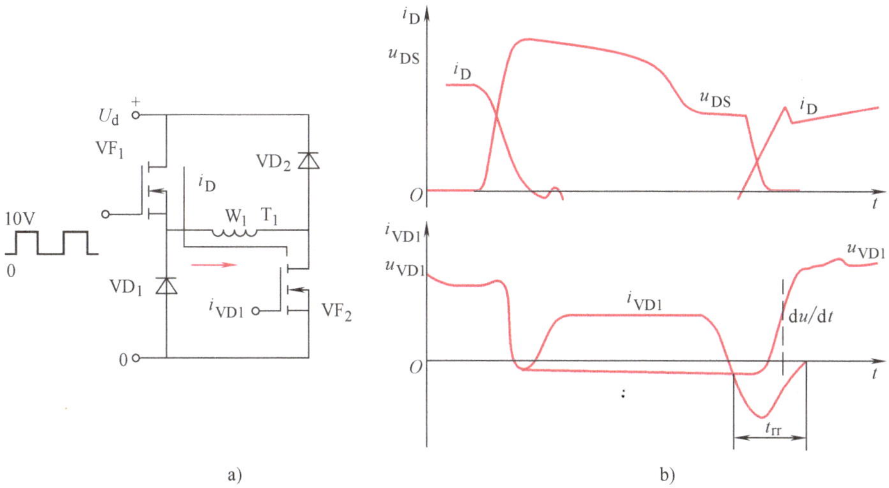

图 6-31　单端正激逆变电路及波形图

a）正激逆变主电路　b）电压电流波形图

或多个单端逆变主电路按某种方式并联运行。这种并联运行，可以用彼此独立的单端逆电路进行，也可以用一个控制电路集中地进行控制。它们可采用两种方式进行：一是两个（或多个）单端逆变主电路同时通断；二是按规定的时间序列交替工作，称作“时序工作方式”。两个单端逆变主电路在续流二极管处并接起来提供输出。若 VF_1、VF_2、VF_3、VF_4 由同一组 PWM 脉冲激励同时通断，则输出端得到的功率为这两个单端逆变主电路的输出功率叠加，二次主电路的工作频率仍与主频率相同，若 VF_1、VF_2，VF_3、VF_4 由彼此间隔 180° 的 PWM 脉冲激励而交替关断，每对开关管的导通脉宽的最大值小于二分之一周期（本方案取 0.4T），不仅输出功率是两个单端逆变主电路输出功率的叠加，而且，在续流二极管对两端施加的矩形波电压频率增加了一倍，有利于减小输出滤波器体积和输出纹波。这种由同一个控制电路激励交替工作的逆变主电路（图 6-30），就称为“双重正激单端逆变主电路”。它既具有单端逆变主电路的特点，又具有双端电路输出回路功率大的特性，调试工作也比较容易。不存在像半桥式、全桥式逆变主电路那样因两对开关管同时导通、短路而烧坏开关管的问题，因而备受重视。

6.4.3　控制驱动电路工作原理

1. MOSFET 式弧焊逆变器控制电路

为实现弧焊逆变器外特性、调节性能、动特性及输出波形的控制与调节，MOSFET 式弧焊逆变器也用“定频调脉宽（PWM）”的调制方式。它的电路基本结构如图 6-22 所示。

MOSFET 管的开关工作采用电压控制方式。它的门极均属绝缘门极，呈现高阻抗（10^9 ~ $10^{13}\Omega$），控制功率很小，控制电压 U_{GS} 为超过一定值的正值脉冲，就可使 MOSFET 管导通；正值脉冲低于一定值时又可关断。

MOSFET 导电能力（漏极电流 I_D 的大小）取决于其栅源极间的控制电压 U_{GS} 的大小。控制电流几乎出现在所需控制电压的输入电容的充电（尖脉冲电流）和放电（负尖脉冲电流）瞬间。在较大充放电电流的情况下，所需的开关过程很短。控制电路只需极小的功率。

MOSFET 栅源极间的控制电压 u_{GS}、电流 i_G 和漏源电压 u_{DS}、漏极电流 i_D 波形，如图 6-32 所示。

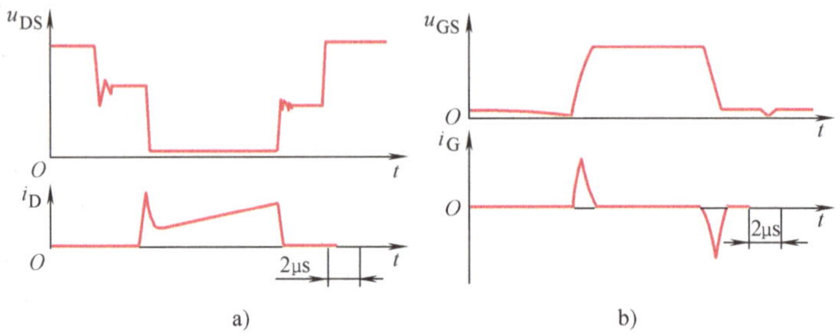

图 6-32　MOSFET 管的开关工作波形图

a）漏源电压 u_{DS}，电流 i_D 波形　b）栅源极间的控制电压 u_{GS}、电流 i_G

为了进一步说明它的控制原理，做如下介绍：

（1）MOSFET 的控制特性　如果在栅源极间没有施加超过一定值的正电位，漏源极间是不会有电流通过的，U_{GS}愈大，I_D 也愈大。用等效电路图来说明 MOSFET 开关的动态过程，如图 6-33a 所示。在忽略栅源极前置电阻 R_G 和漏源极电阻 R_{DS}情况下，电容值为：

输入端电容值：$C_{iss}=C_{Mi}+C_{GS}$

输出端电容值：$C_{oss}=C_{Mi}+C_{DS}$

反馈电容值：　$C_{rss}=C_{Mi}+(C_{DS}C_{GS})/(C_{GS}+C_{DS})$

R_G 串入栅极，可有效地阻止 MOSFET 电容快速翻转时所产生的较大电流。必须注意到 MOSFET 的控制特点之一——输入（控制）端电阻值很大，呈容性，因此，栅源极漏电流（可以达 100mA 以上）就必须加以考虑。在接通过程和关断过程中出现的漏源极间电压的动态变化所引起的 MOSFET 电容性电流，是不能忽视的，如图 6-33b 所示。

（2）控制电路　在控制电路中离不开前述的单片集成型控制电路 IC，如 MC3524、MC3526 等。这些 IC 的输出端为开路集电极，当它导通时输出端为低电位，而 MOSFET 要求施加正电位控制电压才能导通，因此在 IC 与 MOSFET 栅极之间需接一个过渡电路（耦合电路），也即是 MOSFET 的驱动电路。

当 $U_{GS}=0$ 时，R_G 约 10Ω，输入电容为 3.3nF 左右。由此可见，把 MOSFET 的输入端看成为 3.3nF 左右的电容，其等效电路如图 6-33c 所示。当驱动矩形波脉冲到来时，其前沿经 i_G 对 C_{GS}充电，并很快充满而中止，此时形成了 R_G 下方的正脉冲（尖顶），MOSFET（VF）开始导通；当矩形波脉冲休止时，控制晶体管 V_2 导通，C_{GS}上的电能经 R_G 向 V_2 释放（放电），形成了 R_G 下方所示的负脉冲（尖顶），而在正脉冲至负脉冲之间是没有电流通过 C_{GS} 的，即 $i_G=0$，这是容性输入的特性所决定的。

2. MOSFET 式弧焊逆变器的驱动电路

正如上述，在控制电路中 IC 与 MOSFET 栅极之间需接一个过渡电路（耦合电路），也即是 MOSFET 的驱动电路。MOSFET 式弧焊逆变器栅极驱动电路按与栅极的连接方式可分为直接驱动和间接驱动两类。

（1）直接驱动　由于功率 MOSFET 的输入电阻高，所以可用 TTL 电路和 CMOS 器件直接驱动。

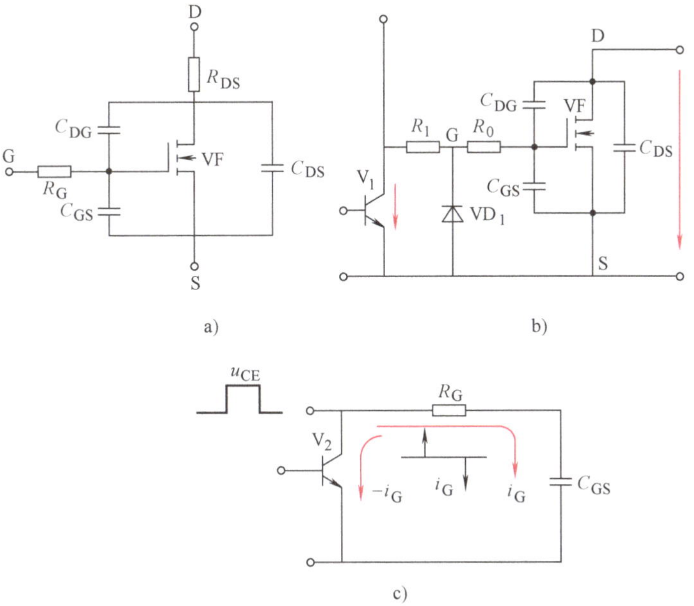

图 6-33　MOSFET 开关驱动原理图

a）MOSFET 等效电路　b）控制驱动电路简图　c）输入等效电路

用 TTL 电路虽能直接驱动 MOSFET，但 TTL 电路输出电压较低及等效输出阻抗较大，所以一般都不用来直接驱动。为克服上述缺点，可在 TTL 与功率 MOSFET（VF）之间加一级互补射极跟随电路，如图 6-34 所示，这样可提高驱动电压和减小信号源内阻。

CMOS 器件可直接驱动功率 MOS 管，但 CMOS 电路输出电流较小，如要加快开通速度，也可增加一级图 6-34 所示的互补射极跟随电路，或采用多个 CMOS 并联输出的方法。

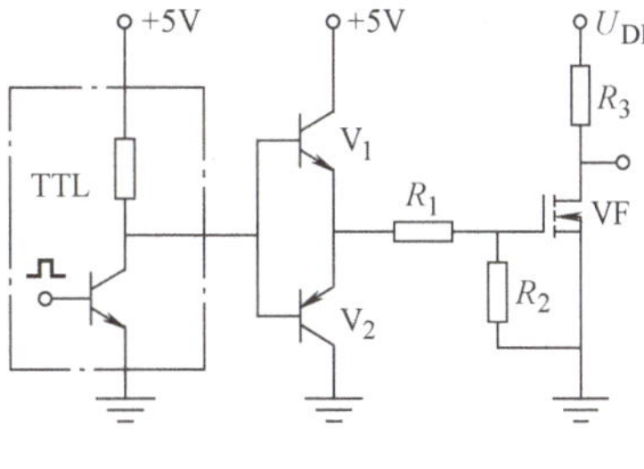

图 6-34　TTL 与 MOSFET（VF）之间加有缓冲级的驱动电路

为减小开通时间，也可加大驱动电压，即过驱动，但这样却延长了关断时间。与双极型晶体管一样也可采用加速电容，这样既可缩短开通时间，又不延长关断时间，加速电容一般选择在 10 倍于输入电容 C_{iss} 以上。

正如上述，在控制电路中 IC 与 MOSFET 栅极之间需接一个过渡电路（耦合电路），也即是 MOSFET 的驱动电路。常用如下几种直接驱动电路：

1）控制驱动电路之一。如图 6-35a 所示，当单片集成型控制电路 IC（MC3524、TD4700、TL494、SG3525 等）的输出晶体管导通时，借助于 R_1、R_2 上的分压对 V_1 的基极施加电压而使其导通。VF 输入端获得高电位而导通，通过串联于发射极的 R_3 限制了 V_1 的集电极电流的增加。二极管 VD_1、VD_2 阻止 V_1 达到饱和。由于 VD_2 的存在，确保 V_2 的可靠关断。当 IC 的输出晶体管关断时，V_1 截止，V_2 经 R_4 而导通，VF 输入端电位低而截止，此时 MOSFET 输入端的电容经 R_5 和 V_2 放电。这种控制驱动电路所需的驱动功率很小。

2）控制驱动电路之二。为了提高栅极的充放电电流，可采用图 6-35b 所示的带有复合达林顿电路的逆变控制驱动电路。当 IC_1 的输出晶体管导通时，V_1 导通，其射极电流受 R_3 限制。V_3 通过 VD_3 导通和受控制。同时 V_2 的基极获得正电位而可靠截止，V_4 也因 R_7 未获得足够高的正电位而截止。VD_1、VD_2 的截止使 V_1 达到饱和导通。

当 IC_1 的输出晶体管关断时，V_1 通过 R_1 和 V_3 通过 R_5 从而截止，VF 截止储存在 MOSFET 的输入端电容上的电能，经 R_4 和 V_2 而放电，V_4 受控于 V_2 而导通，加速放电过程。由于 VD_3 和 R_5 的存在，使原来窄的脉冲宽度借助储存时间而使输出脉冲变宽。

这种电路自身所需的输入电流很小，而又能提供较大的电流，特别适合于大功率 MOSFET 和并联驱动用。可能出现的栅源极电压波动，借助串联电阻（1～4.7Ω）来改善。

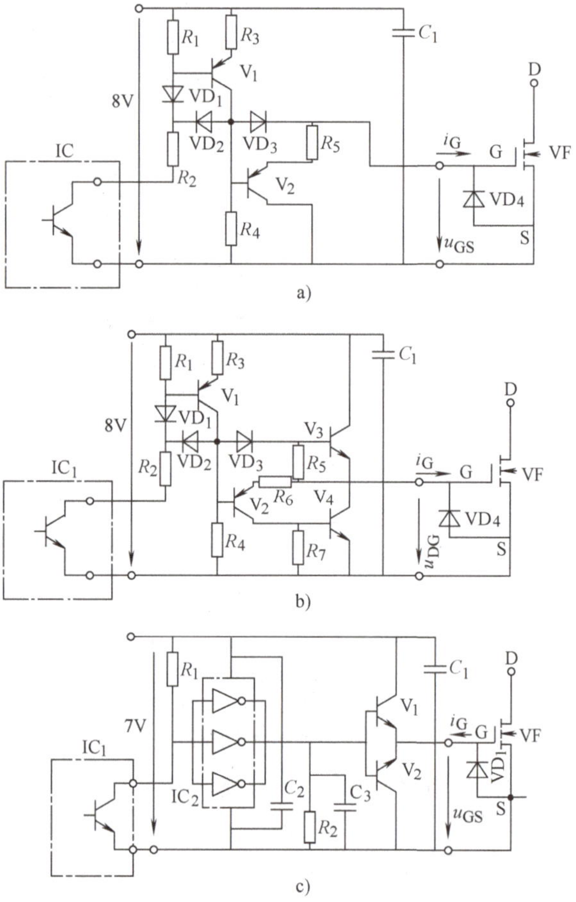

图 6-35　MOSFET 驱动电路

a）控制驱动电路之一　b）控制驱动电路之二　c）控制驱动电路之三

3）控制驱动电路之三。即带有互补晶体管和 CMOS 传动的逆变器控制驱动电路。图 6-35c 所示为 CMOS 转换电路，IC_2 用于输出信号的倒相过渡，同时也作为 V_1、V_2 的驱动级。当 CMOS 驱动器置于高电压时，为 V_1、V_2 提供足够大的电流，它是由三个转换器组成的。R_2 用于控制 V_2。它在控制电路无电压或电压不足的时候，为 MOSFET 的栅极提供所需的电位（例如开通过程）。C_3 用于缩短 $R_2C_{BE(V2)}$ 的时间常数。这种电路的使用场合与图 6-35b 的电路类似。

（2）间接驱动　栅极的间接驱动电路根据隔离元件的不同，分为电磁隔离式和光隔离式两种。

图 6-36 所示为由脉冲变压器作为隔离元件的栅极驱动电路。图 6-36a 所示电路的特点，是在电感负载两端并接了续流二极管 VD_1，用它来限制驱动晶体管 V_1 中可能出现的过电压。电阻 R_1 限制充电电流的数值，电阻 R_2 防止栅极开路。图 6-36b 电路是在图 6-36a 所示电路的基础上，在栅极限流电阻 R_1 的两端并联了加速二极管 VD_2，使得充电电流增加，并提高开通速度。图 6-36c 所示电路与前述两种电路不同，它是利用变压器绕组构成的准推拉式驱

动电路。当晶体管 V_1 导通时，15V 电源电压加在变压器一次两个串联绕组的 W_1 部分上。若三个绕组匝数相同，则在 W_2 部分感应出相同的电动势，于是在二次绕组 W_3 上按 2∶1 的降压比感应出与 15V 电源相同的电动势。当驱动管 V_1 截止时，W_2 中的电动势反向，并被二极管钳位于 15V 电源电压。现在 W_2 中的电动势又同样感应在 W_1 部分上，于是二次绕组 W_3 中的电动势改变极性，但幅度仍为 15V。如果脉冲宽度足够产生磁化电流，那么这种电路将会获得较宽的电流负脉冲。

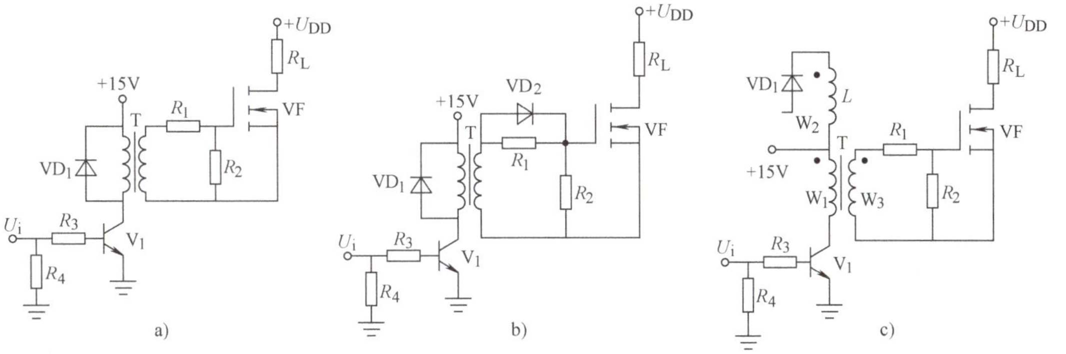

图 6-36　采用变压器隔离的栅极驱动电路

图 6-37 为采用光耦合器进行隔离的栅极驱动电路。图 6-37a 为基本的光耦电路，通过光耦器件将逻辑控制信号与驱动电路隔离。晶体管 V_1 和 V_2 为脉冲放大器，其输出阻抗可根据功率 MOSFET 栅极的要求进行设计，由于这种电路的光耦器件响应速度较慢，因而加长了开关延迟时间，限制了使用频率。图 6-37b 为改进型光耦驱动电路。该电路使关断时间进一步缩短。它是在图 6-37a 电路的 V_1 与 V_2 两管中间加入了晶体管 V_3，并且将光耦器件输出接成射极跟随器的形式。当光耦器件导通时，晶体管 V_1 随之而导通并向 V_3 提供基极电流，于是 V_3 导通使 V_2 截止。功率 MOSFET 的栅极经 100Ω 电阻充电，使它开通，当光耦器件截止时，V_1 随之截止并使 V_3 基流切断，于是 V_3 截止。电源 $+U_{CC}$ 经电阻 R_2、二极管 VD_3、电容 C 加速网络，并向 V_2 提供基极电流，使 V_2 导通并由此将功率 MOSFET 的栅极接地，迫使功率 MOSFET 关断。由于该电路采取了光耦器件射极输出、V_3 被钳位和 V_2 加速网络三项措施，因而其开关速度提高。

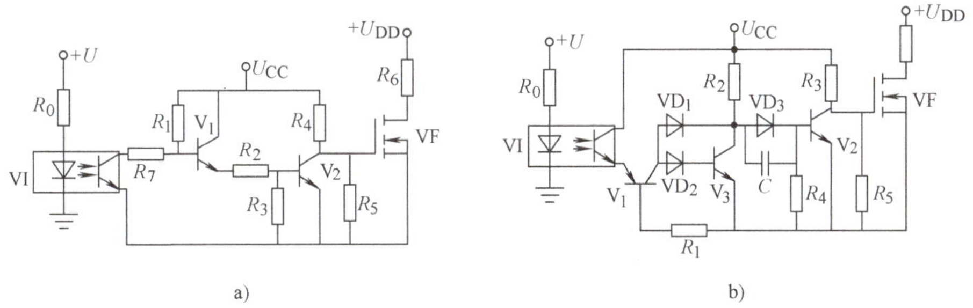

图 6-37　采用光耦器件的删极驱动电路

6.4.4 MOSFET 弧焊逆变器的特点、分类与应用

1. MOSFET 弧焊逆变器的特点

场效应晶体管（MOSFET）作为电子功率开关，与晶体管相比，给弧焊逆变器赋予了如下突出的特点：

1）控制功率极小，MOSFET 的栅源极直流输入电阻很高，采用电压控制。从功率耦合的角度来看，MOSFET 式弧焊逆变器可以通过 A-D、D-A 接口直接采用微机进行控制，而且可以使控制电路简化，这是现代调节电路所极力追求的。

2）可靠工作范围宽。

3）开关时间极短。

4）多管并联工作相对较易实现，因为 MOSFET 具有正的温度系数，并联工作不必串联均流电阻。

2. MOSFET 弧焊逆变器的分类、应用和典型产品

（1）分类与应用　MOSFET 式弧焊逆变器可按外特性分类，也可按输出直流、脉冲、矩形波交流分类。这类弧焊逆变器具有普遍推广的意义，不仅可用于量大面广的焊条电弧焊、钨极氩弧焊、熔化极气体保护焊、等离子弧焊接和切割，还可用于机械化焊接、自动化焊接以及机器人焊接等高性能、精密焊接。通过取不同的电弧电压、电流负反馈及其不同的匹配比例，可获得多种外特性，便于实现多种材料、多种焊接工艺方法。此外，它还可十分方便地通过数字化、智能化的控制，提升其焊接性能和多功能化。由于 MOSFET 管的功率所限，通常把它用在 160～400A 中小功率的场合为多，特别是用于小功率，把它的逆变频率提高到 100～200kHz，可把 100A 的 MOSFET 式弧焊逆变器做成只有 3.4kg。它是一台名副其实的袖珍式的弧焊电源，简直像一个工艺品。

（2）典型产品　以高频脉冲 TIG 弧焊逆变器（WSM-100）为例，其逆变器工作频率为 66～140kHz。这样高的频率只有场效应晶体管式逆变器才能胜任。采用高频脉冲的目的，是利用高频电流的电磁压缩作用来提高焊接电弧挺度，小电流稳定，从而可提高焊接薄板的效率和质量。它的工作原理如图 6-38 所示。

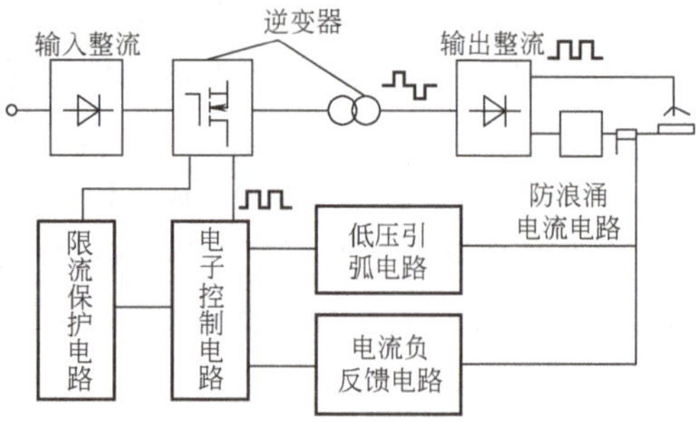

图 6-38　WSM-100 高频脉冲弧焊逆变器原理图

它采用了定频率调脉冲宽度的控制方法。空载时，输出的控制脉冲宽度很小，因而输出的空载电压也很低。引弧后，在电流正反馈环节的作用下，使输出的控制脉冲宽度逐步增加。输出端电压随之逐步升高，焊接电流不再逐步增长，这一正反馈过程由低压引弧电路完成。当焊接电流达到外特性控制电路所设定的电流值时，电流负反馈电路进入工作状态，电流不再增加而保持恒定。低压引弧电路自动退出工作状态。电流的恒定是通过调整脉冲宽度来实现的，即通过 PWM 控制方式，调节主变压器输出电压来实现电流的恒定。

高频脉冲弧焊逆变器的主要技术参数：

网路电压：单相，220V；　　频率调节范围：66～140kHz；

空载电压：12V；
外特性：垂直陡降；
电弧电压：≤20V（工作电压最大可达 40V）；
弧焊逆变器质量：约 8kg；
焊接电流：≤100A；
外形尺寸：320mm × 260mm × 130mm。

它采用接触引弧，由于高频脉冲弧焊逆变器的主电路时间常数很小，接触引弧瞬间的短路电流冲击值非常高。这个高的电流冲击值反映到主变压器的一次侧，使流经场效应晶体管的电流冲击值非常大，对场效应晶体管的安全使用极为不利。如果能降低接触引弧瞬间短路电流冲击值，就可以减少所需场效应晶体管的个数，提高场效应晶体管的使用效率。此外，低压引弧是一种新颖的引弧方法，它可以大幅度减少钨极对工件的污染，同时又可避免高压高频电的干扰。所以，研制低压引弧电路在技术上、经济上都具有重要意义。

6.5 IGBT 式弧焊逆变器

IGBT 式弧焊逆变器是晶体管类弧焊逆变器的又一种形式。场效应晶体管取代晶体管作为弧焊逆变器的电子功率开关，虽然具有控制功率极小、开关速度快、无二次击穿、逆变频率更高等优点，以符号 VT 表示。但是，场效应晶体管也存在着一定不足之处，主要是通道电阻较大，耐压低，额定工作电流小，需采用多管并联，生产调试较麻烦。为了解决这个问题，生产厂家和研制单位，在发展大容量场效应晶体管制造技术的同时，把晶体管的大容量和场效应晶体管的电压控制等独特优点结合起来，研制和生产了 IGBT 功率开关管。由于此功率开关管容量较大，生产调试相对比较方便，因而很快得到了全面的推广和应用。以 IGBT 为功率开关管的弧焊逆变器同属电压控制型，通称 IGBT 式弧焊逆变器，但 IGBT 式逆变器的逆变频率没有 MOSFET 式高。MOSFET 式和 IGBT 式弧焊逆变器各具特色，成为当前并举发展和大面积推广的新型弧焊电源。特别是 IGBT 式弧焊逆变器可从小功率一直做到很大的功率，如 1000A 级以上。其推广面更宽广，推广速度更快。

6.5.1 主要组成和基本工作原理

IGBT 式弧焊逆变器的主要组成和基本原理框图如图 6-39 所示，它与场效应晶体管弧焊逆变器、晶体管式弧焊逆变器相比，大同小异，基本结构形式、框架一样，且均采用“定频率调脉宽”的 PWM 调节方式。主要的不同点是：IGBT 管代替场效应晶体管、晶体管；

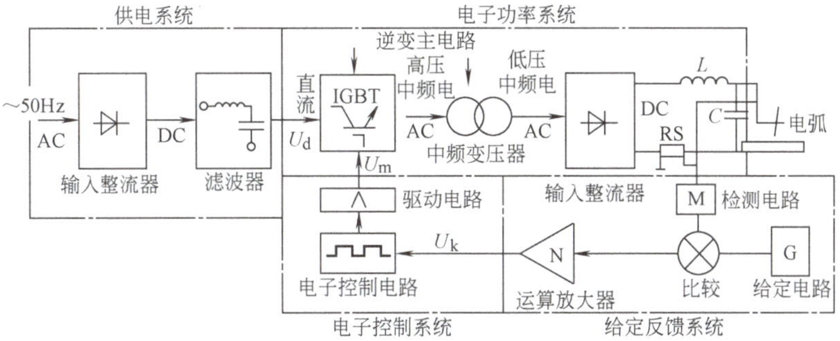

图 6-39 IGBT 式弧焊逆变器的主要组成和基本原理框图

逆变频率为 20 ~25kHz，而场效应晶体管为 50kHz 以上；IGBT 管采用电压控制，单管容量足够，不必多管并联工作。它的外特性、调节特性（规范参数调节）和输出波形的获得与控制，也是借助于脉宽的变化（变换、调制）来实现的，包括输出脉冲波形的低频调制在内，而且，在输入整流滤波电路、逆变主电路基本类型（多种）、输出滤波电路、带有负反馈的闭环控制电路及其原理等方面，与场效应晶体管式弧焊逆变器都是基本相同的。

6.5.2 逆变主电路工作原理

IGBT 式逆变主电路与 MOSFET 式、晶体管式弧焊逆变器的逆变主电路基本形式及其基本原理、结构特点等大同小异，常采用单端正激式、半桥式、全桥式和双重正激单端式逆变主电路。弧焊逆变电源的主电路拓扑结构主要有单端正激、半桥式和全桥式等多种形式。

前面已介绍的几种逆变主电路基本方式不再重复。这里以全桥式逆变主电路为例，介绍 IGBT 式逆变主电路工作原理。图 6-40 所示为 IGBT 全桥式弧焊逆变器原理框图及其逆变主电路图。

三相 380V 交流电压经全桥整流（UR_1）滤波后，送到 IGBT 全桥式逆变开关，逆变产生的高频（20kHz）交流电压经二次绕组带有中间抽头的功率中频变压器降压，以及整流（UR_2）滤波后送到电弧负载。焊接电压、电流的调节特性和外特性形状控制，采用脉宽调制（PWM），电压、电流反馈信号借助输出电压的采样和莱姆（LEM）电流传感器（或分流器）获得，如图 6-40a 所示。直流弧焊逆变器电流反馈信号的采样方式有多种：在交流侧接交流互感器，在直流侧接无感电阻或直流互感器；它们各自有不同的优缺点。而 PWM 控制的直流弧焊逆变器，多是采用电流表配用的分流器（RS）代替无感电阻对焊接电流采样。分流器不是无感电阻，得到的反馈信号为毫伏级（≤75mV），信噪比小，这种取样方式在控制回路与输出主回路之间有公共点，以致干扰增加，一般需要通过光耦合器来隔离电的直接联系，提高反馈系统的稳定性。

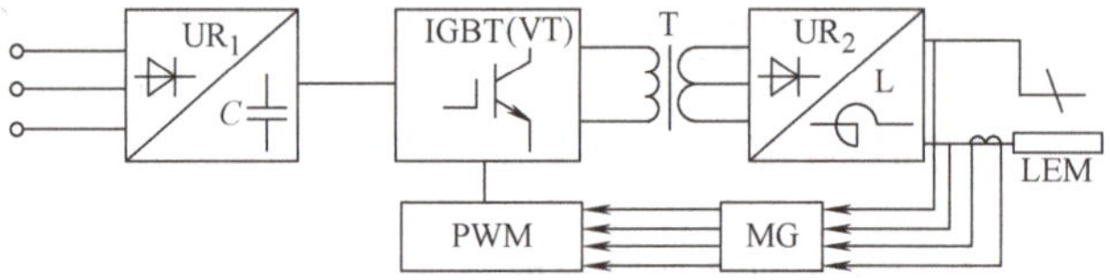

a)

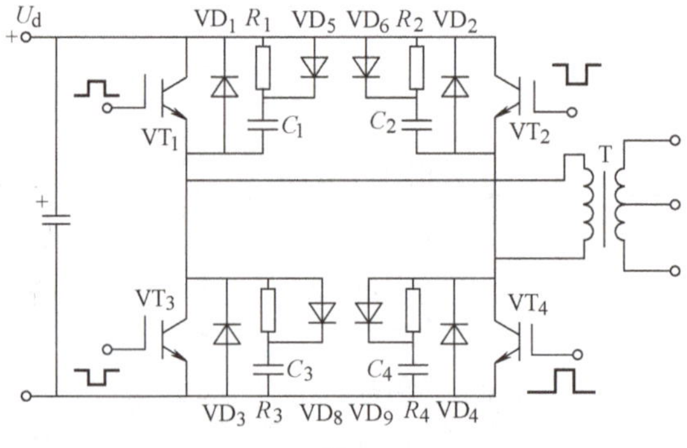

b)

图 6-40　IGBT 全桥式弧焊逆变器及其逆变主电路

a）原理框图　b）逆变主电路

图 6-40b 为其全桥式逆变主电路。采用全桥式的目的在于使开关管承受同样的耐压和电流情况下逆变器有更大的功率输出。全桥式逆变主电路由功率开关管（IGBT）VT_1、VT_2、VT_3、VT_4 和中频变压器 T 等主要器件组成。VD_1、VD_4 与 VT_1、VT_4 反向并联，承受负载产生的反向电流以保护开关管。四个缓冲（吸收）环节（R、C、VD）的引入，是为了避免四个开关管在关断时过高的电压上升速度（du/dt）和减少开关管的关断损耗。在此电路中，桥臂对边上的两只 IGBT 管如 VT_1、VT_3 或 VT_2、VT_4，是同时导通和关断的，对边上的两对开关管交替通断，相位差为 180°。

当激励脉冲信号轮流驱动 VT_1、VT_4 或 VT_2、VT_3 时，逆变主电路把直流高压（约 540V）转换为 20kHz 的中频交流电压送到中频变压器，经降压整流滤波输出。由于 IGBT 的单管（特别是模块）控制电流能力强（最大可达 3600A/1700V），因此电路的每一开关臂可以仅用单只 IGBT，简化了主电路和驱动电路的结构。也就是说，驱动电路的设计只需考虑能激励单只 IGBT 所需功率就行（IGBT 与 MOSFET 同属电压控制型），借助 PWM 调制和只取电压负反馈，便可以获恒压外特性曲线，如图 6-41 所示。其他形状外特性形成原理与前述类似，不再赘述。在某只 IGBT 上的电压 u_{ce} 和电流 i_c 波形，如图 6-42 所示。

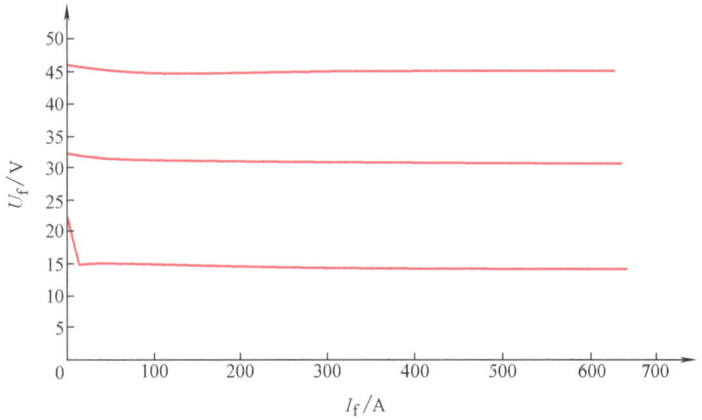

图 6-41　全桥式逆变器不同的恒压外特性图

全桥式逆变主电路除了可以输出较大功率、开关管耐压要求较低外，与双重正激单端逆变主电路比较，还有结构十分紧凑，特别有利于采用串联式双单元的模块开关管，占地面积较小，但其中频变压器的二次绕组需要中间抽头，制作比较麻烦。此外，在调试中必须严格控制脉冲的占空比（脉冲宽度与周期的比例）。一般其最大占空比采用 0.4，否则有可能出现两对边开关管重叠导通，把输入直流电源（U_d）短路而烧坏开关管的现象。这种情况给调试工作增加了难度。

图 6-42 所示是 IGBT 工作在空载至 630A 大电流负载过程中，其开通与关断瞬间的电压（u_{ce}）、电流（i_c）波形图。图 6-43a 所示是 IGBT 开通瞬间的电压（u_{ce}）、电流（i_c）波形。图 6-43b 是关断瞬间的 u_{ce}、i_c 的波形。

全桥逆变电路的主变压器，或称中频变压器，其磁心（包括滤波电感、磁开关）一般可采用铁氧体、非晶态软磁体、超细晶体材料等，在设计和绕制中，如果没有特别的保护措施将不可避免地产生偏磁，图 6-44 所示是负载电流 160A、电压 21.5V（见图 6-44a）至电流 598A、电压 42.2V（见图 6-44b）时在主变压器工作的铁磁心特性 B-H 曲线。如图可见，

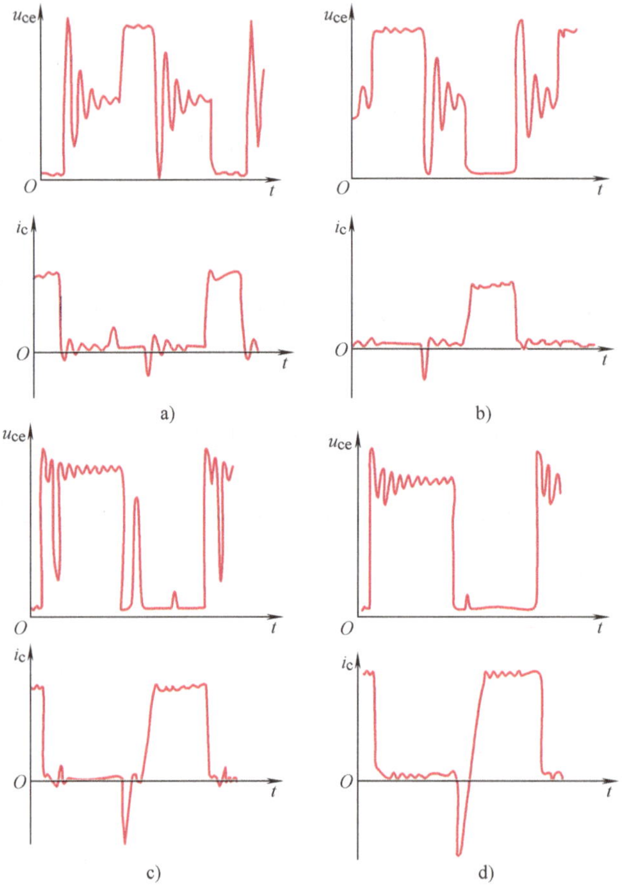

图 6-42 IGBT 各种电压（u_{ce}）电流（i_c）波形图

a）160A，24V b）315A，30V c）503A，40V d）612A，42.5V

磁特性 *B-H* 曲线在（*E*，*O*）点地位置上、下及左、右的包围面积不相等，说明变压器存在偏磁现象。从变压器的电流波形上、下半周不对称也可说明变压器电流存在直流分量。而在598A、42.2V 时磁特性 *B-H* 曲线比较对称（见图 6-44b），说明偏磁较小。产生偏磁在许可范围内逆变器仍能正常工作，但是不能超过一定范围。要改善变压器偏磁，可采取以下措施：

1）加监测电路，检测变压器开通的伏—秒乘积，控制 PWM 电路，使变压器开通的上、下半波伏—秒乘积相等，从而达到磁平衡。但该方法电路复杂，调试要求高，否则由于电路的误差会产生新的不平衡问题。

2）变压器上串联隔直电容，但隔直电容上流过与变压器上相同大小及频率的电流，对电容器要求高频损耗较小，过大电流能力强。

3）变压器设计时预留安全余量增加气隙，使安全系数增加（在变压器偏磁运行的同时，防止变压器铁心进入磁饱和）。该方法牺牲了变压器的体积，带来的优点是变压器散热好，工作可靠性高。

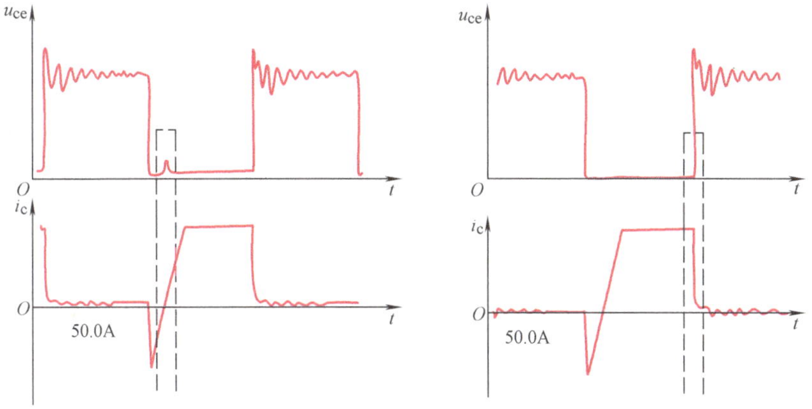

a)　　　　b)

图 6-43　IGBT 开通与关断瞬间的电压波形、电流波形

a）IGBT 开通瞬间的电压（u_{ce}）、电流（i_c）波形　b）IGBT 关断瞬间的 u_{ce}、i_c 的波形

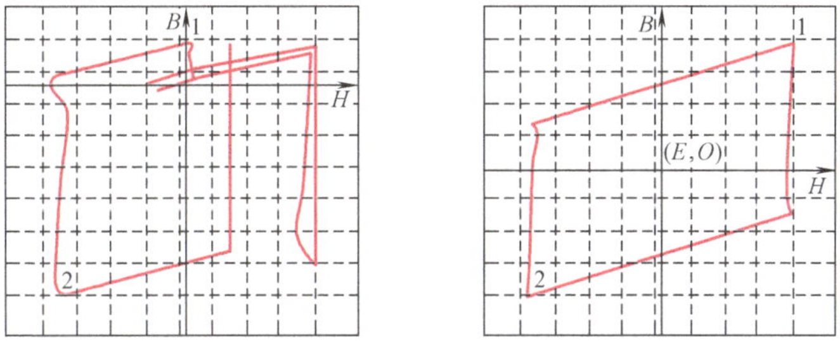

a)　　　　b)

图 6-44　主变压器工作时铁磁心特性 *B-H* 曲线

a）*BH*-160A，21.5V　b）*BH*-598A，42.2V

6.5.3　控制驱动电路工作原理

借助于电压控制和 PWM 定频调宽的调剂控制方式及输出电压、电流负反馈，实现弧焊逆变器的外特性、调节性能、动特性及波形的控制和调节，如上所述。通常可选用 SG3562 等芯片为 PWM 集成控制电路，配以外围辅助电路，实现定频调宽调剂的控制。

1. 对 IGBT 式弧焊逆变器驱动电路的要求

驱动电路是电力电子变换器的重要组成部分，其性能是否稳定可靠将直接关系到功率变换器的成败。对驱动电路的最基本要求，就是使功率开关管在各种工作条件下都能迅速开通和关断，同时驱动电路还应具备一定的抗干扰能力，避免出现误导通或误关断的情况发生。驱动电路是控制电路与逆变主电路之间的接口，它与弧焊逆变器的可靠性、效率等性能密切相关。

IGBT 对驱动电路有许多特殊的要求，概括起来主要有：

1）栅极驱动电压脉冲的上升和下降率要充分大，使 IGBT 能快速开通和关断，缩短开、关时间，减小开、关损耗，但不是愈快愈好，否则可能引起振荡。

2）在 IGBT 导通后，栅极驱动提供给 IGBT 的驱动电压（和开通与关断瞬间电流）要具有足够的幅值。该幅值应能维持 IGBT 的功率输出极总是处于饱和状态，当 IGBT 瞬时过载时，栅极驱动电路提供的驱动功率要足以保证 IGBT 不退出饱和，避免损坏。

3）栅极驱动提供给 IGBT 的正向驱动电压 $+U_{GE}$增加时，IGBT 输出极晶体管的导通压降 U_{CE}和开通损耗值将下降。在负载短路过程中，IGBT 的集电极电流也会随 $+U_{GE}$的增加而增加，并使 IGBT 承受短路损坏的脉宽变窄，因此，IGBT 的栅极驱动电压应该选取其所需要的最小值。

4）IGBT 在关断过程中，反向负偏压 $-U_{GE}$有利于 IGBT 的快速关断，但是，其电压值过大会造成反向击穿。所以，$-U_{GE}$也要合理取值（此值一般为 -8 ~ -15V），适当大的负值，有利于可靠关断 IGBT。

5）虽然 IGBT 的快速开通和关断有利于缩短开、关时间和减小关断损耗，但在过电流和短路保护时，过快地关断反而很危险。因为过快地关断会由于 di/dt 过高，在主电路电感中引起很高的反电动势 Ldi/dt 使 IGBT 集电极产生尖峰电压而足以损坏 IGBT。因此 IGBT 的开、关时间不宜过短，其值要根据电路中所有元件耐受 du/dt 的能力及 IGBT 自身的 du/dt 吸收电路性能综合考虑。另外，由于 IGBT 逆变器多为带有续流二极管的电压逆变器，所以电感通过续流二极管续流是不会引起 IGBT 承受过高 Ldi/dt 的问题。

6）IGBT 一般应用于高压场合，所以电路应与整个控制电路在电位上严格隔离。

7）由于栅极信号的高频变化，为防止造成同一系统多个 IGBT 的栅极驱动信号线捆扎在一起而引起互相干扰，栅极驱动电路与 IGBT 之间的连接线应采用绞线或同轴电缆屏蔽线，同时栅极驱动电路中 IGBT 的栅—射极连线应尽可能短。

根据以上对驱动电路的要求，可以设计出各种形式的驱动电路，目前常用的有快速光耦隔离驱动电路、脉冲变压器隔离驱动电路以及采用专用 IGBT 驱动模块，如富士电机的 EXB 系列、东芝的 TLP 系列、IR 公司的 IR2110 等。

2. 驱动电路的工作原理

1）IGBT 驱动电路基本形式之一如图 6-45a 所示，它由 VF_1、V_2、V_3 及 R_1、R_2、R_G 等组成。图 6-45a 中 VI 为光耦合器。用它做耦合具有高速响应、没有 du/dt 引起的误动作、驱动功率小等优点。用于驱动的电压为 $\pm U_{GE}$。IGBT 各电量波形图如图 6-45b 所示。

2）MOSFET 式弧焊逆变器的几种基本形式驱动电路，也可用于 IGBT 式弧焊逆变器的驱动电路，但不同型号和功率其选用的驱动电路的型号规格也不同，而且驱动电压一定要有足够大的正、负值。

3）SEMIKRON—IGBTA40S 驱动器，其电子驱动电路最重要的特性是利用 IGBT/MOS 特性的全部功能，借助于电子学和 IGBT 模块的生产经验，提高逆变器的可靠性和工作能力。

SKHI 对开关损耗的优化控制，SEHI 驱动器输出极电压一直保持稳定，以降低 u_{CE}饱和相对损耗。而控制开关损耗的另一重要参数是栅极前置电阻值（R_G）。它限制开通和关断时栅极瞬间电流脉冲幅值，即制约了控制驱动脉冲使 IGBT 开通瞬间对栅射极间充电大小、快慢，以及使 IGBT 关断瞬间从栅射极间放电大小、快慢，通过改变 R_G 电阻值就可以控制开关损耗。图 6-46 所示为两种不同 R_G 值的关断和开通过程的电压、电流波形。由图可见，通过只降低 R_G 电阻来减少开关损耗，并不那么简单，因为开关大电流太快时产生的 du/dt 也大。这是因为电路中存在的杂散电感在模块上产生更高的电压尖峰所致。这个效应可以从图 6-46 观察到。阴影区域表示开关损耗的相对值。而优化开关损耗的另一个好办法是把 R_G 分成 R_{GON} 和 R_{GOFF}，如图 6-47 所示，这样便于分别控制开通与关断的损耗，以寻求最佳的状态，不仅有利于减少开关损耗，也有利于模块的安全可靠工作。

4）为了提高 IGBT 式弧焊逆变器开关工作的可靠性和效率，可采取如下技术措施：设计和优化 IGBT 驱动脉冲形状的方案。如图 6-48 所示，优化电流、电压波形，减少功率管 VT_1 ~ VT_4 的开关损耗，特别是关断损耗。在关断瞬间，驱动脉冲迅速下降至 －15V，而一般为 －5V，下降时间也适当地要短，保证 IGBT 迅速关断和减少关断损耗。在关断时间段中缓慢回升，但不超过 0V，保证 IGBT 不会误开通。

5）采用含有驱动电路的新型 IGBT 模块，如 IGBT-IPM 系列。IGBT 配有驱动电路和保护电路，不仅工作可靠性提高，且工艺简单，成本低。

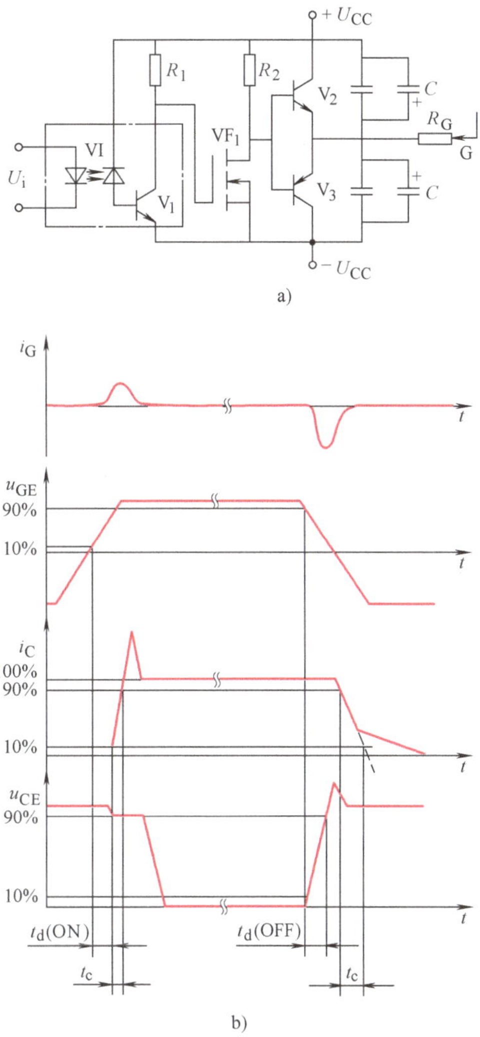

图 6-45　IGBT 式逆变器驱动电路（基本形式之一）及波形图

a）驱动电路　b）IGBT 的 i_G、u_{GE}、i_C、u_{CE} 波形图（自上而下排列）

3. IGBT 的保护

（1）过电流保护电路　IGBT 过电流保护的电路及原理如图 6-49 所示。IGBT 的过电流保护可采用集电极电压检测（识别）的方法，如图 6-49a 所示。集电极通态饱和电压 U_{CES} 与集电极电流 I_C 呈近似线性变化关系。检测（识别）U_{CES} 的大小即可判断 IGBT 集电极电流的大小。由图可知，IGBT 的结温升高后，在大电流情况下通过饱和压降增加，这种特性有利于过电流检测（识别）保护。图 6-49b 中给出了过电流保护的示意图。图 6-50a 为具体保护电路。由图可知，集电极电压与栅门极驱动信号相比较的差值，即为过电流信号，将此过电流信号反馈至控制驱动电路，切断栅门极信号，以保护 IGBT 不受损坏。值得重视的是，从检测（识别）出过电流信号至切断栅门极信号的这段时间必须小于 IGBT 允许短路过电流的时间。为此，需采用快速光耦合器 VI 及快速传送电路。但是，过电流时切断 IGBT 集电极电流不能像正常工作时那样快。

因为过电流时集电极电流较大，过快地切断会由于 di/dt 过高，在逆变主电路电感中引起很高的反电动势使 IGBT 集电极产生尖峰电压，这种尖峰电压足以损坏 IGBT 晶体管，为此在允许的短路时间内（如 10μs）应采取措施对 IGBT 进行低速切断。

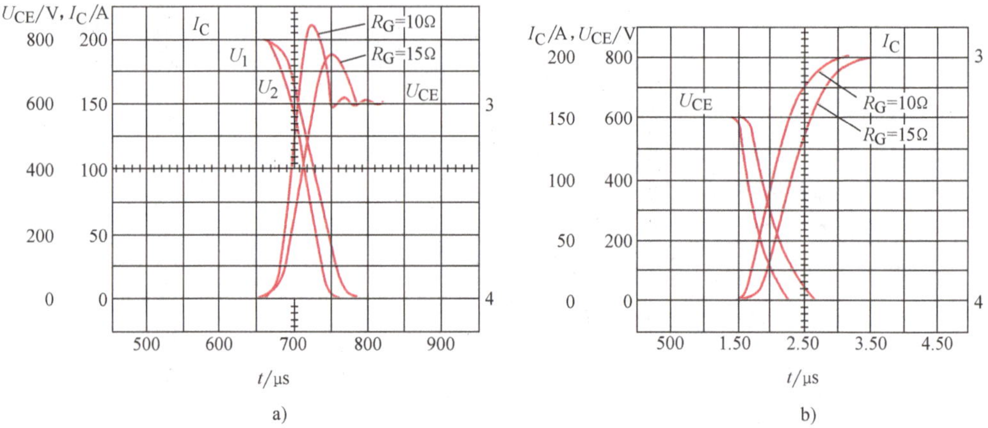

图 6-46　SKM200GB102D 在不同 R_G 值时关断与开通电流电压波形图

a）在 $R_G=10\Omega$ 和 $R_G=15\Omega$，$L=1\mu H$ 时关断　b）在 $R_G=10\Omega$ 和 $R_G=15\Omega$，$L=1\mu H$ 时开通

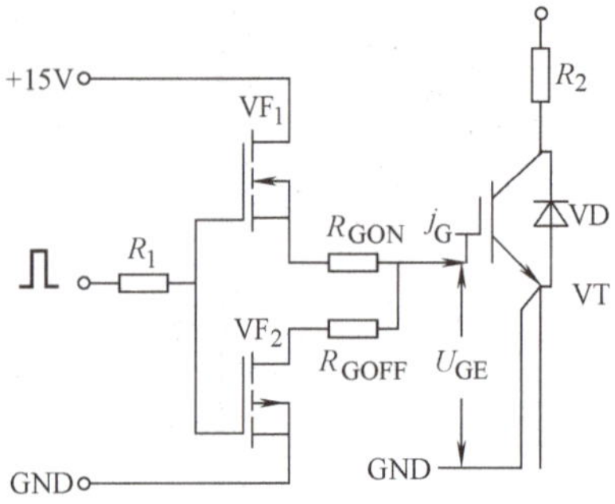

图 6-47　改进的 IGBT 驱动器输出极

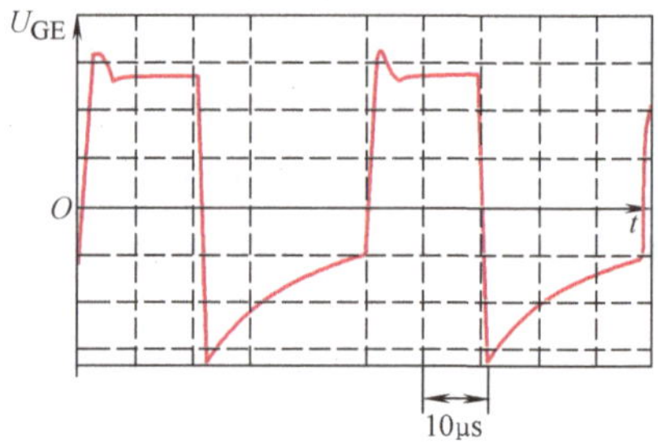

图 6-48　IGBT 驱动脉冲形状

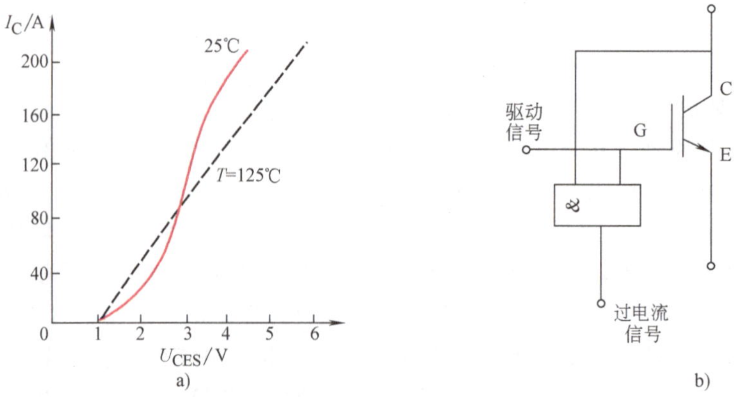

图 6-49　通态饱和电压与集电极电流的关系曲线和过电流保护示意图

a）通态饱和电压 U_{CES} 与集电极电流 I_C 的关系曲线　b）过电流保护示意图

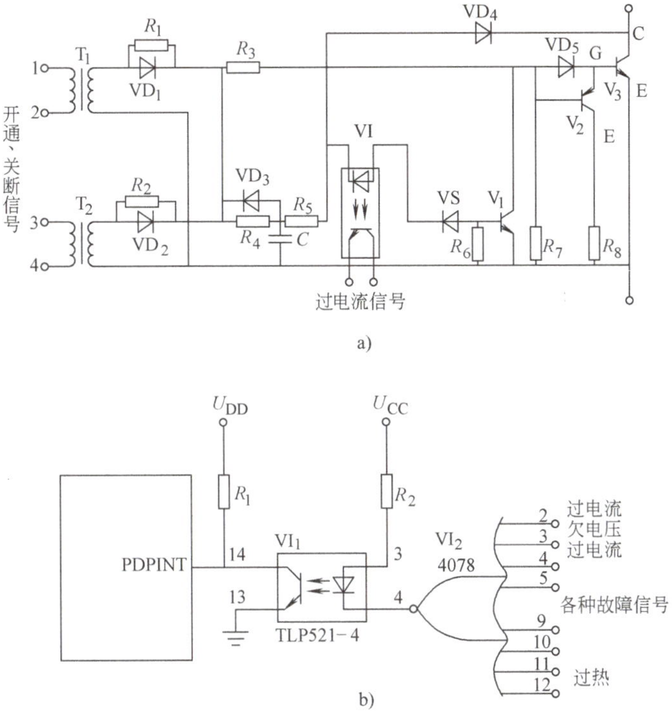

图 6-50　过电流保护电路和功率驱动综合保护电路图

a）过电流保护电路　b）功率驱动综合保护电路图

为保障系统中功率转换电路和驱动电路的安全可靠工作，利用如图 6-50b 所示的功率驱动综合保护电路，可以方便地实现各种保护功能，包括过电压、欠电压、过电流和过热保护等。一旦检测值超过给定值，保护电路发出两路信号：一路作为故障类别信号直接送入控制电路；另一路则引发中断，相应故障输入信号，做出相应的处理。将故障信号作为 PWM 封锁信号，将 PWM 输出引脚置于高阻态，用来封锁驱动信号，关闭功率器件，以起到及时保护的作用。整个过程不需要程序干预，全部自动完成，这对实现各种故障状态的实时快速处理非常有用。

（2）缓冲电路　在弧焊逆变器的应用中，为了防止过高的 di/dt，一般需加缓冲电路，对不同容量的 IGBT，缓冲电路推荐用表 6-2 所列的三种电路。为了简便，也可采用改变门极串联电阻 R_G 来控制门极电流大小，进而减弱 IGBT 开通和关断过程对缓冲电路的要求。

表 6-2　不同容量的 IGBT 的缓冲电路图表

	A	B	C
连接图（一相）	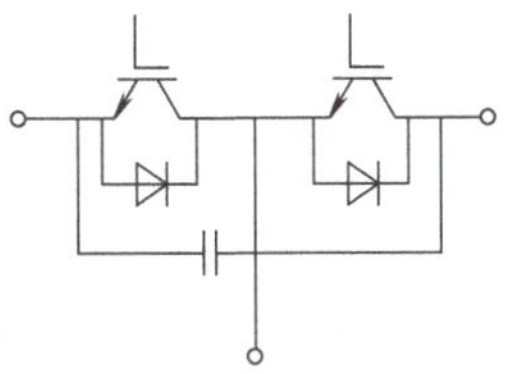	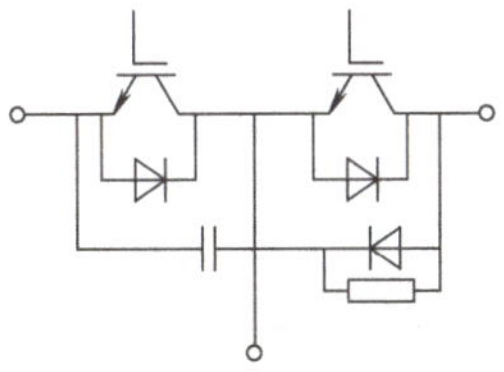	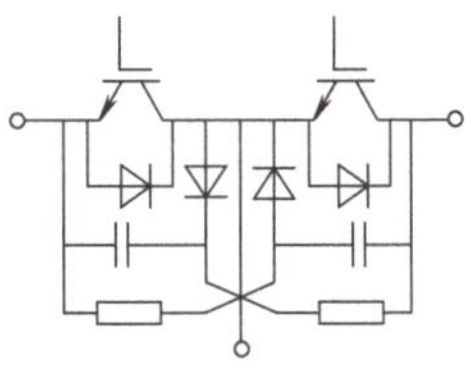

	A	B	C
用途	100A 以下小容量	200A 以下的中容量	300A 以上的大容量
备注	容易产生共振但线路最简单	有抑制共振的效果,但要注意二极管选型	最适用于大容量,但要注意二极管选型

（3）过热保护　为了防止 IGBT 过热损坏，安装合适的散热器也很重要。安装时应注意散热器的表面状态，要求散热器表面粗糙度在 R_a6.3μm 以下，平面度在 50μm 以下。散热片与 IGBT 晶体管接触处应擦硅脂（一般为硅膏）。而且散热器的压紧扭矩要适当，过大的扭矩会使 IGBT 晶体管损坏，过小则热阻明显增加。常用温度开关安装在散热器靠近 IGBT 附近。当温度超一定值（如 75℃）时控制系统自动关闭主电路，起自保护作用。

6.5.4　直流脉冲和矩形波交流电流的获得原理

1. 输出直流脉冲电流的获得原理

IGBT 式脉冲弧焊逆变器通过对 PWM 的低频调制，就可获按一定频率周期性变化的时高（脉冲峰值电流）时低（基本电流）的输出脉冲焊接电流。而低频调制和输出焊接电流脉冲频率、占空比、波形形状等，均取决于控制电路给定信号（U_K）的变化规律，输出端只是给定信号（U_K）的放大而已。

（1）IGBT 式脉冲弧焊逆变器的主要组成　IGBT 式脉冲弧焊逆变器的主要组成和工作原理框图如图 6-51 所示。

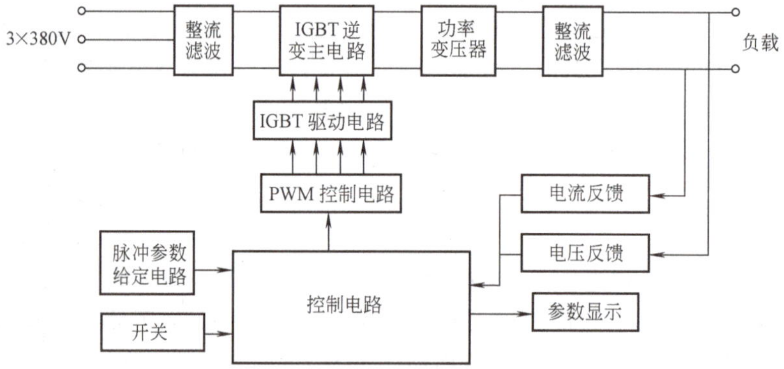

图 6-51　IGBT 式脉冲弧焊逆变器的主要组成和工作原理框图

IGBT 式脉冲弧焊逆变器主要由逆变主电路、PWM 控制电路、IGBT 栅极驱动电路、控制电路、脉冲参数给定电路、电流反馈电路、电压反馈电路及显示电路等组成。各组成部分的作用如前所述。

（2）逆变主电路的拓扑结构　如上述图 6-40b 所示的全桥逆变主电路基本结构形式。

（3）外特性及脉冲电流的形成原理　以 GMAW-P 脉冲弧焊逆变器为例，其外特性不同于一般的恒流或恒压特性弧焊电源。脉冲峰值供电特性和维弧基值供电特性，必须依据不同的工艺特点合理地选择和匹配。不同的外特性设计对脉冲焊过程的电弧稳定性、熔滴过渡形式及焊缝质量有着很大的影响，所以，电源外特性的设计非常重要。通过脉冲给定信号和取不同的负反馈信号，就可十分方便地切换外特性及其组合，获得不同频率、不同占空比和任意形状的脉冲焊接电流（电压）。

脉冲峰值电流和维弧基值电流的获得，可以通过如下四种常用的外特性切换方法得到：

1）峰值阶段恒压 + 基值阶段恒压（$U-U$）。其优点表现为电弧自调节能力强；其缺点是峰值电流不稳定，熔滴过渡可控性差，会影响熔滴过渡。

2）峰值阶段恒压 + 基值阶段恒流（$U-I$）。其特点表现为电弧自身调节能力强，峰值阶段弧压稳定，基值阶段电流恒定，不会因弧压波动导致电流过小而熄弧。

3）峰值阶段恒流 + 基值阶段恒压（$I-U$）。其特点表现为抗弧长干扰能力强，峰值电流不变可以进行较为稳定的喷射过渡，可对熔滴过渡进行精确控制；其缺点在于电弧自调节能力差。

4）峰值阶段恒流 + 基值阶段恒流（$I-I$）。其特点表现为峰值阶段电流稳定，能得到稳定的喷射过渡并可对熔滴过渡进行精确控制，在基值阶段电流稳定不易熄弧；其缺点在于电弧自调节能力差，弧压波动大，基值阶段会因弧长波动而造成短路。

上述四种外特性组合方法每种都有其优缺点，它们的峰值阶段和基值阶段都是由单独外特性供电的，因而各自存在一定的缺点。恒压特性使电弧具有足够的自调节作用，但对熔滴过渡过程不利；而恒流特性则相反，能使熔滴过渡恒定，焊缝成形均匀，但是电弧的自调节能力较差。目前峰值阶段恒流 + 基值阶段恒流（$I-I$）和峰值阶段恒压 + 基值阶段恒流（$U-I$）这两种组合方式应用较为广泛。

峰值阶段恒流 + 基值阶段恒流（$I-I$），通过电流反馈达到恒流控制的目的。针对（$I-I$）外特性方式电弧自调节能力较差的缺点，可通过弧压反馈控制弧长来达到电弧稳定性调节。

（4）对动特性的要求　GMAW-P 脉冲弧焊一般采用慢速送丝接触式引弧方法，焊丝慢速与工件接触，由接触电阻产生的热量使焊丝端部熔化产生电弧。在焊铝时，由于铝合金的热导率、比热容很大，比钢大一倍多，在引弧过程中大量的热量被迅速传到工件金属内部，并且铝合金的电阻率低，同样电流产生的电阻热比钢焊丝小得多，同样直径的铝焊丝比钢焊丝引弧要困难得多，因此铝合金所需的引弧电流和电流上升率比钢焊丝大得多，即需采用热引弧。引弧电流和电流的上升率是 GMAW-P 焊电源动特性设计时必须考虑的问题。

在正常焊接过程中的脉冲循环阶段，脉冲电流的上升时间和下降时间将随着动特性的变差而变长，这样会导致脉冲波形失真。特别是在脉冲频率较高的情况下，脉冲阶段能量的不足会直接影响到熔滴的正常过渡，甚至失去脉冲的效果，所以说脉冲阶段要求较快的动态响应。在维弧的基值阶段，焊接电流比较小，一般情况下只有几十安，为了使电弧稳定燃烧又期望电流和电压的变化尽可能平缓，以保证电弧静态工作点的稳定。

以上分析说明 GMAW-P 焊在焊接过程中的不同阶段对电源的动特性有不同的要求，动特性的要求随着电弧状态的变化而变化，只有这样才能得到最佳的工艺效果和焊缝质量。

（5）控制驱动电路原理　采用 TLP250 组成的 IGBT 栅极驱动电路如图 6-52 所示，4 个 IGBT 的栅极驱动电路完全相同。图中 TLP250 光耦 VI_1 的 2、3 脚为 PWM 信号输入端，TP_1、TP_2 测试点为 IGBT 栅极驱动信号输出端。

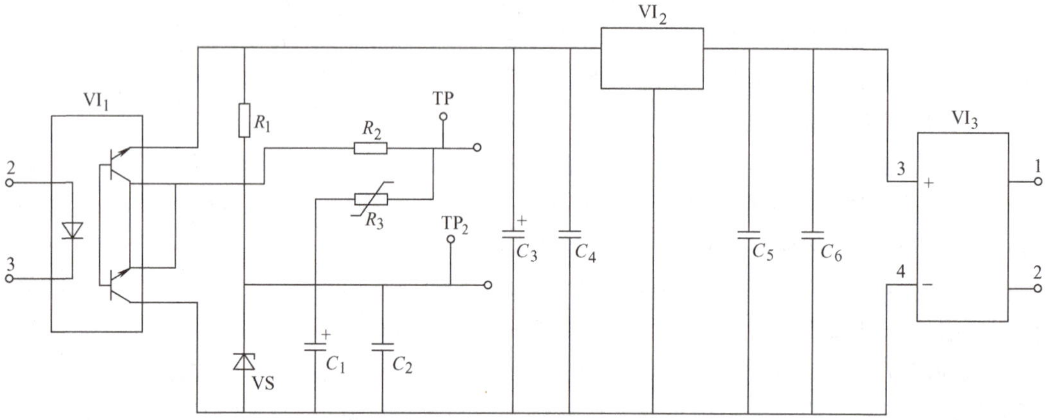

图 6-52　IGBT 栅极驱动电路

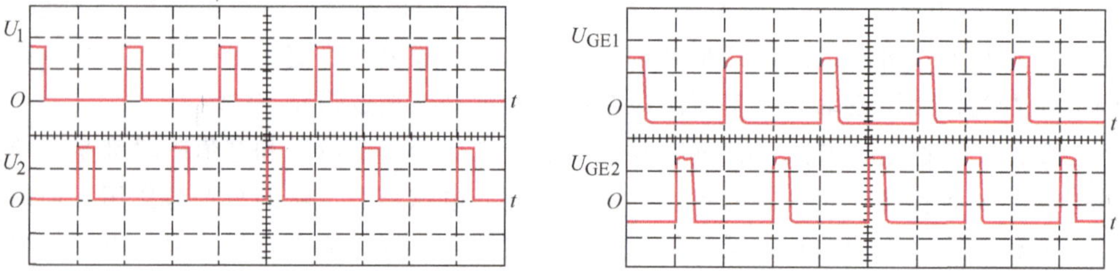

a)　　　　b)

图 6-53　驱动电路输入和输出电压波形

a）输入波形　b）输出波形

图 6-53 所示为驱动电路的输入和输出波形。驱动电路能直接驱动由 PWM 控制电路输出给 TLP250 光耦器 VI_1、2、3 脚的 3.3V 的 PWM 信号，而不需要电平转换。当来自 PWM 的高电平信号到来时，IGBT 的栅门极得到一个 +15V 的驱动信号而导通；当 PWM 低电平信号到来时，IGBT 的栅门极即得到一个 -7V 的电压而截止。可以看出该驱动波形的上升和下降速度都在微秒以内，它能很好地满足快速开关功率管的要求。图 6-54a 所示是驱动脉冲占空比从小变大，对应 GMAW-P 焊时的基值到峰值阶段的切换；图 6-54b 所示是驱动脉冲占空比从大变小，对应 GMAW-P 焊时的峰值到基段的切换。

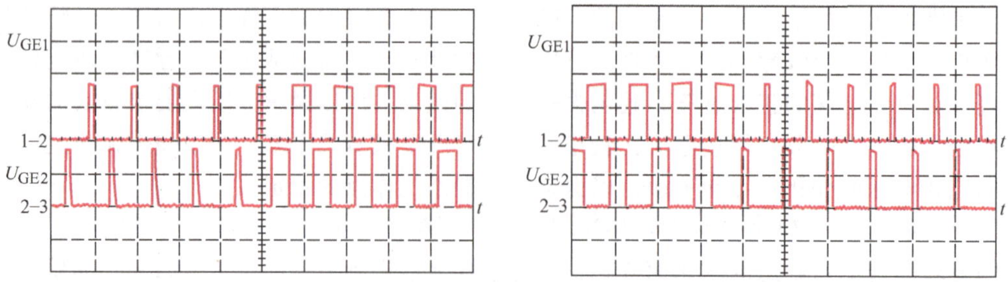

a)　　　　b)

图 6-54　PWM 波形

a）占空比由小变大　b）占空比由大变小

2. 输出矩形波交流电流的获得原理

（1）特点　如上所述，借助于“AC-DC-AC-DC-AC”的两次逆变的变换，便可获得矩形波交流电流，这就是所谓的 IGBT 逆变式矩形波交流弧焊电源，也可称为双逆变式矩形波交流弧焊电源。这种逆变方式特别适用于矩形波交流弧焊电源的大电流逆变电路，具有如下特点和优点：

1）采用 IGBT 作为矩形波弧焊电源的逆变元件，提高了弧焊电源输出电流在极性转变时的上升速度，对改善交流电弧的稳定燃烧非常有利。

2）在很低空载电压、很小焊接电流下，不用稳弧装置也可进行铝的钨极氩弧焊接。

3）便于通过调节矩形波的频率和正极性电流比例，改善焊缝成形和减少钨极的烧损，有利于提高焊接质量，适用范围更大。因而，它得到愈来愈多的开发和推广。

（2）工作原理　图 6-55 所示为 IGBT 式矩形波交流弧焊逆变器的原理框图。实际上，它是由直流弧焊电源和 IGBT 式全桥逆变主电路组成。

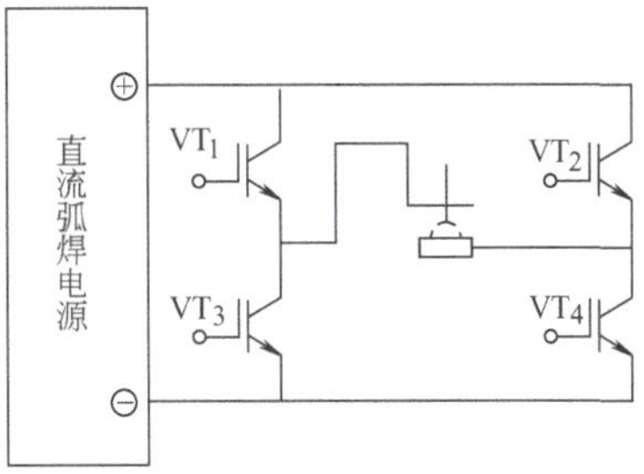

图 6-55　IGBT 式矩形波交流弧焊逆变器
VT—IGBT 管

IGBT 式全桥逆变器把直流电转换为矩形波交流电的原理如下：VT_1、VT_4 和 VT_2、VT_3 两对 IGBT 组成全桥的四臂，接入对角线的不是高频变压器，而是电弧负载。当 VT_1、VT_4 激励导通而 VT_2、VT_3 关断时，直流弧焊电源经 VT_1、VT_4 向电弧提供反（接）极性电流，当 VT_2、VT_3 激励导通而 VT_1、VT_4 关断时，直流弧焊电源经 VT_2、VT_3 向电弧提供正（接）极性电流。控制 VT_1、VT_4 和 VT_2、VT_3 两组 IGBT 轮流导通，导通时间及其相对比例，就可使电弧获得频率可变，极性、电流比例可调的矩形波交流电流。IGBT 逆变式矩形波交流弧焊电源的空载电压和焊接电流的调节及外特性（恒流）的获得，均通过调节控制逆变式直流弧焊电源而实现。

6.5.5　IGBT 式弧焊逆变器的特点、分类与应用

1. IGBT 式弧焊逆变器的特点

为了便于说明 IGBT 式弧焊逆变器的特点和为什么它会备受器重，愈来愈多被采用，可把它与 MOSFET 式、晶体管式弧焊逆变器相比的异同点归纳和介绍如下：

（1）三种逆变器的相同点　均采用“定频率调脉宽”的 PWM 调节方式，IGBT 和晶体管式的主电路逆变频率一般固定在 20kHz 左右，而 MOSFET 式一般采用 50kHz 以上。

外特性的获得与控制（含规范参数调节）均借助于脉宽的变换来实现，包括输出脉冲波形的低频调制在内，而且，输入整流滤波电路、逆变主电路基本类型（多种）、输出滤波电路、带有反馈的闭环控制电路及其原理都是基本相同的。

（2）三种弧焊逆变器的不同点

1）MOSFET 式和 IGBT 式无二次击穿问题，而功率晶体管有二次击穿问题。

2）MOSFET 式和 IGBT 采用电压控制（属电压控制型），只需极小的驱动功率；而晶体管采用电流控制（属电流控制型），需要较大的驱动功率，因而为驱动功率放大往往需要增加驱动电路的过渡环节。

3）IGBT 单管或模块容量比较大，耐压 1700V，最大容量可达 3600A，我国已拥有

6500V/600A 的 IGBT 耐高压大功率模块生产技术，而 MOSFET 的耐压、最大电流，远不及之。

4）IGBT 饱和压降比较低，有利于减少晶体管功率损耗。图 6-56a 为 IGBT 与 MOSFET、GTR（双极型晶体管）通态电压特性比较。

由图可见，IGBT 的通态电压和 GTR 相同，与偏置电压有关。但在大电流区域内，由于电导调制作用，IGBT 比 MOSFET 的通态电压低。

5）MOSFET 的通态温度系数为正，即随着电流增加和温度上升，其通道电阻增加。而 GTR 则相反，由于它的通态温度系数为负，在并联工作的管组中哪一个晶体管温度上升，通道电阻变小，使其所通过的电流增加。如此演变下去，就可能导致该晶体管由于电流、温度的不断增加而烧坏。IGBT 又是另一种特性，在小电流区域内通态温度系数为负值，在大电流区域内为正值。

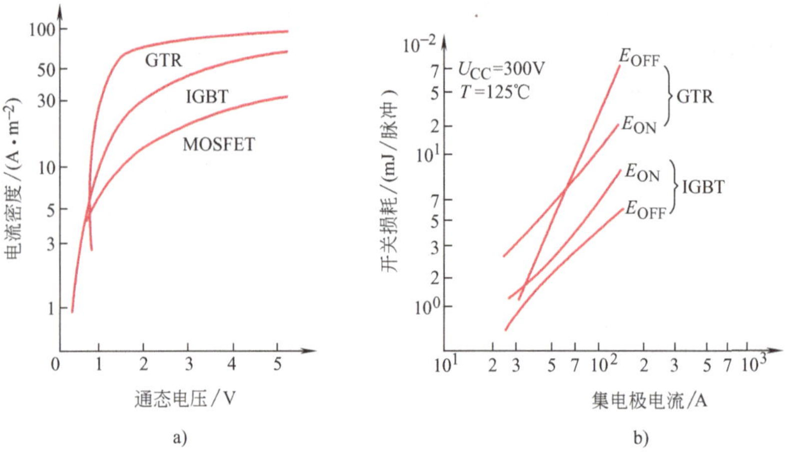

图 6-56　MOSFET、IGBT、GTR 特性比较图

a）通态电压特性　b）开关特性

6）开关损耗特性如图 6-56b 所示，IGBT 的开关损耗比 GTR 小，一般约为其 1/3 ~ 1/5，但比 MOSFET 大。

7）高频特性，图 6-57b 所示为三种晶体管在高频开关工作时的功率损耗与逆变频率的关系。

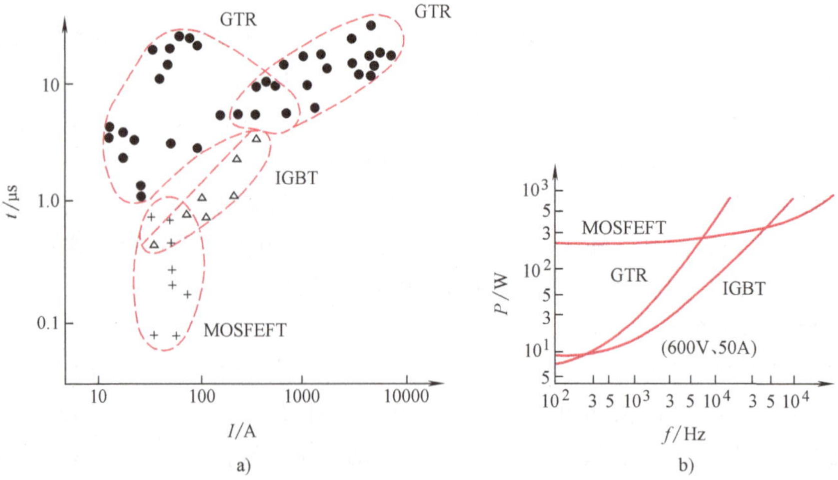

图 6-57　GTR、MOSFET 和 IGBT 高频特性

a）集电极电流与关断时间关系　b）频率与功率损耗关系

由图可见，MOSFET 可工作在 30kHz 以上，IGBT 在 10～30kHz，GTR 在 25kHz 以下。

为了更好地比较 IGBT、MOSFET 和 GTR 的特性和主要性能指标关系，用表 6-3 做说明。

表 6-3　GTR、MOSFET、IGBT 的特性比较表

功率开关管	GTR	MOSFET	IGBT
驱动类型	电流	电压	电压
开关速度	1～5μs	0.1～0.5μs	0.5～1μs
储存时间	5～20μs	无	几乎无
高压化	容易	难	容易
大电流化	容易	难	容易
高速化	难	极容易	极容易
短路 SOA	宽	宽	宽
饱和电压	极低	高	低
并联工作	容易	很容易	容易
其他	因二次击穿现象限制 SOA	无二次击穿现象	因掣住现象限制 SOA

2. IGBT 式弧焊逆变器的分类和应用

IGBT 式弧焊逆变器可按外特性分类，也可按输出直流、脉冲、矩形波交流分成相应的类型。这两类弧焊逆变器具有普遍推广的意义，不仅可用于 500A/630A 以下，而且可用于量大面广的焊条电弧焊、钨极氩弧焊、熔化极气体保护焊、等离子弧焊，以及单/双丝的直流、脉冲 MIG/MAG 弧焊、机器人弧焊等，还可用于 1000A/1250～2000A 的 DC/AC 大功率单丝/双丝/多丝高速埋弧焊工艺等。

在这里，着重以 500A/630A 中等功率和 1000A/1250A 大功率为实例，介绍这类弧焊逆变器的应用。

（1）NB-500/630 型 IGBT 逆变式熔化极气体保护电弧焊等电源

1）主要技术指标：380V，三相，50Hz/60Hz；额定焊接电流：500A/630A；额定电弧电压：40V/44V；空载电压：75V；额定负载持续率：60%；额定输出功率：20kW/27kW；额定效率：85%/86%；功率因数：0.95～0.97；弧焊逆变器质量：45kg/65kg。

2）逆变主电路形式及其原理：IGBT 单全桥型弧焊逆变器主电路及其原理结构框图，如上述的图 6-39 和图 6-40 所示。

采用全桥型的目的在于使开关管在承受同样的耐压电流情况下，使逆变器有更大的功率输出。由于 IGBT 模块单管的控制电流能力强，因此，电路的每一开关臂只需用串联式双单元模块中的一只 IGBT，简化了主电路和驱动电路的结构，借助 PWM 调制和电流负反馈或电流-电压负反馈，分别获得恒流或缓降外特性，通过电压负反馈则获得恒压外特性，实现 400A/500A/630A 的中等功率输出，分别应用于 TIG 焊、焊条电弧焊、细丝埋弧焊和 MIG/MAG 焊等。300A 以下的较小功率，常用单端正激式、半桥式逆变主电路。

（2）MZ-1000/1250 型 IGBT 逆变式埋弧焊电源

1）主要技术指标：380V，三相，50Hz/60Hz；额定焊接电流：1000A/1250A；额定电弧电压：44V/44V；空载电压：80V/83V；额定负载持续率：100%；额定输出功率：44kW/55kW；额定效率 86%～87%，功率因数 0.93～0.96；弧焊逆变器质量：98kg/128kg。

2）逆变主电路形式及其结构原理：IGBT 双全桥型埋弧焊逆变器主电路及其结构原理框图如图 6-58 所示，通过两个全桥逆变器并联运行，使其输出容量提高到额定值的 2 倍，并通过各自的电流负反馈限流控制，使两个逆变器的输出电流基本达到均衡状态。当负载（电流 1000A、电压 44V）时，IGBT 开关波形（U_{CE}，I_C）与损耗（M）的变化曲线如图 6-59 所示。

它具有如下优点：

1）两个单逆变器的容量较小，均流和均压问题较易解决。

2）当单个逆变器发生故障时可立即退出运行，逆变器仍可继续工作，故可靠性较高。

3）便于解决目前高频变压器的磁心材料规格不够大的问题。

鉴于当前磁性材料生产能力所限，单只高频变压器只能实现 25～30kW 的功率输出，为此需通过两个/四个全桥逆变器并联实现 1250A 和 44V 的额定输出，采用两个独立限流逆变器并联协调运行来实现额定输出，可同时在较宽范围解决两个/四个全桥逆变器输出的均流问题。

图 6-58 所示为两个（双）全桥型埋弧焊逆变器的限流并联原理框图。用同样的原理组合成为四个全桥型埋弧焊逆变器，实现 2000A 电流的大功率输出，原理是简单的，但设计时在结构上要充分考虑均流、模块及部件的合理安排、布置以及通风散热等问题。其中，还包括功率部件的结构形式与制作。

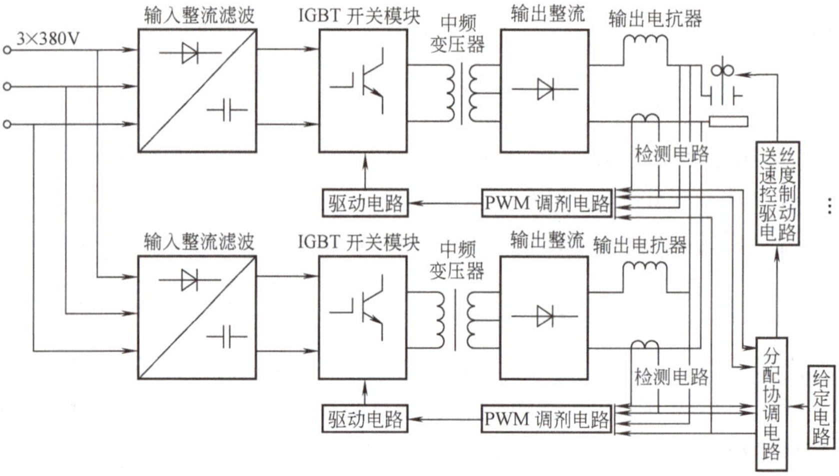

图 6-58 两个（双）全桥型埋弧焊逆变器的限流并联原理框图

在这里应说明的是，除了上述采用多个全桥式并联增大功率输出外，还可采用大电流 IGBT 模块、多个中频主变压器并联等方案来实现，但必须采取安全保护、均流等相应的技术措施。

（3）外特性 根据熔化极气体保护电弧焊工艺要求，在等速送丝情况下，细丝埋弧焊、MAG/MIG/CO_2 焊接时，一般采用恒压特性。在变速送丝的粗丝埋弧焊时，一般用下降特性的 MZ1250/1000 型 IGBT 逆

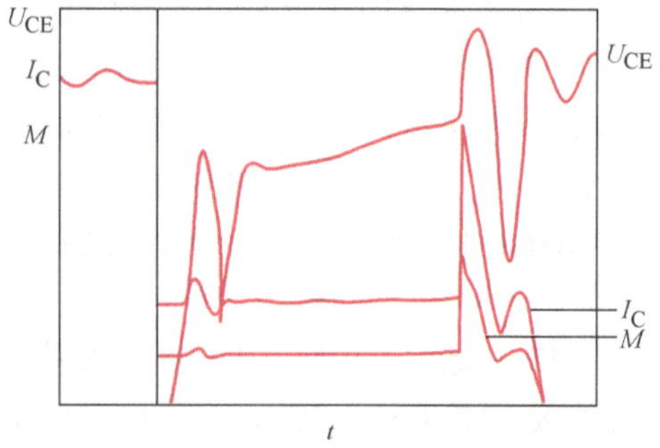

图 6-59 负载（电流 1000A、电压 44V）时，IGBT 开关波形（U_{CE}，I_C）与损耗（M）的变化曲线

变式弧焊电源。MZ-1250 型外特性曲线如图 6-60 所示。其中：曲线 1 ~4 分别为给定电流为 54A、320A、800A 和 1200A 的外特性曲线，曲线 5 为规定负载特性曲线。

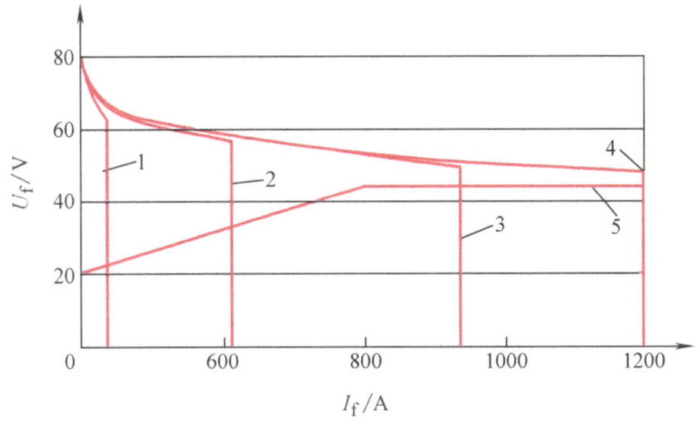

图 6-60　外特性曲线

（4）功率与效率　功率与效率是埋弧焊逆变器最为重要的电气参数之一，试验研究结果见表 6-4。

表 6-4　MZ-1250 型 IGBT 逆变式埋弧焊电源效率实测数据表

电流 I/A	400	500	800	1250
效率 η(%)	86	89.5	87.5	86.5

由表可见，效率随着负载变化而变化，负载电流增加效率也随着增加，但大到一定程度又有所下降。由表 6-4 还可以看出，这种新型埋弧焊逆变器（电源）的效率是比较高的，最高达到 90%（89.5%），在额定输出 1250A 时效率为 86.5%。

6.6　软开关型弧焊逆变器

弧焊电源的功率器件以模拟式或开关式进行工作和控制，在开关式弧焊电源中有硬、软开关型之分。上述所介绍的是硬开关型弧焊电源，大多采用 PWM 控制技术，其功率器件工作在被强迫关断（电流不为零）或强迫导通（电压不为零）状态下，由于电路存在寄生电容和寄生电感，功率开关器件导通和关断时又是在工作电流、电压值不为零，甚至较大值的状态，所以开关耗损大，并随着频率增加成正比增加。这一损耗不仅大大降低电路的效率，甚至使电路工作不能正常。按照传统弧焊逆变器的设计思路和解决办法，很难从根本上解决上述诸多问题。而软开关型采用的是谐振变流技术，其特点是功率器件在零电压或零电流条件下自然开通或关断。从本质上克服了硬开关型弧焊电源的缺点，在较大程度上解决了功率开关耗损过大的问题，并降低功率器件 du/dt 和 di/dt，减少电磁干扰（EMI）和射频干扰（RFI），降低了逆变器的质量，提高频率，减少电路中变压器、电感、电容的体积，降低输出纹波，提高功率密度和系统动态性能。因而，软开关技术尤其是在弧焊逆变器中的应用愈来愈多，从而使弧焊电源的水平又上了一个新台阶。软开关型弧焊逆变器是一种有较大发展和应用前景的弧焊电源。

6.6.1 软开关型逆变主电路基本形式及其工作原理

软开关型弧焊逆变器的主要组成和基本原理与硬开关型弧焊逆变器大同小异。它们之间最大的不同表现在逆变主电路的结构细节和控制驱动电路的调制方式细节上。

以软开关工作方式的谐振变流技术，从控制方式上分为变频控制和恒频控制两种。变频控制其电路分析、设计麻烦且控制复杂，易受干扰，输出范围较小，磁性元件利用率不高。恒频控制是在常用PWM基础上，在逆变主电路中串入谐振电路 L_r 和谐振电容 C_r，利用控制系统中移相方波驱动开关器件，依靠反并联二极管的续流，实现功率器件的软开关控制。在全桥逆变主电路中，使对角线上的功率开关器件不同时开通和关断，而是错开一个时间间隔，以实现零电流关断或零电压开通，并通过调节桥路占空比来实现输出电压或电流的控制。这种控制方式的参数设计比较方便，输出范围较大，电路结构也相对简单，因而更适合于弧焊逆变器中的应用。

1. 软开关型逆变主电路基本形式

目前常见的软开关型逆变主电路基本形式有如下几种：

1）零电流开关（ZCS）谐振逆变主电路。

2）零电压开关（ZVS）谐振逆变主电路。

3）多谐振（MRC）逆变主电路。

4）串联谐振逆变主电路。

5）并联谐振逆变主电路。

6）直流母线谐振逆变主电路。

7）移相控制谐振逆变主电路。

2. 软开关型逆变主电路工作原理

为了选择好适合弧焊电源用的软开关型逆变主电路，有必要对如下四种基本的软开关逆变主电路重点做介绍：

（1）零电流开关（ZCS）谐振逆变主电路　如图6-61a所示，零电流开关是指通过辅助的 LC 谐振元件，整形功率器件上的电流波形，使得功率器件在零电流条件下自然关断，实现器件的自然换流。零电流开关技术的优点在于降低了器件的关断损耗，对具有少流子导电的功率器件如IGBT、BJT等，效果很好。此外，由于谐振电路的配置关系，使得电路对分布参数的敏感性降低。其缺点是由于流过有源开关内的电流是正弦波，导致有较高的电流有效值和电流峰值，另外，谐振电路的环流也产生了附加的导电耗损。在开通时，断态时存在于器件输出电容的能量在器件内部耗损掉，影响高频工作时的效率。大电压开通时的 di/dt 经密勒电容与门极驱动电路耦合，引起对门极电路的干扰。

用零电流的谐振开关，简单地代替PWM逆变主电路中的功率开关，可以得到一簇近似的逆变电路，并可把它们看作为PWM与谐振电路的混合体。

（2）零电压开关（ZVS）谐振逆变主电路　如图6-61b所示，零电压开关是指通过辅助的谐振元件电感和电容，整形功率器件上的电压波形，使得功率器件的输出电容电压在器件开通前降为零，为元件的开通创造零电压条件，并消除与器件寄生输出电容相关的开通损耗，使得开关频率大大提高。但是ZVS有两个缺点：一个是器件受过大的电压应力，此应力与负载范围成正比，很难实现负载大范围变化的ZVS；另一个缺点是由与谐振电容一起振荡的整流二极管引起的，若是阻尼振荡，则在高频下引起很大的功耗，若是非阻尼振荡，则对逆变器的电压增益有不利的影响，因而可能产生闭环振荡。

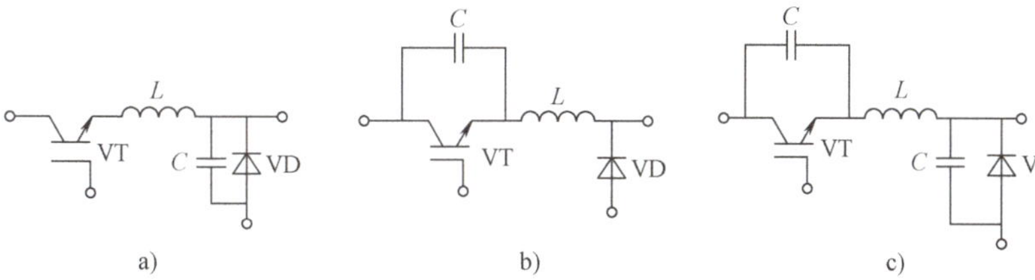

图 6-61　零电流，零电压，多谐振开关电路

a) ZCS　b) ZVS　c) MRC

（3）多谐振（MRC）逆变主电路　如图 6-61c 所示，多谐振逆变主电路是指在一个开关结构中综合零电压与零电流开关的特性，谐振电容既与开关器件并联，又与二极管并联，把开关器件和二极管都形成零电压开关。其主要优点是把所有主要的寄生参数（功率器件的输出电容、二极管的结电容和变压器的漏感等）都并入谐振电路内，使得电路中的器件均在零电压时导通，从而降低了开关损耗，提高了工作效率。

以上三种电路的缺点是调频工作时器件所受的电压电流应力大。

与软开关型弧焊逆变器的逆变主电路结构形式更接近的，有串联谐振逆变主电路、并联半桥全桥逆变电路、E 类逆变主电路等。

E 类逆变主电路是由 E 类放大电路改进并由串联谐振逆变改型而成的。其电路如图 6-62所示，E 类逆变主电路的优点是消除开关损耗，减少电磁干扰。其主要缺点是有较大的峰值电流流过开关，开关器件承受较大电压应力。

（4）移相控制的全桥逆变主电路　移相控制的全桥软开关电路自 20 世纪 80 年代末被提出以来后，就得到了愈来愈多的关注，成为了研究和应用的热点。移相全桥软开关电路，实现了谐振软开关与 PWM 两种电路拓扑的完美结合。在功率开关器件开关过程中实现了谐振换流，保证了较低的开关损耗；而在开关管开通之后，采用 PWM 调制的方法可提供方波电压和电流。根据开关波形特征，移相控制的全桥软开关电路可以分为全桥零电压软开关和零电压零电流软开关。其中移相全桥零电压软开关，电路拓扑可以充分利用器件本身寄生参数来实现软开关，结构简单、紧凑，控制的实现也比较容易，已经成为最主要的软开关电路拓扑结构之一。但是，这种电路拓扑还存在滞后桥臂软开关范围窄、环流损耗大、占空比丢失以及整流二极管反向恢复过程的振荡等问题。

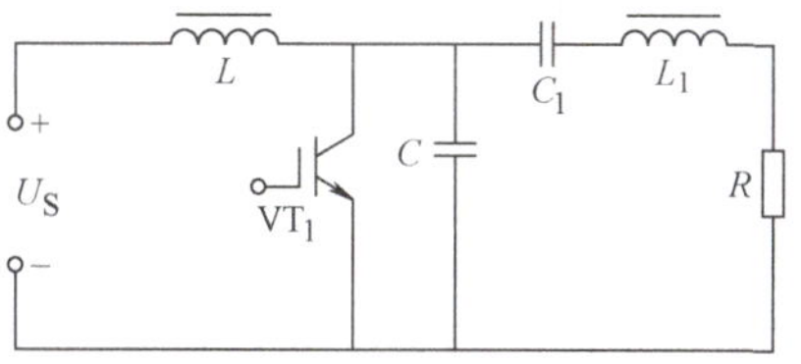

图 6-62　E 类逆变主电路

移相控制全桥软开关的逆变主电路是在 PWM 全桥逆变主电路基础上发展起来的。由于其开关频率恒定，在大范围内实现 PWM 控制，而在功率开关器件换流瞬间实现软开关换流，减少了开关损耗，降低了硬开关造成的干扰，提高了系统的可靠性，移相控制全桥软开关逆变电路综合了 PWM 控制技术的优点和软开关的优点，所以其一出现，便受到了人们的青睐。移相控制的全桥逆变主电路，是利用主电路功率器件本身的二极管导通时，开通功率器件，实现零电压开通的，主电路根据控制信号的不同，分为超前桥臂和滞后桥臂，两者工作情况不同。移相控制的全桥逆变电路主电路和驱动信号时序如图 6-63 所示。根据导通的次序，VT_1、VT_3 称为超前桥臂，VT_2、VT_4 称为滞后桥臂。

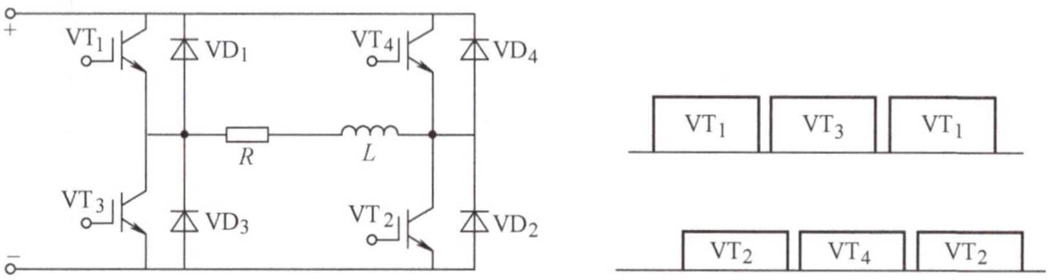

a)　　b)

图 6-63　移相控制主电路和驱动信号时序图

a）移相控制主电路　b）驱动信号时序图

以上各种软开关逆变主电路的应用，能够使得功率器件的开关轨迹大为改变，拓宽功率器件的安全工作区，降低开关耗损和过大的 du/dt 和 di/dt 现象，减少干扰，克服常规硬开关型逆变电路的缺点，但同时也带来了一些新的问题，主要有以下几方面：

1）由于大多数软开关电路是依靠 L、C 振荡使得电路产生零电压或零电流开关条件的，L、C 振荡所产生的正弦波具有较高的电压或电流的有效值，通常会使导电耗损有所增加，功率器件所受的电压与电流的应力都要比相应的硬开关 PWM 逆变电路功率器件承受的压力大，并且该应力随电路的 Q 值和负载变化而变化。

2）大多数软开关电路均是依靠改变开关频率来改变逆变器的输出，开关频率大范围变化使得滤波器、变压器设计难以优化，干扰难以抑制。

3）由于用调频来调节输出，负载变化大时，相应的电压和电流调节范围比相应的 PWM 逆变电路窄，超前一定范围后逆变电路不能达到零电压或零电流开关条件，不能达到满载（短路）或空载。

由于存在以上种种问题，迄今为止，应用较好的例子是负载基本不变或变化不大的各种电路。因此，要将零电压和零电流软开关技术广泛应用于逆变电路，开拓大功率应用领域，还需要解决以下问题：

1）减少器件的电压和电流应力，即降低谐振峰值电压或电流。

2）扩大功率使用范围，即拓宽软开关工作范围。

3）将软开关技术与 PWM 技术优点综合起来，由调频控制转入恒调频脉宽控制，即软开关 PWM 控制。

4）进一步完善控制技术和提高工作可靠性。

6.6.2　软开关型全桥弧焊逆变器

软开关型弧焊逆变器以逆变主电路形式来划分，有单端、半桥和全桥三种常用的基本形式。它们的基本工作原理大同小异，现以软开关型全桥弧焊逆变器为典型做重点介绍。

1. 软开关型全桥弧焊逆变器主电路原理

软开关型全桥弧焊逆变器主电路原理，如上所述，移相全桥逆变主电路把 PWM 控制的优点和软开关逆变器的优点结合起来，在大范围内实现了 PWM 控制，而在开关瞬间实现了功率器件零电压开通，是近年软开关型逆变电路研究的一个热点。移相 PWM 电路不足之处在于滞后的功率开关管零电压开通有一定的限制范围，在轻载或电感量小时，往往难以实现零电压开通。选择漏感过大或附加电感，虽然可以增大滞后管的零电压开通范围，但又影响输出功率，并使得占空比丢失现象更为严重。

当然，通过采用不同的方法，可以改善移相 PWM 电路滞后桥臂软开关范围窄的缺点，主要集中在两个方面：

1）拓宽滞后管的零电压开通范围。

2）采取办法使得滞后管零电流关断。

这里把串联谐振电路和移相 PWM 电路结合在一起，把滞后桥臂改善为单向开关，即滞后桥臂零电流关断后，通过采用二极管的方法，或者采用饱和电抗器的方法，防止 L、C 振荡的反向电流，减少环流损耗。整个电路也是利用变压器的漏感，来实现移相逆变电路超前桥臂零电压开通，利用隔直电容来实现滞后桥臂零电流关断，以此拓宽逆变器的软开关工作范围，使它在整个弧焊电源的正常工作范围内均能达到零电压零电流的软开关条件。

其工作原理如下：其控制原理与常规移相 PWM 控制原理一样，是典型的移相控制，在大范围内也是 PWM 控制，主电路、控制时序如图 6-64 所示，其中，VT_1、VT_3 是超前桥臂，VT_2、VT_4 是滞后桥臂，每只开关管导通 180°，VT_1、VT_3 管导通时刻不变，控制 VT_2、VT_4 导通时刻，使 VT_2 管与 VT_1 管同时刻相位差为 0° ~ 180°，当 VT_1、VT_2 移相为 0°时，输出最大。当 VT_1、VT_2 移相角为 180°时，逆变器无输出。VT_3 与 VT_4 类似，从而为实现焊接参数的无级调节和外特性曲线的形成提供了条件。其超前桥臂管实现零电压工作情况，与常规的移相 PWM 电路实现零电压开关一样，其工作原理如下：假定负载是电感性负载，根据控制策略，VT_1 先导通，VT_2 经一定移相角后导通，电流方向通过电源经 A、B 流向负电源，电源向负载输出功率。VT_1 关断后，如果忽略吸收电路的作用，电流由 VT_1 换流到 VD_3（实际上是并联在 VD_3 两端的电容先放电，使得其两端电压为零后，换流到 VT_3），VT_3 管可在零电压下开通（VD_3 开通后，VT_3 两端电压近似为零），电流处于环流阶段，开始时方向是 A—L_1—T_1—C—B—VT_2—VD_3—A。此时的环流与常规的移相电路不同，由于有了隔直电容，其环流过程是一个 LC 的振荡过程，流过 VT_2 的电流很快地过零并且反向，反向电

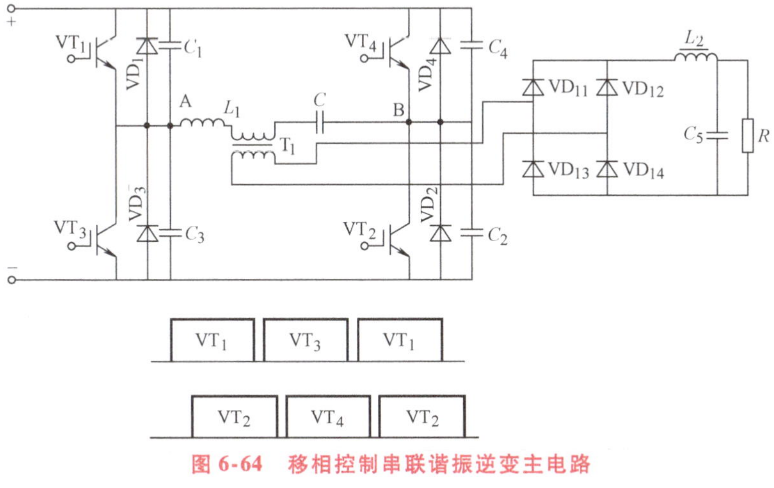

图 6-64　移相控制串联谐振逆变主电路

流由 B—C —T_1—L_1—A—VT_3—VD_2—B，滞后管 VT_2 可实现零电流关断。而在常规移相 PWM 电路中，滞后的功率开关管在环流过程中电流保持一定的值，关断时，电流转移到另一个滞后功率开关管的反向二极管，以实现滞后管的零电压开通。

软开关型弧焊逆变器外特性曲线的获得原理与硬开关型弧焊逆变器或其他电子控制型弧焊电源类似，借助于不同的电压反馈、电流反馈或电压、电流反馈不同比例的组合，从而得到不同的外特性曲线以满足弧焊工艺的要求。例如，利用电压反馈获得恒压特性；利用电流反馈获得恒流特性；利用电压与电流反馈的不同比例组合获得缓降或其他任意形状的外特性。同样，软开关型弧焊逆变器的调节性能也比较容易实现，根据不同弧焊工艺、工件材料、尺寸等的要求，通过调节给定与反馈环节电路的给定位或反馈位就可以实现对焊接电流或电压的无级调节。但它与硬开关型弧焊逆变器有所不同，实现这些控制与调节是靠调整控制驱动脉冲的相位角。

在动特性方面，PWM 硬开关型弧焊逆变器的开关损耗相对较大，开关频率有上限，频率宽度有限，动态响应也有一定限制。尽管借助电子电力技术的发展，使得功率开关器件开关频率可以适当提高，但也很有限。而软开关型弧焊逆变器的开关损耗相对较小，开关频率可以适当提高，控制周期也可更短，例如开关频率为 20kHz 时，控制周期仅为 25μs，焊接主回路的时间常数可以缩小，使弧焊逆变器的动态响应能更高，动特性更好。

2. 软开关型全桥弧焊逆变器控制与驱动电路

(1) 控制电路基本形式和工作原理

1) 控制电路基本形式。在上述的基础上，这里对弧焊逆变器控制电路基本形式做进一步深入和全面的分析和概括。在弧焊逆变电源中，对于恒频调脉宽的 PWM 闭环反馈控制系统，主要有以下几种 PWM 反馈控制模式：

① 电压模式控制。这种控制方法是 20 世纪 60 年代后期开关稳压电源刚刚开始发展时就采用的控制方法。该方法与一些必要的过电流保护电路相结合，至今仍然在工业界很好地被广泛应用，在弧焊逆变器中应用也很广泛。在一般情况下，电压模式控制只有一个电压反馈闭环，采用脉冲宽度调制法，即将电压误差放大器采样放大的慢变化的直流信号与恒定频率的三角波上斜波相比较，通过脉冲宽度调制原理得到适当脉冲宽度。这种模式在脉冲 MIG/MAG 焊逆变电源中应用较多。

电压模式控制的优点：PWM 三角波幅值较大，脉冲宽度调节时具有较好的抗噪声裕量；占空比调节不受限制；对于多路输出电源，它们之间的交互调节效应较好；单一反馈电压闭环设计，调试比较容易；对输出负载的变化有较好的响应调节。其缺点：对输入电压的变化动态响应较慢；补偿网络设计本来就较为复杂，闭环增益随输入电压而变化使其更为复杂；输出 LC 滤波器给控制环增加了双极点，在补偿设计误差放大器时，需要将主极点低频衰减，或者增加一个零点进行补偿；在传感及控制磁心饱和故障状态方面较为麻烦复杂。

为了克服电压模式控制的缺点，在吸收电力拖动等的双闭环控制方式的基础上，提出了所谓的电流模式控制，即增加一个输出电感电流的反馈内环，这会给控制系统的设计带来较大的好处。从电流内环的设计角度来看，由于内环的频带宽，响应快，输出的滤波电容电压可以看成常量，从而内环可以当成一个一阶系统来设计；另一方面，从电压外环的设计来看，内环相当于一个压控电流源，是一个一阶系统，这样，在设计的时候可以比较容易地得到满意的性能指标。该双环控制法在弧焊逆变电源中已有一些成功应用。

② 平均电流模式控制。该控制模式的概念产生于 20 世纪 70 年代后期，但平均电流模式控制 PWM 集成芯片电路出现在 90 年代初期，成熟应用于 90 年代后期。平均电流模式控制的发展动力有三：一是峰值电流模式控制 PWM 在应用推广时碰到许多严重问题；二是 INTEL 公司的高速 CPU 集成电路需要具有高 di/dt 动态响应供电能力的低电压大电流开关电源；三是在 80 年代后期平均电流模式控制理论研究上的进展。平均电流模式控制的优点是平均电感电流能够高度精确地跟踪电流编程信号，不需要斜坡补偿，调试好的电路抗噪声性能优越，适合于任何电路拓扑对输入或输出电流的控制，易于实现均流。其缺点是电流放大器在开关频率处的增益有最大限制，双闭环放大器带宽、增益等配合参数设计调试复杂。将平均电流控制模式去掉电压反馈外环信号，就演变成弧焊逆变电源平均电流模式控制 PWM 恒流调节方式了，这种控制模式在脉冲 MIG 焊逆变电源中应用较多。

③ 峰值电流模式控制（简称电流模式控制）。它的概念在 20 世纪 60 年代后期来源于具有一次侧电流保护功能的单端自激式反激开关电源，在 70 年代后期才从学术上做深入的建模研究。直至 80 年代初期，第一批峰值电流模式控制 PWM 集成电路的出现才使得峰值电流模式控制迅速推广应用。它主要用于单端及推挽电路。

峰值电流模式的控制反馈采样为变压器一次侧每个逆变周期的瞬态电流，以此代替传统的锯齿波，与给定信号进行切割来调节功率开关的占空比。峰值电流模式控制 PWM 是双闭环控制系统，电压外环控制电流内环。电流内环是瞬时快速并按照逐个脉冲工作的。功率级是由电流内环控制的电流源，而电压外环控制此功率级电流源。因此，峰值电流模式控制 PWM 具有比起电压模式控制大得多的带宽，动态响应性能大大提高。峰值电流模式控制 PWM 的优点：暂态闭环响应较快，对输入电压的变化和输出负载的变化的瞬态响应均快；其控制环易于设计输入；电压的调整可与电压模式控制的输入电压前馈技术相媲美，具有简单自动的磁通平衡功能、瞬时峰值电流限流功能、内在固有的逐个脉冲限流功能及自动均流并联功能。但峰值电流模式也存在不少缺点：当占空比大于 50% 的开环不稳定性；存在难以校正的峰值电流与平均电流的误差；闭环响应不如平均电流模式控制理想；容易发生次谐波振荡，即使占空比小于 50%，也有发生高频次谐波振荡的可能性；对噪声敏感，抗噪声性差，需要斜坡补偿。

峰值电流模式控制 PWM 最主要的应用障碍是容易发生振荡及抗噪声性差。振荡可来源于器件开启时的反向恢复引起的电流尖刺、噪声干扰、斜坡补偿瞬态幅值不足等。峰值电流模式控制的逆变电源容易在开机启动及电压或负载突然较大变化时发生振荡。目前，该控制模式已有成功应用于埋弧焊、等离子体逆变电源的报道。

④ 本脉冲电流控制模式。这种控制模式与峰值电流模式优点相似，其工作原理是：具有锯齿状分量波形的输出电感电流经过电流放大器放大后与基准电压比较，产生含有关断下降沿的脉冲方波，此脉冲方波最后再与三角锯齿波比较产生 PWM 关断时刻。这种控制方法的优点是：电路简单，动态响应快速。其缺点也很明显：存在占空比小于 50% 的限制，否则电路将发生次谐波振荡，容易受到高频噪声干扰。

2）控制电路工作原理。软开关型全桥弧焊逆变器控制电路工作原理，与硬开关型逆变器相比大同小异，大致上也是由产生控制信号芯片、外接给定-反馈比较放大电路、电源稳定电路以及保护电路等组成。但它的控制信号是可以移相的。在这里将以使用较多的 3875 芯片为重点做介绍。

移相电路控制信号采用3875芯片得到所需四个驱动信号，3875芯片是专用移相继承控制芯片，其内部电路如图6-65所示，有三角波发生器、误差放大器、基准电源、软启动电路、保护电路以及四个驱动信号A、B、C、D，如图6-66所示，A、B是超前桥臂上下管子驱动脉冲，相位反相，C、D是滞后桥臂驱动信号，相位反相。A、D有共同导通部分，B、C有共同导通部分。这个共同导通部分是弧焊逆变器向负载传送功率部分，通过调节共同导通部分即可调节负载功率大小及其响应参数（包括电压、电流等），四个驱动信号波形A、B、C、D如图6-66所示。

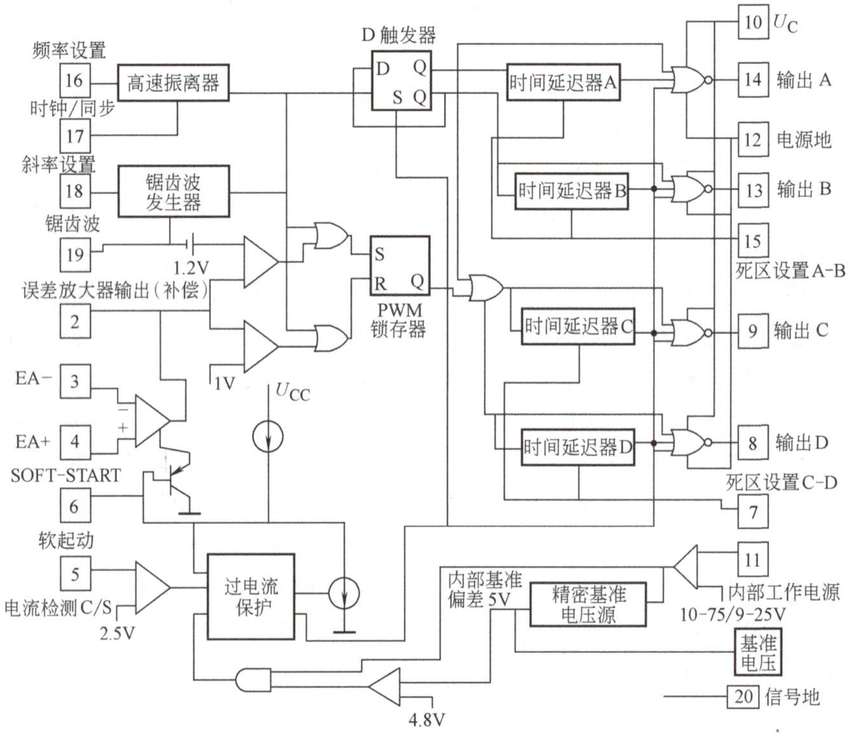

图6-65 移相控制芯片3875原理图

给定信号与负反馈信号经过比较，其误差信号经过调节输出到3875误差放大器，误差放大器输出端与三角波通过比较器比较，所得输出电压经过内部处理，即可生成四个驱动信号A、B、C、D。

A、B、C、D管导通顺序为A先通，然后D导通，关断A后，有一定死区时间后B导通，然后D关断，有一定死区时间后C导通。

弧焊逆变器的外特性控制电路通过给定—反馈比较电路来实现，如图6-67所示。如采用电压反馈可得到输出恒压特性的弧焊电源；采用电流反馈可得到具有恒流外特性的弧焊电源。电压或电流反馈信号经过滤波，与给定比较，其误差信号经过调节器调节，调节器的输出送到移相控制芯片3875，可以利用软开关变换器的小信号模型对系统进行分析和校正。此外，可以采用二阶系统或三阶系统的最佳整定法设计系统。

（2）驱动电路　适合于驱动IGBT功率模块的驱动电路有EXB840 \ EXB841系列、M57959、TLP250和1205，或采用新型的驱动电路SKHI系列等。它们的工作原理在硬开关型中已讲述，这里不再复述。正向驱动脉冲前沿愈陡，幅值愈大，器件导通愈快，但引起的干扰也愈大；反向驱动脉冲幅值愈大，则器件关断愈快，电路中的分布电感所产生的 Ldi/dt 会对 IGBT 晶体管产生不利的影响，但反向驱动脉冲幅值愈大，抗干扰、抗误导通的能力愈强。实际上所有的电力电子器件要做到全能是不可能的，容易开通的器件关断难，容易关断的器件开通难。注意到所使用的 IGBT 驱动特性具有场效应晶体管特性，栅源极电压正反向不能超过正负 20V，否则会被击穿，故设计时需充分考虑。

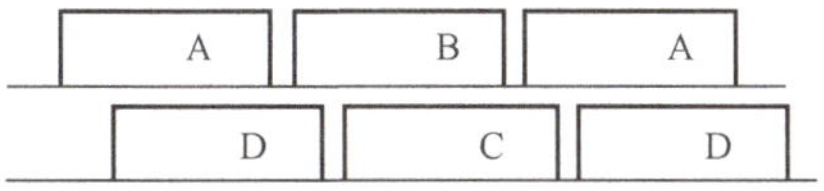

图 6-66　3875 芯片输出信号波形

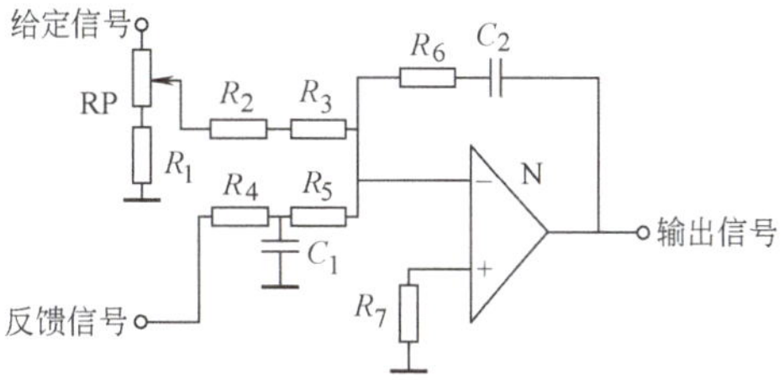

图 6-67　外特性获得原理

EXB840 系列采用光耦隔离，推挽输出，采用 +15V 电压开通，－5V 关断。此外，还有过电流检测的功能。其原理是根据驱动信号的情况，检测集射极的电压情况。如果在驱动信号存在的情况下，集射极电压为低电压，则认定电路正常工作。如果集射极电压超过某一值，则认定晶体管处在过电流工作状态，驱动电路就对晶体管实现慢关断并输出过电流信号。实现慢关断是为防止过大的 di/dt 对器件的损害。

TLP250 系列与 EXB840 相同之处都是采用光耦隔离，推挽输出，不同之处是 TLP250 内部不提供反向关断电源，需要使用者自己增加负偏关断电路，这同时也给使用者带来灵活性，可以根据自己的需要采用合适的负偏压电路。

采用 M57959，可提供 +15V 和 －15V 的电压。其优越性在于 IGBT 关断能力强。

在软开关电路中，由于电路采用移相控制方式实现零电压零电流开关，密勒效应大大减少，主开关对控制电路的干扰大大减少，相对而言，对驱动电路的要求比硬开关的驱动电路要低了很多，有利于电路的设计。

软启动电路和保护电路简介如下：

1）软启动电路。控制电路 3875 具有软启动的功能，即脉宽调节器的输出脉宽从零开始逐渐增加到最大值，以减少启动电流冲击，并且，可以防止开机瞬间变压器可能产生的饱和现象。在 3875 芯片中，在芯片的软启动端接入电容即可使电路具有软启动的功能。

2）过电流保护。过电流保护电路如图 6-68 所示，在逆变器的直流侧输入接入霍尔电流传感器，如反响过电流信号，用记忆电路把过电流故障信号记忆起来，封锁驱动脉冲，并且主电路三相断开，使电网与逆变器隔开。只有重新复位才能使逆变器重新工作。

3）过热保护。过热保护电路如图 6-69 所示，用热继电器检测散热器的温度，一旦温度超过设定值，就会保护电路工作。该电路也具备锁存记忆功能。

本节针对硬开关型弧焊逆变器研究所存在的减小开关损耗、频率进一步提高困难等问题，介绍和研究了开关损耗小、频率更高的软开关型弧焊逆变器，并着重讨论了移相控制串联谐振式零电压零电流软开关全桥弧焊逆变器的原理、特点，以及它如何利用高频变压器漏感实现超前桥臂的零电压开通和利用隔直流电容实现滞后桥臂的零电流关断，此外，还对软开关逆变技术特点进行分析和讨论。经对比分析表明，软开关型比硬开关型更具有优越性和更值得推广使用。

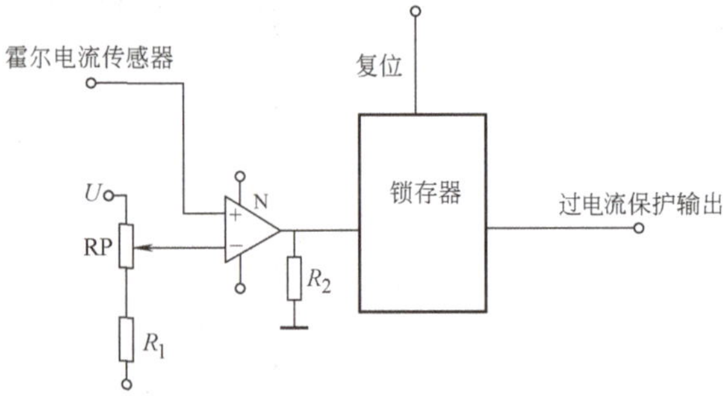

图 6-68 过电流保护电路图

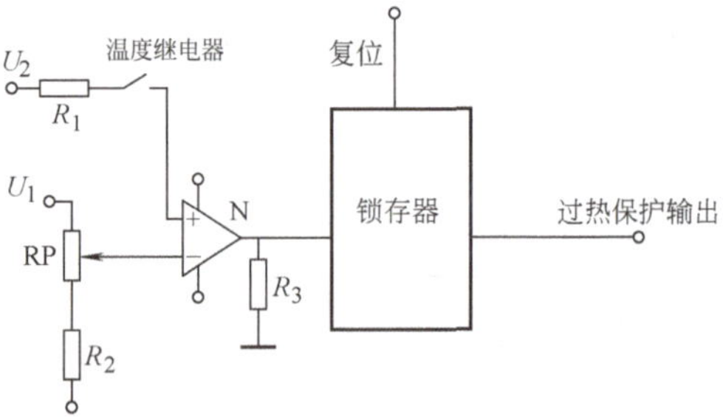

图 6-69 过热保护电路图

6.6.3 软开关脉冲弧焊逆变器

1. 软开关脉冲弧焊逆变器的主要组成及作用

软开关脉冲弧焊逆变器的主要组成和工作原理，与硬开关脉冲弧焊逆变器也是大同小异，如图 6-70 所示，三相工频交流电经整流、滤波逆变为直流电后，经过功率变换器的逆变、隔离、降压和高频整流输出滤波和低频调制，从而获得脉冲焊接电流、电压，以满足脉冲焊工艺需要。主要不同点在于：前者的逆变主电路为 FB-ZVS-PWM 逆变主电路（变换器）综合了谐振软开关技术和 PWM 技术；后者为 PWM 控制的逆变主电路。软开关脉冲弧焊逆变器，也可采用逆变主电路的三种基本形式，现在应用较多的还是全桥电路。全桥电路有直通和偏磁的问题，但随着技术的进步和成熟，这些问题目前已得到一些解决。

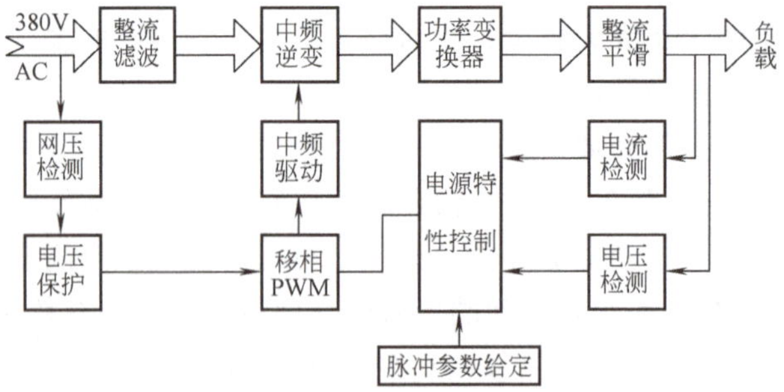

图 6-70 软开关脉冲弧焊逆变器的主要组成和工作原理框图

电子控制电路由中频驱动，移相及 PWM 调剂，电源特性控制，电压、电流检测，脉冲参数给定，网压检测，电压保护等电路组成。

借助 FB-ZVS-PWM 逆变主电路（变换器）和电子控制电路通过移相和占空比的调制获

得外特性、调节特性和输出脉冲波形。采用电子控制电路（电子电抗器）技术，改变动态控制参数来达到调节焊机动特性的目的。

2. 软开关脉冲弧焊逆变器工作原理

现以用作脉冲 MIG/MAG 焊的全桥移相软开关弧焊逆变器为例来介绍其工作原理。FB-ZVS-PWM 逆变主电路（变换器）综合了谐振软开关技术和 PWM 技术的优点。在功率开关器件开关过程中实现谐振换流，保证较低的开关损耗；而在开关管开通之后，采用 PWM 调制的方法提供方波电压和电流。这种变换器开关损耗大大降低，可靠性也较高，非常适合大功率焊接输出的应用情况，但同时也存在软开关范围较窄、占空比损失、二次寄生振荡等不足之处。

基本型 FB-ZVS-PWM 变换器利用电路寄生元件实现谐振切换，谐振回路的作用是使开关管开关前其两端的电压为零，使电路在高电压下运行时效率和可靠性获得明显提高。

图 6-71 所示为一个基本型的移相全桥变换器，$VT_1 \sim VT_4$ 为功率开关器件 IGBT，$VD_1 \sim VD_4$ 是相应 IGBT 开关管寄生的反并联二极管，而 $C_1 \sim C_4$ 是相应 IGBT 总的输出电容。定义 VT_1、VT_2 为超前桥臂，领先于滞后桥臂 VT_3、VT_4 关断。四个开关管在恒定频率下，以小于 50% 的占空比持续运行，通过调节两桥臂驱动脉冲的相位关系来调节功率输出，谐振发生在每个桥臂的死区时间内。图 6-72 为 $VT_1 \sim VT_4$ 的驱动波形和变压器一次电压 u_1、电流 i_1 以及变压器二次电压 u_2 的变化关系。

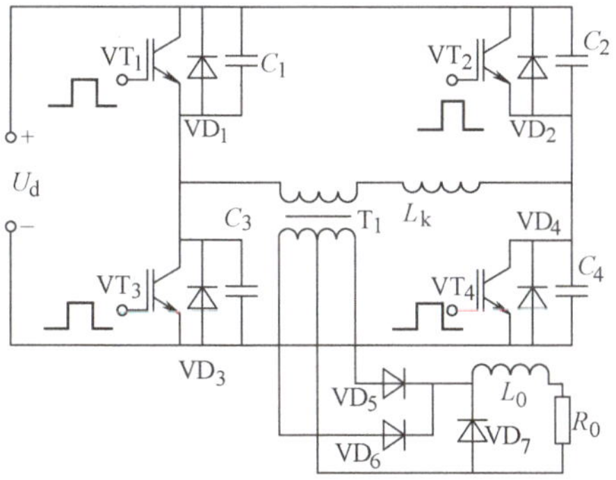

图 6-71 基本全桥移相软开关电路

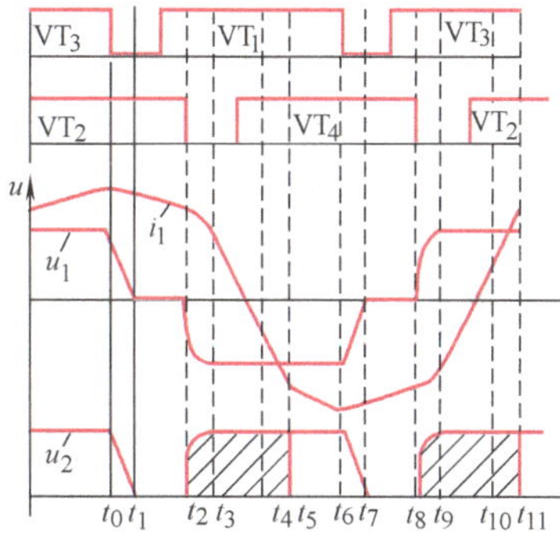

图 6-72 FB-ZVS-PWM 变换器运行原理

由基本型 FB-ZVS-PWM 变换器工作原理分析可知，它主要利用电路寄生阻容元件在死区时间内的谐振作用，来达到使超前桥臂和滞后桥臂功率开关管 $VT_1 \sim VT_4$ 均实现零电压开通和关断的目的。

(1) 滞后桥臂软开关范围较窄　超前桥臂容易实现软开关。由于超前桥臂在关断过程中，励磁能量、变压器一次漏感储能与二次输出滤波电感储能参与开关换流过程，使得变压一次电流基本保持不变，类似于一个恒流源，因此，超前桥臂的零电压软开关比较容易实现。

滞后桥臂要实现软开关比较困难。这是因为在滞后桥臂关断过程中，变压器二次侧的整流二极管同时导通，二次被短接，使得输出电感储能和励磁能量都不能参加滞后桥臂的换流过程，换流过程的能量全部依靠变压器的漏感，如果漏感小、负载轻的话，漏感储能并不能将并联电容的能量完全转移走，使得开关管开通时为硬开通。因此，滞后桥臂的软开关范围与漏感值和负载有关，在轻载情况下，可能会失去软开关。当选取超前桥臂和滞后桥臂的死区时间相等时，如果滞后桥臂的零电压开关条件满足，则超前桥臂的条件也自然满足。一般来说，输入电压较低、输出电流较大时容易实现零电压开通，而输入电压较高、输出电流较小时可能难以实现。

在脉冲 MIG/MAG 焊接过程中，因为电弧负载在复杂变动着，负载电流的大小也是脉动的，而且网压变动也是很大的（可以有几十伏），如果直接就采用基本 FB-ZVS-PWM 变换器，那么在输入电压较高、负载电流较小的时候就可能造成滞后桥臂的开关管的硬开通和关断，失去选用软开关电源的目的。

为了克服滞后桥臂软开关范围较窄的影响，通常使变压器有较大的漏感或在一次侧串联线性电感。但是，这样又会造成二次侧整流二极管结电容与谐振电感之间产生强烈的寄生振荡，谐振电感增加，二次侧的寄生振荡更加剧烈，对整流二极管安全造成威胁，同时系统损耗也增加，效率下降。

（2）占空比损失较大　功率变压器二次侧占空比的丢失，是 FB-ZVS-PWM 变换器中一个特有的现象，图 6-72 所示的阴影部分就是二次侧丢失的电压方波。为拓宽软开关范围，通常使变压器有较大的漏感或在一次侧串联线性电感，但是随着谐振电感的增大，变压器一次电流的上升斜率 di/dt 变小，电流上升时间增加，占空比丢失会更加严重，逆变器效率也大大降低。另外，占空比损失还可能直接影响到逆变电源的最大功率输出点，这在脉冲 MIG/MAG 焊接过程中显得更为突出，在脉冲峰值阶段电源的输出电流和电压都很大，如果占空比损失过大，就很可能造成脉冲阶段功率输出的失败、熔滴过渡不规则，焊接过程也就无法正常进行。

6.6.4　有限双极性控制的 ZVZCS-PWM 全桥式弧焊逆变器

由上述分析可知，全桥移相 ZVS-PWM 弧焊逆变器具有一定的局限性。为了解决这些问题，针对 IGBT 拖尾电流大的特点，设计了 ZVZCS（零电压零电流软开关）-PWM 全桥移相 IGBT 式弧焊逆变器。其逆变主电路由超前臂实现 ZVS，滞后臂实现 ZCS，从根本上解决了原先全桥移相 ZVS 逆变主电路中滞后臂零电压开关困难的问题。由于用饱和电感取代谐振电感或过大漏感，不仅耗损也大大减小，占空比丢失也随之极大缓解、解决。实现滞后臂的 ZCS，有下列几种方案：

1）变压器二次侧有源钳位的 ZVZCS 方法，但增加了成本，并因需要复杂的隔离驱动而降低了可靠性。

2）变压器二次侧无源钳位和一次侧无源钳位。

3）利用 IGBT 的反向雪崩击穿电压。

4）变压器一次侧串联饱和电感和隔直阻断电容。

然而，移相控制本身还有一个难以克服的缺点，即死区时间不好调整。当负载较重时，环流大，超前臂功率管上并联的电容放电较快，实现零电压导通比较容易，但当负载较轻时，超前臂功率管上并联的电容放电很慢，超前桥臂的开关功率管必须延时很长时间才能实现 ZVS 导通。传统的移相控制很难调整这个死区时间。

为此，研究了一种名为有限双极性控制的方法，配以变压器一次侧串联饱和电感和隔直电容的 ZVZCS-PWM 全桥拓扑结构，在很宽的负载范围内实现超前臂的 ZVS 和滞后臂的 ZCS。

1. ZVZCS-PWM 全桥式弧焊逆变器主电路拓扑结构

有限双极性控制的 ZVZCS-PWM 全桥 IGBT 式弧焊逆变主电路拓扑结构如图 6-73 所示。由 IGBT 功率模块 VT_1 ~ VT_4 及其续流二极管 VD_1 ~ VD_4 等组成一个全桥 IGBT 式逆变主电路拓扑结构。其中，VT_1、VT_2 组成超前桥臂；两端分别并联的吸收电容 C_1、C_2 和 VT_3、VT_4 等组成滞后桥臂；C_b 为隔直电容；L_s 为饱和电感。

2. ZVZCS -PWM 的全桥移相 IGBT 式弧焊逆变器工作原理

为了改进传统的移相 PWM 电路，实现有限双极性的全桥软开关控制方法，在 ZVZCS -PWM 全桥移相 IGBT 式弧焊逆变器中，四个 IGBT 功率开关模块的运行时序及其波形如图 6-74 所示，全桥对角线的超前臂与滞后臂同时开通，而关断时刻不同，并且在超前臂与滞后臂之间串联一个隔直电容 C_b 以及饱和电感 L_s。饱和电感相当于一个开关，有电流时电感饱和，相当于短路；没有电流或电流很小时，有较大电感。利用隔直电容在环流期间加速环流衰减，使得滞后臂实现零电流关断，并且利用饱和电感 L_s 阻止 LC 振荡电流反向（反向电流不足以使饱和电感饱和，其电感值很大）；在滞后臂开通时，由于饱和电感处于不饱和状态，电流上升慢，实现零电流开通。为逆变主电路的运行时序和波形图如图 6-74 所示。其中，u_{GE1} ~ u_{GE4}为 VT_1 ~ VT_4 管组 IGBT 的驱动脉冲波形，u_1 为变压器 T_1 一次侧 ab 两点间电压，i_1 为变压器 T_1 的一次电流。

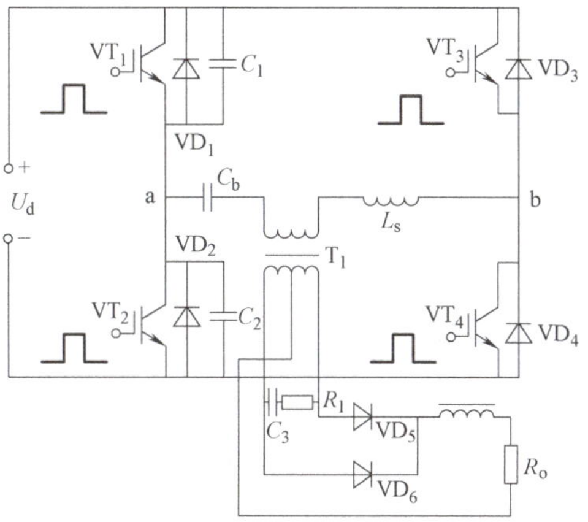

图 6-73 ZVZCS-PWM 全桥 IGBT 式弧焊逆变主电路拓扑结构图

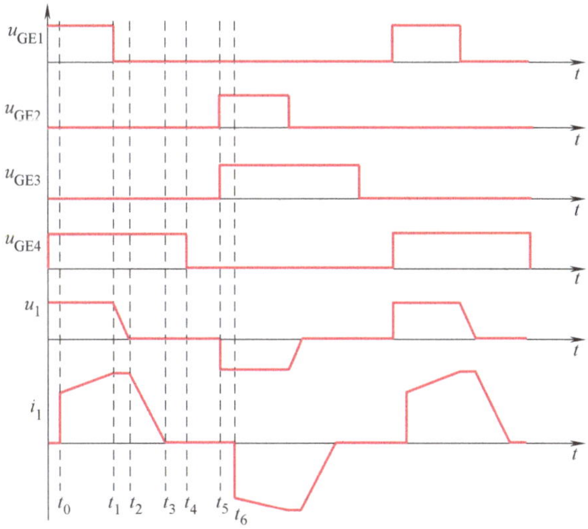

图 6-74 ZVZCS-PWM 全桥移相 IGBT 式逆变主电路的运行时序及其波形图

3. 工作过程动态分析

工作过程动态可分为五个模态，介绍如下：

（1）模态1——功率传输 在 $t_0 \sim t_1$ 时刻，VT_1 和 VT_4 同时导通，此时，一次电流 i_1 一方面通过变压器一次侧将电能传输到负载，另一方面给隔直电容 C_b 充电，L_s 处于饱和状态，隔直电容 C_b 的电压线性增加，其电压为左正右负。一次电流 I_1 为二次侧电感输出的电流 I_f 的 $1/n$（即 $I_1 = I_f/n$，n 为 T_1 的电流比）。I_1 恒定不变。一次电流 i_1 路径：$U_d + \rightarrow VT_1 \rightarrow C_b \rightarrow T_1 \rightarrow L_s \rightarrow VT_4 \rightarrow U_d -$。二次侧二极管 VD_5 导通，VD_6 反向偏截止。

（2）模态2——超前臂的零电压关断 t_1 时刻，超前臂 VT_1 关断，变压器 T_1 一次电流 i_1 从 VT_1 中转移到 C_1、C_2 支路中，C_1 充电，C_2 放电。因 C_1 的电压不能突变，开始时为零，实现 VT_1 的零电压关断；一次电流 i_1 流过饱和电感 L_s，尚未退出饱和状态，阻抗为零。一次电流 i_1 因输出电感的作用不能突变，大小仍为 $I_1 = I_f/n$，当 C_2 的电压降到零，二极管 VD_2 续流，t_2 时刻 VT_2 上的电压为零，为以后 VT_2 零电压开通做好准备。

t_1 时刻后，实际上是电容 C_1 和 C_2 上的电压为一次侧回路提供电压，一次电流 i_1 路径：$U_d + \rightarrow$ a（C_1 与 C_2 交点）$\rightarrow C_b \rightarrow T_1 \rightarrow L_s \rightarrow VT_4 \rightarrow U_d -$。一次侧继续向二次侧传送电能。二次侧二极管 VD_5 保持导通，二极管 VD_6 依然反向截止。

（3）模态3——C_b 阻断环流 t_2 时刻，一次电流 i_1 通过 VT_4 和 VD_2 续流，隔直电容 C_b 被充满电。饱和电感 L_s 尚未退出饱和状态。由于变压器 T_1 一次侧的电压为零，一次电流小于二次电流，二次电感使整流二极管 VD_5 正向导通，变压器 T_1 一次侧、二次侧短路。C_b 的电压全部加在变压器 T_1 的漏感上。在隔直电容 C_b（左负右正）电压（U_{Cb}）的作用下，一次电流 i_1 迅速下降。此时一次电流 i_1 的路径为：C_b（U_{Cb} +）$\rightarrow T_1 \rightarrow L_s \rightarrow VT_4 \rightarrow VD_2 \rightarrow C_b$（$U_{Cb}$ -）。

（4）模态4——滞后臂零电压零电流关断 t_3 时 i_1 下降为零，在 C_b 电压（U_{Cb}）作用下 i_1 反向变化，由于 L_s 退出饱和状态，呈现大阻抗，所以隔直电容电压不变，VT_4 仍然导通，但是没有电流流过。t_4 时滞后臂 VT_4 零电压零电流，自然关断，不对负载传输功率。

（5）模态5——超前臂零电压零电流开通、滞后臂零电流开通 t_5 时 VT_2、VT_3 同时开通。一次电流 i_1 流动路径：$U_d + \rightarrow VT_3 \rightarrow L_s \rightarrow T_1 \rightarrow C_b \rightarrow VT_2 \rightarrow U_d -$。在导通的瞬间，由于 L_s 不饱和，阻抗很大，i_1 从零开始很缓慢上升，VT_2、VT_3 处于零电流导通状态，且开通时电容 C_2 上的电压基本等于零，所以超前臂 VT_2 实现了 ZVZCS（零电压零电流导通）。这段时间内，隔直电容 C_b 的电压不变，一次电流 i_1 基本等于零，电源电压加在饱和电感上，经一段时间促使其饱和，二次电流 I_f 转移到二极管 VD_6 上，二极管 VD_5 反偏截止，然后电流 i_1 再线性增加，直至达到 $I_1 = I_f/n$。先对隔直电容放电后又反向充电。t_6 时刻，一次电流 i_1 上升到最大值 $I_1 = I_f/n$，二次侧整流二极管 VD_6 导通，完成对功率管组间的切换回到模态1的工作状态。

以上是半个周期的工作过程动态变化情况，另一半个周期的情况相似。由此可见，滞后臂处于零电流开通和零电流关断；超前臂零电压开通，其关断靠并联在 IGBT 上的电容实现近似零电压关断。

4. 有限双极性控制工作原理

采用以集成芯片 UC3525 为核心，如图 6-75 所示，该芯片各脚的同步信号输出，该信号作为 D 触发器（U_3）的时钟信号，U_3 的 Q 端（引脚1）和 $\overline{Q}$ 端（引脚2）即可得到占空比为50%、相位相差180°的两组脉冲，VT_{11}、VT_{12} 用于控制死区时间。通过外加运算放大器构成平均电流模式控制电路，并用外加逻辑电路的方式，形成有限双极性控制的全桥超前臂和滞后臂的四路（$VT_1 \sim VT_4$）控制信号及其 PWM 调节控制与驱动，加设电弧电压、电弧电流反馈采集、给定、比较、放大，安全保护等电路环节，不仅可实现不受负载范围影响的超前臂零电压软开关（ZVS）、滞后臂零电流软开关（ZCS）、对角线的一对功率开关管同时开通和不同时刻关断等的运行时序与波形的控制，而且还可实现根据不同弧焊工艺要求所需的外特性、调节特性和动态特性、输出波形等控制。除了 UC3525 外，还有 UC3846、UC3825 作为核心控制的芯片都各有特点，可供选择。

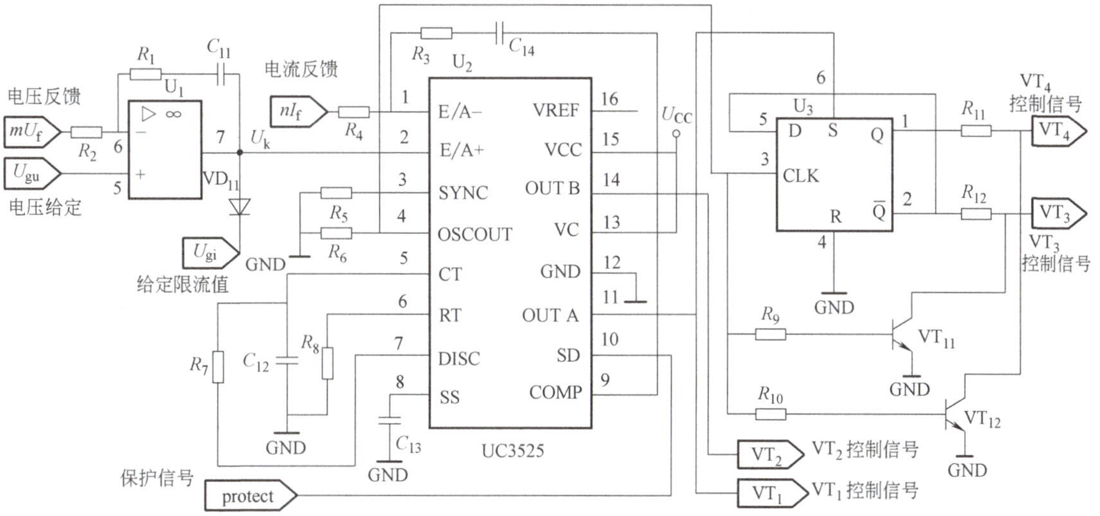

图 6-75　基于单片机 UC3525 有限双极性控制原理图

6.6.5　应用和产品简介

以 WSME-500 多用气保弧焊机为例做以下简介。

1. 主要特点

1）以 IGBT 高频软开关型弧焊逆变器为弧焊电源、高效、体积小及重量轻。

2）采用“AC-DC-AC-DC”和“AC-DC-AC-DC-AC”两种逆变体制，根据需要进行切换，实现直流、直流脉冲、交流矩形波氩弧焊等。

3）控制调节性能好，具有多种外特性，一机多用，使用方便。

4）采用无源功率因数校正，功率因数高。

5）引弧容易，电弧稳定，焊接质量高。

2. 主要技术指标

三相 380V 额定输入容量 21kV · A；输入电流 31A；焊接电流调节范围 40 ~ 500A；额定负载持续率 60%；脉冲周期 0 ~ 15s；脉冲宽度调节范围 10% ~ 90%；电流上升时间 0.1 ~ 15s；电流下降时间 0.1 ~ 15s；额定效率 77%（双逆变较低，单逆变约为 89%），功率因数量 0.95；质量 98kg（双逆变，较单逆变重约为 45kg）。

3. 应用

可用于直流氩弧焊、直流脉冲氩弧焊、交流矩形波氩弧焊和交流脉冲氩弧焊等，对碳钢、低合金钢、铜、铝、钛及其合金等各种材料进行焊接。实际上，硬开关型 IGBT 逆变式弧焊电源能使用的场合，软开关型也能使用。

随着半导体材料及其制造工艺技术的进步，推动了功率半导体器件、微电子器件、磁性材料及其在电机驱动器、稳压电源、UPS、逆变器等各类工业电源、变换器的更新换代，继而逐步应用到负载过程变化频繁、剧烈的非线性电弧负载供电的弧焊逆变器。20 世纪 80 年代之前的功率半导体器件是功率二极管、晶闸管整流器（SCR）和功率 GTR/BJT（巨型晶体管或称为电力晶体管）。除功率 BJT 中部分功率不大的晶体管可工作至微波波段外，其余的功率半导体器件都是低频器件，一般工作在几十至几百赫兹，少数可达几千赫兹。然而，功率电路在更高频率下工作时将凸显许多优点，如高效、节能，减小设备体积与重量，节约材料等。因此，在 20 世纪 80 年代发生了“20kHz 革命”，即把功率半导体电路的工作频率提高到 20kHz 以上。这时传统的功率半导体器件如 SCR 和 GTR/BJT 等因速度慢、功耗大而不再适用，以功率 MOS 和 IGBT 为代表的新一代功率半导体器件应运而生。新一代功率半导体器件除具有高频（相对于传统功率器件而言）工作的特点外，还属电压控制型功率器件，因而使驱动电路简单，驱动耗损小，逐渐成为功率半导体器件的主流和发展方向，在国际上被称为现代功率半导体器件。在这个跨世纪的四五十年期间，弧焊电源顺应着功率半导体器件、微电子器件的发展经历了不同阶段，走完了从工频类的硅二极管/晶闸管（SCR）式弧焊整流器阶段，到具有高效、节能、省材的高频变换整流的弧焊逆变器阶段。后者还经历了：晶闸管（SCR）式弧焊逆变器→晶体管（GTR、BJT）式弧焊逆变器→场效应晶体管（MOSFET）式弧焊逆变器→IGBT 式弧焊逆变器的历程，并以电压控制、开关特性好、功率适应范围较大等综合性能优良的 IGBT 式弧焊逆变器为主流，在制造业中得到愈来愈广泛的应用。然而，目前在研发、批量生产、市场销售的各类弧焊逆变器，其主流的功率半导体器件仍然是硅基器件，但是随着以 SiC（碳化硅）和 GaN（氮化镓）为代表的宽禁带半导体材料及其制备工艺和器件物理性能的突破，给发展新一代电力电子带来希望。刚刚发展起来不久的 GaN 也是一种宽带隙材料，可提供类似 SiC 的性能特色，且不必外加封装，有更大的成本降低潜力。

SiC 和 GaN 电力电子器件正在逐渐成为功率半导体器件的重要发展领域，并使“20kHz 革命”的变频-逆变技术及其在弧焊逆变器制造中的应用得到有力推动，开创了一个新时代。

6.7 SiC 功率器件与新一代 SiC 类弧焊逆变器

6.7.1 硅基存在的问题和碳化硅的优势及其问题

1. 硅基功率器件存在的问题

随着降低环境负荷的要求日益提高，在此之前功率器件基本以传统 Si 基材料为主导，在人们对机电产品的节能环保要求不断提高的情况下，Si 基材料的节能能力已经接近极限，局限性愈来愈突出。就一般的功率 MOSFET 的导通电阻而言，存在着由 Si 基材料性质决定的性能极限。降低导通电阻的余地已经所剩无几。又如 Si BJT 中的低电流增益会形成高驱动损耗，并且随着额定电流的增加，损耗变得更大。双极运行也会导致更高的开关损耗，并且在器件内产生高动态电阻。可靠性也是一个问题。在正向偏压模式下运行的器件，可能会在器件中形成具有高电流集中的局部过温。这可能导致器件发生故障。此外，电感负载切换过程中出现的电压和电流应力，可能会导致电场应力超出漂移区，从而导致反向偏压击穿。这会严格限制反向安全工作区（RSOA），意味着基于硅的 BJT 将不具有短路能力。

2. 碳化硅功率器件的优势

为了从使用 Si 基功率半导体手中接过接力棒，SiC 作为一种新兴的半导体功率器件的开发正在不断加速开展。SiC 不存在 Si 基的上述问题。碳化硅（SiC）是第三代半导体材料的典型代表，也是应用最广泛的宽禁带半导体材料之一。它的主要特性比 Si 材料优越得多，具有宽带隙（三倍于 Si 材料）、高击穿电场（十倍于 Si 材料）、高热导率（三倍于 Si 材料）、高温稳定性（三倍于 Si 材料，达到 180℃，甚至 300～600℃）等优良特点。SiC 应用到晶体管中，具有更高的效率（98% 以上）、更小的器件（$>300A/cm^2$）、速度更快的开关能力（<20ns）、稳固可靠安全（UIL，SCSOA）的特性。它具有低阻抗、耐高破坏性，不存在二次击穿，关断电流无外拖，散热性好（减少散热器体积重量）。它是抗辐照、大功率应用场合下理想的高可靠性、高性能功率半导体材料。

如将 SiC 功率器件制成模块，即可形成更高的附加价值，也更加有利于推广。碳化硅的功率器件用在系统上有很多好处，功率密度可以更高，体积更小，更加耐高电压，设计容易。总体来讲，可以提高功率半导体的效率，运用的领域更加广泛、更为方便。

可见，SiC BJT 功率器件是极具潜力的市场竞争者，可以广泛应用于军事及民用设备的功率电子系统领域，应用范围更为广泛，包括光伏逆变器、UPS、电机驱动、功率变换与控制，各类逆变器……可以这样说，随着各个国际大型功率器件公司的不断推进，目前 SiC 已大体覆盖了功率器件及其应用产品中的主要产品系列。

3. SiC BJT 功率器件存在的问题

（1）SiC BJT 价格高　从成本角度而言，相较于基于纯硅，基于 SiC 的 BJT 约为 Si 基的 10 倍价格。这就是它应用于市场发展缓慢的主要原因。然而，SiC 的高开关频率在硬件级可实现成本节约，如 SiC 制造工艺的高功率密度将会转换为更高的芯片利用率，并且支持使用更小的散热器和更小的过滤器元件。此外，随着材料制备及其器件、配套件制造工艺和结构的不断优化、简化，良品率不断提高，以及规模、批量生产的不断增加，整体制造成本将不断下降，从长远来看，使用较昂贵的 SiC BJT 实际上更省钱，整体系统的生产成本也更低。

（2）电流控制型，驱动功耗比电压控制型大　SiC BJT 属电流控制型，驱动损耗仍然比电压控制器件高，需要采用两个不同电压等级分别控制静态和动态驱动等技术措施来降低驱动功耗。

6.7.2　新一代 SiC BJT 弧焊逆变器的发展前景及其解决方案探讨

1. SiC 功率器件研发应用现状及其推广 SiC 类弧焊逆变器发展的前景

碳化硅双极结型晶体管（SiC BJT）和 SiC MOSFET 功率器件，已能实现 1200V/1700V 功率开关转换，额定工作温度可达 180℃，甚至更高。在普通的 16kHz 频率条件下工作，100A、1200V 的 SiC 模块，可替代超载和导热裕量要求所需的至少 150A，甚至高达 200～300A 的 Si 基功率开关模块。图 6-76 所示为 100A 的 SiC 功率模块 CAS100H112AM1 外观图。

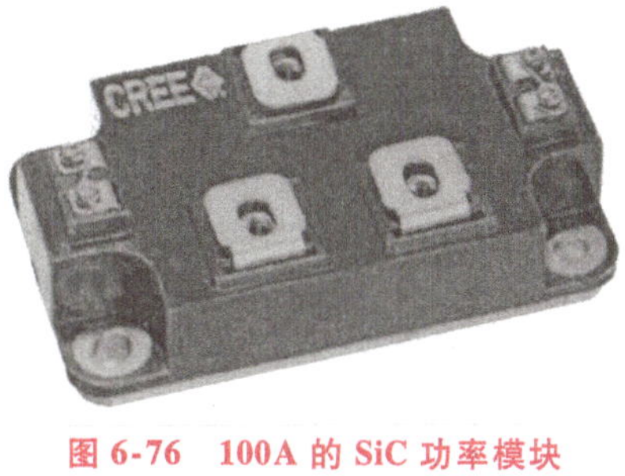

图 6-76　100A 的 SiC 功率模块 CAS100H112AM1 外观图

表 6-5 为 150A 和 200A Si IGBT 模块与 100A SiC MOSFET 模块仿真结果参数比较。在标称及过载情况下，5kHz 运行的 150A Si IGBT 模块保持的开关平均结温远低于 150℃ 的最大额定值。然而，增加至 16kHz 开关频率，以致达到 75A 的最大电流能力，而没有过载能力或导热裕量。为了达到 20% 的过载能力（90A），150A Si IGBT 模块必须用 200A 的 Si IGBT 模块替代。如果需要在过载条件下的导热裕量，甚至需要 250A 或 300A Si IGBT 模块。SiC MOSFET 模块的有效开关还有助于散热。在 75A 和 5kHz 运行时，开关损耗减少了 13.7%，其结温下降了 2.1℃。二极管损耗减少了 58.3%，导致 9.2℃ 的结温下降。整体半导体损耗减少了 23.2%（或 145.3W）。此外，散热器与外壳的温度分别降低了 7.4℃ 和 8.0℃，从而提高了热界面材料的寿命。因此，SiC MOSFET 模块显著减少了损耗和具有潜在的更高可靠性，包括在低开关频率的应用。

表 6-5　150A 和 200A Si IGBT 模块与 100A SiC MOSFET 模块仿真结果参数比较

参数	Si IGBT						SiC MOSFET		
模块额定电流/A	150	150	150	200	200	100	100	100	100
工作电流/A	75	90	75	75	90	75	90	75	90
开关频率/kHz	5	5	16	16	16	5	5	16	16
开关损耗/W	37.0	43.2	118.5	124.2	146.6	7.6	9.1	24.2	29.1
二极管开关损耗/W	15.2	17.7	48.7	58.0	66.9	0.0	0.0	0.0	0.0
开关传道损耗/W	44.9	58.4	44.9	40.0	51.9	63.1	88.3	64.2	90.9
二极管传道损耗/W	7.0	9.1	7.1	6.5	8.2	9.3	15.4	9.7	16.3
平均散热器温度/℃	86.1	94.4	125.8	109.9	121.5	78.7	90.4	85.2	98.8
平均外壳温度/℃	88.7	97.6	131.3	115.6	128.3	80.7	93.4	87.7	102.4
开关平均结温/℃	100.1	111.8	142.7	126.0	140.3	83.9	98.1	90.8	107.3
二极管平均结温/℃	93.1	102.9	142.7	126.0	140.3	83.9	98.1	90.8	107.3

2010～2012 年前后开始量产 1200V 耐压的第二代 SiC MOSFET、BJT 和 SiC 二极管，进而，完全采用 SiC 搭载驱动 IC、保护电路的 SiC 智能功率开关模块（IPM），相继研发成功和批量生产。SiC BJT 驱动器与其他以往同类器件有很大的不同，由于通过电流控制，相对于电压控制，需要较大功率的驱动 IC。开发成功专属 IC，有利于防止 EMC 干扰。SiC BJT 驱动器研发生产路线图如图 6-77 所示。从而，为 SiC 类逆变器/电源、UPS、光伏等逆变器、逆变式电动驱动器、功率变换器等新一代的 SiC 电力电子系统，提供了配套完整的 SiC 功率开关模块及其驱动专用 IC 电路、功率整流模块等配套件。

SiC BJT 最佳的应用场合是在大于 3000W 功率的电源设计。这类包括弧焊逆变器在内的电源，至今还是主要采用传统的 IGBT 来做功率开关器件，以达到成本及效率上的最佳化。今后，如果用 SiC BJT 来取代 Si 基 IGBT，就可以较方便地把弧焊逆变器的开关频率从 20kHz/25kHz 大幅度提升至 70kHz 以上，从而，进一步缩小产品的体积和提升转换效率，甚至使其达到或接近 98%。由于频率的提升，在设计上也可以减少周边电路所需的电感、电容的数目，有助于整体节能、省材、降低成本。另一方面，SiC BJT 的开关速度很快，可在

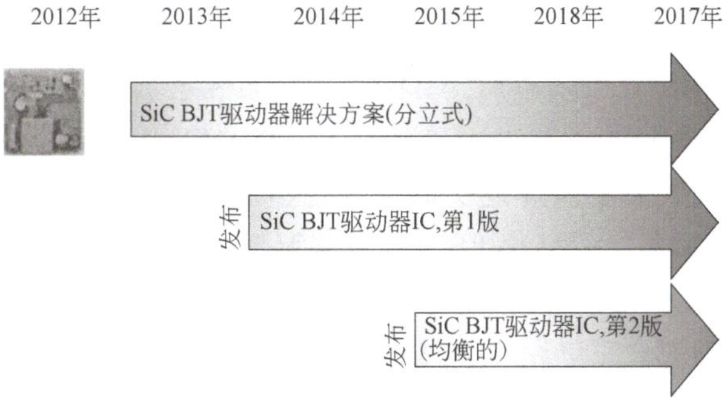

图 6-77 1200V/100A SiC BJT 驱动器研发生产路线图

小于 20ns 内完成开关动作，这样的速度甚至比 MOSFET 还快，它也可以用来取代 Si 基 MOSFET/IGBT 式弧焊逆变器。

SiC 功率器件的市场化和推广应用已有较好的进展，300A 级电流由 SiC BJT 逆变-整流器模块组提供，愈来愈多地应用于电动汽车驱动；额定功率为 17kW 以上的逆变器开始应用于光伏逆变器、UPS 等系统，而且应用愈来愈广泛，额定功率输出能力及其性能也在不断上升。根据预测，近几年 SiC BJT 器件有可能首先成为最先被市场接受的产品。在 2015 年 SiC 器件产品优良率大幅度提升，价格也下降约一半。GaN 功率器件也随之先后投入市场和推广应用。现有的这些额定功率级已成熟的 SiC 逆变器制造及其配套技术，很适合应用于研发生产那些负载持续率为 60%、额定焊接电流为 400 ~ 500A 以下、量大面广使用的各类弧焊逆变器。这些进展为研发下一代 SiC/GaN 类弧焊逆变器技术打好了基础。

采用 SiC、GaN 类材料是功率器件行业主要技术趋势之一，也是应用于弧焊逆变器的主要技术趋势。只不过由于电弧，特别是带有短路过渡的熔化极电弧的复杂性、非线性的特殊性，如输出端负载频繁、强烈变化，每秒高达数十、数百次的“空载-短路-负载”引弧过程和“负载-短路-负载”的熔滴过渡过程，同时，逆变主电路本身开关变换又高达每秒数万次之多，而且不同弧焊工艺方法，不仅对外特性曲线形状、调节特性，还对动态特性都有不同的要求。可见，它面临着可靠性、安全性和对熔焊工艺适应性的多种考验。因而，通常弧焊电源的研发和推广迟缓于其他工业电源达数年以上。不过，SiC 材料的优越性和价值也正好将在弧焊逆变器的负载特殊性中得到更好的体现和发挥。如 SiC 功率器件反向阻隔能力强，关断过程不出现电流外拖，安全性、可靠性高，而且频率效率高，省电省材。

2. SiC 弧焊逆变器基本原理及其技术方案设计思路

（1）SiC 类弧焊逆变器基本原理　SiC 类弧焊逆变器也是电子控制弧焊电源中的一种新形式。因而，它的基本原理、基本结构和主要组成，与常用的电子控制弧焊电源相比，在本质上说是基本相同的。其主要组成部分包括：供电系统、电子功率系统、电子控制系统、给定与反馈电路、焊接电弧等基本单元。它也采用闭环反馈系统，控制调节电气性能，即控制它的外特性、调节特性、动特性和波形。SiC 类弧焊逆变器的主要组成框图如图 6-1 所示。同样，SiC 类弧焊逆变器按逆变主电路中核心电子功率开关管所处的换流状态（电流、电压不为零和各为零或其一为零）不同，也有硬开关型弧焊逆变器和软开关型弧焊逆变器之分。SiC 类弧焊逆变器中的逆变主电路，实质上是一次侧分频开关型功率系统。它在电子控制系统的支持下，起着分频开关、变换外特性和调节电参数的作用。从而按不同弧焊工艺要求，向焊接电弧提供不同外特性（恒流、恒压、缓降或其他特性）和不同参数的大电流、低电压电能（所谓“调节特性”）以及波形，其闭环控制系统示意图如图 6-2 所示。它借助“反馈与给定系统”-“PWM”控制调节方式和定频调脉宽“PWM”控制调节方式（其电路原理见图 6-22），使 SiC 类硬开关型弧焊逆变器，获得不同外特性、调节特性和输出电流波形。借助“给定与反馈比较放大”-“移相 PWM”控制调节方式使 SiC 类软开关型弧焊逆变器获得不同外特性、调节特性和输出电流波形。

SiC 类弧焊逆变器的逆变主电路与 Si 基功率开关管类（GTR/BJT、MOSFET、IGBT）基本形式也大同小异。功率输出较小时，可采用单端通向式、半桥式；功率输出较大时，可采用全桥式或双单端正激通向式，如图 6-6 和图 6-19 所示。

（2）SiC 类弧焊逆变器技术方案　如上所述，SiC 是新一代特性优越的宽禁带半导体器件材料，不言而喻，不足之处也在所难免，要充分发挥显著的技术特性优势，也要解决存在的不足，才能在不同应用领域中发挥它的最佳技术优势。特别是在研发和设计 SiC BJT 弧焊逆变器中，更需认真考虑如何针对熔化极电弧负载的特殊性，利用 SiC BJT 等的更高功率密度和过载能力，可合理选用相应较小额定值（100A）取代 Si 基（150A/200A）器件，实现较大电流输出，同时提供更高的性能、更低的损耗。在相同或更低损耗下，采用较高的开关频率（从 20kHz/25kHz 提至 70kHz 以上），又要注意综合考虑和优选提高效率、安全性和工作性能等最佳切入点，合理使用较小的电感、电容；利用好耐高温、耐高压性能特点，简化安全措施；在提高输出功率的同时，减小或保持系统外形尺寸；采取综合措施，实现更低的系统成本和进一步减小其电流型控制的开关损耗。最后达到易于使用、可靠使用和最佳的稳定性和优越性。

正因系统级 SiC 安培额定值不等同于硅安培额定值，故基于 SiC 的设计，要以评估每个系统电源的价格（元/kW）作为关键成本度量，而不是每个额定安培价格。

此外，还要特别考虑如何针对不同弧焊工艺电弧负载的特殊性，在合理选用市场供应的通用功率开关模块、智能功率模块、快速二极管、驱动专用 IC 模块、高频磁性器件等成套器件材料的同时，正确设计与其相应配套使用的外围、辅助、连接电路等具体技术环节。其中需要考虑以下几个具体问题：

1）利用 SiC 反向阻断能力强，简化驱动电路。SiC 功率开关器件关断迅速可靠，不存在关断过程电流外拖而增加损耗，不必像 Si 基 IGBT 式一样，在 b-e 控制驱动极加较大的负值电压来确保 IGBT 的可靠关断，且可方便地利用它来实现软开关的零电流换流。

2）利用 SiC 正温度系数特性，以小拼大，提高功率输出和降低成本。可采用简单的基极直接驱动方案，实现简便的系统移植。而且还可通过较小的功率晶体管并联运行，实现以小拼大，增大功率输出，不必再串联均流电阻来达到并联的各个 SiC 功率晶体管的均流，以利降低成本和减少功率损耗。

3）优选磁性材料，提高功率密度，减少成本、体积和重量。为了进一步提高功率密度，优选高频特性更好、功率损耗更低的磁性材料，不仅能匹配好 SiC 功率器件优良的高频特性，在高频率下运行良好，改善 SiC 类弧焊逆变器主电路的高频变压器、电抗器、饱和电抗器等的品质，提高功率密度，而且可减少整机体积、重量和降低成本。

软磁材料的发展经历了晶态、非晶态、纳米微晶态的历程。非晶、超微晶合金材料的应用极为广阔，已被誉为 21 世纪的绿色节能材料，特别是超微晶，可采用纳米技术做微晶金属软磁材料。其微晶直径只有 10 ~ 20nm，具有十分优异的性能，高磁导率，低损耗，高饱和磁化强度。它具有优异的综合磁性能：初始磁导率可高达 100000H/m，饱和磁通密度高（1.2T），铁损低等。与晶态和非晶相比，它具有更好的综合性能，不仅磁导率（μ）高、矫顽力（H_c）低、高频铁损耗小，且饱和磁感应强度（B_s）高、温度和环境稳定性好。在 20 ~ 100kHz，除具有铁镍合金与铁氧体的优势外，还具有比铁镍合金更小的损耗，比铁氧体更高的饱和磁感应强度和理想的热稳定性。工程上常用的超微晶薄带一般为 0.02mm，最高工作频率可达 500kHz。一般都可以用超微晶代替坡莫合金，超微晶的价格要比坡莫合金低。另外通过不同的生产工艺可以分别获得具有高矩形系数、高脉冲磁导率、低剩磁等特性。可以说这种材料是使 MHz 级以下高频开关电源变压器、电感器及高频脉冲变压器，实现器件小型化、轻型化、高频化以及多功能化首选的高性价比软磁性材料。

4）克服电流控制型的不足，进一步提高整体效率的技术解决方案。SiC BJT 属电流控制型，驱动损耗比电压控制型大。而静态驱动损耗是选定驱动电压和输入电压的一个函数（间接表示占空比值）。实现高开关速度需要 15V 的驱动电压，产生约 8W 的损耗，主要集中在基极电阻上。为了弥补这方面的损耗，对于动态和静态操作，通常采用两个单独的电源电压（25V 和 5V）。图 6-78 所示为其中一个 SiC BJT 模块采用两个电源电压降低 SiC BJT 的开关损耗电路原理示意图。高压驱动器的控制信号会“中断”，因此，它仅在开关瞬态期间用电能。静态驱动阶段用较低电压，从而可以降低静态损耗，并在整个导通期间保持激活状态。这一技术解决方案，在升压类逆变器设计中尤为重要。

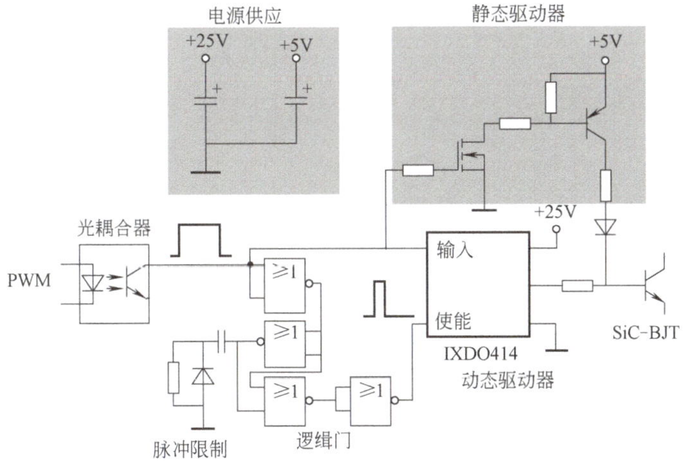

图 6-78　采用两个电源电压降低 SiC BJT 开关损耗电路原理

可以预测，随着 SiC 功率器件成本曲线的迅速向下移动，交易量的增加，生产经验以及材料/器件的创新，全 SiC 模块，像 CAS100H12AM1 设计将因减少终端系统成本，同时提供额外的性能和可靠性而获得市场采用。SiC 功率器件应用于新一代 SiC 类弧焊逆变器发展前景显而易见。

思考题

1. 什么叫弧焊逆变器？按功率开关器件不同可分哪几类？各有什么结构特点和优缺点？

2. 综述逆变主电路的基本原理，与其他类型的弧焊电源相比它有什么特点？为什么有这些特点？说明它们的应用范围。

3. 综述弧焊逆变器获得恒压、恒流及缓降外特性、脉冲、交流矩形波的原理。

4. 弧焊逆变器可采用哪些电抗器来控制动特性？各自优缺点是什么？如何控制？

5. 晶闸管式弧焊逆变器主电路有哪些基本形式？阐述它们原理和特点。

6. 弧焊逆变器有哪几种调制方式？哪些比较常用？综述 PWM 技术在弧焊逆变器的作用。

7. IGBT、MOSFET、GTR 和 SCR 式四种弧焊逆变器相互比较，就工作原理有什么同异点？请说明它们各自的最佳工作频率范围是什么？为什么？

8. MOSFET 多管并联应考虑什么问题？如何进行调试？

9. IGBT 式弧焊逆变器有哪些逆变主电路基本形式？各有什么优缺点？

10. IGBT 式弧焊逆变器的驱动电路应考虑哪些问题？为什么？

11. 软开关型弧焊逆变器与硬开关型弧焊逆变器对比有什么特点？它如何获得外特性和调节特性？

12. 如何提高弧焊逆变器的效率和减轻质量？

13. 有限双极性控制的 ZVZCS-PWM 全桥式弧焊逆变器的结构特点是什么？简述其基本工作原理及其应用。

14. 与 Si 基类功率器件相比，SiC 类功率器件有什么优势、发展前景及其存在问题？

15. 简述 SiC 类弧焊逆变器基本原理及其创新技术解决方案要点。

第7章 弧焊电源的数字化控制

内容提要： 本章以数字化控制技术为主，介绍弧焊电源对控制系统的要求，控制基本方法、分类、特点；讲述弧焊工艺的时序控制技术、起弧和收弧控制技术、一元化调节技术以及弧焊过程的电流波形控制技术；重点介绍了单片机控制弧焊电源的基本原理、实现电路及 PID 控制算法；简单介绍了弧焊电源的 DSP 和 ARM 等数字化控制技术；概述弧焊电源的模糊逻辑和人工神经网络的智能控制原理及应用；机器人弧焊电源及应用情况；最后分别简介了国内外一款数字化控制的弧焊电源产品。

7.1 弧焊电源控制系统概述

近十几年来计算机、自动控制、电力电子、微电子和网络技术的迅猛发展，对弧焊电源的控制技术进步起到了积极的推动作用，弧焊电源的控制技术经历了由粗放型到高性能精确控制的转变，使弧焊电源设备向数字化、智能化和网络化发展。

数字化弧焊电源具有超强的控制能力和快速的响应能力，结合弧焊工艺就可以更完美地控制弧焊过程和焊缝质量。数字化控制主要分为两类：一类是以单片机作为控制器的较低级类，主要用于功能单一，如焊条电弧焊、直流 TIG 焊、直流脉冲弧焊等技术档次较低的弧焊电源；另一类是以 DSP 加单片机或者加 ARM 的双核心控制的较高级的数字化控制，主要用于需要动态过程控制的 CO_2、MAG 焊和电流波形控制的脉冲 MIG 弧焊电源。

7.1.1 弧焊电源的控制方法分类

弧焊电源的控制方法可有不同的分类，按控制装置来分，主要有机械式控制、电磁式控制、模拟电子式控制和数字式控制，如图 7-1 所示。按控制方法来分，主要有 PID 控制、自适应控制、模糊逻辑控制、人工神经网络控制等。若按控制内容来分，有外特性控制、动特性控制和工艺程序控制等。

7.1.2 弧焊电源各种控制方法的特点

国内外弧焊工艺经历了从焊条电弧焊到半自动和自动气体保护电弧焊的发展，弧焊电源控制方式也由机械式、电磁式向电子式、数字式等控制方向发展。

（1）机械式控制的弧焊电源　它是通过机械移动铁心或绕组的位置，或换接抽头来改变漏抗和控制漏抗，从而控制弧焊电源的外特性。其动特性取决于弧焊电源自身的结构及其电气参数。机械式控制的弧焊电源的特点是结构简单结实、工作可靠。其焊接参数有级调节，适合在建筑工地等场合。但是它们的无功损耗大、控制性能差，不能做到精细的控制，只能

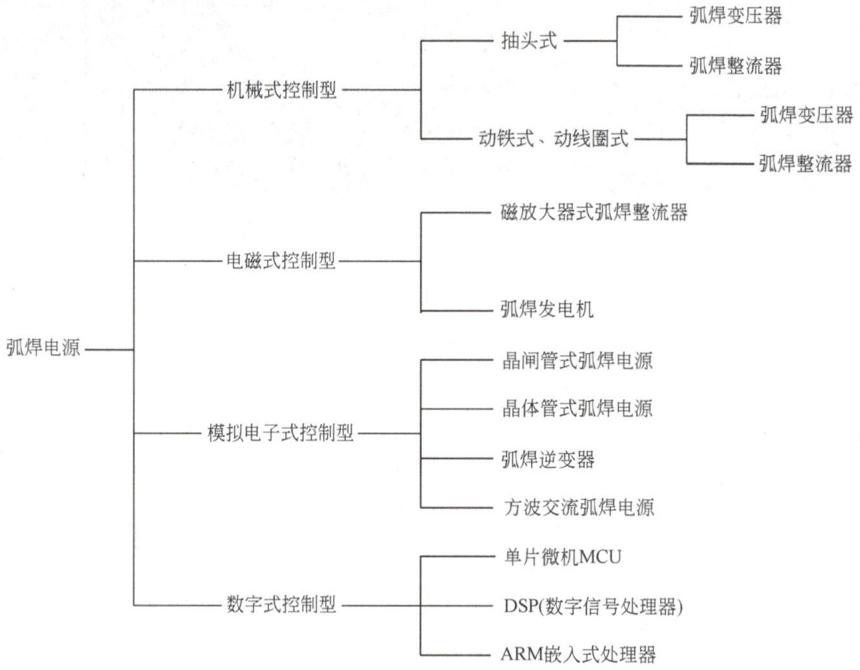

图 7-1　弧焊电源控制方法的分类

用在对焊接质量要求不太高的场合。

（2）电磁式控制的弧焊电源　它们靠改变主回路中饱和电抗器的磁饱和程度来控制弧焊电源的外特性，另外，动特性也主要取决于弧焊电源本身的结构。电磁式控制弧焊电源的特点是工作可靠性高，但是磁惯性大，调节速度慢，不灵活，体积和质量都很大，效率低，它们将逐渐被淘汰。我国已明确禁止生产磁放大器式弧焊电源，实际上国内外仍然还有一定数量生产和使用，而且弧焊发电机也有生产少量的柴油发电机式，用于野外施工无动力供应的场合。

（3）模拟电子式控制的弧焊电源　无论是弧焊电源的外特性还是动特性，都完全采用电子电路进行控制，包括电流、电压波形的任意控制，而与自身的结构没有决定性关系。模拟电子式控制的弧焊电源主电路采用电力电子功率器件进行功率调节，常用的器件有晶闸管、晶体管、场效应晶体管和 IGBT 管等；采用微电子集成 IC 为核心的控制电路，使弧焊电源的性能得到大幅度的提升。模拟电子式控制的弧焊电源的主要特点是：控制精度高，可控性好；参数调节范围宽，可调参数多；动特性好，动态响应速度快；高效、节能省材。

（4）数字式控制的弧焊电源　它是在模拟电子式控制弧焊电源的基础上，以单片微处理器、DSP、ARM 嵌入式芯片为核心来实现弧焊电源的部分或全数字化控制。目前在弧焊电源中常用的微处理器有：各种型号的单片微机，有 8 位和 16 位的；DSP 数字信号处理器，主要有通用型，如美国 TI 公司的 TMS320C2xx 系列；32 位的 ARM 微处理器也在弧焊电源中得到广泛应用。数字式控制的弧焊电源一般在弧焊逆变器的控制上实现数字化，这样可充分发挥主电路和控制电路的优势。根据使用的微处理器及数字化程度，弧焊电源可分为：单片微机控制的数字式弧焊电源，以单片微机进行工艺参数控制和弧焊电源的程序控制，以集成

IC 及分立元件构成逆变器的 PWM 控制；DSP 控制的数字式弧焊电源，通常利用 DSP 的高速信号处理能力，同时实现弧焊接参数和逆变器 PWM 控制；ARM 控制的数字式弧焊电源，由于以 32 位的高性能 ARM 微处理器为控制核心，这类电源不仅控制精度高，而且具有很强的通信能力，可实现双机通信的双丝高速焊等。数字式控制弧焊电源的特点是：以微处理器为控制核心，通过软硬件相结合实现对弧焊电源的外特性、调节特性和动特性的控制，使控制系统更加灵活，可在一台弧焊电源中实现多种焊接工艺，如 TIG/MIG/MAG 焊等；弧焊电源改进升级容易，只要通过更换弧焊电源微处理器中的用户程序，就可实现弧焊电源的升级改进；系统维护方便，通过微处理器对信息处理识别的能力，可进行故障的自诊断，便于电源的日常维护；通信能力强，由于单片微处理器具有多种串口通信接口或拥有 CAN 总线，甚至可扩展网络通信接口，因此数字式控制的弧焊电源很容易与机器人接口形成自动化焊接系统，或实现双机通信形成双丝高速弧焊电源系统。

7.1.3 对弧焊电源控制系统的要求

正如第 2 章所述，弧焊工艺对弧焊电源的电气性能和特性提出了四项基本要求：①适当高的空载电压；②在不同弧焊方法工作过程中参数稳定合适的外特性曲线形状；③足够宽的参数调节范围（良好的调节特性）；④能使弧焊过程熔滴过渡平稳和减少飞溅的动态响应（良好的动特性）。此外，由上述可知，机械式控制弧焊电源的外特性、调节特性、动特性取决于弧焊电源自身的结构及其电气参数。电磁式控制的弧焊电源靠改变主回路磁饱和程度来控制外特性，外、动特性也主要取决于弧焊电源本身的结构及电气参数，控制系统简单粗糙，只适合干“粗活”。而模拟电子式、数字式控制类弧焊电源的外特性、调节特性、动特性，除了与结构有一定的关系外，更重要的还受控于电力电子、微电子电路。而且它干的往往是“细活”。因而对它的要求也较高，除要求它完成上述四项基本要求的“宏观”控制任务外，还要求对其静、动态特性，输出的焊接电流、电压波形，引弧、收弧，脉冲波形，多焊接参数的优化匹配等，进行任意的“微观”控制与变换，还包括工艺时序控制，以便实现高性能、高速度、高质量和对多种材料的自动、半自动焊接，以及具有多功能、柔性的特点。有关模拟电子式控制技术原理，在上述模拟电子式控制的弧焊电源中已做较详细的介绍，本章主要介绍数字式控制技术。

7.2 弧焊电源数字化控制系统的关键技术

数字化控制的弧焊电源自身并不能提高弧焊工艺性能，只是提供了易于提高弧焊性能的控制平台，要真正提高弧焊性能，还需要更加深入地研究弧焊工艺机理。数字化弧焊的关键技术包括：成功率高的起弧技术、稳定的弧焊过程、一元化参数控制技术和完美的引弧、收弧控制技术。

7.2.1 弧焊工艺的时序控制

各种焊接方法都要按照一定的程序操作焊接过程，图 7-2a 所示为带高频引弧器的 TIG 弧焊逆变器工艺控制时序。焊枪开关接通后，弧焊电源的控制电路开始工作，Ar 保护气电磁阀开通；延时后高频引弧器开通引燃电弧，引弧成功后高频引弧器关断。电流在电弧引燃时经过短暂的峰值后回到维弧电流，经过一段预热延时后缓升到正常值。在焊接结束前电流要缓降到维弧电流，经过一段延时后再降为零，送气阀经过延时后再关断。

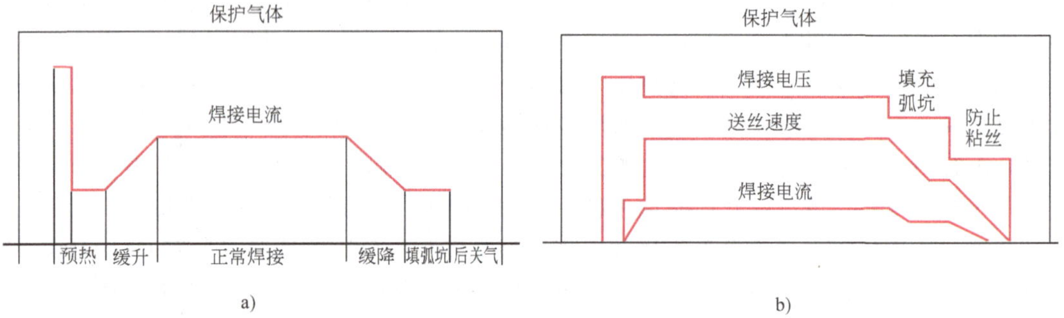

图 7-2　弧焊工艺控制时序

a）TIG 焊（带高频引弧）工艺时序　b）CO_2 焊工艺时序

在熔化极气体保护焊中，CO_2 焊的工艺比较典型，图 7-2b 所示为 CO_2 焊的工艺控制时序。焊枪开关接通后，控制电路处于准备工作状态，CO_2 保护气电磁阀开通；经过一段延时后弧焊电源接通，电压上升到空载电压；再经过一段延时后先缓慢送丝，当焊丝与工件接触后实现短路引弧，电流缓升到正常值。焊接结束前送丝速度、电流、电弧电压都缓慢下降，以填充弧坑。经过一段时间后，再关断 CO_2 保护气的电磁阀。

7.2.2　引弧和收弧控制

不同的焊接方法，其引弧方式有所不同，TIG 焊采用非接触引弧，一般需要采用专门的高频振荡引弧电路，引弧成功后被切除，一般引弧成功率较高。而熔化极气体保护焊则采用接触引弧，若弧焊电源的引弧性不好，会产生焊丝爆断或使焊缝起点不好。收弧时则应能填满弧坑，并且在焊丝末端不要留下较大小球。

对于熔化极气体保护焊，在引弧过程中由于焊丝和工件的接触不可避免地存在抖动，电压产生剧烈振荡，电流上升缓慢，引燃电弧较为困难。图 7-3a 在引弧过程中，在空载电压上维持有一段时间，电流上升迅速，引弧时间短，引弧顺畅，电弧声音柔和。

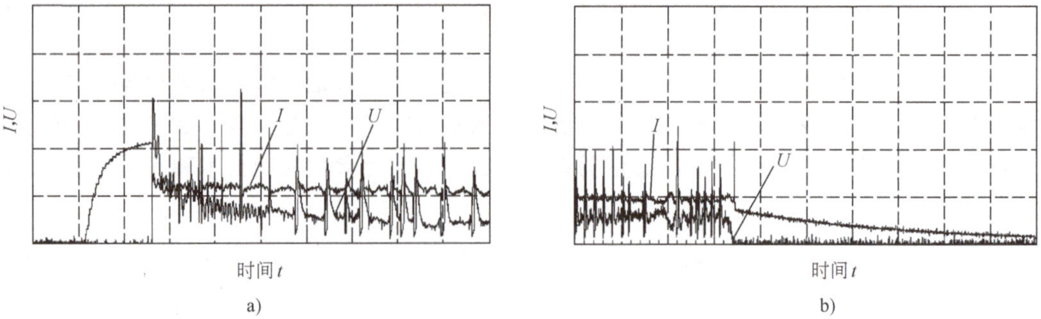

图 7-3　MAG 焊的引弧与收弧过程的电流、电压波形

a）引弧过程　b）收弧过程

在收弧过程中，电流应缓慢减少到零，让焊丝回烧以填平弧坑，减少弧坑裂纹等焊接缺陷。若收弧过程中电流冲击比较严重，焊接电流和电弧电压的抖动都比较剧烈，收弧过程不稳定，焊接过后有较大的弧坑出现。图 7-3b 的收弧过程比较好，焊接电流波形比较稳定，纹波抖动也较小，电流平缓降低，收弧过程效果较好。

对于脉冲弧焊一般采用“热脉冲”引弧技术，图 7-4a 所示为实测脉冲引弧电流波形。用“热脉冲”引弧电流波形能够较好地完成引弧，引弧点熔深比普通引弧好，同时“热引弧”对铝板预热充分，引弧过程电弧相对稳定，并不扰乱弧焊气氛，焊缝气体保护状况较好。其燃弧和正常弧焊过程的过渡，是引弧成功的关键。既要保证有足够的能量来维持电弧的燃烧，又不能让提供的能量过大引起断弧或电弧中断。

基于渐次脉冲过渡小电流填坑和脉冲削球思想，制订收弧控制方案，进行“数字化”收弧控制试验。图 7-4b 所示为实测双脉冲收弧电流波形。正常弧焊结束后，持续输出 3 ~6 个依次递减的脉冲能量，从而顺利平滑过渡到小电流填坑状态，填坑的能量视不同弧焊电流大小而定。最后，输出一个强脉冲将焊丝末端积球削掉。

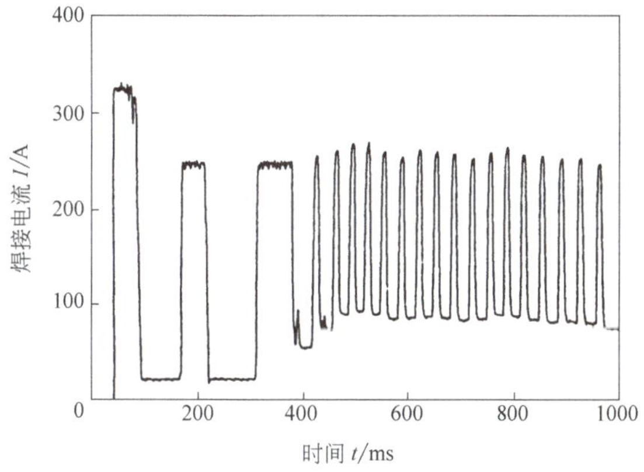

a)

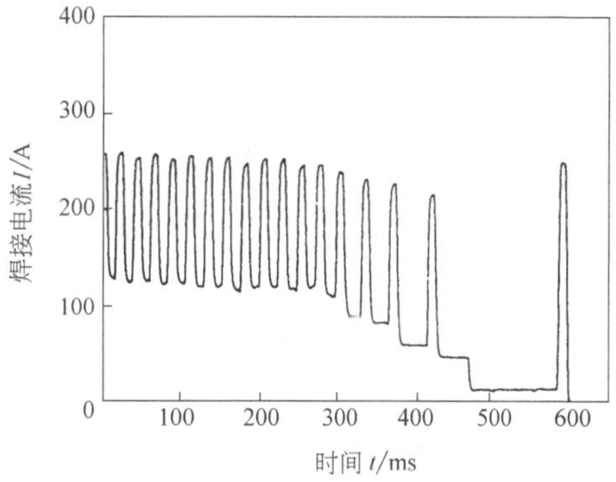

b)

图 7-4 “热脉冲”引弧和收弧电流波形

a）引弧电流波形 b）收弧电流波形

7.2.3 弧焊参数的一元化调节

在焊接参数的调节中，焊接电流和电压需要有很好的配合，不同焊接方法其电流和电压之间的关系也不同。在某一焊接电流值下，有一个对应的最佳电压值，只有电流与电压合理搭配才能使焊丝的熔滴过渡最稳定。电流与电压之间的搭配关系可以从大量焊接工艺试验中得到，并可绘制出一条一元化曲线。在焊接过程中，通常采用的是电压优先的一元化参数调节。根据焊接材料和焊丝直径的不同，将电源电压给定电压信号依据一定的比例变换后作为送丝电动机的控制电压，使送丝速度随着弧焊电源输出电压的增大而增大，从而使输出电流随之增大。

7.2.4 弧焊电源的波形控制

在熔化极气体保护焊中，熔滴的形成、尺寸、过渡模式和熔滴行为等是影响焊接工艺性能、焊缝成形和焊接质量的重要因素，因此，熔滴过渡及行为一直是焊接工作者研究的热点。在熔化极气体保护焊中，典型的熔滴过渡模式有 CO_2 短路过渡和脉冲 MIG 焊的喷射过渡，研究熔滴过渡模式及行为的目的之一是要实现对熔滴过渡过程的控制。

1. 短路过渡的电流波形控制

在 CO_2 焊中小电流规范下，熔滴主要是短路过渡，它是在电压较低、弧长较短的时候发生的，是燃弧与短路交替进行的不规则周期性变化过程。在短路过渡过程中，焊接电流起着极其重要的作用。焊接电流的大小及变化率，既可控制焊丝的熔化和熔滴过渡过程，又影响飞溅的产生和焊缝成形。而焊接电流是焊机输出特性和电弧特性综合作用的结果。焊接工作者研究出各种有效的控制方法。典型的有：恒压特性控制法、复合外特性控制法、波形控制法、脉冲送丝控制方法等。这些控制方法的实质，是将焊丝熔化、熔滴过渡过程、飞溅、焊缝成形分别或分时予以控制。目前普遍关注的简便而有效的方法，是直接对弧焊电源输出的波形进行控制，简称为波控法。波控法经历了从粗糙控制到精细控制的发展过程。

弧焊电源若为恒压外特性，则它对弧长的变化具有较强的自调节能力，并且一般在焊接回路中串联一定的电感（或电子电抗器）。在短路期间，依靠电感限制短路电流上升率以及液桥破断时的短路峰值电流，降低焊接飞溅；电弧重新引燃后，电感中储存的能量向电弧释放，使燃弧电流从短路峰值电流缓慢下降，从而保证适当的燃弧能量，形成一定尺寸的熔滴。从微观过程看，恒压外特性弧焊电源及其串联的输出电感对熔滴尺寸具有一定的调节作用。但电感调节的灵活性差，不能满足更高要求。电子电抗器出现后，弧焊电源输出外特性可根据焊接过程各阶段的需要迅速切换，利用复合外特性弧焊电源来减小飞溅。它通过控制电弧工作点，使之工作在特性曲线的不同区段，分别满足短路和燃弧期间不同动态过程的要求。较为典型的控制方法有双 L 形输出外特性、双阶梯输出外特性。在波控法中，比较成功的是美国林肯公司的 STT（Surface Tension Transform）。STT 弧焊电源工作于熔滴短路过渡方式，在 CO_2 焊过程实时测量电压与电压变化率，弧焊电源在一个过渡周期内根据不同电弧电压值（电弧状态）输出不同的焊接电流。STT 弧焊电源将短路过渡过程细分为七个阶段加以控制，即：短路前燃弧期、液桥形成段、颈缩段、液桥爆断段、重燃弧段、稳定燃烧段、燃弧后期段，如图 7-5 所示。

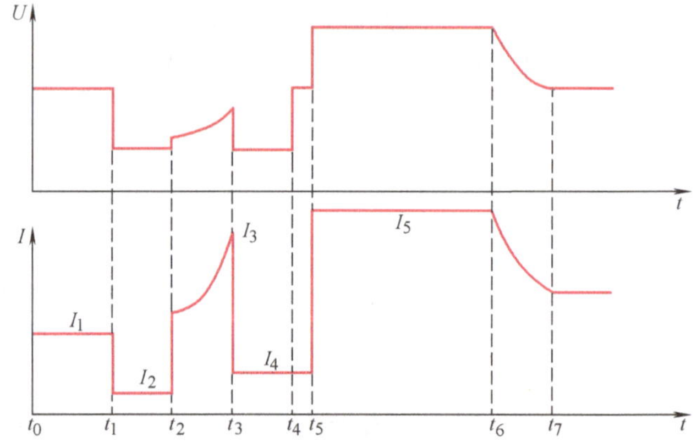

图 7-5　STT 弧焊电源的电压电流波形

（1）短路前燃弧期（$t_0 \sim t_1$）　输出基值电流 50～100A，其作用是保证电弧燃烧和提供熔滴长大的能量。该电流保证熔滴在表面张力下近乎球状，既不会凝固，也不会过分增长而脱落。

（2）液桥形成段（$t_1 \sim t_2$）　焊丝送进，在基值电流下熔滴发生短路，电压检测器检测出短路发生。为进一步促进熔滴和熔池的接触和“润湿作用”，电流立即降至 10A 左右，持续约 0.7ms，使熔滴与熔池形成稳固的短路桥。

（3）颈缩段（$t_2 \sim t_3$）　小桥形成后，电流以双曲线状迅速上升，使短路桥产生颈缩力，同时计算电压变化率 du/dt，此时高温下的液态钢电阻率很高，故电压不为零。

（4）液桥爆断段（$t_3 \sim t_4$）　当 du/dt 达到某一确定值时，说明熔断即将发生，电流在几个 μs 内降至 50A，使短路液桥依靠表面张力熔断并过渡到熔池中，t_4 表示熔断发生时刻。

（5）重燃弧段（$t_4 \sim t_5$）　熔断发生后，燃弧电流（50A）维持一段时间（$t_4 \sim t_5$），这样可以减少燃弧时对熔池的冲击，使焊丝平稳地脱离熔池。

（6）稳定燃烧段（$t_5 \sim t_6$）　过渡完成，燃弧（t_5 时刻）之后，电流上升至 450A 左右。对直径 1.2mm 的焊丝，5m/min，全 CO_2 气体保护焊，时间约为 1 ~ 2ms，以增加电弧的燃烧功率，有利于改善焊缝成形。

（7）燃弧后期段（$t_6 \sim t_7$）　在该段中电流衰减到基值，为下一个周期做准备。

STT 技术的另一个重要而全新的特点是焊接电流与送丝速度无关，因而可以在大幅度减少飞溅和烟尘的同时更好地控制热量的输入，得到合适的熔深和完整的背面成形。

2. 脉冲弧焊的电流波形控制

常规下 MIG/MAG 焊工艺，只有当焊接电流大于临界电流时才能得到稳定的喷射过渡，包括射滴过渡和射流过渡。然而，临界电流往往比较高，不宜用于焊接薄板和全位置焊缝。为此，又发明了脉冲 MIG/MAG 焊法。该法可以将焊接电流平均值减小到 50 ~ 60A 仍能获得稳定的焊接过程，扩大了 MIG/MAG 焊的使用电流范围。

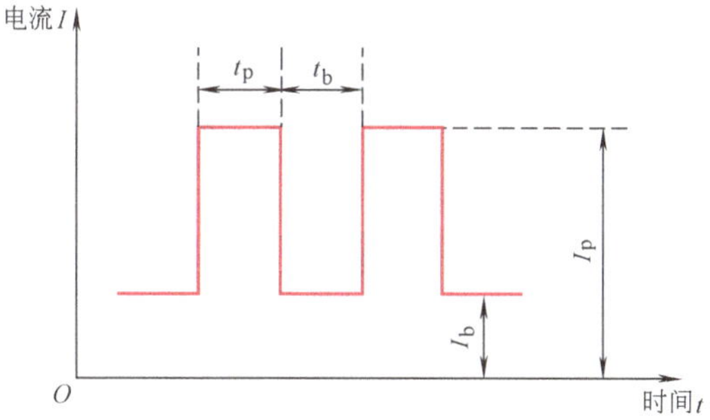

图 7-6　脉冲 MIG 焊的脉冲参数

脉冲 MIG 焊工艺是一种焊接质量比较高的熔化极气体保护焊方法。它具有熔滴过渡过程可控、平均电流比 GMAW 焊喷射过渡的临界电流低的特点，因而母材热输入量低，焊接变形小，适于全位置焊接，生产效率高。脉冲 MIG 焊的熔滴过渡形式为：多脉一滴、一脉一滴和一脉多滴，其中一脉一滴是所有过渡形式中最理想的一种，要获得这种熔滴过渡形式，焊接参数之间的配合尤为重要。脉冲焊焊接参数多，除了电弧电压、送丝速度和焊接速度外，还有脉冲参数，包括脉冲频率、峰值电流 I_p、峰值时间 t_p、基值电流 I_b 和基值时间 t_b，如图 7-6 所示。

（1）Synergic 控制法　Synergic 控制法是英国焊接研究所发明的一种脉冲 MIG 焊电弧控制方法，是目前已发展的脉冲 MIG 焊控制系统中应用最为广泛的一种方法。它解决了众多脉冲参数调节的不便，实现了脉冲 MIG 焊的单旋钮控制。其原理为：弧焊电源的外特性采用恒流特性，通过两条恒流外特性曲线的切换实现脉冲焊接；给定送丝速度，按照一定的数学模型来控制脉冲参数，使焊丝熔化速度自动与送丝速度相协调，并保持弧长的稳定和最佳的熔滴过渡方式。其优点是随着送丝速度的变化，脉冲频率（或脉冲宽度）发生相应的变化，但该控制方法对送丝速度以外的因素引起的弧长扰动没有调节作用，因为它对弧长（电弧电压）的扰动而言是开环控制。

（2）脉冲门限控制系统　它是通过设立电弧电压的门限值来控制弧长，弧焊电源的外特性为“口”字形，如图 7-7 所示。在脉冲与维弧期间均工作在恒流状态，而脉冲频率（即脉冲持续时间）由弧长的给定电压和实际反馈电压的偏差来决定。原理如下：当焊丝的熔化或焊丝的送进使电弧工作点移动时，电弧电压也随之变化，当电弧电压达到设置的上、下门限值时，控制系统迫使电流发生突变，使电弧电压不超过设置的上、下门限值，在门限值内则按闭环控制处理，从而使弧长得到控制。可以用图 7-7 来进一步加以说明。焊接时，电弧工作点位于两条恒流外特性 I_b 和 I_p 上，当电弧工作点工作在维弧阶段时，焊丝送进速度大于熔化速度，电弧工作点沿 I_b 恒流线向下移动，当到达设定的门限值 A 点时，控制系统使弧焊电源外特性切换到 I_p，即脉冲阶段；此后，焊丝送进速度小于熔化速度，电弧工作点沿 I_p 恒流线向上移动，当移动到设定的门限值 B 点时，控制系统使弧焊电源外特性又切换到 I_b，即维弧阶段。重复上述过程，就实现了脉冲 MIG 焊的参数自动控制，其弧长的控制在 l_{a1} 与 l_{a2} 之间，适当地选择 A 点和 B 点的值，就可以实现稳定的焊接。如果在脉冲阶段必须停留足够的时间，使之至少过渡一个熔滴，就能保证脉冲 MIG 焊的稳定。

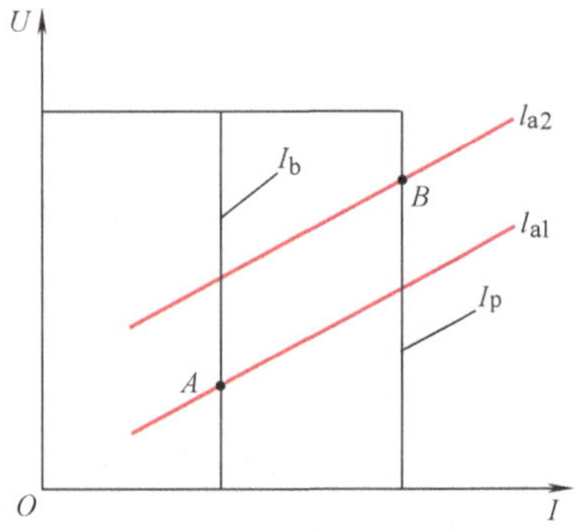

图 7-7　MIG 焊门限控制法的电源外特性

上述方法仍是比较粗略的控制方法，一个脉冲可能过渡一滴，也可能过渡几滴，甚至不过渡，也就是说，熔滴过渡并不是均匀一致的。为保证脉冲 MIG 焊熔滴过渡的均匀稳定，人们进一步提出一个脉冲过渡一个熔滴的思想，即所谓的“一脉一滴”，在脉冲基值期间，熔滴长大，产生脉冲峰值时，由于超过了射流过渡的临界电流，在此期间会发生跳弧现象，促进熔滴过渡。这种控制思想要求控制更为精确。

（3）QH-ARC 控制法　在脉冲焊接中，维弧若采用恒压外特性，遇到干扰时易于产生断弧，若采用恒流特性又容易发生短路。为了克服上述缺点，清华大学的潘际銮院士提出了双阶梯形外特性，如图 7-8a 所示。当电弧受到干扰变长时，恒流特性 I_1 维持了电弧的燃烧，使之不会断弧熄灭；恒压特性段使电弧具有自调节作用，使电弧不会短路；恒流特性 I_2 提供了较大的引弧电流，又可限制短路电流峰值，减少飞溅。

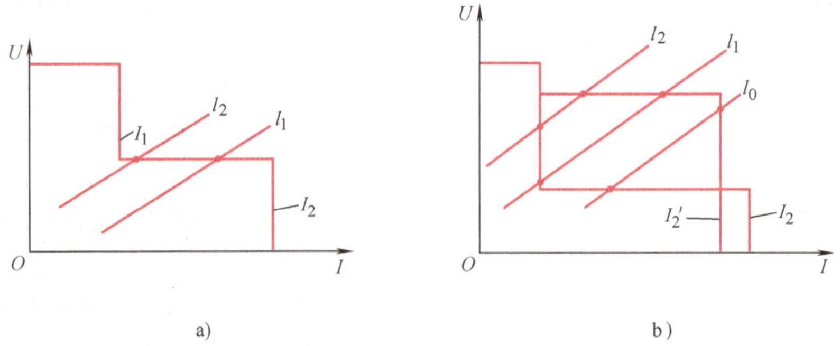

图 7-8　QH-ARC 控制法

a）双阶梯形外特性　b）方框形外特性

若将两条不同的双阶梯外特性快速切换，将形成一个方框形外特性，如图7-8b所示。外特性将电弧工作点限制在一个方框内运动，这样既不会断弧，也不会短路。当弧长变化不大时，电弧处于稳定的射流过渡状态，当弧长出现特大或特小的异常变化时，电弧也能在方框内自动调节，维持燃烧。这就是清华大学的QH-ARC法。在焊接过程中焊接电流不断剧烈变化，电弧工作点在阶梯的各个阶段不断地来回跳动，两条阶梯形外特性也在快速切换。

（4）闭环控制法　利用弧长信号闭环反馈，提出了一种弧长闭环脉冲MIG焊控制方法。该方法通过采样每一周期中脉冲的某个特定对应点的电弧电压作为弧长信号闭环反馈，调整脉冲参数（基值时间 t_b），实现对脉冲MIG焊的控制。为确保一脉一滴，预置单元能量（I_p 和 T_p）并设定 I_b 不变。这种方法有较强的抗弧长扰动能力，但送丝速度的波动引起过程不稳定，而前述Synergic控制法注意了送丝速度的影响，而忽视了弧长扰动的影响，两者结合产生了综合控制法。

（5）综合控制法　该方法综合了Synergic控制法和自适应闭环控制法的优点。电压和送丝速度的反馈信号均用于控制脉冲频率，而峰值电流和峰值时间的单元能量恒定，以期得到一脉一滴的熔滴过渡。该方法弧长控制性好，焊接质量高，只要保证峰值电流 I_p 与峰值时间 T_p 满足一定的匹配关系，就能实现一脉一滴。

（6）中值波形控制法　对于脉冲MIG焊工艺，一脉一滴是所有过渡形式中焊接质量最好的。此时熔滴的大小与焊丝直径相当，这可利用一种新的脉冲电流的中值波形控制法来实现。图7-9所示为三种中值电流波形。

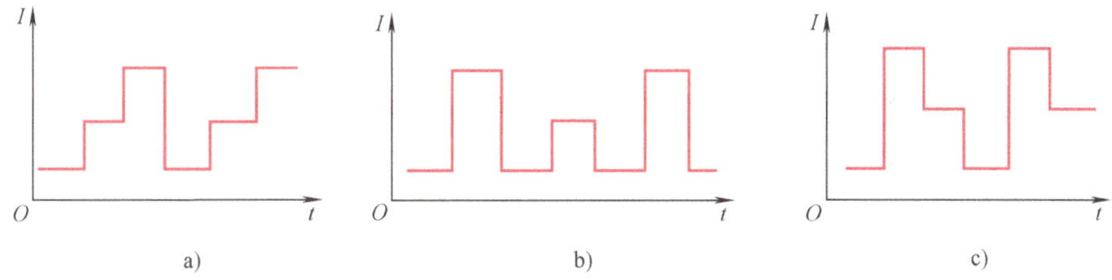

图7-9　三种中值电流波形图

a）前中值波形　b）中间中值波形　c）后中值波形

1）采用前中值波形控制的特点。在中值阶段是熔滴的长大阶段，而此时因为中值电流小于产生喷射过渡所需要的临界电流值，不会使熔滴过渡，此时最有利于对熔滴大小进行控制。当熔滴长大到一定尺寸，电流即过渡到峰值阶段，因为峰值电流大于产生喷射过渡所需要的临界电流值，促使熔滴进行过渡，熔滴分离，穿过电弧进入到熔池。随后又进入到基值维弧阶段，等待下一周期熔滴长大过渡阶段。

2）中间中值控制的特点。在基值—峰值阶段，由于熔滴的峰值电流大，熔滴较小，而促使熔滴过渡的力（电磁力、等离子流力）大，熔滴直径小，熔池的流动好。而在基值—中值阶段，中值电流小于产生喷射过渡所需要的临界电流值，随着中值时间的增长，熔滴长大一直到发生过渡，促使熔滴过渡的力小，此时熔滴的直径较大（比焊丝的直径大）。

3）后中值波形控制的特点。电流在非常短的时间内增大到大于所需要的临界值，在此期间形成熔滴，并过渡到熔池中，而所过渡的熔滴是受到后半部分能量影响所致。它不仅给下一次所过渡的熔滴提供能量，促使熔滴长大，而且有助于提高熔池的流动性，提高焊接质量。到基值维弧阶段后，准备下一次熔滴过渡长大。

采用中值波形控制法使脉冲参数的可控范围扩大，便于有效控制熔滴的过渡，提高了电弧的挺度和稳定性，有利于提高焊接速度和改善焊缝的成形。

3. 双脉冲弧焊的电流波形控制

随着铝合金的广泛应用，近几年出现了有关铝合金双脉冲熔化极气体保护电弧焊（Double Pulse Gas Metal Arc Welding，DP-GMAW）的新型脉冲波形控制技术。当前公认弧焊效果最好的实现方法是高频脉冲的低频调制。

在送丝速度不变的条件下，使弧焊电源输出的高频脉冲电流具有两个不同的平均值电流 I_{AV1} 和 I_{AV2}，第一群高频脉冲电流的平均值为 I_{AV1}；第二群高频脉冲电流的平均值为 I_{AV2}。这两个平均电流，按某一低频周期转换，由于平均电流值不同，使焊丝的熔化速度自然也按这一低频周期发生变化，从而获得了鱼鳞纹状的焊缝外观。这个方法就称为高频脉冲的低频调制。

其中，高频脉冲电流是为了实现一脉一滴的熔滴过渡，而低频脉冲电流是为了获得鱼鳞纹状的熔池。由于低频脉冲电流 I_{AV1} 和 I_{AV2} 的值不同，在弧焊过程中对熔池产生一定的搅拌作用，促使熔池中的气体排出，减少了焊缝中气孔的形成，进而提高了焊接质量，弥补了单脉冲 MIG 焊的不足。典型的双脉冲电流波形如图 7-10 所示。图中 T_S 表示强脉冲时间，T_W 表示弱脉冲时间。T_{BS}、I_{BS}（T_{PS}、I_{PS}）分别表示强脉冲基值（峰值）时间和电流。T_{BW}、I_{BW}（T_{PW}、I_{PW}）分别表示弱脉冲基值（峰值）时间和电流。

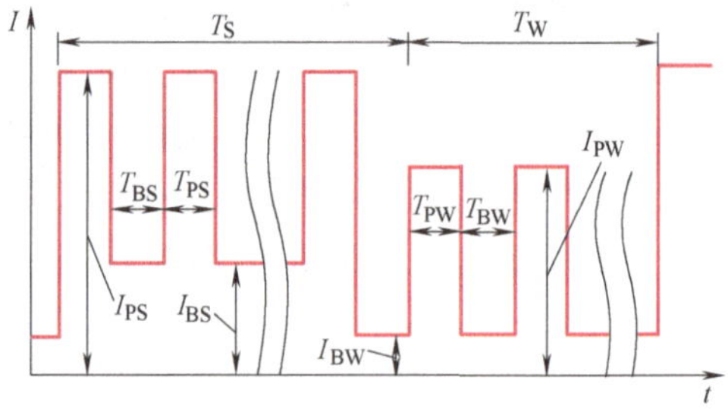

图 7-10　典型的双脉冲焊电流波形

目前，双脉冲波形控制技术在国外已经成熟，如奥地利福尼斯的 TPS 系列的弧焊电源，在铝合金焊接上取得了良好的工艺效果。由于铝合金本身对扰动的敏感性较高，同时双脉冲焊的电弧长度按低频进行变换，因此，双脉冲焊铝对脉冲弧焊电源的控制性能要求更高，电弧控制性能的进一步提高对铝合金双脉冲弧焊是至关重要的。

4. 高速焊电流波形控制

高速焊与传统气体保护弧焊（GMAW）相比，最大的特点体现在弧焊速度上，目前比较成熟的单丝高速焊工艺，通常采用实心焊丝以 CO_2 作为保护气体，即高速 CO_2 焊。常规 CO_2 焊的焊速为 0.3～0.5m/min，高速焊可达 1～4m/min，是常规 CO_2 焊焊速的 3～8 倍。在保证弧焊质量的同时，大幅度提高弧焊效率。

在高速焊中会出现一些与常规速度弧焊时不同的问题，如焊缝成形差、咬边、驼峰，甚至不连续。正是这一因素的制约，其常规焊速不超过 1m/min，实际生产中，一般焊速为 0.3～0.5m/min。如何解决高速焊成形问题，是大幅度提高弧焊生产效率的关键。

提高弧焊生产率的途径有两个：一是从工艺设备入手，二是从材料入手。T. I. M. E. 焊就是从材料入手研制的新型高速弧焊方法。它是 1980 年加拿大人 John church 发明的，后来在欧洲和日本得到应用。它采用 He（26.5%）、CO_2（8%）、O_2（0.5%）和 Ar（65%）四元保护气体，通过大干伸长来增加熔化焊丝的电阻热，在连续大电流区间获得了稳定的旋转射流过渡形式，使焊丝的熔敷率比传统 MAG 工艺提高 2～3 倍，达到 0.43kg/min，这主要是靠加入 He 才获得良好的结果。

为了解决高效 MAG 焊的我国贫氦问题，国内殷树言教授研究成功了纵向磁场的高效 MAG 焊，采用 $Ar+CO_2$ 二元混合气体或者 $Ar+CO_2+O_2$ 三元混合气体保护，焊丝直径 ϕ1.2mm，干伸长 30mm，这时送丝速度可达 33m/min。其原理为：焊接电弧在纵向磁场的作用下，带电粒子的扩散运动或熔滴的旋转射流过渡将引起径向电流 I_r，在纵向磁场作用下，将发生绕焊丝轴的旋转运动，同时产生圆周方向的电流分量 I_w，如图 7-11a 所示。圆周电流 I_w 也在纵向磁场 B_z 作用下产生向心的作用力 F_r，在焊丝端部的液柱上将使其向中心收缩。最后形成稳定的圆锥形旋转射流过渡，如图 7-11b 所示。

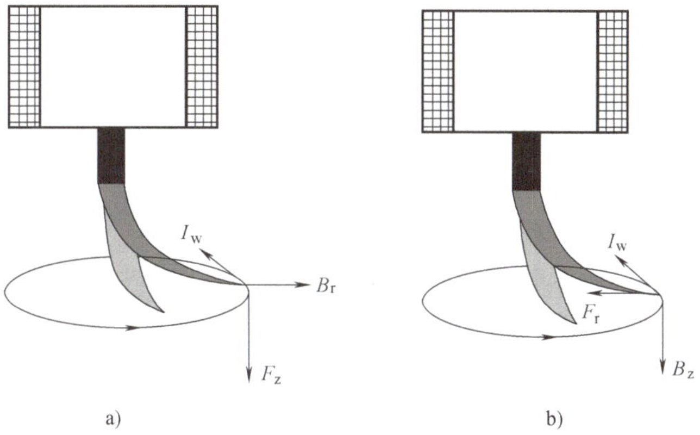

图 7-11　纵向磁场作用下的电弧行为

在改变保护气体成分提高焊速方面，采用高速送丝、大干伸长和低氧化性气体，增强了熔池的润湿性，焊缝与母材过渡平滑，可在 1～2m/min 的速度下进行焊接而不出现成形缺陷。在弧焊设备方面则出现了双丝高速焊甚至多丝高速的 MAG 焊工艺。

（1）双丝焊工艺的控制　在开始进行双丝焊试验中，焊丝从一个共用的导电嘴送出，如图 7-12a 所示，试验结果表明弧焊效率并没有得到预期的提高。后来通过改用两个导电嘴时，如图 7-12b 所示，焊速得到了很大的提高。除了双丝高速焊，还出现了三丝焊工艺。

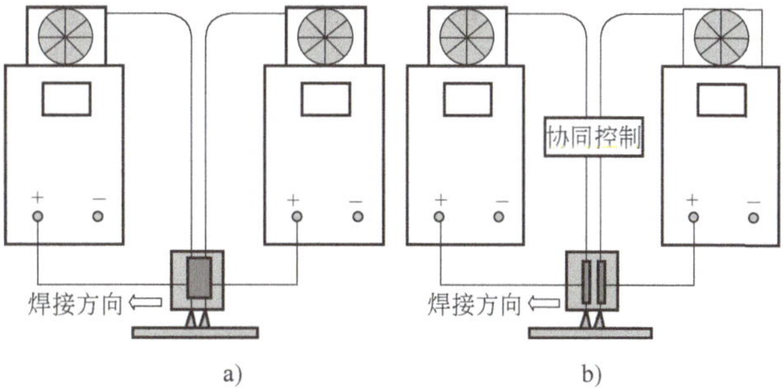

图 7-12　双丝焊弧焊电源

a）单导电嘴　b）双导电嘴

在双丝焊弧焊电源中，德国 CLOOS 公司开发了适于中厚板焊接的 TANDEN 高速双丝焊设备。它是将两根焊丝按一定角度放置在一个特别设计的焊炬里，两根焊丝分别由各自的弧焊电源供电，相互绝缘，两台弧焊电源的工艺参数可以独立设定，包括：送丝速度，焊丝的材质、直径，是否加脉冲等。正常条件下，利用其“1+1>>2”的强大热效应，使焊速可以达到 2～6m/min，熔敷率约为 20kg/h。

（2）多丝焊工艺的控制　日本学者藤村告史开发了三丝焊方法。它采用同一个焊炬同时输送三根焊丝，各焊丝之间相互绝缘，可用药芯焊丝配合 100% 的 CO_2 保护气体，也可用实芯焊丝配合 80% Ar+20% CO_2 保护气体。采用同一弧焊电源供电，如果弧焊电源和送丝系统不够稳定，则各电弧的电流和电压会不等，这样可能会使电弧失去自调节能力；此外，三根焊丝上燃烧的电弧之间存在强烈的电磁力，会造成电弧不稳，飞溅大，焊缝成形不好。若三焊丝采用隔离的弧焊电源，则设备投入过大，且应用不便。为解决这一问题，藤村告史采用了电流相位控制的脉冲焊接方式，电弧在三个焊丝上轮流燃烧，可以保证电弧的挺直性，使弧焊过程稳定。另外，还可通过优化调节和匹配弧焊参数，改善能量分布，减小咬边、驼峰等成形缺陷，焊速达到 1.8m/min。

5. 其他电流波形的控制新方法

（1）CMT 法　冷金属过渡（Cold Metal Transfer，CMT）弧焊法（简称 CMT 法）是奥地利 Fronius 公司针对各种薄板焊接而开发的一种准确控制弧焊输入能量的短路过渡焊技术。普通短路过渡过程包括：焊丝升温熔化→熔滴形成→熔滴同熔池短路→小桥爆断。由于在熔滴同熔池短路阶段电流突然急剧增大，导致能量积聚，并在小桥爆断时产生飞溅。而 CMT 法在此基础上，通过在短路阶段利用回抽焊丝使熔池与焊丝迅速分离，控制了电流增长速率，保证焊接在较小电流水平下进行，减少了焊接飞溅。CMT 法过程如图 7-13 所示。

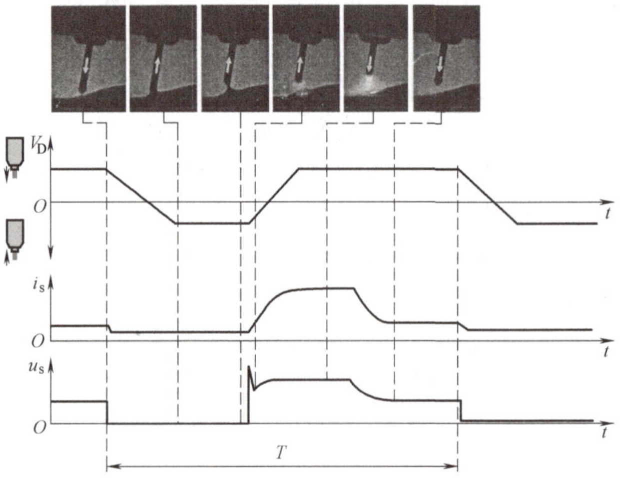

图 7-13　CMT 法过程

与普通弧焊方法相比，CMT 法减少飞溅、提高焊缝质量的关键在于送丝与熔滴过渡电流的协同控制。把焊丝回抽作为控制过渡电流的手段，将焊丝与熔池之间传统的爆断分离，通过对焊丝的回抽改为拉断分离，因此在短路过程热量输入低，弧焊接头的热影响区减小。CMT 法弧焊能量为传统短路过渡形式的 70%，可以实现 0.3mm 以上超薄板的焊接，不会出现熔池的穿塌，工件变形极小，熔滴过渡无飞溅。

然而，尽管 CMT 法能以精确且超低的能量输入进行焊接，但是这一技术对送丝过程的过分依赖使得它对送丝系统的要求非常高，60～70 次/s 的焊丝送进与回抽频率使送丝机的动态性能面临考验，而精密的送丝结构势必引起弧焊系统体积的笨重和价格的高昂，限制了 CMT 法在某些方面的应用；对于焊丝而言，70Hz 的反复推拉也会使强度较弱的焊材在采用此方法时出现问题。

（2）EWM-Cold Arc 法　EWM-Cold Arc（冷弧焊）技术是德国 EWM 公司推出的一种无机械调节低能量弧焊技术。与 CMT 法相比，由于该法弧焊过程对送丝速度变化要求不高，因此其在经济上要优于 CMT 法。其注重的是对弧焊电流波形的控制，利用新型逆变开关与先进的数字化控制策略，它能够极大地减少连续短路过渡期间的引弧高峰能量，从而降低金属熔化阶段的热量输入。如图 7-14 所示，该方法在利用脉冲电流完成熔滴过渡之后，用电流迅速降低过程代替传统的电流缓降过程，并以一较小的电流脉冲再次引弧，使再次引弧电流及其后的时间里能量明显降低，从而减小了弧焊过程的热输入，如图 7-15 所示。

EWM-Cold Arc 法是采用类似于 Lincoln 的表面张力（STT）过渡技术，将传统输出滤

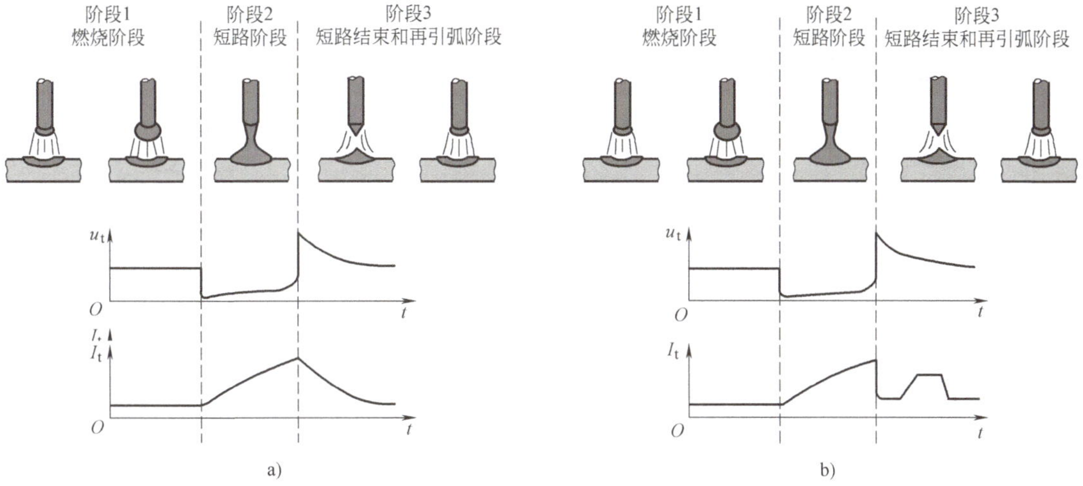

图 7-14　EWM-Cold Arc 法波形与传统短路过渡波形对比示意图

a）短弧焊接方法　b）EWM-Cold Arc 焊接方法

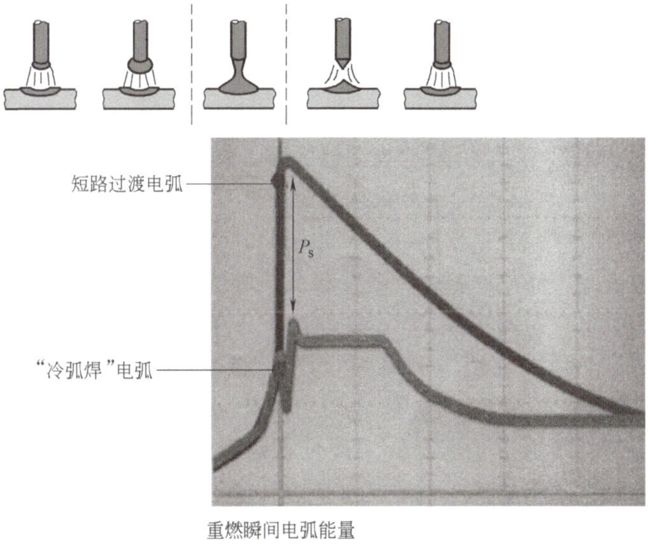

图 7-15　EWM-Cold Arc 法与传统短路过渡再引弧能量输入比较

波电感用旁路开关短接，以改变因电感对电流变化的阻滞作用，而使熔滴过渡后的电流迅速降低，但它将电感的接入与短接作为控制的手段，对电流的控制不够准确。EWM-Cold Arc 法由于其短路过渡的实质，仍然无法摆脱小桥爆断的过渡形式，弧焊过程产生飞溅较多。另外，必须选择特制的 Zn 基焊丝使这一方法的使用范围变窄，难以得到广泛应用。

（3）双极性脉冲 MIG 焊　双极性脉冲 MIG 焊（以下简称 VPP MIG 焊）是 20 世纪 90 年代出现的一种新型弧焊方法。可以认为，它是由直流正向接法脉冲 MIG 焊（DCEP PMIG 焊，以下简称 EP 极焊）与直流负向接法脉冲 MIG 焊（DCEN MIG 焊，以下简称 EN 极焊）

组合而成，其两者对比见表 7-1。

表 7-1　EP 极焊与 EN 极焊的焊接现象对比

	EP 极焊	EN 极焊
过渡状态	 射滴过渡	 大滴过渡
熔池状态		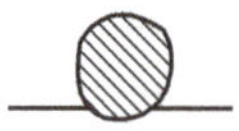
焊丝熔化系数	小	大（EP 极性时的 1.5 倍）
阴极雾化	有	无
焊接薄板时的问题	下榻、咬边、烧穿	熔合不良、凸焊道
薄板焊接的方法	VPP MIG = EP 极焊 + EN 极焊	

可以说 VPP MIG 焊是这二者的有机融合。一般而言，EP 极焊电弧的稳定性好，熔深较大，但在焊接薄板时（特别是 2.0mm 以下），会引起工件烧穿。而 EN 极焊的电弧能量更多地用于焊丝的加热，对母材的加热量减少，因此在 EN 极焊时焊丝的熔化速度较快，但焊缝的熔池建立受到制约，熔深较浅，经常出现熔滴在母材上堆积而非与熔池熔合的现象，产生凸焊道。VPP MIG 焊根据 EP 极焊与 EN 极焊的特点，通过控制每个周期内 EP 极焊与 EN 极焊的比率，对焊缝的熔深进行调节，能够有效地控制电弧对母材的热输入量。而对铝合金薄板焊接而言，这种控制是较理想的，尤其适用于薄板搭接时对装配间隙大小有特定要求的场合。

（4）CBT 焊接方法　熔桥过渡控制（Controlled Bridge Transfer，CBT）焊接方法，是 OTC 公司开发的能够实现 GMA 焊接的低飞溅和低热输入的新型弧焊控制方法，使超薄板低飞溅弧焊成为可能。CBT 在短路过渡 GMAW 焊接条件下，飞溅通常在短路后电弧重燃时产生。控制飞溅的产生，必须精确地监测电弧重燃前那一时刻的电压。据此，在电弧重燃之前，弧焊电流被迅速降低，这就促使焊丝端部的熔化金属只在表面张力的作用下过渡到熔池。然而，熔滴收缩的时间由于受到焊丝干伸长、焊接速度、弧焊位置和熔滴形状、大小、速度以及熔池黏度等因素的影响而不同。为了克服这些因素的干扰，通过燃弧时即时监测变化的电弧电压来调节最佳的电流值。这样就控制了短路过渡周期，稳定了电弧。该方法能精确检测出变化的熔滴过渡情况，并预测电弧重燃时间，因此抑制了飞溅的产生。

CBT 焊接方法在电流波形控制上，类似于 STT 法的较复杂的波形，其弧焊电流。电压波形如图 7-16 所示，在短路初期及短路后期都将电流迅速拉低，以防止瞬时短路和液体小桥的爆断，焊接飞溅很低，焊机输出极性在正极性（EP）和负极性（EN）两种状态下交替更换，并且 EP 和 EN 极性的比例也能自由调节，可以精确控制工件热输入和熔敷金属量。

（5）RMD 焊接方法　熔敷金属控制技术（Regulated Metal Deposition，RMD），是基于美国米勒公司的 PipePro450RFC 弧焊电源和相匹配送丝机的一种单面焊双面成形根焊方法。它由软件控制，对短路过渡做出精确控制，在焊接过程中，通过对焊丝短路过程的检测，控制短路过程中各个阶段的电流波形，从而控制多余的电弧热量，提高电弧推力，结果在根部产生高质量的熔深。RMD 软件集成了强大的专家系统，每个程序各个阶段的电流波形根据电流大小自动优化到最佳的电弧特性，规范的适应性广，电弧穿透性强，过渡频率快，熔池稳定，容易控制，焊缝两侧熔合好，对细化晶粒有明显的提高作用。RMD 技术用于有间隙根焊，可以解决坡口不良和错边等焊接难题，节省装配时间。

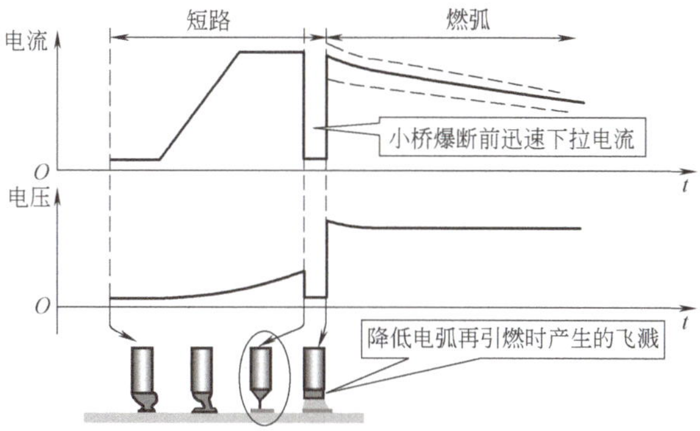

图 7-16　CBT 焊接方法的电流、电压波形图

7.2.5　弧焊电源的数字化控制技术

弧焊电源采用模拟控制有如下缺陷：①采用模拟器件进行电路设计的效率低；②电路的调试周期长；③由于模拟器件的温度稳定性和老化问题，使得模拟器件的控制精度降低，可靠性下降。

数字化弧焊电源是采用计算机技术以 0 和 1 的方式来完成对弧焊工艺过程的闭环控制的。与弧焊电源的其他控制方法相比，其主要差别在于是否以数字 0 和 1 的方式来完成系统的闭环控制上。数字化弧焊电源由于融合了计算机技术的发展成果，在控制系统上实现了由硬件控制向软件控制的过渡。同时由于计算机技术在数字化弧焊电源中的大量应用，使数字化弧焊电源具备了较强的通信能力。数字化焊接技术的核心是焊机的数字化，而弧焊逆变器在主电路上已实现了数字式的开关控制，因此，大多数的数字化焊机是在弧焊逆变器基础上开发的。

1. 弧焊电源的数字化

弧焊电源的数字化体现在以下三个方面：

（1）主电路的数字化　自晶闸管弧焊逆变器产品问世以来，国际上各大焊接设备公司都相继推出各自的弧焊逆变器产品，当前在逆变主电路中使用 IGBT、MOSFET 等更高开关频率的功率器件。弧焊逆变器的推广使用，标志着焊接主电路从模拟到数字化的跨越，主电路中的功率器件工作在 0 和 1 的开关状态。由于工作频率提高，回路输出电流的纹波更小，响应速度更快，弧焊电源可以获得更好的动态响应特性，能够进行更精确的控制，与数字化信号处理和控制技术相结合，可大大增强其功能和性能。

（2）控制电路的数字化　控制电路的数字化，一般是以 DSP（数字信号处理器）或 MCU 为核心，根据弧焊工艺要求构建控制通道，对给定信号流、参数反馈流和网压信号流，做综合处理与运算、控制，达到弧焊电源数字化、信息化、柔性化的控制。DSP 的硬件结构及指令执行速度更适合于高频电源控制的需要。但是当前芯片的发展使 DSP 具备了更强的输入/输出和中断处理能力；同时 MCU 则具备了更强的数据信号处理能力，DSP 与 MCU 的界限正在模糊化。

（3）专家数据库软件系统　弧焊电源发展到数字化阶段要体现实际操作的简单、方便，将专家的经验作为系统输入固化到焊机内部形成专家系统，这样可大大提高数字化弧焊电源的可操作性。由专业人员进行大量的工艺实验得到的专家参数置于焊接电源内部。专家系统的设置使数字化弧焊电源变得简单，操作者只需按动操作界面上的按钮便可方便地调用焊接所需的参数进行焊接。同时利用软件设计的灵活性，可实现一机多用。采用多特性输出的设计，分别具有直流脉冲特性、平特性、陡降特性，可用于 MIG/MAG 焊、CO_2 气体保护焊、焊条电弧焊等，适用于结构钢、细晶钢、高合金钢、铝及铝合金、铜和铜合金等材料焊接。

在数字化弧焊电源中，DSP/微处理器、软件及 IC 集成电路技术扮演了核心角色。现代的 DSP 和微处理器技术使数据处理容量和速度显著提高。软件程序既控制逆变电源的工作，又控制焊接特性，不同的焊接应用可以由不同的软件程序获得。更快的控制速度和更高的控制精度，可使人们随心所欲地控制电弧，从而提高焊接质量和生产效率。数字化焊机正朝着高精尖方向发展，在逆变焊机的基础上研制出具有高精度、智能化、多功能和能在线升级等特点的焊接系统。

2. 数字化弧焊电源的特点

（1）多功能集成　对于数字化弧焊电源来说，电源的控制通过数字控制器中的软件编程代替模拟式硬件电路，同一套硬件电路可以实现不同的焊接工艺控制，对于不同焊接工艺方法和不同焊丝材料、直径，可以选用不同的控制策略、控制参数，从而使焊机在实现多功能集成的同时，每一种焊接工艺方法的工艺效果也将得到大幅度的提高。对于模拟系统，系统的配置和增益由阻容网络等硬件参数所决定，一旦确定就很难改变，而对于数字化控制系统，这一切仅仅是改变软件而已。

（2）接口的兼容性好　数字化弧焊电源具有良好的接口兼容性。由于数字化弧焊电源大量采用了单片机、DSP 等数字芯片，数字控制系统可以便捷地与外部设备建立数据交换通道，实现大量的信息交换。随着现代焊接生产网络化管理的发展和普及，数字化弧焊电源良好的接口兼容性必然会发挥愈来愈重要的作用，可以方便建立机器人焊接系统、焊接生产的网络化管理与监控等。

（3）具有更好的稳定性　在模拟系统中，信号的处理是通过有源或无源的电网络进行的，处理参数的设定是通过电阻、电容参数的选择来完成的。这样在模拟系统中阻容参数的容差、漂移必然导致控制器参数的变化，一方面模拟控制的温度稳定性较差，另一方面模拟控制时的产品一致性难以保证。而在数字化控制中，信号的处理或控制算法的实施是通过软件的加/减、乘/除运算来完成的，不存在模拟控制电路中的温漂和时漂等问题，因此其稳定性好，产品的一致性也得到了很好的保证。

（4）具有更高的控制精度　模拟控制的精度，一般由元件参数值引起的误差和运算放大器非理想特性参数引起的误差所决定。而数字化控制的精度仅仅与模—数转化的量化误差及系统有限字长有关，相对而言，数字化控制可以获得很高的精度。

（5）便于功能升级　采用软件方式及在线编程技术实现焊接工艺过程控制，使得数字化弧焊电源的功能可以方便、快速地升级，从而使数字化弧焊电源的市场适应性和竞争力更强。

数字化控制弧焊电源的发展已经历了两个阶段：

（1）以单片机控制的弧焊逆变器　它属于数字化弧焊电源开创时期的产品。其主要特征就是，单片机在完成弧焊电源的管理和弧焊参数的给定等功能中，起主要作用。而弧焊工艺中的恒压、恒流控制则通过模拟的 PI（比例积分）控制器来完成。

（2）以 DSP 为控制核心　实现弧焊的直接数字化控制，包括控制信号的高速并行处理、PWM 信号的直接输出、弧焊参数的数据库管理等。从某种意义上说，只有在数字化弧焊电源进入到直接数字化阶段才真正地实现了数字化，才充分体现了数字化控制所带来的优势。

数字化弧焊电源的控制核心，通常采用单片机（又称微控制器 MCU）、ARM 和 DSP，或者组合其中两种芯片形成双核心控制。此外，为了扩展其接口和 PWM 驱动能力可附加 CPLD 和 FPGA 芯片。如在人机接口电路中通过 CPLD 来实现按键和显示功能；在逆变式弧焊电源的开关驱动电路中采用 FPGA 实现高速驱动和保护。在数字化控制中，由于通常采用逆变主电路，存在高频干扰，选择控制芯片时除考虑信号处理能力外，还要重点关注其可靠性和稳定性。它具有超强的控制和快速的响应能力，结合弧焊工艺就可以更完美地控制弧焊过程和焊缝质量。对应前文所述的数字化控制弧焊电源发展经历的两个阶段，目前，数字化控制弧焊电源主要分为两类：其一为以单片机作为控制器的较低级类型，主要用于功能单一的各种弧焊电源，如焊条电弧焊、直流 TIG 焊、直流脉冲焊等弧焊电源，技术档次较低；其二为以 DSP 加单片机或者加 ARM 的双核心控制的较高级的类型，主要用于需要动态过程控制的 CO_2 焊、MAG 焊和电流波形控制的脉冲 MIG 焊弧焊电源。生产数字化控制弧焊电源的厂家代表包括欧洲的 KEMPPI、福尼斯（FROUIUS）公司及美国的林肯（Lincoln）公司，以及日本的大阪变压器（OTC）公司和国内唐山松下公司。

1993 年在德国的埃森焊接展览会上，芬兰肯比公司向世界发布了第一次数字化的弧焊系统——KemppiPRO。从此世界诸多厂商相继推出此系列产品，使弧焊数字化的行列越来越庞大。奥地利 Fronius 采用微处理器控制和逆变技术，在 1998 年推出了数字化弧焊电源、设备。其目前生产的产品可以监控弧焊过程、程序化引弧和收弧、智能化调节参数。在一台机上可实现 MIG/MAG、TIG 等多种弧焊方法，能存储近 80 个弧焊程序，实时显示参数，通过单旋钮给定弧焊参数和电流波形参数，可实现熔滴过渡和弧长变化的精确控制，同时还可以通过网络进行工艺管理和控制软件升级。德国 CLOOS 生产的 GLC 系列，可实现全数字化多功能 MIG/MAG 弧焊工艺，分体式结构可满足各种弧焊要求，具有圆丝和扁丝 MIG/MAG、一元化脉冲 MIG/MAG、MAG 电弧钎焊、电弧点焊、双脉冲、焊条电弧焊、TIG、TANDEM 双丝焊等功能。美国 Lincoln 电气公司推出了 Nextweld 弧焊电源。它采用波形控制、数字化通信等技术的无缝集成，属新型波形控制的 PowerWave455M 和 455M/STT 自动弧焊电源。该系统采用带脉冲或不带脉冲的金属极气体保护焊和钨极气体保护焊工艺，焊接各类合金金属。由于配备 DeviceNet 和 Ethernet 通信模块，工厂可将弧焊电源联网。操作员和管理员可通过 Arclink 数字化通信协议对工艺实施实时监控和收集生产数据。

德国 EWM 公司生产的 Integrai 系列产品，采用数字处理系统处理所有弧焊数据，控制整个弧焊过程，同样具有专家系统、一机多用、与计算机或网络进行通信、模块化设计、弧焊数据的存储和分析系统等功能，同时弧焊电源的双脉冲功能使得 MIG/MAG 的弧焊质量接近于 TIG 焊的高质量，并充分体现了 MIG/MAG 焊接的高效性。

日本 OTC 公司新研制的 Digital Pulse 弧焊电源是一种全数字控制脉冲逆变式弧焊电源，可以焊接各类碳钢和低合金钢、不锈钢、铝及铝合金等，也有类似上述多种功能。

近几年国内一些公司也相继推出了数字化弧焊电源、设备，具有短路过渡、单脉冲和双脉冲波形控制功能，成功用于普通钢板和不锈钢的弧焊以及高速弧焊中，部分焊机也可用于焊接铝镁合金，但弧焊过程中的稳定性和可靠性与国外数字化焊机相比还有差距。而用于薄板焊接的冷弧等先进的弧焊技术成熟产品尚未出现。

7.3 弧焊电源的单片机控制

随着电子技术和信息技术的进步，弧焊电源向着数字化方向发展。弧焊电源的数字化包括两方面的内容：①主电路的数字化。电力电子技术的发展为焊接装备的数字化提供了条件，大功率电力电子器件的出现，使弧焊电源的主电路由模拟工作状态变为开关状态，完成了主电路从模拟到数字化的跨越，当前弧焊逆变器已成为焊机生产中的主流产品和重点发展方向。②控制电路的数字化。它们是以单片机、DSP 或 ARM 嵌入式微处理器为控制核心，通过软件编程实现弧焊工艺过程控制，这就大大增加了控制系统的柔性和适应性，便于操作和精确控制。

7.3.1 单片机控制的功能和特点

单片机具有三个基本功能，即数值计算、数值分析和实时控制。采用单片机控制后，通过不同的控制算法可以获得弧焊电源的各种外特性；通过编程可实现任意复杂工艺的顺序控制；可以采用各种控制算法实现焊接参数的最优控制和匹配；利用现场通信技术可进行双机协同控制，实现双丝高速焊接；通过以太网 IP 接口技术可以实现焊接电源设备的远程管理、维护和升级。

1. 单片机控制实现的功能

弧焊电源采用单片机控制后，通过软件编程，大大丰富了控制系统的功能，增加了控制系统的灵活性和适应性，其主要功能如下：

(1) 外特性控制　通过不同的算法可获得恒流特性、恒压特性、不同的斜率外特性、组合的外特性和输出线能量的任意控制，以满足各种弧焊方法和应用场合的需要。

(2) 动特性控制　通过软件编程可以实现 PI 或 PID 调节器，在反馈量中加入电流的变化率（di/dt）可以控制电流的上升速度，使其符合焊接工艺的动态性能特征，使熔滴过渡稳定和减少飞溅。控制电流的变化率就相当于在电路回路里串连了一个可变的电抗器，也称为电子电抗器。软件编程更加灵活，不仅能改善系统的动态性能，还能减小弧焊电源的体积和质量。

(3) 预置焊接参数　可以将焊丝材料与直径、工件材质与板厚、保护气体成分、电流等预置在单片机系统的 ROM 存储器中。焊接时，操作人员可通过面板选择具体的焊接参数，单片机系统根据记忆再现，并在焊接过程监控这些焊接参数。

(4) 实现“一元化”调节功能　针对某一焊接方法，在不同焊接参数下进行大量的焊接工艺试验，找出焊接参数之间的最佳组合。在焊接时，仅用单旋钮选择焊接电流（送丝速度），其他工艺参数与之配合实现一元化调节，而不必逐个调节焊接参数。

(5) 对焊接电流波形的控制　通过软件编程实现 PID、模糊逻辑等控制算法，在焊接过程实时采集电流波形，可以实现 CO_2 焊的 STT 电源波形控制，脉冲 MIG 焊的脉冲参数控制等。

(6) 对焊接工艺程序的控制和焊接故障报警　如对先通气后通电、引弧、电流的递增和衰减等工艺程序进行控制，以及对焊接过程中可能产生的粘丝、熄弧、过电流、过电压、过热、触嘴等故障进行诊断和报警。

2. 单片机控制的特点

弧焊电源采用单片机控制后，性能更好，功能更全，与传统弧焊电源相比，具有以下特点：

(1) 便于采用各种先进的控制算法　采用软件编程，不仅可以实现常规 PID 控制算法，而且可以实现自调整参数 PID、自适应控制、变结构控制、模糊控制、人工神经网络控制等更加先进、更加智能化的控制算法，从而提高弧焊电源的控制精度和抗干扰的能力，智能化水平更高。

(2) 控制更加灵活，系统升级方便　采用单片机控制后，弧焊电源的许多控制功能可以通过软件编程实现，若改变弧焊电源的功能或对弧焊电源加以升级，只要修改软件重新装配到单片机系统，或者在线修改控制算法和工艺参数，而不必改动硬件电路，这样就大大缩短了设计开发周期，节约生产成本。

(3) 控制电路的元器件数量明显减少　随着单片机的集成度的不断提高，以前需要专用 IC 和分立元件实现的功能，现可以在一块单片机内实现，诸如：多通道 A-D、数字 I/O 口、定时/计数器、串行口、可编程计数器阵列（PCA）等，有的甚至配置多通道 PWM、CAN 总线控制器，这样，只要一块单片机配上很少的外围电路就能实现弧焊电源所需的各种控制功能。

(4) 控制系统的可靠性高，易于实现标准化　采用单片机后，许多模拟信号的处理被数字信号处理所代替，使控制系统的可靠性得到大大提高。对于某一系列的弧焊电源产品，可以采用同一套硬件控制电路板，便于组织生产；而软件可以采用模块化设计，将程序分为工艺时序、控制算法、输入输出接口、键盘显示、通信接口等不同的模块，在产品开发时，根据不同的焊接方法修改有关参数，并将所需要的软件模块组合起来即可实现相应的焊接工艺。这样从软硬件两方面都可以很容易实现标准化，进一步提高系统的性能和可靠性。

(5) 存储能力强，便于实现一机多用　存储技术的发展，出现不同的高速存储技术，而存储的密度在大幅度提高。目前，多数单片机中集成了多种大容量的存储器，如 RAM、ROM、EEPROM、FLASH 等。在控制系统中就可以存储不同的焊接工艺应用程序及控制参数，这样就可以实现一机多用。

(6) 系统一致性好，便于生产制造　采用单片机实现信号的数字化处理，不会出现模拟器件中因温漂和时漂等带来的差异问题，使产品的一致性好，便于调试和生产制造。

7.3.2　单片机控制原理

弧焊电源的控制主要可分为以下几个模块：①主电路的驱动控制；②电参数控制；③信号检测电路；④故障报警与处理电路；⑤通信电路；⑥人机界面。单片机在控制电路中处于核心地位，是控制系统的中枢大脑，它控制着几个模块按一定的规则协调有序的工作。

1. 系统组成

在弧焊电源中，弧焊逆变器无疑具有很好的动态响应性能，配合单片机控制可以进一步增强整机的功能和提高性能。这里就以单片机控制的弧焊逆变器为例来说明系统的组成。图 7-17 所示为单片机控制的弧焊逆变器的闭环系统组成框图。它可分为主电路（即电子功率单元）和控制电路（即电子控制单元）两大部分。为了防止主电路对控制电路的干扰，在信号采集输入和控制信号输出通道上都采用光电隔离和电磁隔离等措施。

如图7-17所示，单片机控制的弧焊逆变器的闭环控制系统，采用“MCU + 硬件驱动”的方案，由整流滤波电路、IGBT全桥构成的逆变主电路、控制电路、送丝驱动、人机交互系统等组成。基本设计原理：采用相对成熟的3846驱动芯片实现有限双极性软开关控制IGBT模块。高性能MCU作为流程控制核心，主要完成过电流保护、过电压保护、过温保护、电流给定、电压给定、送丝速度给定、工艺逻辑顺序控制、串口通信、数据存储、专家系统生成和管理等功能。采用ARM + CPLD模式，控制面板上的编码器、按键、LED灯、表和串口通信。

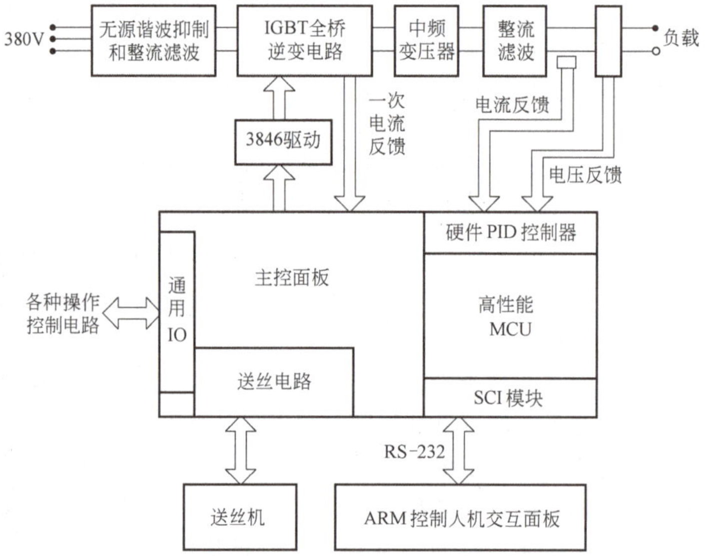

图7-17 “MCU + 硬件驱动”方案框图

“MCU + 硬件驱动”方案的特点是：

1）采用硬件PID控制器，系统响应速度快，抗干扰能力强，运行稳定性好。

2）采用成熟的有限双极性软开关（基于3846芯片驱动控制）或硬开关主电路（基于SG3525芯片驱动控制），只需要进行输出电压给定，就能生成PWM驱动。可以看作是实现V-PWM转换的“黑匣子”，加上一次侧电流保护，稳定可靠。

3）硬件驱动大大降低了MCU的工作负荷，MCU可以快速稳定地完成流程控制和数据管理任务。

4）一方面，通过电路实现PID控制，失去了PID参数调节的灵活性；另一方面，继电器或者电子模拟开关的采用，限制了恒流控制和恒压控制的瞬时切换。

2. 控制过程

单片机控制过程如下：由键盘直接输入焊接参数，或借助于多圈电位器从基准电源产生电压信号，并经过A-D转换输入焊接过程的焊接参数，然后通过键盘或控制开关发出焊接指令。这时，单片机接上弧焊逆变器、送丝机、保护气体等设备的有关控制通道，并发出提前送气指令，然后是引弧指令。引弧成功后，单片机自动把电流从小递增到预定值。若是TIG焊，焊接电流通过电流反馈实现恒流特性控制。若是熔化极气体保护焊，微机控制系统通过对电弧电压、焊接电流信号的采集比较，使焊丝速度和电弧电压调节到预定焊接参数。待工件预热（工件厚度和电弧电压较大时才需预热）到一定时间后，单片机发出启动行走机构指令，并输出一定数值的焊接速度信号，开始正常焊接。在焊接过程中，单片机实时数字显示焊接电流及电弧电压值（包括空载电压），自动进行焊接过程中的参数变换。收弧时，单片机发出收弧指令，进行收弧处理（包括电流衰减、滞后送气等）。收弧完毕，单片机进入焊接结束状态，并关闭所有通道。若在焊接过程中或焊接结束后检测到故障信号，则以中断方式供单片机进行处理，中断一切工作，发出报警信息，并显示故障原因，以便操作者查找并排除故障，待故障排除后方可以进行焊接。

7.3.3 PID 控制算法

PID 控制是工业过程控制中应用最为广泛的一种控制方法，在弧焊电源的控制领域也同样得到焊接工作者的青睐。在单片机控制的弧焊电源系统中，对于焊接参数的控制，可以通过编程实现有关工艺参数的 PID 控制算法，利用单片机强大的逻辑功能，可以使 PID 控制更加灵活。

1. PID 调节算法

按闭环系统误差信号的比例、积分和微分进行控制的调节器称为 PID 调节器。它具有结构简单、参数易于调整、应用广泛等特点。理想 PID 控制算式如下：

$$u = K_p\left(e + \frac{1}{T_i}\int e\mathrm{d}t + T_d\frac{\mathrm{d}e}{\mathrm{d}t}\right) \tag{7-1}$$

式中，u 为调节器输出控制量；K_p 为比例系数；e 为给定量与反馈量之间的偏差；T_i 为积分常数；T_d 为微分常数。

单片机系统是离散控制系统，因此，理想 PID 必须进行离散化，经过离散化的 PID 调节器成为数字 PID 调节器。其算式如下：

$$u(n) = K_p\left\{e(n) + \frac{T}{T_i}\sum_{j=0}^{n}e(j) + \frac{T_d}{T}[e(n) - e(n-1)]\right\} \tag{7-2}$$

式（7-2）表示在任何瞬时的控制量输出 u 都对应于执行机构，如调节阀的位置，故称此式为位置型算式。在采样时间 $t = kT$（T 为采样周期）时刻，实际数字 PID 调节器的控制规律为

$$u(k) = K_p\left[e(k) + \frac{T}{T_i}\sum_{i=1}^{k}e(i) + T_d\frac{e(k) - e(k-1)}{T}\right] + u(0) \tag{7-3}$$

式中，$u(k)$ 为调节器输出控制量；K_p 为比例系数；$e(k)$ 为给定量与反馈量之间的偏差；T_i 为积分常数；T_d 为微分常数；$u(0)$ 为控制常量。

那么

$$u(k-1) = K_p\left[e(k-1) + \frac{T}{T_i}\sum_{i=1}^{k-1}e(i) + T_d\frac{e(k-1) - e(k-2)}{T}\right] + u(0) \tag{7-4}$$

因为

$$\Delta u(k) = u(k) - u(k-1) \tag{7-5}$$

可以得出

$$u(k) = u(k-1) + K_p\left\{e(k) - e(k-1) + \frac{T}{T_i}e(k) + \frac{T_d}{T}[e(K) - 2e(K-1) + e(K-2)]\right\} \tag{7-6}$$

式（7-6）被称为增量型 PID 算式。采用这种算法，算式只与最近几次采样有关，不易引起误差积累，可以降低出现机器故障的可能性。

在 PID 调节器中，比例、积分和微分常数，需要根据不同的控制对象选择不同的数值，还需要经过现场调试才能获得较好的效果。

2. 数字 PID 调节参数选择

PID 调节器是一种线性调节器，系统的给定值与反馈值的差成为偏差，对偏差进行的比例、积分、微分线性组合构成控制量式（7-3）。它们在 PID 调节器中的作用如下：

（1）比例调节作用　是按照比例反映系统的偏差，系统一旦出现了偏差，比例调节立即产生调节作用以便减少偏差。比例作用大，可以加快调节，减少误差；但是过大的比例，使系统的稳定性下降，甚至造成系统的不稳定。

（2）积分调节作用　能使系统消除稳态误差，提高无差度。因为只要有误差，就进行积分调节，直至无误差，积分调节就停止，积分调节输出一常值。积分作用的强弱取决于积分时间常数 T_{i}，T_{i} 愈小，积分作用就愈强；反之，T_{i} 大则积分作用弱。加入积分调节可使系统稳定性下降，动态响应慢。积分作用常与另两种调节规律结合，组成 PI 调节或 PID 调节器。

（3）微分调节作用　微分作用反映系统偏差信号的变化率，能预见偏差变化的趋势，因此能产生超前的控制作用，在偏差还没有形成之前，已被微分调节作用消除，因此，可以改善系统的动态性能。在微分时间选择合适情况下，可以减少超调和调节时间。微分作用对噪声干扰有放大作用，因此，过强的微分调节对系统抗干扰不利。此外，微分反映的是变化率，而当输入没有变化时，微分作用输出为零。另外，微分作用不能单独使用，需要与另外两种调节规律相结合组成 PD 或 PID 控制器。

一般来说，被控对象的数学模型很难建立，PID 调节参数的选择需要反复调试才能找到比较理想的参数值，对不同的控制系统，也没有参考值可循，但是可以根据上述的 PID 调节作用原理对参数进行选择。

如果输出能迅速达到目标值，但是过量很大，这可能是比例系数过大，或者微分作用较弱，对对象的反应不敏感所致。

如果输出达不到目标值，小于目标值的时间较多，这可能是比例作用较小，或者积分作用较小，对偏差补偿不足所致。

如果输出能够基本控制在目标值上，但是上下偏差过大，经常波动，其原因可能为积分作用过大，引起系统不稳，或者微分作用过小，对即时变化反应不够快，也可能是调节周期短，系统调节频率过大所致。

如果系统受工作环境影响较大，对外部干扰敏感，其原因可能是微分作用太大，或者是调节周期过长，不能及时修正所致。

3. 带死区的数字 PID 控制算法

焊接控制过程是一种非线性系统，采用 PID 调节的控制算法，由于积分饱和、系统干扰等原因，控制量的超调可能很大，为了避免控制量的过大或者过小，在应用中设置了控制量的死区，以对控制量进行限制。

$$u_{\mathrm{k}}=\begin{cases}u_{\mathrm{kmin}} & u_{\mathrm{k}}\leqslant u_{\mathrm{kmin}}\\ u_{\mathrm{k}} & u_{\mathrm{kmin}}<u_{\mathrm{k}}<u_{\mathrm{kmax}}\\ u_{\mathrm{kmax}} & u_{\mathrm{k}}\geqslant u_{\mathrm{kmax}}\end{cases} \tag{7-7}$$

在式（7-7）中对控制量设置了范围，避免了系统过量的超调，增加了稳定性。

PID 参数整定关乎控制能否准确有效，是 PID 控制技术的关键问题。好的 PID 参数能使系统传递函数收敛，并表现出优良的系统稳态与动态响应性能，而 PID 参数的整定不恰当则可能导致稳态或动态特性变差，甚至使系统不稳定，因此需要对 PID 参数整定方法进行研究。过去的工程设计中，人们常凭借对 PID 参数调节与被控对象输出关系的经验利用试凑法进行 PID 参数整定，确定比例系数 K_p、积分系数 K_i、微分系数 K_d 的大小。随着计算机仿真技术的发展，可通过对数字化电源进行建模仿真验证 PID 控制参数的匹配性和动态响应性能。利用 MATLAB 仿真工具，可对焊接电源主电路中输入整流滤波电路、IGBT 全桥逆变电路、降压与二次整流滤波电路，以及与焊接输出量相关的 PWM 信号发生器、电流电压反馈采样电路和 PID 控制器进行建模与仿真。通过仿真可研究主电路中输出电感等参数对输出电流波形的影响，并可对 PID 参数进行整定，证明 PID 控制对弧焊电源系统的有效性。建模与仿真的研究方法具有较高的真实性和较强的可行性，对弧焊电源系统中元器件参数选取和控制算法的优化具有重要的指导作用。

7.3.4 单片机控制系统的实现

1. 系统方案

在单片机控制的弧焊电源中要执行多项控制任务，如时序控制、波形控制、通信、键盘显示、故障报警等，运算量较大，对实时性要求很高，因此对单片机控制系统有以下要求：

1）单片机系统应有较高的运算速度，因为系统运行的是实时多任务软件，要对焊接电流、电弧电压进行控制，需要实时采集电弧电压、电流信号，并对数据进行计算处理，发出相应的控制量。因此，要综合考虑微处理器的指令处理速度、主频、A-D、D-A、片上存储器速度的适当匹配。

2）对于熔化极气体保护焊，对送丝系统除保证其快速的动态响应性能以及送丝平稳等要求外，还要使其速度可调范围宽、结构简单可靠。

3）弧焊电源本身是一个强干扰源，加之焊接环境条件差，外界干扰源多，必须采取合理的抗干扰措施，才能保证控制系统的正常工作。

4）在设计单片机控制系统时，要综合考虑控制器的成本、性能价格比、体积等因素。

为了提高系统的可靠性，系统采用功能模块化设计、模块功能单一化等措施。弧焊电源单片机控制系统的硬件设计包括：

1）单片机控制系统输入输出模拟量和开关量及其通道数量的确定。

2）单片机控制系统的硬件结构。

3）弧焊电源与微机的接口。

单片机系统控制的对象是弧焊电源及设备，为了确保安全可靠工作，实现高质量焊接，需要对输入输出模拟量和开关量及其通道数进行合理设计。

2. 单片机的选型

自从 1975 年世界上第一台单片机诞生以来，已经发展了四代。按数据总线的位数来分，将单片机分为 4 位、8 位、16 位和 32 位机。目前在单片机市场上，8 位单片机和 32 位的 ARM 嵌入式微处理器占据市场的大部分份额，达 70% 以上。

在弧焊电源控制中，最常采用 8 位单片机，一是其价格低廉，二是其性能可满足大多数弧焊方法的控制需求。在单片机市场中，具有代表性的产品是 MCS-51 系列产品，其中 AT-

MEL 公司的 AT89C51/C52 两个系列 8 位单片机在弧焊领域应用较为广泛。1994 年 ATMEL 公司以其 E2PROM 和 Intel 公司的 80C31 单片机核心技术进行交换，从而取得了 80C31 核的使用权。AMTEL 公司把自己先进的 Flash 技术和 80C31 核相结合，从而生产出了 Flash 单片机。目前，在弧焊电源控制中，常用的单片机主要有 MCS-51 兼容系列，如 STC 公司的 STC89C52，ATMEL 的 AT89C51/AT89C52/AT89C53 等。MCS-51 系列正在被具有哈佛总线结构的 RISC（精简指令集）单片机所取代，如 Microchip 公司的 PIC 系列 8 位、16 位单片机，ATMEL 公司的 AVR 系列单片机，此外，还有 TI 公司的低功耗 MSP430 的 16 位单片机等。

7.3.5 信号采集与处理

在单片机用于弧焊电源的控制中，首先是要把被控的模拟量通过传感器进行采集，并由 A-D 转换变成数字量，通过数字信号处理后，再由 D-A 变回模拟量后对弧焊电源实施控制。

1. 采样过程

把连续信号 $x_a(t)$ 转换成离散信号的过程称为采样。采样就是利用周期性采样脉冲序列 $p(t)$，从连续信号 $x_a(t)$ 中抽取一系列的离散值，得到采样信号即离散的时间信号，以 $\hat{x}_a(t)$ 表示。采样器可以看成是一个电子开关，如图 7-18 所示。开关每隔 T 秒闭合一次，对于理想采样，闭合时间应为无穷短；对实际采样，闭合时间为 τ 秒，$\tau \ll T$，使输入信号得以采样，得到离散的输出信号。在单片机控制系统中，离散信号 $\hat{x}_a(t)$ 可以看作是一数字表示其幅值的脉冲序列，如图 7-19 所示。

图 7-18 采样器原理

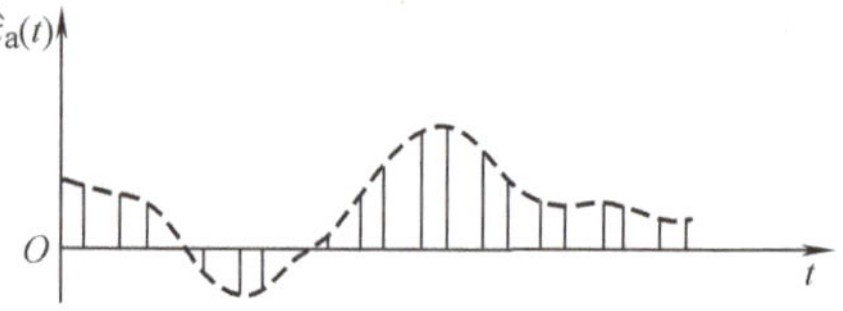

图 7-19 连续时间信号的采样

2. 采样定理

信号是信息的物理表现形式，或者说是传递信息的函数，而信息则是信号的具体内容。根据载体的不同，信号可以是电的、磁的、声的、机械的、热的等各种信号。对于弧焊电源有电弧电压、焊接电流、送丝速度等。

通过采样器可以把一个连续变化的模拟量变成断续的离散信号。若要保证离散信号能精确地描述被采样的连续信号特征，就必须满足 shannon 的下述采样定理：

1）被采样的连续信号所包含的全部谐波频率均在一定的频带之内。

2）采样周期 $T \leqslant \dfrac{1}{2f_0}$，其中 f_0 为信号中所含谐波的最高频率。

3. 采样周期的选择

采样定理为确定采样周期提供了理论依据，只有当采样频率$\left(f=\dfrac{1}{T}\right)$大于或等于被采样信号所包含最高频率 f_0 的两倍时，才可能通过理想的低通滤波器把原信号完整地提取出来。

在弧焊电源的单片机控制系统中，合理地选择采样周期直接影响系统的控制质量。从信号的复杂性和控制性能考虑，采样周期愈短愈好；但由于单片机速度和存储容量的限制，采样周期也不能过短。从理论上来计算采样周期是比较困难的，一般是根据经验数据来选择，并通过实际的试验加以调整。对于一个控制回路，采样周期可以取该回路自然振荡周期的1/8～1/10。

7.3.6 单片机输入输出接口电路

在设计好弧焊电源的单片机控制器之后，要给控制器提供焊接过程的各种工艺参数，这就需要有信号的输入通道。而控制器的控制命令还要作用于焊接过程，这就要有信号的输出通道。

反映焊接过程状态的信号既有模拟量，也有数字量，作用于焊接过程的控制信号也是如此。可是单片机只能识别数字信号，也就是说，单片机的输入和输出都是数字信号。因此输入输出通道的主要功能就是实现模拟量与数字量之间的信号变换。

1. 数字量输入与输出接口

输入输出开关量及其通道数：控制系统采用多路带光电隔离的开关量输入通道，实现顺序控制和多种焊接故障诊断，如过热、过电流、过欠压、焊丝用完、气体不足、触喷嘴、触导电嘴、碰撞、粘丝、灭弧等。

在单片机控制的弧焊电源系统，数字信号主要包括过热、过电流、过电压、欠电压、掉电、缺相和风扇停转等。下面对几个主要的数字量处理过程加以分析。

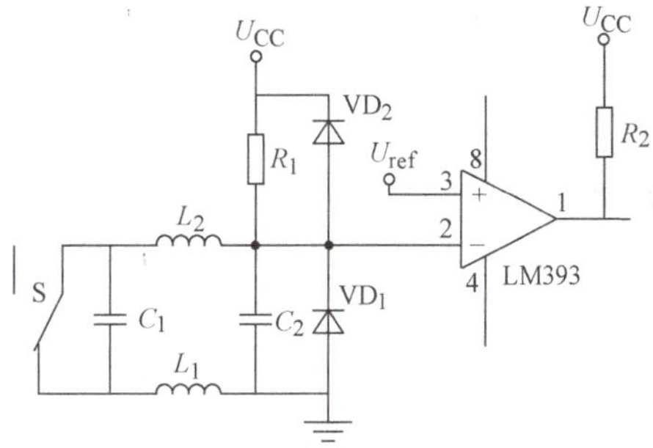

图 7-20　过热保护电路

(1) 过热保护　图 7-20 所示是一个过热保护电路。在电路中，应用了常闭温度开关 S 作为温度测量元件，选用 LM393 作为比较器进行电压比较。比较器同相端给定一参考电压，当温度低于设定温度时，温度开关 S 闭合，比较器反相端电压为零，比较器输出状态为“1”；当温度高于设定温度时，温度开关 S 断开，比较器反相端电压为 U_{CC}，同相端电压为参考电压 U_{ref}，由于 $U_{CC}>U_{ref}$，比较器输出结果为“0”，表示弧焊逆变器的测试点温升过大，这时，强迫驱动控制 IC 关断 PWM 输出，并由单片机进行故障处理。

(2) 过电流保护　弧焊逆变器主电路如果电流过大，不仅会损坏功率电子器件，甚至可能使整个电路瘫痪，因此，有必要限制主电路的电流，进行过电流保护，增加系统的安全可靠性能。

图 7-21 所示为主电路过电流保护电路。电流由霍尔传感器采样，与参考电压进行比较，由比较器输出比较结果，判断电路状态。当电流为正常值时，霍尔传感器输出信号电压小于参考电压 U_{ref}，比较器 LM393 输出高电平“1”；当电路出现过

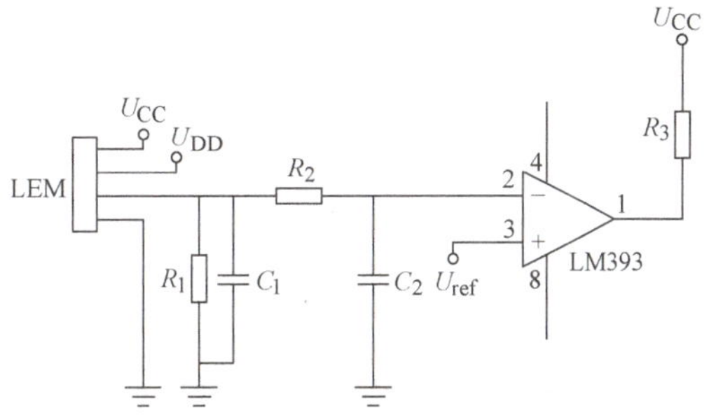

图 7-21　过电流保护电路

电流异常时，霍尔传感器输出信号电压大于参考电压 U_{ref}，比较器 LM393 输出低电平“0”，并通知驱动控制 IC 关断 PWM 信号输出，单片机随之进行故障处理。

（3）过电压、欠电压保护　网压的波动也会影响主电路的工作性能，因此，电路设计中应考虑对过电压及欠电压状态进行保护。图 7-22 所示为主电路过电压、欠电压保护电路。

过电压与欠电压保护设计应用了桥式电路，三相电路经变压器降压、整流成直流信号 U_C，所以 U_C 正比于电网电压。当 U_C 过高于一设定值或者低于一设定值时，两个比较器比较结果做相“与”运算，结果为低电平“0”，驱动控制 IC 关断 PWM 信号输出，单片机进行故障处理。调节桥式电路电阻的大小，可改变电网过电压、欠电压的阈值电压，即可以起到电网过电压、欠电压保护作用。

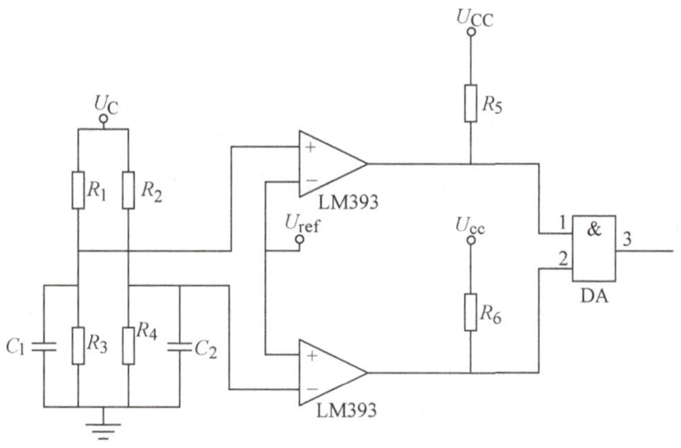

图 7-22　主电路过电压、欠电压保护电路

2. 模拟量输入通道

模拟量输入及其通道数：要实现对焊接电流、电弧电压、焊接速度、送丝速度等参数的控制和外特性的调节，必须对这些焊接参数的实际值进行测量，并送入 A-D 转换电路变为数字量，然后由 CPU 做各种运算处理，实现参数给定值的调节和焊接系统的保护。

在弧焊电源的单片机系统中，参数的给定，反馈电流、电压的测量都要用到 A-D 转换，将模拟量经过采样、变换、传递然后转换成数字信号，才能实现在单片机中的数字及逻辑运算。图 7-23 所示为 A-D 转换电路的测试结果。该曲线表明使用的 A-D 转换电路有良好的线性度。该 A-D 转换为 10 位精度，转换时间可达 20μs，能满足单片机控制的要求。

采样反馈电路是为了采集电弧负载的电压、电流信号，送给单片机与给定参数进行比较、运算处理，根据电弧负载的变化实时调节控制量，实现焊接系统闭环稳定的控制。因此，反馈电压、电流信号应该能够真实地反映电弧负载的电压、电流变化，采样反馈电路具有较好的线性度和一定的精度；采样反馈电路应具有一定的信号调理功能，能够从混有大量干扰的信号中提取信号的有效成分；采样反馈电路经过采集、变换、转换、传递得到的采样信号应该与单片机 A-D 转换电路所允许的范围相适应；采样反馈电路应该具有较强的隔离功能，电弧负载的电压、电流采集端与单片机系统之间在电气上应该严格地隔离。

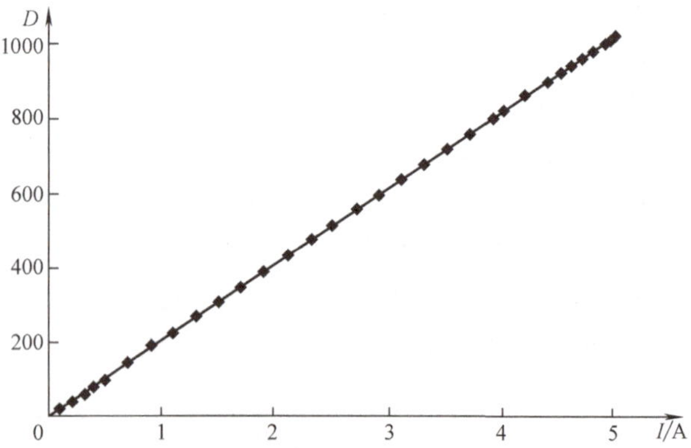

图 7-23　A-D 转换电路测试结果

图 7-24 所示为电弧负载电压采样反馈电路。该电路直接对电弧电压取样，经过低通滤波

电路，滤掉信号中的高频成分，获取所需要的信号经运放、光耦线性放大，调制成0～5V直流电压信号，送给单片机相应的A-D通道。

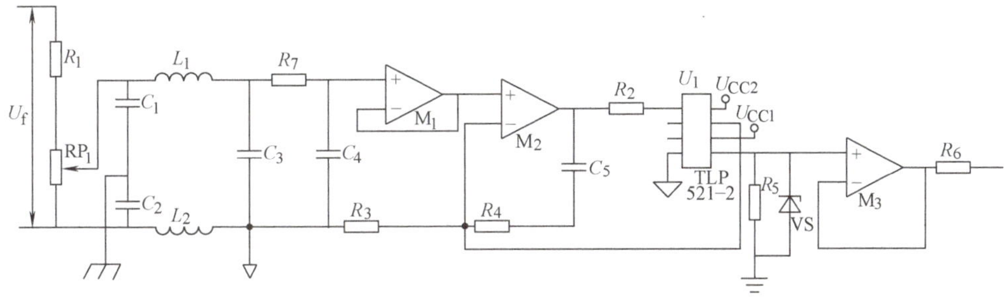

图7-24 电弧电压采样电路图

M_1～M_3—比较器

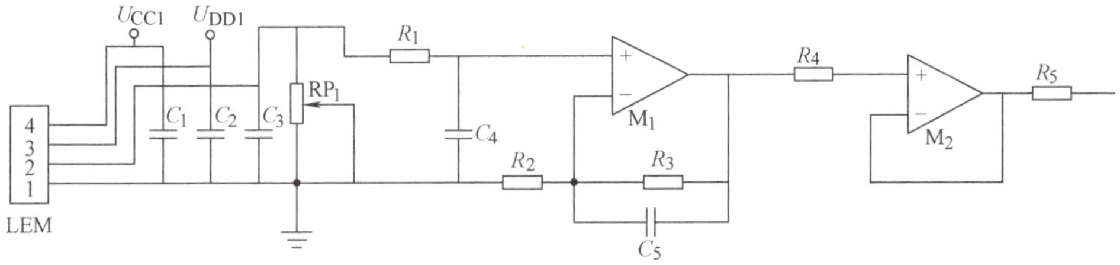

图7-25 电弧负载电流采样反馈电路图

图7-25所示为电弧负载电流采样反馈电路。该电路在设计过程中采用了电流霍尔传感器，它是应用霍尔效应制成的电流测定元件，具有很好的线性度，并且是非接触测试，与采集端完全隔离。对于所选定的电流霍尔传感器，设定测量电阻RP_1阻值为50Ω，得到测量电弧负载范围为0～300A，测量电阻两端的测量电压为0～5V。经电路滤波、放大、调整后送给单片机相应的A-D通道。

3. 模拟量输出通道

模拟量输出及其通道数：影响焊接质量的主要因素是输入到工件上的热输入大小，与热输入有关的参数是焊接电流、电弧电压及焊接速度。可见，输出通道起码应包括三个以上的基本模拟量，若考虑空间位置焊接，还需要增加三个以上模拟量用于焊枪位移。对于脉冲弧焊电源，其中电弧电压包括脉冲幅值、基值、宽度比、频率，因此就需要更多的模拟输出通道。D-A转换器将CPU送出的数字量转换为0～5V的模拟量。这些给定值通过线性光电隔离电路和接口电路加到弧焊逆变器给定电路和电机驱动上，实现对焊接速度、送丝速度（焊接电流）、焊接电压等模拟量的精确控制。

单片机运算结果形成控制量，驱动控制电路调节主电路的功率输出，D-A转换电路的性能对弧焊逆变器是至关重要的。可以采用DA0832或者AD7528等作为D-A转换芯片。芯片精度为8位，具有较快的转换速度以及线性度。图7-26所示为D-A转换电路测试结果，横坐标表示输入数字量，纵坐标表示输出模拟量。D-A转换电路线性度较好，可以满足弧焊逆变器的控制要求。

7.3.7 单片机通信系统

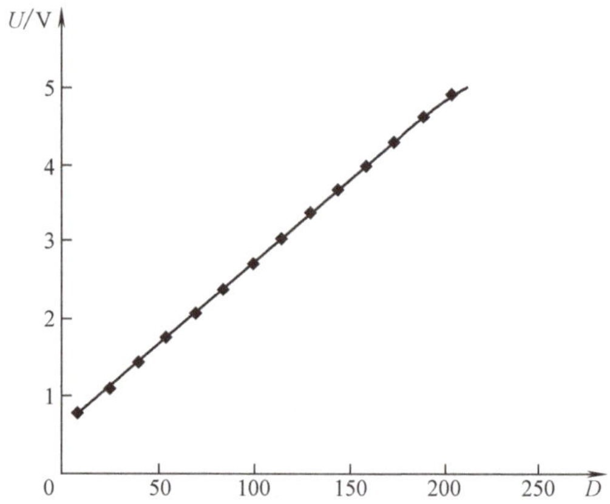

图 7-26 D-A 转换电路测试结果

计算机技术的发展已经进入到后 PC 时代，即以嵌入式、网络化为主要特征。IPV6 技术的实施，为每台工业设备内置 IP 地址实现远程通信提供了充足的地址资源。当前在普通单片机中一般都集成有不同方式的串行通信接口，如主控同步串行端口（MSSP）和通用同步/异步收发器（USART）。

主控同步串行端口（MSSP）模块，是用来与其他外围芯片或单片机芯片进行通信的串行接口，这些外围芯片是串行 EEPROM、移位寄存器、显示或 A-D 转换器等。MSSP 有两种工作模式：串行外围芯片接口（SPI）和芯片间总线（I^2C）。SPI 模式可以同时同步发送和接收 8 位数据，利用单片机 MSSP 模块中的 SPI 模式和移位寄存器芯片 74HC595 可以实现数码管静态显示的接口电路。74HC595 是一个 8 位寄存器，它可以把串行输入的 8 位数据转换成并行输出。MSSP 模块在 I^2C 模式下可实现所有主控和从动功能，以及硬件上可对启动 START 和 STOP 位进行检测而产生中断的功能来判断总线何时是空闲的。

通用同步/异步收发器（USART）也叫串行通信接口，即 SCI 接口。USART 可被配置成与 CRT 终端和 PC 微机等外围模块进行通信的全双工异步通信系统，也可被配置成与 A-D 或 D-A 的接口电路、串行 E^2PROM 等外围模块进行的半双工同步通信系统。

1. 串口通信

在单片机通信方式中，串口通信是最常见的一种，它既可实现双机之间的通信，也可与上位 PC 进行通信。图 7-27 所示为 RS-232C 串口通信的 USART 接口电路图，由于单片机的输入、输出电平是 TTL 电平，而 PC 配置的是 RS-232C 标准串行接口，二者电气规范不一致，因此要完成 PC 与单片机的串行数据通信，必须进行电平转换。常采用 MAX232 将单片机 TX 输出的 TTL 电平信号转换为 RS-232C 电平，输入到 PC，并将 PC 输出的 RS-232C 电平信号转换为 TTL 电平输出到单片机 RX 引脚上。

I^2C 接口电路。I^2C 即 Inter-Integrated Circuit（集成电路总线）。这种总线类型是由飞利浦半导体公司在 20 世纪 80 年代初设计出来的，主要是用来连接整体电路（ICS）。I^2C 是一种多向控制总线，也就是说多个芯片可以连接到同一总线结构下，同时每个芯片都可以作为实时数据传输的控制源。这种方式简化了信号传输总线接口。I^2C 串行总线一般有两根信号线，一根是双向的数据线 SDA，另一根是时钟线 SCL。所有接到 I^2C 总线设备上的串行数据 SDA 都接到总线的 SDA 上，各设备的时钟线 SCL 接到总线的 SCL 上。

SPI（Serial Peripheral Interface，串行外设接口）总线系统是一种同步串行外设接口，它可以使 MCU 与各种外围设备以串行方式进行通信以交换信息。SPI 有三个寄存器，分别为控制寄存器 SPCR、状态寄存器 SPSR、数据寄存器 SPDR。外围设备包括 FLASHRAM、网络控制器、LCD 显示驱动器、A-D 转换器和 MCU 等。SPI 总线系统可直接与各个厂家生产的多种标准外围器件直接接口，该接口一般使用 4 条线：串行时钟线（SCLK）、主机输入/从机输出数据

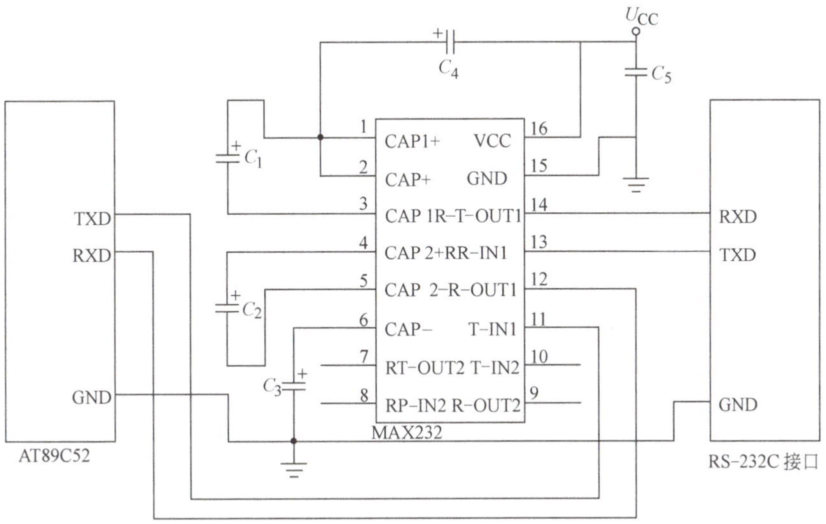

图 7-27　USART 接口电路图

线 MISO、主机输出/从机输入数据线 MOSI 和低电平有效的从机选择线 NSS（有的 SPI 接口芯片带有中断信号线 INT、有的 SPI 接口芯片没有主机输出/从机输入数据线 MOSI）。

2. CAN 总线通信

CAN 总线是一种有效支持分布式控制或实时控制的串行通信网络，具有通信速率高、抗干扰能力强等特点。它能够很好地满足系统对通信距离、通信速率和稳定性等要求，特别适用于焊接这类工业控制系统。

控制器局域网（Control Area Network，CAN），是 20 世纪 80 年代初德国 Bosch 公司开发的一种串行数据通信总线，具有可靠性高、实时性强、稳定性好、抗干扰能力强、开发成本低等特点，在工业控制领域得到了普遍应用，并被公认为最有前途的现场总线之一。与一般的通信总线相比，它有下列特点：

（1）多主工作方式，基于非破坏性总线仲裁技术　网络上任何节点可在任意时刻主动向网络上其他节点发送信息，且不分主从。当多个节点同时向总线发送信息时，优先级低的节点主动退出发送，等待总线空闲再发。

（2）短帧结构，CRC 校验　数据帧数不超过 8 字节，占用总线时间短。数据采用循环冗余码 CRC 校验，出错率低。

（3）数据块编码　数据块标识码可由 11 位（CAN2.0A）或 29 位（CAN2.0B）二进制数组成，最多可定义 211 或 229 个数据块，可使不同的节点同时接收相同的数据。

（4）通信速度高　采用双绞线通信，通信距离为 40m 时波特率可高达 1Mbit/s；通信距离为 10km 时仍可达 5Kbit/s。

（5）节点自关闭功能　节点在错误严重的情况下具有自动关闭输出功能，以使总线上其他节点的操作不受影响。

在双丝焊系统中各个设备之间都必须紧密配合，有大量的数据在各个设备之间传输，且实时性要求很高。两个弧焊电源之间的协同控制是以相互之间发送触发信号来实现的，触发信号的传输必须高速、可靠。因焊接现场工作环境比较恶劣，电弧产生的电磁干扰非常强，这对通信方式提出了很高的要求。CAN 总线使用了非破坏性的仲裁机制，具有完整的错误诊断和报文重发功能，与一般的通信总线相比，具有突出的可靠性、实时性和灵活性，能够保证各焊接设备之间准确快速地交换数据，因而 CAN 总线成为双丝焊首选的通信方式。

有些单片机上本身就带有 CAN 控制器，若没有就需要配置专门的 CAN 控制器，如 Philips 公司生产的 CAN 控制器 SJA1000。此外，还需要 CAN 总线驱动器 P82C250 和高速光耦组成接口电路，如图 7-28 所示。CAN 控制器和 CAN 收发器通过光耦实现各 CAN 节点之间的电气隔离。光耦两侧不能使用同一电源供电，否则，即使采用光耦也不能避免节点之间的信号相互干扰。P82C250 的 CANH 和 CANL 引脚各自通过电阻 R_5、R_6 与 CAN 总线相连，电阻起到一定的限流作用，保护 82C250 免受过电流的冲击。CANH、CANL 与地之间分别并联了两个电容 C_1、C_2，可以滤除总线上的高频干扰，并具有一定的防电磁辐射的能力。另外在两根 CAN 总线输入端与地之间分别接了一个防雷击管。

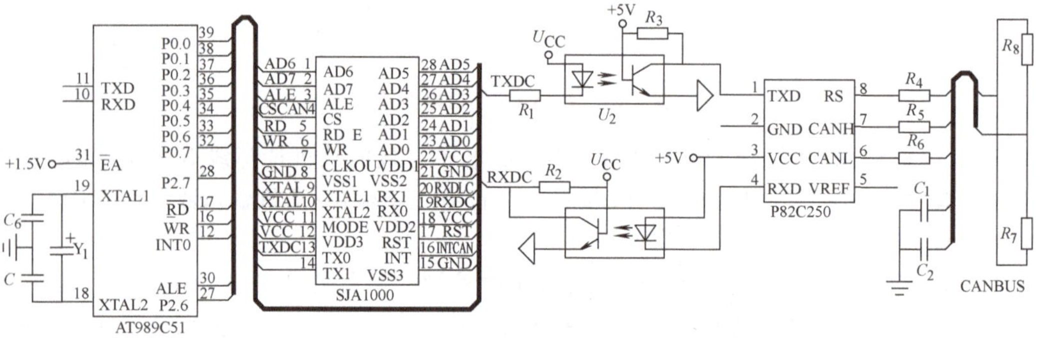

图 7-28　CAN 总线控制原理图

7.3.8　人机界面

在弧焊电源的操作中，使用者需要经常根据被焊工件的材质、板厚、焊丝材料和直径、保护气体成分等对焊接参数进行调整。这就要求弧焊电源要有简单、方便而又直观的操作界面，便于焊工操作使用。在弧焊电源操作面板上设置软键盘和液晶显示或数码管显示，可方便参数输入、工艺选择等，并能直观地以数字方式显示焊接过程参数。

1. 键盘

在设计单片机键盘接口电路中，输入常用 64 键键盘控制芯片 HD7279。这是因为 HD7279 占用单片机的 I/O 口少，同时内含去抖动电路，可提高键盘的识别率和简化编程工作。图 7-29 所示为键盘接口电路。其中 CS 为片选输入端，低电平有效；CLK 为同步时钟输入端，向芯片发送数据及读取键盘数据时，此引脚电平上升沿表示数据有效；DATA 为串行数据输入/输出端；KEY 为按键有效输出端，平时为高电平，当检测到有效按键时，此引脚变为低电平。

2. 数字显示

弧焊电源的数字显示主要有数码管和液晶显示两种方式，数码管显示清晰度高，但功耗大；液晶显示功耗低，但视角大时清晰度不够好。

单片机 MSSP 模块的 SPI 模式和移位寄存器 74HC595 实现数码管静态显示的接口电路如图 7-30 所示。74HC595 是一个 8 位的移位寄存器，它可把串行输入的 8 位转换为并行输出。

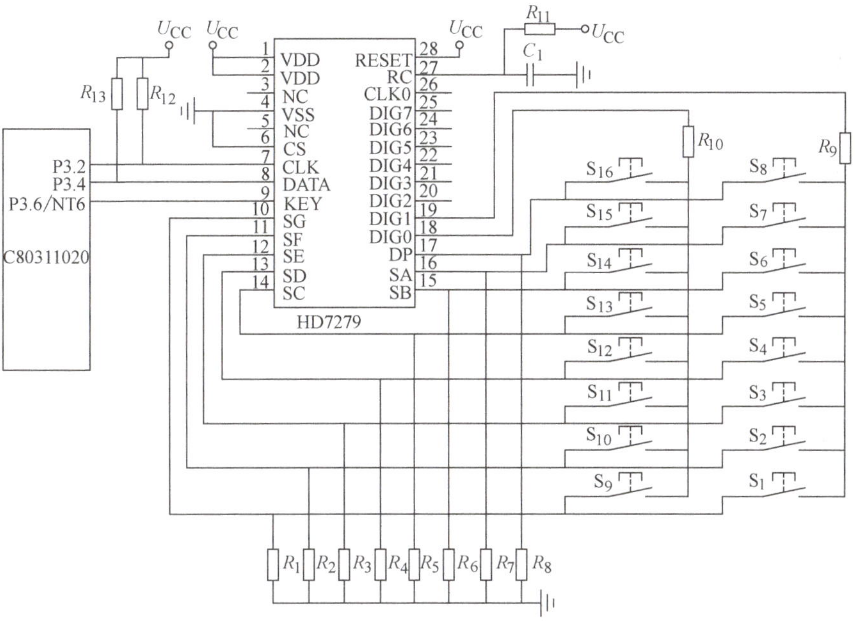

图 7-29　键盘接口电路

它内部含有 8 位串入、并出移位寄存器和 8 位三态输出锁存器。寄存器的时钟输入 SRCK 与单片机的 SCK 引脚相连，锁存信号 RCK 与 RA5 相连。当 SRCK 的电平从低到高跳变时，串行输入数据移入寄存器。当 RCK 的电平从低到高跳变时，寄存器的数据置入锁存器，锁存器输出到驱动数码管。

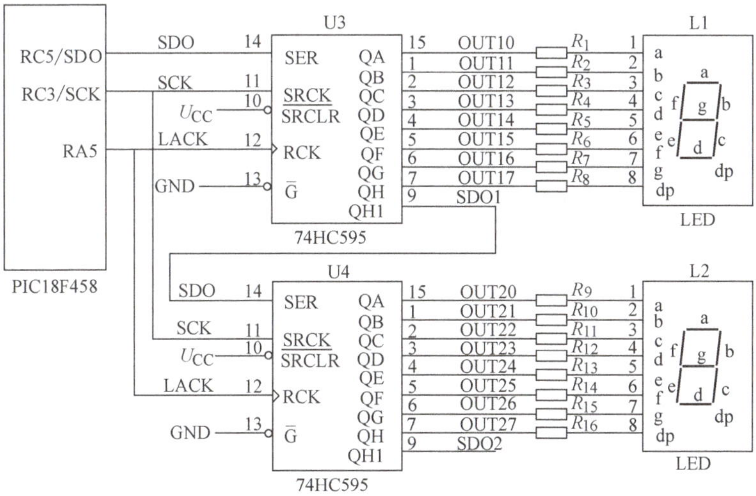

图 7-30　单片机与 74HC595 构成的数码管接口电路

在数字式控制弧焊电源中，采用液晶显示愈来愈多。这主要是采用图形点阵式液晶显示较之其他显示方式有以下优点：

1）工作电压低，功耗极低，特别适用于弧焊逆变器的显示。

2）液晶显示属被动显示，受外界光线干扰小。

3）图形点阵式液晶可显示的信息量大，分辨率高，不产生电磁干扰。

4）可靠性高，使用寿命长。

7.3.9 单片机系统的软件

多功能数字化弧焊电源在控制逻辑和时序上比常规弧焊电源复杂得多，除了要响应各种开关量，还需要接收来自计算机和人机交互系统等的信号。控制系统软件设计的基本要求就是能够良好地接收并响应信号。弧焊方法包括 CO_2 焊、脉冲 MIG 焊、双脉冲弧焊。

单片机控制的数字化弧焊电源的工作流程可粗略地划分成主机初始化、控制面板初始化、通信、检测、正常焊接、故障服务、参数保存等过程。各种物理量的检测和控制涵盖了上述的每一个过程，包括温度、电流、电压、通信状态等。为直观起见，将系统流程简化为图 7-31。各部分的程序设计采用模块化的工程方法，以降低程序的复杂性，提高可读性、稳定性和可维护性。

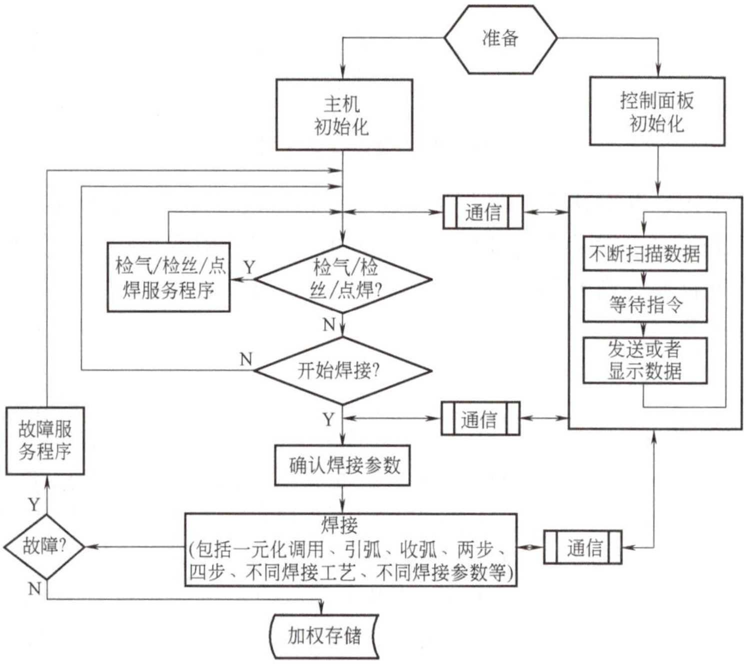

图 7-31　单片机控制的弧焊电源系统软件流程图

（1）短路过渡的波形控制　在 CO_2 焊中小电流规范下，熔滴主要是短路过渡，它是在电压较低、弧长较短的时候发生的，是燃弧与短路交替进行的不规则周期性变化过程。在短路过渡过程中，弧焊电流起着极其重要的作用。对短路过渡电流的控制方法，典型的有：恒压特性控制法、复合外特性控制法、波形控制法、脉动送丝控制法等。这些控制方法的实质是将焊丝熔化、熔滴过渡过程、飞溅、焊缝成形分别或分时予以控制。目前普遍关注的简便而有效的方法是直接对弧焊电源输出的波形进行控制，简称为波控法。在波控法中，比较成功的是美国林肯公司的表面张力过渡（Surface Tension Transform，STT）。CO_2 焊电流波形控制软件流程如图 7-32 所示。

（2）脉冲波形的控制　脉冲 MIG 焊的熔滴过渡形式为：多脉一滴、一脉一滴和一脉多滴，其中一脉一滴是所有过渡形式中最理想的一种，要获得这种熔滴过渡形式，焊接参数之间的配合尤为重要。脉冲焊工艺参数多，除了电弧电压、送丝速度和焊接速度外，还有脉冲参数，包括峰值电流 I_p、峰值时间 t_p、基值电流 I_b 和基值时间 t_b。图 7-33 所示为单脉冲焊电流波形控制软件流程图。

（3）双脉冲波形控制工艺　双脉冲的含义、特点和作用，见 7.2.4 节所述，不再重述。双脉冲弧焊波形控制的流程图及强、弱脉冲焊子软件流程图，如图 7-34 所示。

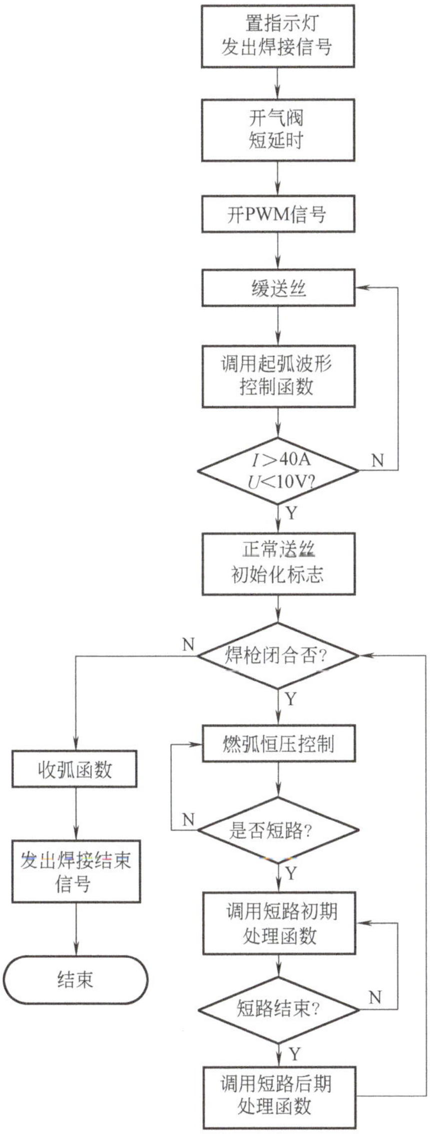

图 7-32　CO_2 焊短路电流波形控制软件流程图

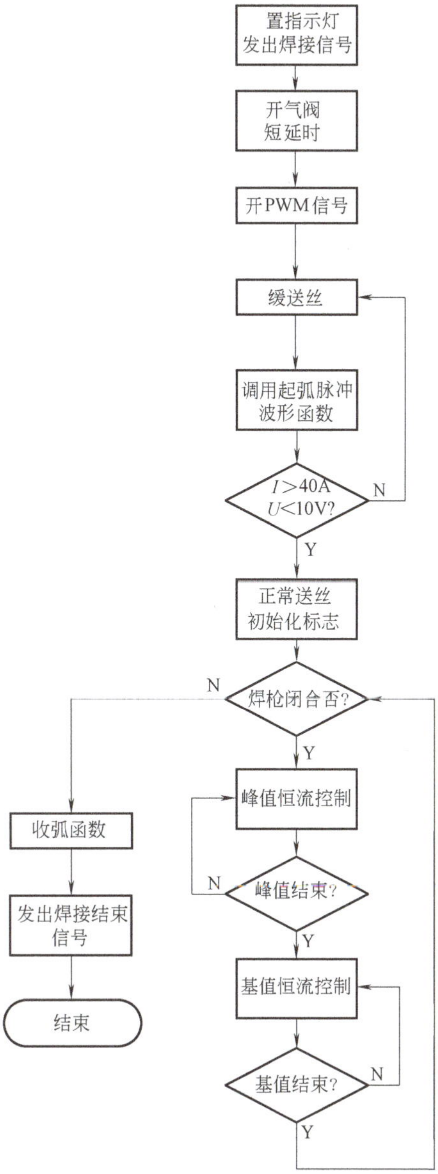

图 7-33　单脉冲焊电流波形控制软件流程图

程序开始，先进行程序初始化，参数扫描，判断是否进行焊接，如果进行，则程序进入引弧子程序；反之，继续参数扫描。在引弧子程序中，考虑先行送气，然后慢速送丝。引弧过程是在焊接过程的开始，为保证焊接电弧的顺利燃烧，引弧过程给予一个比较高的引弧电

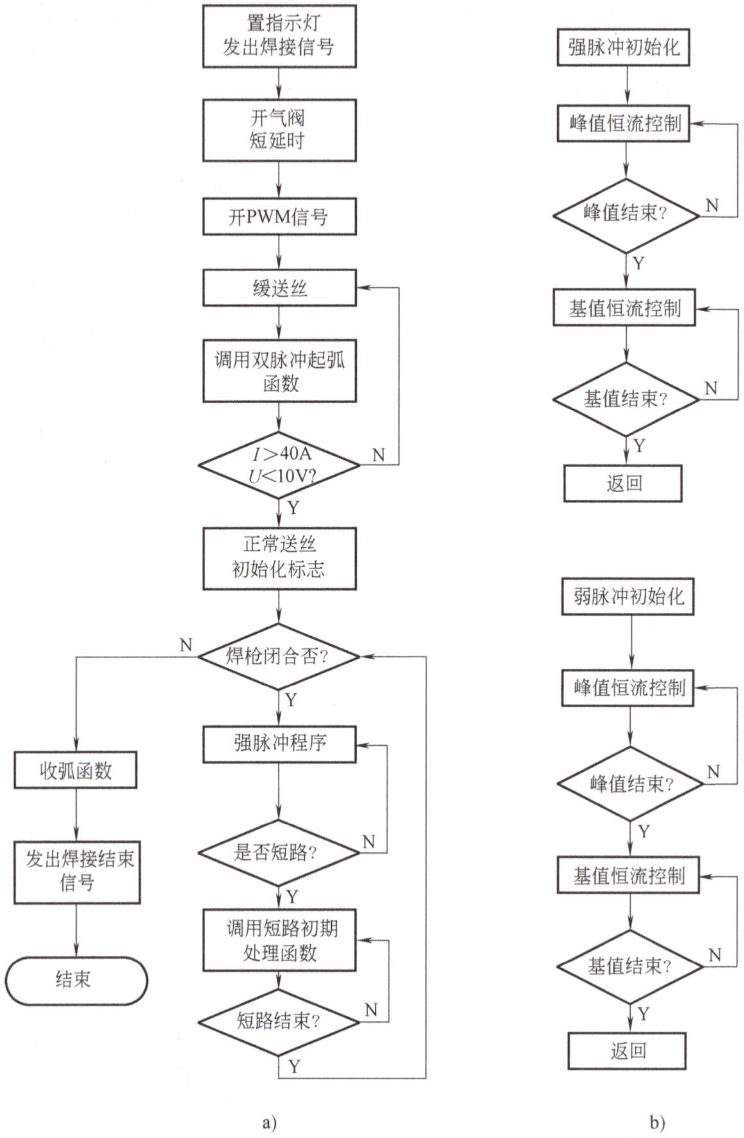

图 7-34　双脉冲焊软件流程图及强、弱脉冲子软件流程图

a）双脉冲焊软件流程图　b）强、弱脉冲焊子软件流程图

压，通过回路电流判断引弧是否成功，引弧成功后进入焊接过程状态。引弧子程序结束后，如果没有焊接停止信号，进入焊接子程序，即进行焊接过程。焊接过程结束时进入收弧子程序。在收弧子程序里，有相应的收弧控制。不良的收弧，会产生大量的焊接缺陷，如气孔、弧坑、弧坑裂纹、成形不好等。在收弧子程序中，应使焊接电流缓慢减小，填平弧坑，尽量避免弧坑焊接缺陷；同时，应延迟关闭送气阀门，避免弧坑的氧化。

7.3.10　单片机系统的抗干扰措施

由于弧焊电源在焊接过程中负载变化剧烈，会产生各种形式的电磁干扰，且干扰的能量大，对单片机控制系统的安全可靠工作会产生十分不利的影响。

1. 干扰的模式

一般来说，干扰是指来自系统外部的无用信号，噪声是系统内部产生的无用信号。通常人们不去刻意区别干扰和噪声。为了得到无污染的有用信号，需要将它们与有用信号分离开。按照噪声传导的方式可分为常模噪声和共模噪声。

常模噪声又称为感应噪声或对称噪声，有时也称为串模噪声或差动噪声、横向噪声等。该噪声往返于两条线路间，故比较难以去除。

共模噪声是另一种感应噪声，也称纵向噪声或不对称噪声。噪声侵入线路与地线之间，噪声电流在两条线上各流过一部分，以地为公共回路，而信号电流只在往返两条线路中流过。从本质上讲，这种噪声是可以去除的。但是由于线路的不平衡状态，共模噪声会转换成常模噪声。干扰是通过耦合通道对单片机系统产生电磁干扰作用的。产生干扰耦合有以下几种方式：

（1）直接耦合　电导性耦合最普遍的方式是，干扰信号经过导线直接传导到被干扰电路中而造成对电路的干扰。

（2）公共阻抗耦合　是噪声源和信号源具有公共阻抗时的传导耦合。

（3）电容耦合　这是指电位变化在干扰源与干扰对象之间引起的静电感应，又称静电耦合或电场耦合。

（4）电磁感应耦合　电磁感应耦合又称为磁场耦合。在任何载流导体周围空间中都会产生磁场。若磁场是交变的，则对其周围闭合电路产生感应电动势。

（5）辐射耦合　电磁场也会造成干扰耦合。当高频电流流过导体时，在该导体周围便产生电力线和磁力线，并发生高频变化，从而形成一种在空间传播的电磁波。

（6）漏电耦合　漏电耦合是阻性耦合方式。当相邻的元件或导线间的绝缘电阻降低时，有些电信号便通过这个降低了的绝缘电阻耦合到逻辑元件的输入端而形成干扰。

抑制串模干扰的一般措施如下：

1）如果串模干扰频率比被测信号频率高，则采用低通滤波器来抑制高频串模干扰。

2）如果串模干扰频率比被测信号频率低，则采用高通滤波器来抑制高频串模干扰。

3）如果串模干扰频率落在被测信号频谱的两侧，则采用带通滤波器比较合适。

输入滤波器都采用 RC 滤波器，选择电阻和电容参数除要考虑满足串模抑制比外，还要考虑信号源内阻和放大器的动态特性。

抑制共模干扰的一般措施如下：

1）用双端输入的运算放大器作为输入通道的前置放大器。

2）用变压器或光耦合器把各种模拟负载与数字信号源隔离开，把“模拟地”与“数字地”断开，信号可耦合通过，共模干扰无耦合回路而被抑制。

3）当共模干扰电压很高或要求共模电流非常小时，可在信号源与单片机控制系统的输入通道之间插入隔离放大器。

4）采用浮地输入双层屏蔽放大器来抑制共模干扰，利用屏蔽方法使输入信号的“模拟地”浮空，达到抑制共模干扰的目的。

2. 硬件抗干扰措施

弧焊电源由单片机集中控制，要完成数据采集、算术与逻辑运算、控制量的输出、程序控制和外特性控制等功能，控制电路的可靠工作无疑对整个弧焊电源工作起着重要的影响。因此，在控制电路的设计中应采取相应的电磁兼容措施，可有效地减弱或抑制干扰源的影响，阻断干扰传递通道，提高控制电路的抗干扰能力。合理选择有关参数，使得控制电路可靠性得到提高，功能得以实现。在单片机控制电路中应采取以下电磁兼容的措施：

（1）控制电路与主电路的隔离　由上述分析，主电路工作在强电状态，是弧焊电源的主要干扰源。控制电路工作在弱电状态，如果受到强电的干扰，控制电路就会失灵，甚至造成不可挽回的损坏。因此，采取有效的信号隔离措施，将控制电路与主电路间进行有效的隔离，避免主电路的干扰信号传递到控制电路，有效地保护了控制电路免受干扰。可采用光耦器件以及传感器对主电路和控制电路进行隔离，切断两者的电气联系，仅保持信号联系。

（2）电路去耦　控制电路的每个单元电路之间很容易通过弧焊电源、引线等公共通道形成耦合噪声，因而电路设计时要考虑去耦环节。在控制电路设计中采用 RC 或 LC 滤波环节消除直流电源因负载变化引起的噪声，尽量减小公共阻抗，减小电源内阻。布线时，尽可能避免引线构成“环路”，信号线可采用双绞线，使噪声得到一定的衰减。在控制变压器的输入端接电源低通滤波器，可以有效地消除电网的高频干扰，提高输入电源质量。

（3）电路板布局时合理布线　强电信号与弱电信号分开，高频信号与低频信号分开，交流与直流分开，电源线与信号线分开，防止线间的串扰。使电源线、地线的走向和数据传递的方向一致，这样有助于增强抗噪声能力。电源线和地线要粗、短、直，将数字地与模拟地分开布线，最后再接到一公共点上。印制电路的电源线采用梳子形状或多层板，做成网眼结构以降低线路的阻抗。在印制电路板上的每个 IC 都接入高频特性好的旁路电容，将开关电流经过的线路局限在印制电路板内一个极小的范围内。旁路电容一般为 0.01～0.1μF，其引线要尽量短，并紧靠 IC 的 U_{CC} 与 GND 端。

（4）信号线应尽量远离干扰源　为避免信号线之间的串扰，信号线切忌平行，采用垂直交叉方式或拉开两者之间的距离。

（5）旁路电容的配置　为避免印制电路板上感性分布参数的影响，在各个集成电路的电源端与地线端之间分别接入旁路电容器。旁路电容一方面起积分作用，平滑瞬间电压尖峰；另一方面给该集成电路的高频噪声提供旁路。电源输入端跨接电解电容器，以减少电压的波动，消除噪声。

（6）放电通路　在电路板中的继电器、按钮等元件，由于操作它们时均会产生一定程度的火花放电或干扰，采用 RC 电路来吸收放电电流，对继电器感性负载等设置续流二极管，提供放电通路，可减小电磁干扰。

（7）滤波电路　在信号的采集、信号给定、单片机输出等电路中设计低通滤波电路，可有效地抑制噪声的传导。采用 RC、LC 等多种滤波电路，可有效地减弱电磁干扰。

（8）屏蔽　屏蔽是利用屏蔽体把通过空间进行电场、磁场或者电磁场耦合的部分隔离开，隔断电磁干扰的空间耦合通道。良好的屏蔽和接地是抗空间辐射干扰的有效手段，可大大降低噪声耦合，取得良好的抗电磁干扰效果。在控制电路装配设计中，用铁盒将控制电路屏蔽起来，并与机箱接地，使其与主电路良好的屏蔽隔离，可有效地屏蔽主电路电场、磁场以及电磁场的干扰，保护控制电路不受干扰。

（9）闲置的端口不悬空　CMOS 器件阻抗较高，易受干扰，故在电路设计时对其不用的端口也应接正电源或者接地。

（10）一点接地和多点接地的使用原则　高频电路地线上有电感，增加了电线阻抗，地线变成天线，向外辐射噪声，应就近多点接地；低频电路接地电路形成的环路对于干扰影响很大，因此应一点接地。

（11）屏蔽层与公共端的连接　当一个接地的放大器与一个不接地的信号源连接时，连接电缆的屏蔽层应接到放大器公共端；反之，接到信号源公共端。

（12）交流地、功率地、同信号地不能公用　流过交流地和功率地的电流较大，会形成毫伏甚至几伏的电压，这会严重地干扰低电平信号的电路。

3. 软件抗干扰措施

由于弧焊电源的工作环境非常恶劣和复杂，大量的干扰源常常使单片机系统容易出现数据采集误差大、控制状态失灵、程序运行失常等现象，可能造成控制误差大、系统不受控，甚至损坏逆变主回路。若采取有效的软件措施可以提高整个系统的抗干扰性能。因此，在单片机控制中可考虑使用电磁兼容设计的软件，使弧焊电源系统更加可靠。

（1）程序运行监视系统　程序运行监视系统俗称“看门狗（Watchdog）”技术。PIC16F877 单片机自带有看门狗定时器，可以避免重新设计硬件。看门狗的作用可以监控意外的死循环，如果程序因为干扰陷入了某一局部死循环而无法定时地执行清看门狗指令，超过了看门狗的溢出时间就会引起单片机的复位，从而提高系统的抗干扰性能。

（2）重复设置重要指令　当单片机系统受到干扰时，程序脱离正常轨道运行，称为乱飞。PIC 单片机由于采用了哈佛总线结构，拥有较宽的指令存储空间，指令是单字节指令，有效地避免了程序失控时对指令的割裂，相比 51 系列单片机大大提高了可靠性和抗干扰能力。软件设计时，在重要的转移指令附近插入指令 NOP，重复设置一些重要指令，可以进一步提高系统的抗干扰性能。

（3）设软件陷阱　正常状态的单片机系统是按照预先编好的程序来运行的，当系统受干扰后，程序可能跑飞到非程序区，软件设计时可以考虑设计软件陷阱，在非程序区拦截跑飞的程序，引导程序跳转到指定的位置。比如：

```
NOP
NOP
GOTO MAIN
```

当程序跑飞到软件陷阱处时，系统就会实现软件复位。

（4）提高程序容错能力　由于系统的复杂性，控制程序也比较复杂，程序设计时有些错误是很难发现的。对一些可能的错误可进行预见，并体现到程序设计中解决，可提高程序的容错能力，增强程序的可靠性。

（5）故障自动处理　对程序进行过程设置标志，当程序出现错误时，由故障自动处理程序扫描标志位，并进入相应的故障处理程序。

（6）对输出量重复输出　在软件上，防止输出干扰的最有效方法就是重复输出同一个数据，外部设备接收到一个被干扰的错误信号后还来不及做出有效反应，一个正确的输出信号又来到，就可以及时防止错误动作的产生。因此在程序中可采用重复输出某些控制量的方法，如气阀、送丝等控制信号。

（7）对输入模拟量软件滤波　为了消除数据采集通道中信号的随机干扰，数据采集中采用数字滤波算法对采样信号进行数字滤波处理。也可采用算术平均值滤波算法，连续采样四次求出平均值作为一次采样结果，在一定程度上保证了采样的准确性，其算法如下：

$$Y_n = \frac{X_1 + X_2 + X_3 + X_4}{4} \tag{7-8}$$

式中，$X_1 \sim X_4$ 为连续四次采样值；Y_n 为本次采样时软件滤波输出值。

该算法可以有效地抑制随机干扰，便于在单片机中使用加法和移位运算加以实现。

（8）设置手动复位开关　当由于干扰而发生程序失控时，利用复位开关进行手动复位。手动复位后，程序从开始处重新运行，这也是软件设计时采用的一种有效的方法。

7.4　弧焊电源的全数字化控制

弧焊电源的发展与电力电子技术、信号处理技术及计算机控制技术的发展密不可分。从硬件电路角度看，数字式控制的弧焊电源借助 DSP 技术实现了 PID 控制器和 PWM 信号发生电路的全数字化。随着实现了模拟电路与数字电路有机结合的混模电路的出现，预计不久的将来，分立式的模拟电路将逐步被高度集成的数字化混模电路所取代。而弧焊电源的设计制造也可根据需要以数字化的方式完成。弧焊电源的能量控制由电流、电压、时间的协同方式来完成，具体表现为输出波形的数字化。

7.4.1　弧焊电源的 DSP 控制

DSP 具有强大的数值计算能力和丰富的函数库，因此，通常采用 DSP 芯片实现 PID 等控制算法，保证弧焊过程具有灵活的动态性能，便于电流波形控制。在弧焊领域使用的 DSP 芯片主要是 TI 公司的 TMS320C2000 系列芯片，如 32 位定点运算芯片 28035、2812 和浮点运算的 28335 等。

DSP 属于精简指令系统计算机（RISC），大多数指令都能在一个周期内完成，并可通过并行处理技术，在一个指令周期内完成多条指令；同时，DSP 采用改进的哈佛结构，具有分离的程序和数据总线，允许同时存储程序和数据；采用多级流水线和内置高速硬件乘法器，使其具有高速的数据运算能力。

DSP 以其强大的指令系统及接口功能显示出功能强、速度快、编程和开发方便等特点，它广泛应用于通用数字信号处理、通信、语音处理、图像处理和仪器仪表及军事与尖端科技等方面。近年来 DSP 在自动控制领域也获得广泛应用。DSP 芯片已经成为数字电路设计的主要方法。

DSP 控制的弧焊电源借助 DSP 实现控制算法和 PWM 信号发生电路的全数字化。DSP 主要完成电压、电流信号的反馈运算，PWM 波形的输出，系统实时监控及保护，系统通信等功能。

图 7-35 所示为 DSP 集成控制系统的结构框图，包括整流滤波电路、IGBT 全桥构成的逆变主电路、主变压器、整流滤波电路、基于 DSP 的控制系统、基于 ARM 的全数字化面板等部分。

基本设计原理：采用专业级电源解决方案芯片——TMS320F2808 作为控制核心，通过软件实现软开关，输出的 PWM 由光耦隔离放大，驱动 IGBT 模块。反馈到控制板的信号包括一次电流（用于逐脉冲限流）、二次电流（用于恒流控制）、一次电压（用于恒压控制）。DSP 的 SCI 接口连接控制面板，实现全数字化调节。将一路 PWM 输出作为 D-A，可以驱动送丝电路，调节送丝速度。此外，DSP 还需要工艺逻辑顺序控制、数据存储、专家系统生成和管理等功能。

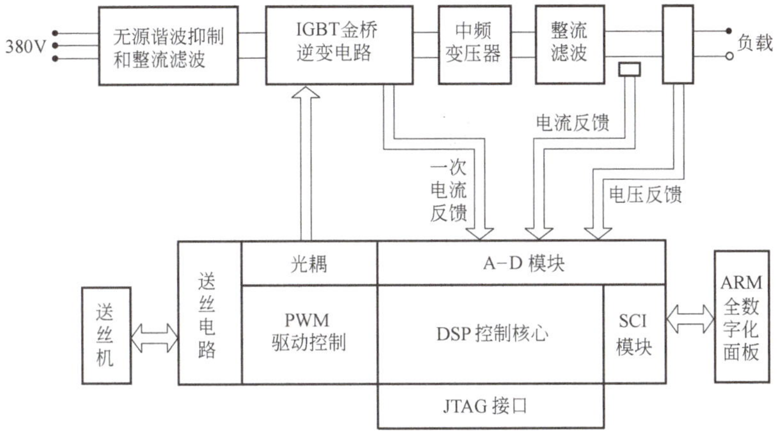

图 7-35　DSP 集成控制系统结构框图

DSP 控制系统的特点是：

1）采用强大的 DSP 控制核心（自带硬件乘法器），可以将所有模拟/数字信号接入 DSP 进行实时处理，简化了硬件设计，减少了硬件环节，提高了稳定性。

2）软件实现 PID 控制，便于 PID 参数的修改和试验，也为模糊控制、自适应控制，甚至变 PID 参数控制提供了可能。另外恒流、恒压控制可以任意切换，可以探索和试验各种复杂的控制工艺。

3）采用基于 ARM 的全数字化面板，人机交互界面非常直观、友好、人性化。

4）DSP 直接输出 PWM 驱动 IGBT，对于硬件和软件的抗干扰设计以及保护设计要求非常高，否则极有可能导致模块烧毁。

现代 GMAW 弧焊电源应满足多方面的不同需求，如：适合于短路过渡焊接、脉冲焊接、射流过渡焊接和高熔敷率焊接等焊接工艺的合理的弧焊电源外特性，可以通过一次侧工作于开关状态的弧焊逆变器实现；大量的焊接参数的设计必须实现 Synergic 控制（一元化控制），以使弧焊电源便于操作；为满足新的质量控制要求，弧焊电源必须实时记录焊接参数、识别偏差量等。

基于上述思想，伴随着新型的功能强大的数字信息处理器 DSP 的出现，Fronius 公司推出了全数字化弧焊电源，随后 Panosonic 等公司也推出了各自的全数字化弧焊电源产品，并相继进入中国市场。全数字化弧焊电源实现了柔性化控制和多功能集成，具有控制精度高、系统稳定性好、产品一致性好、功能升级方便等优点。如 Fronius 公司的 Transplus synergic 2700/4000/5000 系列产品，在一台焊机上实现了 MIG/MAG、TIG 和焊条电弧焊等多种焊接方法，可存储近 80 个焊接程序，实时显示焊接参数；通过单旋钮给定焊接参数和电流波形参数，可以实现熔滴过渡和弧长变化的精确控制。同时，此类弧焊电源还可以通过网络进行工艺管理和控制软件升级。

就控制系统结构而言，全数字化弧焊电源的控制部分由单片机和 DSP 共同构成。单片机负责系统的总体管理及给定参数的输出，而弧焊逆变器的 PWM 信号产生和电流、电压的

PI 控制则由 DSP 完成。与传统的硬件电路构成的 PWM 信号发生器和 PI 控制器相比，基于软件方式实现的控制器具有更大的灵活性。

7.4.2 弧焊电源的 ARM 控制

ARM（Advanced RISC Machines）是通用的 32 位微处理器，它是基于精简指令系统计算机（RISC）构建的。ARM 微处理器已经遍及工业控制、消费类电子通信系统、网络系统、无线系统各类产品市场，基于 ARM 技术的微处理器应用占据了 32 位 RISC 微处理器 80% 以上的市场份额。采用 RISC 架构的 ARM 微处理器的主要特点包括：

1）小体积，低功耗，低成本，高性能。

2）支持双指令集，能很好地兼容 8 位/16 位器件。

3）大量使用寄存器，指令执行速度更快。

4）大多数数据操作都在寄存器中完成。

5）寻址方式灵活简单，执行效率高。

6）指令长度固定。

在焊接生产过程管理信息化方面，焊接工作者做了大量的研究工作，例如焊接工艺制订、焊材用量计算和统计、焊工技术档案管理、焊接工艺专家系统等，但这些研究还主要集中在焊接生产的管理和决策层，对焊接现场设备的网络化研究还十分薄弱。

ARM 芯片具有丰富的接口和很强的通信能力，兼有单片机和 DSP 的综合优势，且具有明显的低成本优势，近年来在弧焊方面得到广泛重视。其中具有代表性的是 ST 公司采用 ARM 的 Cor tex-M3 核的 STM32 系列产品。

ARM 嵌入式技术在联网方面的优势，为弧焊电源实现网络化控制奠定了基础。若单片机控制的弧焊电源具有网络功能，则可以与企业现有的网络信息系统无缝连接，实现焊接过程的网络化管理与监控，这对于焊接质量的控制和提高，以及焊接制造过程的敏捷性具有重要意义，并使焊机的远程故障诊断与维护成为可能。

许多 ARM 芯片都具有网络控制功能，从硬件的角度看，以太网接口电路主要由 MAC 控制器和物理层接口（Physical Layer，PHY）两大部分构成。目前常见的以太网接口芯片，如 RTL8019、RTL8029、RTL8039、CS8900、DM9008 等，其内部结构也主要包含这两部分。从网络化实现的技术可行性来看，利用 ARM 嵌入式微处理器中的网络模块，采用以太网络通信技术，在每台弧焊电源中内置 IP 地址，这样，弧焊电源就可以通过 RJ45 接口直接连接到企业的 Intranet 网中。

1. 数字化弧焊电源的人机接口

人机交互系统是弧焊电源的外在表现，是人机最直接的操作界面，是操作者向 CPU 输入信息、发出指令以及观察现场参数和信息的窗口。因此，人机交互系统须具有友好性、灵活性、功能性、明确性、可靠性等特点。

对于弧焊控制系统而言，人机接口对速度要求较低，而对控制能力的要求较高，对总线宽度的要求较低。如果直接在主控芯片上扩展人机接口，这样会浪费主控芯片宝贵的外部控制资源。同时主控芯片需要经常响应慢速的人机接口中断，这样对主控芯片的运算能力也是一个比较大的浪费。为使主控芯片的数据处理能力、高速性能得到充分的发挥，通常采用独立的面板处理器来完成键盘、显示以及与主控系统通信等。

采用 STM32 作为控制核心，结合 CPLD 实现编码器信号的输入和 LED 灯的控制，以及按键的扫描，并利用 RS232 串行总线和 GPIO 脚与主控芯片 DSP 通信，整个面板的硬件结构框图如图 7-36 所示。

采用 ARM 公司为要求高性能、低成本、低功耗的嵌入式应用专门设计的 Cortex-M3 内核 STM32F103 控制器。该系列微控制器具有 FLASH 可选 32KB/64KB/128KB，RAM 可选 6KB/10KB/20KB，电压范围为 2.0 ~ 3.6V，I/O电压容限为 5V。

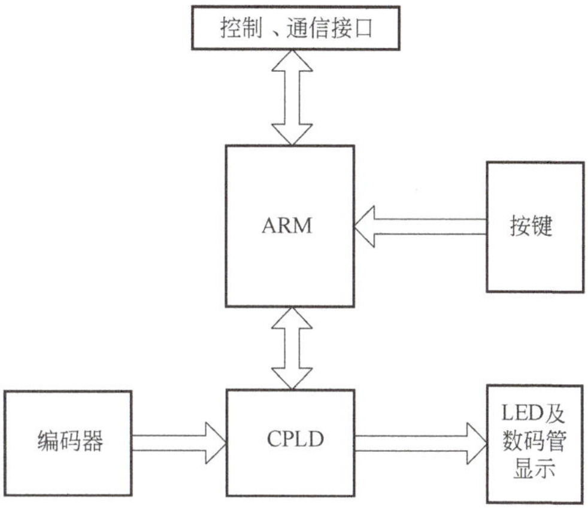

图 7-36　人机交互系统硬件结构框图

面板中采用了大量的 LED 灯显示以及编码器的信号输入，按照一般的做法 ARM 的I/O口是不够的，必然要采用多个扩展芯片才能达到设计的要求。为了降低电路设计的复杂性，提高系统的稳定性，采用 CPLD（Complex Programmable Logic Device）复杂可编程逻辑器件，协助 ARM 完成 LED 显示及编码器信号的输入功能。CPLD 可选用 Altera 公司的 EPM240T100，Altera 的 MAX Ⅱ系列 CPLD 基于突破性的体系结构，其单位 I/O 引脚的功耗和成本都是较低的。

2. 数字化弧焊电源的群控和网络化管理

由单台 PC 组成的控制系统只能控制局部、小范围内的生产过程与设备，如要控制一个车间，乃至一个大中型企业的生产和设备，必然要使用网络技术。将多台 PC 连接，可以实现此任务。在现代化企业中，计算机已经在自动控制、办公自动化、经营管理、市场销售等方面起重要作用。企业网络（Enterprice Networks）已成为连接企业内部各车间、部门和与外部交流信息的重要集成设施，在市场经济与信息社会中，企业网络对企业的综合竞争能力具有重要作用。因此了解计算机在焊接中的应用，不可不了解目前计算机在企业中应用的全貌，并研究如何将计算机对弧焊过程的控制、焊工档案的管理、弧焊工艺卡的制订等应用技术集成于整个企业信息管理网络中。

目前，国内众多焊接企业存在着焊工的焊接水平普遍偏低，再加上工资计费与焊件数量关联，导致大部分焊工不考虑焊接工艺，普遍使用超过弧焊参数范围的参数焊接，未能充分发挥数字化弧焊电源、设备性能，严重影响弧焊质量。

群控管理系统将数字化弧焊电源、设备和管理人员通过网络有效结合起来，但是，焊接企业普遍存在弧焊现场环境恶劣、焊机位置不固定等问题。这对群控管理系统的可靠性、安全性、实时性提出了更高的要求。群控管理系统分有线网络和无线网络。有线网络布线复杂，容易遭到破坏；无线网络需要保证通信的越障能力和抗干扰能力。

目前，焊接群控系统可以采取 PLC 群控和 PC 微机群控。通信方式可以采取 RS485、CAN 总线、工业以太网、无线通信等方式。

焊接群控系统主要由上位监控计算机系统模块、数据通信模块和单机焊接控制器模块三大部分组成。这三大模块协调工作完成对整个系统的管理和监控工作。

上位监控计算机系统模块，是群组弧焊系统运行时的总中央处理器，是群控系统的中枢神经，是整个群控系统的核心。由它进行分派任务和监控工作，主要作用分为两个部分：

1）与各个单机控制器通信，负责下达通电命令及接受焊接完成的停止工作反馈信息；实现对焊接过程的现场监控、显示、设备管理和故障的查询、处理；对数据进行存储和交换、在线修改和编写焊接规范、完成历史记录以及报表的打印等。

2）完成通电管制和优先级排队的决策算法。当单个弧焊系统开始焊接任务之前，通过通信网络向上位主控计算机发出通电申请时，主控计算机根据当前的弧焊系统群组运行情况，调用应答控制算法计算出最佳方案，对通电申请进行反馈，即将通电允许命令及时分配给最合理的弧焊系统，然后弧焊系统才能通电完成焊接任务。

在焊接生产车间中，一是弧焊系统群控系统中需包含有多种不同规格型号的弧焊系统。对同种型号或不同型号的各台弧焊系统在群控系统中的分配布置上，将事先考虑功能和电气性能等因素的影响。根据网络设计要求，弧焊系统控制器还集成有网络接口，实现与上位机监控管理模块的通信功能。二是通过 CAN 总线进行数据的交换、查询。数据通信模块主要完成上位监控计算机和焊机控制器群组之间的数据通信任务。基于系统需要，采用一点对多点的设计结构。CAN 总线的通信能力及总线竞争方式，可满足群控系统的需要。

7.5 弧焊电源的智能控制

以模糊逻辑、人工神经网络和专家系统为标志的人工智能技术成为控制领域中的重要研究方向，取得了很多重大的理论成果，并在实际中有大量成功的应用实例。在弧焊电源和焊接质量的控制中也出现了一些成熟的应用技术。

7.5.1 弧焊电源与焊接质量的模糊控制

国内外焊接界的专家学者较早认识到模糊控制在焊接过程中有着广阔的应用前景，积极将模糊控制用于焊缝跟踪、焊接质量及弧焊电源、设备的控制中。

1. 模糊控制原理

模糊控制由模糊化、模糊推理和解模糊化三个部分组成。模糊化的目的是将过程状态信息精确值转变为语言变量监督学习模糊子集的隶属函数。模糊推理是利用模糊知识库中的模糊关系，推导出模糊控制动作的过程，可用 Zadeh、Mamdani、Sugeno、Larsen、Turksen、Kosko 等模糊推理方法加以实现。解模糊化则是将模糊控制子集转变为确切的控制量输出。常用的方法有最大隶属度法、最大值平均法、重量中心法和取中位数法。图 7-37 所示为焊接过程模糊控制原理框图。它主要由三部分组成：精确量的模糊化、模糊算法器及输出信息的模糊判决。模糊控制的过程如下：①首先将被控对象的输出参数由精确量转换成模糊量；②运用模糊逻辑对模糊量进行推理，做出判决，并输出模糊控制量；③将这些模糊量再转换成精确量对被控对象进行调整。

（1）语言变量的确定　以 CO_2 焊接过程的电流波控为例来分析焊接过程模糊控制的特点。焊接电流的偏差 e 及其偏差变化率 c 作为输入语言变量 E 和 C，控制量 u 作为输出语言变量 U，分别对应三个模糊子集 E、C 和 U。为了减少超调量和避免振荡现象，保证系统的稳定性，将系统输出的偏差及偏差的变化率同时作为反馈信息。将 E、C、U 分别划分为 7 档，形成 7 个模糊子集，分别为 NB、NM、NS、0、PS、PM、PB。每个模糊子集的论域为

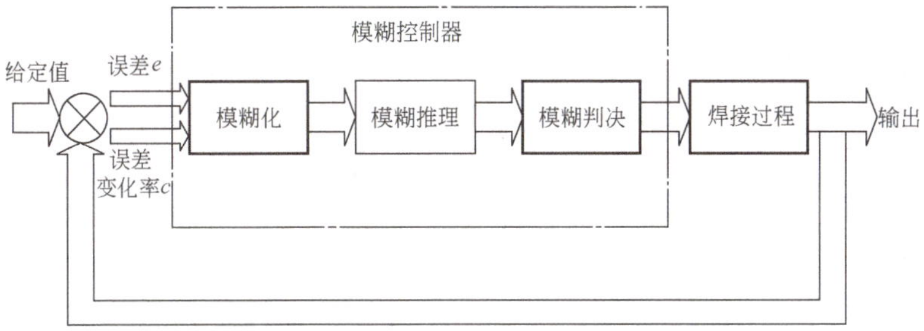

图 7-37　焊接过程的模糊控制原理框图

(−6，−5，…，0，…，+5，+6)，语言变量的隶属度函数可取三角形、钟罩形或正态分布函数等，则 *E*、*C*、*U* 从属于每个模糊子集的隶属度函数。图 7-38 所示为典型的三角形隶属度函数。表 7-2、表 7-3 和表 7-4 分别为 *E*、*C* 和 *U* 的隶属度函数表。对于输入量 *E* 和 *C* 的隶属度函数，在 *E* 或 *C* 变化小时选用高分辨率的隶属度函数，以提高系统响应的灵敏度；而在偏差与偏差变化率比较大时，选用分辨率不太高的隶属度函数，以增强系统响应的鲁棒性。

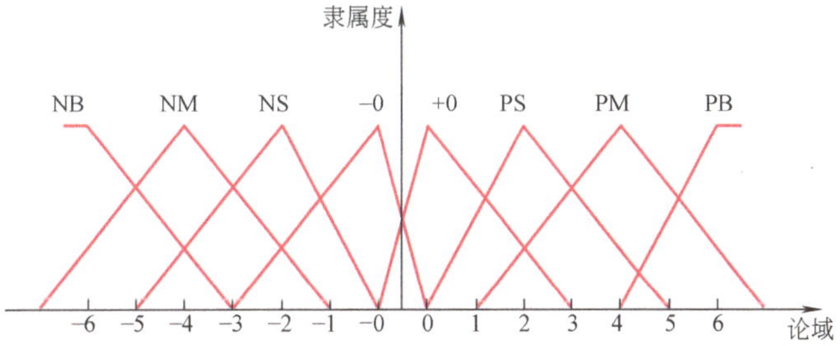

图 7-38　隶属度函数曲线示例

表 7-2　输入语言变量 *E* 的隶属度函数表

$\mu E(X)$ \ *E* / *X*	NB	NM	NS	N0	P0	PS	PM	PB
−6	1	0.2	0	0	0	0	0	0
−5	0.8	0.7	0	0	0	0	0	0
−4	0.4	1	0.1	0	0	0	0	0
−3	0.1	0.7	0.5	0	0	0	0	0
−2	0	0.2	1	0.1	0	0	0	0
−1	0	0	0.8	0.5	0	0	0	0
−0	0	0	0.3	1	0	0	0	0
+0	0	0	0	0	0	0	0	0
1	0	0	0	0	0.6	0.5	0	0
2	0	0	0	0	0.1	1	0.2	0
3	0	0	0	0	0	0.5	0.7	0.1
4	0	0	0	0	0	0.1	1	0.4
5	0	0	0	0	0	0	0.7	0.8
6	0	0	0	0	0	0	0.2	1

表 7-3　输入语言变量 *C* 的隶属度函数

$\mu C(X)$ \ *C* / *X*	NB	NM	NS	0	PS	PM	PB
-6	1	0.2	0	0	0	0	0
-5	0.8	0.7	0	0	0	0	0
-4	0.4	1	0.2	0	0	0	0
-3	0.1	0.7	0.7	0	0	0	0
-2	0	0.2	1	0	0	0	0
-1	0	0	0.8	0.5	0	0	0
0	0	0	0	1	0	0	0
1	0	0	0	0.5	0.9	0	0
2	0	0	0	0	1	0.2	0
3	0	0	0	0	0.7	0.7	0.1
4	0	0	0	0	0.2	1	0.4
5	0	0	0	0	0	0.7	0.8
6	0	0	0	0	0	0.2	1

表 7-4　输出语言变量 *U* 的隶属度函数表

$\mu U(X)$ \ *U* / *X*	NB	NM	NS	N0	P0	PS	PM
-6	0.8	0.2	0	0	0	0	0
-5	0.4	0.7	0	0	0	0	0
-4	0.2	1	0.1	0	0	0	0
-3	0	0.7	0.4	0	0	0	0
-2	0	0.2	0.8	0	0	0	0
-1	0	0	10	0.5	0	0	0
0	0	0	0.4	1	0	0	0
1	0	0	0	0.5	0.4	0	0
2	0	0	0	0	1	0.2	0
3	0	0	0	0	0.4	0.7	0
4	0	0	0	0	0.1	1	0.1
5	0	0	0	0	0	0.7	0.4
6	0	0	0	0	0	0.2	0.8

（2）模糊推理　模糊控制规则的选择是模糊控制器的核心，它是人的控制经验与控制思想的归纳和总结，直接影响到模糊控制器的性能。根据模糊语言推理规则，经过模糊数学的运算，便可获得相应的控制策略，即对于每一对输入量 *E* 和 *C*，可得到一个相应的输出

量 U。

确定模糊控制规则的基本原则是：当偏差很大时，无论偏差变化如何，控制量取大值；当偏差为中等大小时，如果偏差变化很大且向增大偏差的方向变化，控制量取大值；如果偏差变化很大且向减小偏差的方向变化，控制量取中等大小；如果偏差变化中等大小且向增大偏差的方向变化，控制量取大值；如果偏差变化中等大小且向减小偏差的方向变化，控制量取中等大小；如果偏差变化小，控制量取中等大小；当偏差为小值时，但偏差变化很大且向增大偏差的方向变化，控制量取中等大小；当偏差变化很大且向减小偏差的方向变化时，控制量取零；当偏差变化中等大小时，控制量取小值；当偏差变化为小值时，控制量取小值。

针对具体的弧焊工艺，根据专家的经验，可以把实际的控制策略归纳出若干条控制规则，并制成模糊控制状态表，见表 7-5。表中的每条控制规则都经过论域变换后转化为 E、C 和 U 上的模糊集。所有这些控制规则可归结为一个模糊关系 R

$$R = \bigvee_{i=j=1}^{i=\atop j=} E_i \times C_j \times U$$

对于 CO_2 焊电流波控这类消除误差的二维模糊控制系统来说，选取控制量的变化原则是：当误差较大时，选择控制量以尽快消除误差为主；而当误差较小时，选择控制量要尽量防止超调，以系统的稳定性为主。

表 7-5　模糊控制状态表

U / E / C	NB	NM	NX	0	PS	PM	PB
PB	0	0	NS	NM	NM	NB	NB
PM	0	0	NS	NM	NM	NB	NB
PS	PB	PB	0	NM	NM	NB	NB
0	PB	PB	PM	0	NM	NB	NB
NS	PB	PB	PM	PS	0	NB	NB
NM	PB	PB	PM	PM	PS	0	0
NB	PB	PB	PM	PM	PS	0	0

（3）模糊判决　模糊控制器输出的控制量是一个模糊子集，它反映控制语言不同取值的一种组合。但是，被控对象只能接受一个控制量，这就需要从输出的模糊子集中判决出一个控制量。从数学上讲，模糊判决是一个由模糊集合到普通集合的映射。模糊判决的方法很多，有最大隶属度法、加权平均法和取中位数法等。其中加权平均法与概率中求数学期望的性质类似，调整加权系数可以改善系统的响应特性，通常多采用此法。

在模糊控制过程中，由输入量 E 和 C 便可得出一个控制量 U。因此，根据表 7-2 和表 7-3可知，13 个 E 和 13 个 C 相应得到一个 13×13 的总控制表。由于总控制表的计算工作量大，故采用离线计算方法完成，并将其事先写入单片机的存储器中，在实时控制中，只需通过查表的形式，便可获得实时的控制量 U。在线控制中，单片机不断对焊接电流采样，将实测值与给定值相比较得出偏差，再经计算得到偏差变化率。经过量化转换后，变成查询控制表所要求的值，再从控制表中取出控制量，将其乘以量化因子即为实际控制量。

2. 自组织模糊控制器

普通模糊控制器的主要缺陷是自学习能力差，经过不断改进，性能得到大幅度提高。图7-39所示为自组织模糊控制的原理框图。自组织模糊控制（SOFC）的原理是在基本模糊控制器的基础上增加了三个环节：性能测量环节、控制量校正环节和控制规则校正环节。它的工作过程是：自组织模糊控制器在每次采样时，都计算偏差及偏差变化率；通过性能测量环节，求出输出特性的校正量 $P(nT)$；再通过控制量校正环节，求出控制量的校正量 $r(nT)$；进而修正模糊控制规则。SOFC是先进行系统的模糊辨识，再进行在线实时闭环控制。它是在控制过程中不断获取新的信息，依靠自学习功能，及时修改控制规则，并对控制量做适当的调整，从而使得其鲁棒性能有很大改善。

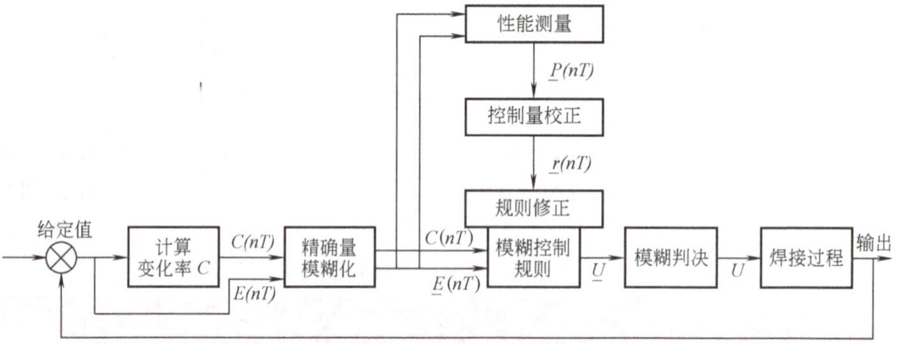

图7-39 自组织模糊控制器的原理框图

（1）性能测量 系统性能的优劣取决于系统的实际输出值与期望输出值之间的偏离程度，根据其差值的大小，就可以计算出对输出特性应该进行的校正量 $P(nT)$，T 为采样周期，n 为采样周期序数。通常用每个采样周期的偏差 e 和偏差变化率 C 来表征输出特征，因而可根据这两个值衡量实际输出与期望输出间的偏离程度，可采用模糊集合方法得出一个性能测量表。

算出系统输入的校正量 $r(nT)$，以使下一周期的输出得到改善，系统输出与输入之间的关系及系统模型的类型不同，$r(nT)$ 和 $p(nT)$ 的关系也不同，只有先掌握系统的输入与输出之间的关系和系统模型，才能确定 $r(n)$ 与 $p(nT)$ 的关系，求得 $r(nT)$。

（2）控制规则的修正 控制规则的修正是根据所需要的校正量 $r(nT)$ 来进行的。对单输入、单输出系统来说，若系统有一定的延滞性，即 $(nT-mT)$ 时间的控制对现时 nT 时刻的输出有影响，则控制要进行必要的修正，如果用 $E(nT-mT)$、$C(nT-mT)$、$U(nT-mT)$ 分别表示 $(nT-mT)$ 时刻的偏差率、偏差变化率和控制量，则期望的控制量为 $V(nT-mT)=U(nT-mT)+r(nT)$，控制规则的修正如下：

若原来的控制规则为：IF $E=E(nT-mT)$ and $C=C(nT-mT)$ then $U=U(nT-mT)$

那么，现在的控制规则为：IF $E=E(nT-mT)$ and $C=C(nT-mT)$ then $U=V(nT-mT)$

模糊控制软件主要包括两部分：其一是计算机离线计算模糊关系矩阵，得到模糊控制表的程序；其二是计算机在模糊控制过程中在线计算输入变量（误差，误差变化率）并将它们模糊量化处理，查找模糊控制表后，再做输出处理的程序。

模糊逻辑技术在焊接过程中的应用途径有：①专用的模糊逻辑芯片及开发工具，其速度、控制精度高，是今后的发展方向，但目前成本较高，作为实验室研究可考虑采用；②基于通用单片机的汇编代码开发软件，速度和精度较高，实现方便，对于采用单片机的场合，所需附加成本很少，是一般焊接过程的首选方式；③基于 PC 的高级语言开发平台，速度慢，但是对于复杂多变量的焊接过程和设备可以采用。

3. 弧焊电源的模糊控制

电子控制弧焊逆变器为实现智能控制提供了可能性。如以电流偏差和偏差变化率作为控制量，采用 MCS-51 单片机可以实现晶体管式弧焊逆变器的模糊控制，试验表明：模糊控制的整机运行稳定，飞溅小，焊缝成形好。日本 Panasonic 公司已推出第二代机器人用智能型 IGBT 式弧焊逆变器 AAII-350/500。其中 350A 可实现恒定焊缝宽度控制，500A 可实现恒定熔深控制。AAII 可自动识别焊接电流改变时焊丝伸长的变化量，利用模糊逻辑，建立焊缝宽度或熔深与合适的供丝速度和输出电压之间的关系，从而稳定焊接质量。为了提高模糊控制的响应速度，采用了 16 位的单片机。通过工艺试验，对 CO_2 焊短路过渡过程优化组合出 400 种电流波形，作为模糊知识库，保证输出最佳焊接参数，实现高速、高质量的焊接。

弧焊电源的模糊控制可采用专用的模糊芯片或通用单片机加上模糊逻辑软件实现。专用芯片的速度高，但价格贵，修改模糊控制算法和模糊规则不太方便。采用通用的单片机成本低，可通过软件编程方便地修改模糊控制规则和算法，灵活性好，是目前较为合适的选择。

4. 弧焊质量的模糊控制

焊接工艺是一个多输入、多输出、本质非线性的系统。焊接过程参数之间存在着不确定性，难以建立精确的数学模型，无法采用常规 PID 控制方法。采用一步超前（差拍）自适应算法与递归最小平方法可以建立 GMAW 焊的二阶动态模型，进行在线参数估计，获得期望的焊缝几何尺寸，但这只是在焊接工作点附近的局部线性化，其模型的普适性不强。然而，熟练的操作人员根据肉眼观察得到的焊缝信息，归纳出焊接质量变化的大或小等一些模糊语言变量，用手工调节焊接速度、电弧及热量输入等控制量，可将焊接质量精确地控制在要求范围内。模糊控制正是基于模糊语言变量提出来的，已经证明模糊控制器是一个与模型无关的估计器，正适于这种场合的应用。

对于 GMAW 焊接，焊接质量的控制在于保持焊缝熔宽或熔深的恒定，为此，可通过调节工艺参数来实现，如送丝速度、焊接电流等。由传感器得到熔池的反馈信息，通过模糊控制器输出控制量焊接电流和送丝速度。根据经验可总结出如下模糊控制规则：

1）若熔宽小且无增大的趋势，则增加焊接电流。

2）若熔宽大且无减少的趋势，则减少焊接电流。

3）若熔宽合适且无增大或减少的趋势，则保持焊接电流不变。

上述规则采用模糊语言可描述如下：

1）If e is N and Δe is Z, then Δu is P。

2）If e is P and Δe is Z, then Δu is N。

3）If e is Z and Δe is Z, then Δu is Z。

日本学者在焊接过程的模糊控制方面做了大量的卓有成效的工作，OShima Kenji 等人将模糊逻辑用于脉冲 MIG 焊接的熔宽控制，建立了一套弧焊机器人的模糊专家系统。1995 年德国的 G. Starke 在 PC 平台上，采用模糊逻辑对弧焊机器人的焊接参数进行了优化研究，焊接参数包括焊枪姿态、导电嘴到工件的距离、焊接速度、焊接电压和电流、送丝速度。

国内清华大学的陈强教授与日本的 OShima Kenji 合作，系统地研究了弧焊过程的模糊控制。对单变量的 MIG 焊的熔透控制，采用 CCD 传感器提取熔池图像信息，将焊工的操作经验总结成模糊控制规则。实验研究表明，MIG 焊的模糊控制方法对散热引起的熔宽变化做出了很好的响应。近年来，国内外对于多变量的 CO_2 焊的模糊控制也做了大量的研究，控制目标为：熔池宽度、冷却时间、飞溅率、焊接效率。控制量为：电弧电流、短路电流、焊接速度。多变量系统的模糊控制较为复杂，设计时要借助于专家的经验，并通过试验不断调整模糊规则，才能完善模糊控制系统。

7.5.2 弧焊过程的人工神经网络控制

近年来，微电子技术和计算机科学的飞速发展，为神经网络的技术实现提供了有力的支持。人工神经网络在过程建模与控制、模式识别等方面展现了广阔的应用前景。在焊接领域，焊接学科的专家学者亦注意到人工神经网络的潜在实用价值，BP 神经网络在焊接接头质量预测与监控、焊接工艺参数设计、焊缝成形控制、焊缝跟踪以及焊接缺陷的检测等方面得到了广泛的应用，并取得了满意的效果。神经网络主要可分为两大类：

（1）监督学习　神经元在学习过程中有教师信号指出网络性能如何（增强学习），或者什么是正确行为（全监督学习）。

（2）非监督学习　网络的学习自动进行，找出数据集中的特性，并在输出结果中表示出来。其识别精度取决于特定的模型和学习算法，通常网络学习用压缩的数据表示。

神经网络的学习算法都与某一类的网络拓扑结构相联系，神经网络的结构主要分为反馈网络和前馈网络。

1. 人工神经网络控制的软硬件

人工神经网络由神经元通过不同的拓扑结构连接起来，配合相应的算法就构成了各种神经网络。它具有近似于人脑神经元的特性，采用分布式存储信息，具有高速并行运算及很强的学习能力。以 BP 为代表的前馈多层型神经网络有很好的非线性映射能力，由于影响焊接质量的工艺因素很多，它们之间难以建立精确的数学模型，因此采用 BP 等映射类神经网络进行建模和控制非常合适。ART、Kohonen 等神经网络具有较强的模式识别能力，此类神经网络在焊缝识别与自动跟踪方面具有良好的发展前景。

目前，美、日、德等国家已推出神经网络软件开发系统、神经网络芯片及 PC 板卡。如美国 MathWorks 公司推出的 MATLAB Neural Network Toolbox，可用于广泛的神经网络结构，支持的算法有：BP 及变种、LVQ、RBF 等，适于工程环境下的神经网络研究、设计和仿真，是目前较为流行的神经网络工具软件。具有代表性的神经网络芯片有 IBM 公司的 ZISC036，它是一种数字神经网络芯片，具有 36 个并行径向基（RBF）神经元，是真正的并行结构，其扩展不受限制，运行速度与神经元数量无关，芯片具有学习能力。

神经网络用于焊接过程控制的途径有两种：

1）在 PC 上采用高级语言编程实现，这可用于焊接过程的离线建模等。由于它是用软件的串行运算来仿真实现神经网络的并行运算结构，所以，对于实时性要求较高的焊接工艺，如 MIG/MAG、CO_2 焊的熔滴过渡控制等，则速度往往跟不上。

2）采用具有并行运算能力的神经网络芯片，由专用神经网络软件包开发汇编程序，其运算速度高，适于在线实时控制。目前神经网络芯片含有的神经元还较少，与微电子的最新技术 RISC 相结合，将提高其性能和集成度，从而必将能用于生产实际中。

2. 弧焊电源与焊接质量的人工神经网络控制

在弧焊过程中，焊接电流、电压、焊接速度、材料、板厚等都对焊接质量有很大的影响。焊接前通常根据经验来预置焊接参数，焊后焊缝的质量如何则不可能用某一模型进行预测。近年来，国内外不少学者将神经网络用于弧焊过程的建模和控制。1990、1992 年 K. Andersen 等人用 BP 神经网络来离线和在线建立 GTAW 焊的模型，神经网络的输入层有 4 个节点，分别为焊接电流、焊接速度、弧长和板厚；输出层有 2 个节点，分别为焊缝的熔宽和熔深。1992 年美国的 J. Jones 将 BP 神经网络用于 GTAW 焊和 GMAW 焊接过程的建模，输出量为焊缝的特性，如熔深、熔宽，控制量为焊接电压、焊接电流、送丝速度和焊接速度。用神经网络所建的模型来预测焊缝的特性。此外，用网络可逆向搜索最优的焊接电压、焊接电流和焊接速度，以获得期望的焊缝特性。1993 年华南理工大学把 BP 神经网络用于 TIG 焊，通过熔宽的检测与控制实现了对焊缝质量的有效控制。1995 年 C. E. Cook 等人（包括 K. Andersen）将 BP 神经网络用于变极性等离子弧焊的过程建模、控制和焊接控制的焊缝轮廓分析。TIG 焊的焊接质量主要取决于焊缝的正面熔宽和背面熔宽，以它们作为控制目标，选择影响熔宽较大的焊接电流、焊接电压、焊接速度作为控制量，采用如图 7-40 所示的三层 BP 神经网络来建立对象的静态模型。网络的输入层有三个节点，分别为焊接电流 I、电弧电压 U 和焊接速度 V；输出节点有两个，分别表示焊缝的正面熔宽（B_f）和背面熔宽（B_b），由实验获得的若干数据对 BP 网络进行若干次训练，从而可获得 TIG 焊的静态模型。当焊接速度和电弧电压值不变时，焊接电流的增加会使焊缝变宽，这是因为对试件的热输入随着焊接电流增加的缘故。当焊接电流增大到一定程度，则使焊缝宽度尺寸变化趋缓并保持在一定限度上。

Kim 等对机器人 GMA 弧焊过程建立焊缝余高的 BP 网络预测模型，同用回归分析方法获得的模型比较，证明 BP 网络模型具有更好的性能。Christensen 等设计一种多层前馈网络进行建模并在线调整 GMAW 过程的送丝速度、电压、焊速、焊缝宽度，网络输入参数是熔滴的背面熔高和背面熔宽。试验表明该网络模型具有容错性、抗干扰，网络训练直接而有效。

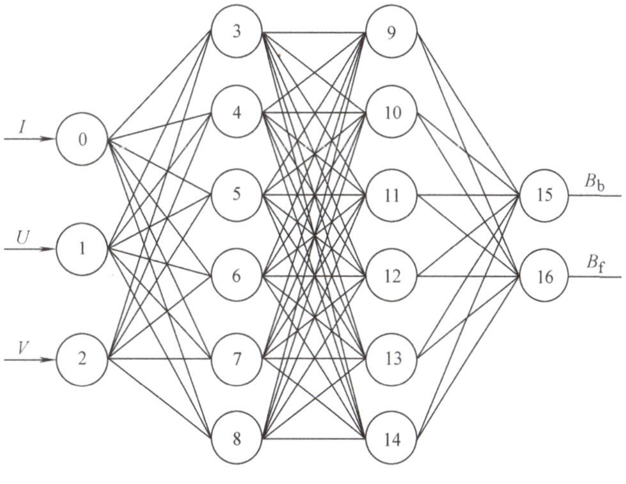

图 7-40　TIG 焊静态模型 BP 神经网络结构

神经网络建模及控制不同于其他的建模方法，无需对焊接过程做任何假设，模型与实际过程符合较好，且简单易行。神经网络控制具有较强的抗干扰能力，在散热条件急剧变化的情况下，能使系统的输出基本保持恒定。对于非线性的焊接过程，神经网络的适应性强。欲使神经网络进一步渗透到焊接领域，还有待于神经网络的理论、软硬件技术的提高和完善，同时需要 VLSI 的突破，以便提高神经元的集成度，使神经网络芯片中的神经元接近人脑的数量级。神经与模糊和专家系统的结合，可产生更大的威力。神经网络的应用需要结合焊接工艺不断实践。

7.5.3 机器人用弧焊电源

随着国家对智能化、自动化技术的重视，以及国内人口红利优势的渐渐失去，使更多制造业开始寻求更加智能化、自动化的装备替代人工操作。这使越来越多的国内企业开始涉足高智能化、自动化的机器人领域。2013 年中国采购的产业机器人数量多达 36560 台，占到全球产业机器人销量约 1/5，一跃超过日本，成为全球机器人需求第一大国。

我国也从 20 世纪 70 年代初开始注重机器人技术的研究，但在机器人产业应用方面仍远远落后于工业发达国家。2013 年全球机器人产业统计报告显示：日本、美国的产业机器人存量分别为 31 万台、16.8 万台，中国则只有 9.6 万台；每万名产业工人对应的产业机器人导入数量，日本超过 1500 台，法国、德国、美国均超过 1000 台，韩国为 396 台，相比之下，中国则只有 23 台。目前在国内制造业，尤其是装配、点胶、搬运、焊接等工业领域，机器人应用已经成为了热点和大趋势。一些知名企业已经开始大量应用机器人，包括华为、中兴、比亚迪等。富士康也暂停招工而发展百万机器人战略。这一切都显示着，我国机器人正在挺进制造业，而且将成为发展大趋势。

我国虽已成为全球最大的产业机器人需求国，但国产份额仅为 10% 左右，且绝大部分的关键零件都依赖进口。真正在华唱主角的是日欧厂商，尤其是日系厂商的份额高达 60% 以上。目前国内企业从事机器人及相关产品研制的还比较少，主要集中在机器人系统集成等方面的研究。从事机器人交流伺服、运动控制和 RV 减速器等关键核心技术方面研究的企业目前还比较少。

为适应现代生产的产品更新换代快和多品种小批量的需要，要求弧焊机器人与变位机、弧焊电源设备等周边设备实现柔性化集成。在实际生产中，焊缝的空间形状、焊接材料类型、工艺规范等不尽相同，为了获得均匀一致的焊接质量，机器人用的弧焊电源、设备系统应具备以下功能：①空间曲折焊缝的光滑过渡；②引弧成功率高，收弧填满弧坑且焊丝端部金属球较小；③焊接中断点的重熔与覆盖；④小电弧自动去除粘丝；⑤平行摆动和旋转焊接，快速识别和均匀填充焊缝；⑥低飞溅高质量焊接。为此，弧焊电源在规范参数与动态响应速度上要精确配合，单片微机控制的智能弧焊逆变器可全面地满足这些要求。机器人的 PC 微机控制技术，则提供了与弧焊电源协调控制的灵活性。

近年来，弧焊逆变器的技术已趋于成熟。因此，机器人用的弧焊电源大多为单片微机控制的晶体管式、IGBT 式弧焊逆变器，并配以精细的波形控制和模糊控制技术。在弧焊电源、设备系统与机器人控制柜之间设有通信接口和故障诊断装置，完成两者之间的开关、焊接参数给定与反馈等信息传递，并对焊接过程发生的断弧、焊后粘丝、过电流、过电压、无焊丝、无保护气体等焊接故障进行诊断、报警和显示。

弧焊机器人焊接系统硬件主要由弧焊机器人、弧焊系统、清枪器和安全控制系统组成。机器人与弧焊系统控制器之间采用 DEVICENET 通信方式进行数据交换，实现了机器人对弧焊系统的控制机及弧焊参数的设置。

弧焊电源是机器人弧焊质量的基础，为了得到良好的弧焊质量，弧焊机器人系统应具备引弧收弧性能良好、空间复杂焊缝光滑过渡、焊缝自动识别和均匀填充、低飞溅高质量焊接等功能，因此弧焊电源在弧焊参数和动态响应速度上要精确配合。由于模拟式弧焊电源电路设计效率低、调试周期长、控制精度低、可靠性差，所以数字化弧焊电源稳定性和一致性好、控制精度高、与机器人接口兼容、能够实现柔性化控制和多功能集成、便于功能升级，因此机器人用弧焊电源大多为单片微机控制的 MOSFET、IGBT 式弧焊逆变器，并配以精细的波形控制和模糊控制、专家系统等智能控制技术。

弧焊机器人良好的弧焊质量是复杂的空间位移、相适应的焊枪姿态、优选的弧焊参数的协调。系统对弧焊环境观察和识别，运用知识库的推理和判断，实时给出机器人运动轨迹、姿态、弧焊方法、弧焊参数的最适当的可执行方案，并能够在弧焊过程中利用传感信息实时修正规划的执行，它还包括反馈控制系统、焊前传感系统和焊后检测系统等。

提高弧焊机器人的焊接质量，需要研制具有对弧焊环境感知的视觉传感、熔池的监控、焊缝跟踪、工艺专家系统指导、自主规划与轨迹修正、焊缝成形及质量智能控制功能的智能化焊接机器人，具备模拟焊工智能行为的基本机器人单元。实现这些功能的相关技术有：数字化弧焊电源及控制、专家系统、弧焊规划、焊缝跟踪、弧焊动态过程建模与控制，以及遥控技术、离线编程、虚拟现实、多智能体协调、先进弧焊技术等智能化弧焊机器人技术。弧焊质量是系统的控制目标，实时检测的弧焊动态过程信息作为反馈信号，主控制器结合弧焊参数规划系统对各部分的协调控制，机器人运动控制系统、视觉伺服系统、弧焊电源控制系统分别控制机器人运动、焊缝跟踪、弧焊动态过程。

7.6　弧焊电源动态特性的数学描述

弧焊电源是组成焊接系统中的一个环节，研究其特性一直是弧焊研究中的一个课题。不同的焊接方法要求具有不同特性的焊接电源。弧焊电源（简称电源）特性决定着焊接过程能否顺利进行，能否获得满意的工艺效果，保证焊接质量。有关电源特性最通常的描述方法是电源静态外特性曲线，然而，电源静态外特性曲线只是描述了电源的静态性能。具有相同静态外特性的不同电源，并不一定能获得相同的工艺效果，这是因其动态性能不一致所造成的。因此，对电源特性的描述，应包括两方面的内容，即电源的静特性和电源的动特性。电源静特性的描述相对比较简单，而对于电源动特性的描述则比较困难。通常把弧焊电源视为一个恒压电源，内部串联有一个电阻 R 和一个电感 L，这样大大简化了分析问题的复杂性。在传统的弧焊技术中采用交流变压器或直流发电机作为弧焊电源，采用这种假设基本符合实际，可以比较方便地对电源的动态特性进行数学描述，但是随着弧焊技术的发展，新的电源和新的工艺不断出现，弧焊电源的动态特性就变得越来越复杂，对它的研究也愈来愈重要。例如，研究焊接过程熔滴过渡时，应了解弧焊电源的动态特性，因为不同的电源动态特性会影响熔滴过渡的形式、过程的稳定性、成形的质量与精度，从而会出现不同的成形质量、精度与外观结果。也就是说，通过对弧焊电源的静、动态特性的优化、协调数字化/智能控制，特别是要充分了解和掌握动态特性，才能获得优良的焊接质量。

研究弧焊电源动态特性的方法有解析法、直接测试法和传递函数法等三种方法。

解析法通过合理的假设，将弧焊电源-电弧系统简化为动态等效电路，并通过数学运算，直接求出动态焊接电流对时间等的变化规律的一种理论研究方法。其局限在于对结构复杂的现代电子控制弧焊电源的动态特性，进行精确定量分析非常困难。

直接测试法，则通过测量弧焊电源的各种状态下输出的电流动态指标，如测量电源输出电流的阶跃响应时间，电源在“空载→短路”“负载→短路”“短路→负载”等过程的电流响应时间等，并以某些特定的时域指标来描述电源动态特性的研究方法。该方法对电源动态特性的评价存在重复性差等缺陷。

传递函数法借助自动控制原理中采用传递函数描述系统特性的概念，把电源的输出电压看成输入信号，把电流看成输出信号，从而研究电源输出电压与电流之间的关系，即电源的特性。该方法把电源的外特性曲线与传递函数的概念相结合，可形成一套比较科学的电源描述方法。

7.6.1 简单下降特性电源的传递函数与分析

前面章节介绍的弧焊变压器等具有简单下降特性的弧焊电源，其焊接回路的等效电路如图 7-41 所示。依据该等效电路，可以建立其微分方程，应用拉普拉斯变换，即可求得以电压为输入量、电流为输出量的传递函数，并分析其特性。过程如下：

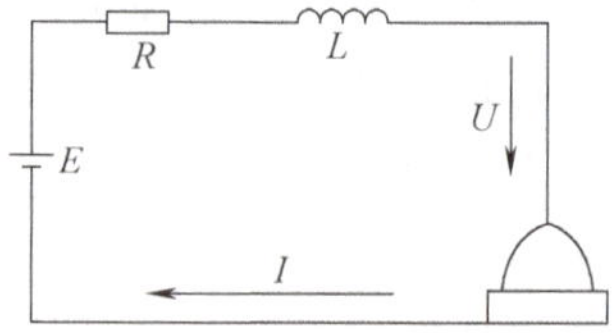

图 7-41 简单下降特性电源等效电路示意图

首先，根据电路原理可列出等式

$$E = Ri + L\frac{\mathrm{d}i}{\mathrm{d}t} + U \tag{7-9}$$

等式两边同时进行拉普拉斯变换，得

$$0 = RI(s) + LsI(s) + U(s) \tag{7-10}$$

故

$$G(s) = \frac{I(s)}{U(s)} = \frac{-1}{Ls + R} = \frac{-1/R}{(L/R)s + 1} \tag{7-11}$$

为了简化推导过程，采用交流回路等效的概念来求取电源的传递函数频率特性更为简便。简单下降特性电源的交流等效回路如图 7-42 所示。根据电路原理，可列出下述方程

$$\dot{I}Z + \dot{U} = 0 \tag{7-12}$$

式中，$Z = R + \mathrm{j}\omega L$ 为回路的交流阻抗。

根据式（7-12），可导出

$$G(\mathrm{j}\omega) = \frac{\dot{I}}{\dot{U}} = -\frac{1}{Z} = \frac{-1}{R + \mathrm{j}\omega L} = \frac{-1/R}{\mathrm{j}\omega L/R + 1} \tag{7-13}$$

式（7-11）和式（7-13）即为简单下降特性电源的传递函数的两种表达方式。

从上述推导过程可知，阻抗 Z 的倒数取负号即为电源的传递函数，在下面的有关推导过程中均应用此结论。

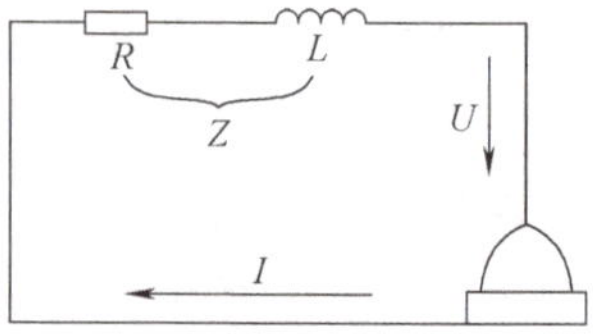

图 7-42 简单下降特性电源交流回路等效电路示意图

由推导出的结果可以看出，简单下降特性电源的传递函数比较简单，为一阶非周期性环节，放大倍数为 $-1/R$（增益分贝值为 $-20\lg R$）；时间常数为 L/R，其幅频特性曲线示意图如图 7-43 所示。

从图 7-43 和推导出的传递函数公式可以看出：

1）当 L 恒定时，R 越大，则幅频特性的放大倍数越小，幅频特性曲线朝下方移动。

2）当 R 恒定时，L 越大，时间常数（L/R）越大，频率转折点向左方移动，结果频率响应范围变窄，幅频特性曲线也向左方移动，但静态放大倍数不会改变。

3）当 $L=0$ 时，幅频特性曲线为一根平直线，其幅值不变。

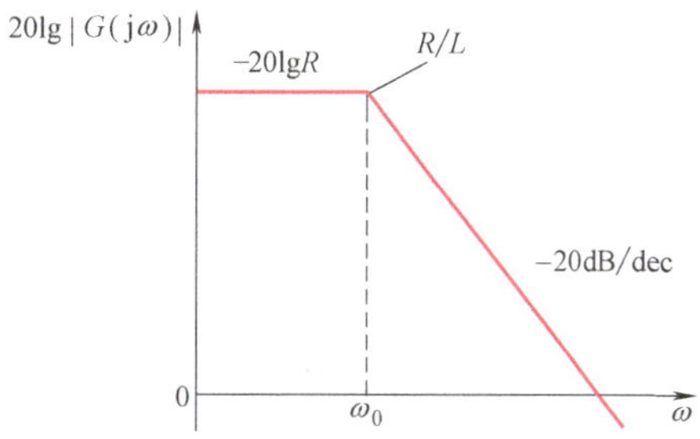

图 7-43　简单下降特性电源幅频特性曲线示意图（渐进线）

由上述分析可以看出，幅频特性的物理意义是很明确的：幅频特性的频率响应范围越宽，弧焊电源的动态特性越好；焊接回路中的等效电阻和电感，会对弧焊电源动态特性产生较大的影响。因而用传递函数可以清楚地描述弧焊电源的特性。

7.6.2　逆变式弧焊电源的传递函数与分析

以上分析是基于简单下降特性电源特性推导而成，其结果用于分析电磁控制类弧焊电源（如弧焊变压器）的动态特性，可以获得比较准确的结果。

现代的弧焊电源，大部分采取电子控制式，如逆变式弧焊电源。相对于简单下降特性弧焊电源来讲，电子控制弧焊电弧的外特性控制并非由电源的主变压器输出特性简单被动获得，而是经过电源的输出负反馈、控制给定和控制运算等复杂的闭环控制主动获得。通常，电子控制弧焊电源的简化等效电路如图 7-44 所示。从图中可见，电源 E 是一受控量，输出的大小受控于电流负反馈量和电压负反馈量之和。因此，在推导电源动特性传递函数时，E 是要参与运算的，不能简化。

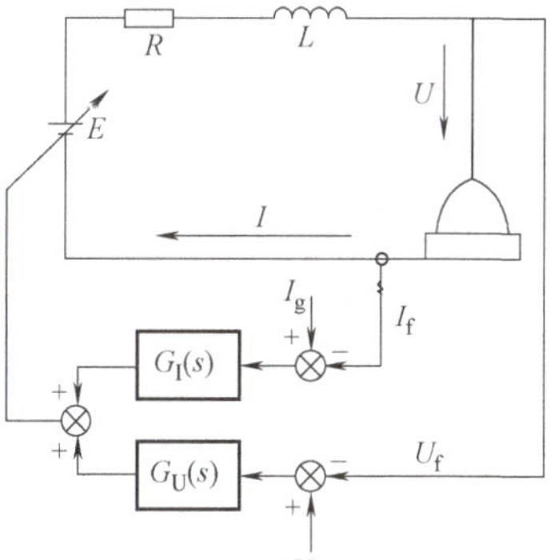

图 7-44　电子控制弧焊电源简化等效电路示意图

根据图 7-44 可将电子控制弧焊电源的控制框图画出，如图 7-45a 所示。从图 7-45a 可知，电子控制弧焊电源是一多输入量、多输出量的控制系统。为简化分析，将电流负反馈和电压负反馈分离，简化为两个控制系统：恒流输出控制（见图 7-45b）和恒压输出控制（见图 7-45c）。

对于恒流输出控制系统，有

$$
\begin{aligned}
e_I(s) &= I_g(s) - I_f(s) \\
I_f(s) &= I(s)F(s) \\
U(s) &= e_I(s)G_I(s)G_E(s)G_L(s)
\end{aligned}
\tag{7-14}
$$

式中，e_I为控制量偏差值；I、I_g、I_f 分别为电流输出量、给定量和反馈量；U 为输出电压；G_I 为电流负反馈控制环节传递函数；G_E 为功率变换环节传递函数；G_L 为焊接回路环节传递函数；F_I 为电流负反馈取样环节的传递函数。

以电流为输入、电压为输出的电源动态特性传递函数表达式为

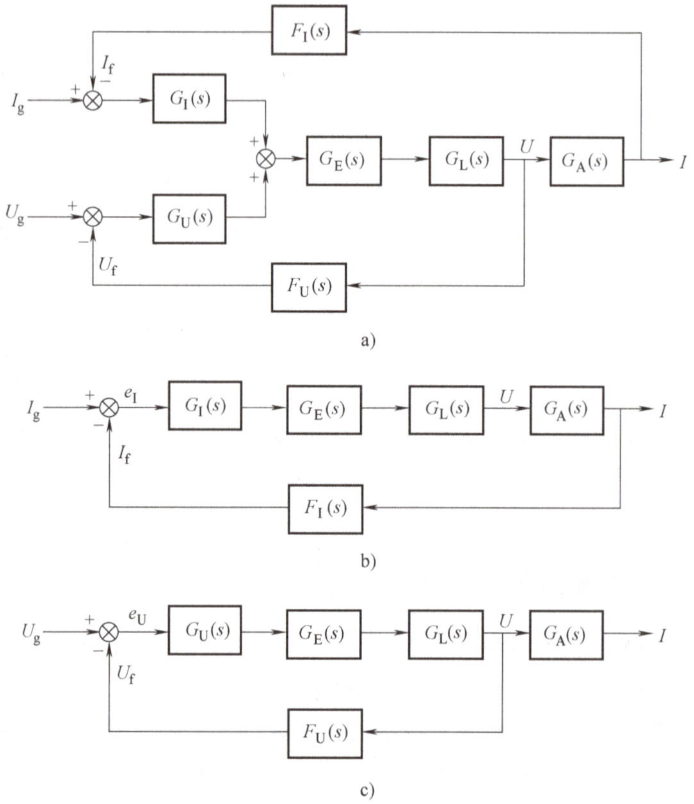

图 7-45　电子控制弧焊电源的控制框图

a）恒流/恒压特性控制　b）恒流特性控制　c）恒压特性控制

$$G(s)=\frac{I(s)}{U(s)}=\frac{I(s)}{e_I(s)G_I(s)G_E(s)G_L(s)} \tag{7-15}$$

在讨论电源输出动态特性时，首先设定电流给定值是恒定不变的，因此，$I_g(s)=0$，则

$$e_I(s)=-I_f(s)=-I(s)F_I(s) \tag{7-16}$$

将式（7-16）代入式（7-15）并化简，得

$$G(s)=\frac{I(s)}{U(s)}=\frac{-1}{F_I(s)G_I(s)G_E(s)G_L(s)} \tag{7-17}$$

可见，恒流输出的电子控制弧焊电源的输出动态特性，是由控制环节（G_I 和 F_I）、功率变换环节（G_E）和焊接回来环节（G_L）共同控制的。系统中由多个环节串联控制，若将式（7-17）按每一环节的传递函数表达式完全展开，将是一个非常复杂的多阶控制系统表达式，这并不利于对电源输出动态特性的分析。根据自动控制原理，在多环节串联控制系统中，系统的频率响应范围是由构成系统所有环节中频率响应范围最窄的那一环节所决定的。因此，可以分别研究系统中各环节的传递函数及其幅频特性，找出系统的薄弱环节，即可了解和分析电子控制弧焊电源的输出动态特性。

进一步分析，可以将电子控制弧焊电源系统归纳为两大环节：控制环节和对象环节。控制环节由控制器和反馈取样环节组成，这一环节是灵活多变的，不同的控制方法，如比例-积分-微分（PID）控制，有不同的频率响应特性，并且，这些方法在自动控制原理中已被深入和透彻地研究，在此不做详细介绍。

对象环节由功率变换、焊接回路、焊接电弧三者共同构成。在这三个对象中，功率变换对象是弧焊电源领域重点研究的对象。不同的功率变换方式，如整流方式、线性放大方式或逆变方式，其传递函数是不一样的，因此，各种方式的频率响应范围也有很大的区别。以下将以现代电子控制弧焊电源广泛应用的逆变式功率变换电路为例进行详细分析。

逆变式功率变换电路有多种拓扑结构，在弧焊电源中常用的是降压型的拓扑结构，如单端正激变换、半桥变换或全桥变换等结构。这些拓扑结构的主电路形式，等效到变压器次级回路均可以简化为工作在连续电流模式的降压型（BUCK）直流-直流变换器，其简化等效电路示意图如图 7-46 所示。图中，以二极管 VD 作为界限，左半边是脉宽调制（PWM）部分，右半边是焊接回路部分。

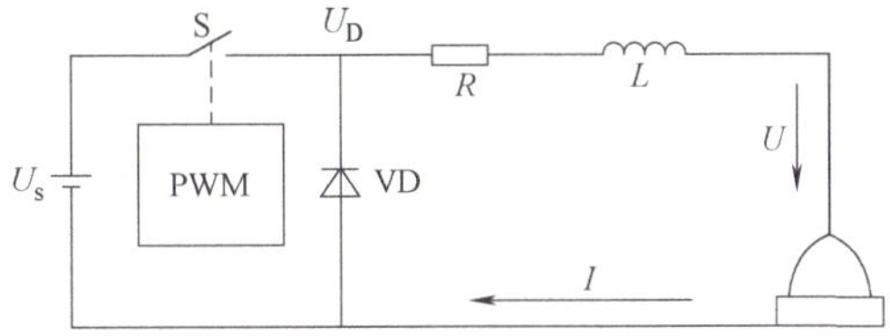

图 7-46　逆变式弧焊电源等效电路示意图

焊接回路部分是一典型的一阶惯性环节，其以 PWM 平均电压输出 U_D 为输入，回路电流 I 为输出的传递函数

$$G_w(s)=\frac{I(s)}{U_D(s)}=\frac{1/R'}{\frac{L}{R'}s+1} \tag{7-18}$$

其中，R' 是包括焊接电弧动态电阻在内的焊接回路电阻。可见，焊接回路部分的传递函数与简单下降特性弧焊电源的传递函数是一致的，因此其动态特性也是一致的。

PWM 部分的稳定工作状态可以分解为导通状态和关断状态两种状态。其中，稳定状态时，PWM 的周期是 T，导通比是 D，因此，导通时间是 $t=DT$；关断时间是 $(1-D)T$。PWM 调节器在产生脉宽调制信号的通道上存在一个锁存器，其作用是保证在每个 PWM 调节周期中，调制脉冲信号只能开通一次，从而保证 PWM 调节时序的正确性。其结果，使得 PWM 的导通比只能在每一周期改变一次，一旦本周期的导通比确立，则必须保持到下一周期才可以改变，如图 7-47 所示。这一现象犹如数字控制中的采样/保持器的作用，因此，该现象为 PWM 变换器的“等效采样效应”。等效采样效应的存在，使得推导 PWM 的传递函数时不能采用连续时间域的分析方法，而只能采用离散时间域分析方法。

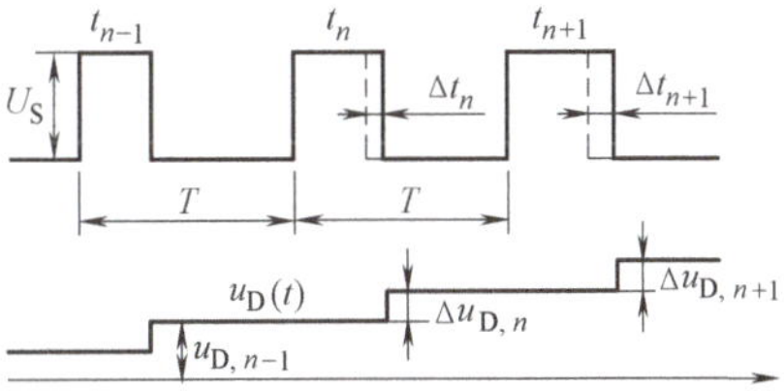

图 7-47　PWM 的工作波形示意图

设在第 n 周期 PWM 输出电压周期平均值与导通比关系的离散表达式为

$$u_D(n)=\frac{t(n)}{T}U_S=d(n)U_S \tag{7-19}$$

在第 $n+1$ 周期，导通时间产生变化，引起输出电压周期平均值也产生相应的变化，即

$$\begin{aligned}\Delta u_D(n+1)&=u_D(n+1)-u_D(n)\\&=d(n+1)U_S-d(n)U_S\\&=\Delta d(n+1)U_S\end{aligned} \tag{7-20}$$

上式等号两边同时进行 z 变换，可以获得以 PWM 输出电压平均值为输出，PWM 导通比为输入的离散传递函数

$$\frac{\Delta u_{\mathrm{D}}(z)}{\Delta d(z)} = U_{\mathrm{S}} \tag{7-21}$$

为了将离散传递函数转换成连续域的传递函数，首选需要对式（7-20）进行 Z 反变换；其次，需要将 Z 反变换后采样点时刻的输出值保持到下一采样时刻，即加入一个零阶采样保持器。因此，s 域动态输出电压平均值可用下式表示

$$\begin{aligned}\hat{u}_{\mathrm{D}}(s) &= \frac{1-\mathrm{e}^{-sT}}{s}Z^{-1}(\Delta d(z)U_{\mathrm{S}}) \\ &= \frac{1-\mathrm{e}^{-sT}}{s}U_{\mathrm{S}}\hat{d}^{*}(s)\end{aligned} \tag{7-22}$$

加星号代表的是采样时刻的值。假设只考虑导通比的基次谐波，其他次谐波可以忽略不计，那么有近似算法获得时间连续的 $\hat{d}(s)$

$$\hat{d}^{*}(s) = \frac{1}{T}\sum_{n=-\infty}^{\infty}\hat{d}\left(s+\frac{\mathrm{j}2n\pi}{T}\right) \approx \frac{1}{T}\hat{d}(s) \tag{7-23}$$

另外，式（7-22）中含有非线性指数运算项 e^{-sT}，为了系统分析的方便，必须将该项线性化。通常，对自然指数运算采用伯德（Padé）分解来进行线性逼近。对于 e^{-sT} 复指数运算的伯德逼近，可用下式表示

$$\mathrm{e}^{-sT} = \frac{1-\dfrac{1}{2/\pi}\left(\dfrac{s}{\omega_{\mathrm{S}}/2}\right)+\left(\dfrac{s}{\omega_{\mathrm{S}}/2}\right)^2}{1+\dfrac{1}{2/\pi}\left(\dfrac{s}{\omega_{\mathrm{S}}/2}\right)+\left(\dfrac{s}{\omega_{\mathrm{S}}/2}\right)^2} \tag{7-24}$$

其中，$\omega_{\mathrm{S}} = \dfrac{2\pi}{T}$是 PWM 信号的角频率。将式（7-23）和式（7-24）一起代入式（7-22），展开，化简，最终获得 PWM 环节的连续域传递函数

$$F_{\mathrm{M}}(s) = \frac{U_{\mathrm{S}}}{1+\dfrac{1}{2/\pi}\left(\dfrac{s}{\omega_{\mathrm{S}}/2}\right)+\left(\dfrac{s^2}{\omega_{\mathrm{S}}/2}\right)^2} \tag{7-25}$$

可见，PWM 的传递函数是一个标准的二阶低通滤波函数，其转折频率 $\omega_{\mathrm{P}} = \omega_{\mathrm{S}}/2$，即为 PWM 调节频率的一半；阻尼系数 $\xi = \pi/4$ ，接近 0.707，因此频率响应曲线在 ω_{P} 附近平滑过渡，没有峰值现象产生。

将式（7-18）和式（7-25）联合，最终获得逆变式弧焊电源对象环节的传递函数为

$$\begin{aligned}G(s) &= F_{\mathrm{M}}(s)G_{\mathrm{W}}(s) \\ &= \frac{1}{1+\dfrac{1}{2/\pi}\left(\dfrac{s}{\omega_{\mathrm{S}}/2}\right)+\left(\dfrac{s^2}{\omega_{\mathrm{S}}/2}\right)^2}\,\frac{U_{\mathrm{S}}/R'}{\dfrac{L}{R'}s+1}\end{aligned} \tag{7-26}$$

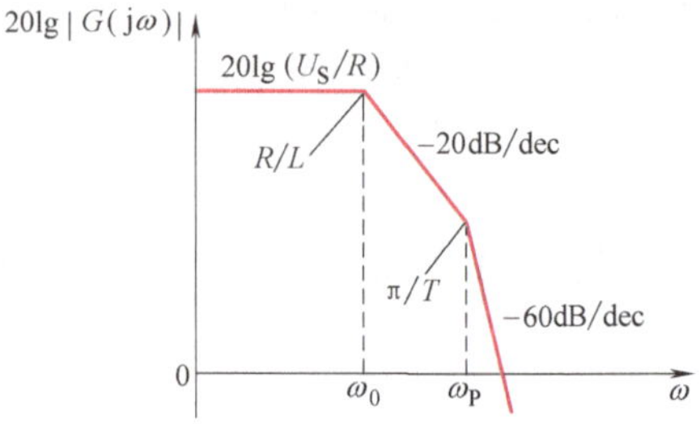

图 7-48　逆变式弧焊电源幅频特性曲线示意图

从传递函数可分析，逆变式弧焊电源是一个三阶系统，其静态放大倍数为 U_{S}/R'，有两个极点，分别是 $\omega_0 = R'/L$ 和 $\omega_{\mathrm{P}} = \pi/T$，幅频特性曲线示意图如图 7-48 所示。

根据式（7-26）和图 7-48 分析可知，提高弧

焊电源动态特性的途径如下：

1）单独减少焊接回路的电感值 L，使 ω_0 增加，幅频特性曲线的第一转折点向右方移动，从而使频率响应范围增加，动态特性得到提高。其副作用是同时减弱了电感的滤波作用，使得焊接电流的纹波成分增加，严重时，会造成短弧现象。

2）单独增加焊接回路电阻值 R'，在降低电源静态放大倍数的同时，使得幅频特性曲线的第一转折点向右方移动，从而增加频率响应范围，提高动态特性。但是，焊接回路的电阻过大，焊接电弧获得的能量减少，造成效率降低，不利于节能减排。

3）单独增加逆变频率，即减少 PWM 调节周期 T，使得幅频特性曲线的第二转折点向右方移动，从而增加频率响应范围，获得良好的动态特性。逆变频率的提高，意味着焊接回路电感的续流时间的缩短，因此可以减少其取值，这又会引起幅频特性曲线的第一转折点也向右边移动，进一步提高了电源的输出动态特性。

因此，提高逆变式弧焊电源的逆变频率，是获得良好输出动态特性的优选方案。

从相频特性方面考虑，由于电源是三阶系统，在第二极点 ω_P 处将产生 $-135°$附加相位移，因此，在设计闭环控制环节时，必须适当地补偿附加的相位移，以获得足够的相位裕度，使闭环系统稳定。

综上所述，对弧焊电源动态特性的数学描述研究分析结果表明：

1）用传递函数的方法，可以对弧焊电源的特性进行描述，电源的频率特性能反映电源本身的静态性能，同时又能反映它在各个频率范围的响应，全面准确地描述了其性能。

2）逆变式弧焊电源由于 PWM 调节环节具有等效采样效应，其传递函数额外增加了一个极点 ω_P，且该极点恒定在 PWM 调节频率的一半之处。同时额外增加的极点会在相频特性曲线上产生 $-135°$附加相位移，因此，实现闭环控制时需要考虑进行适当的相位补偿以获得足够的相位裕度。

3）改善逆变式弧焊电源动态特性行之有效的办法是提高逆变频率（PWM 调节频率）和减少焊接回路电感值。

7.7 数字化控制弧焊电源产品简介

7.7.1 NBM-630 型 IGBT 逆变式微机控制多功能弧焊电源系统

NBM-630 型 IGBT 逆变式多功能弧焊电源系统，是华南理工大学与广州市同诚焊接设备技术有限公司联合研发、生产的一款高性能低成本的多用途弧焊电源、设备。其核心部分是 630A IGBT 逆变式弧焊电源，图 7-49 所示为外观图。逆变式弧焊电源由低成本的高速单片机 77E58 进行控制和管理，可变换恒压、恒流、L 形等多种外特性，并可输出脉冲焊接电流，因而适用于焊条电弧焊（MMA）、钨极氩弧焊（TIG）、熔化极气体保护焊（CO_2/MAG）和熔化极脉冲氩弧焊（P-MIG）等多种焊接方法，可用于各种金属材料的焊接。

1. 主要技术指标

（1）网络电压 U_1：380V、三相、50Hz/60Hz

（2）额定输入电流 I_{fe}：53.9A

（3）额定输入容量 S_e：35.5kV·A

（4）额定输入功率 P_{fe}：32.2kW

（5）额定焊接电流 I_{fe}：630A

（6）焊接电流调节范围 $I_{fmin} \sim I_{fmax}$：50～630A

（7）额定电弧电压 U_{fe}：44V

（8）电弧电压调节范围 $U_{fmin} \sim U_{fmax}$：16～44V

（9）空载电压 U_o：75V

（10）额定负载持续率 F_{se}：60%（10min）

（11）额定输出功率 P_{fe}：27.7kW

（12）额定效率 η_{fe}：86%（最高 88%）

（13）质量：75kg

（14）外形尺寸：780mm×380mm×480mm

图 7-49　NBM-630 型 IGBT 逆变式微机控制多功能弧焊电源系统外观

2. 逆变主电路

逆变主电路采用 IGBT 全桥式逆变主电路，如图 7-50 所示，该电路的主要特点是变换功率大，逆变桥由两组模块中的四个大功率 IGBT 晶体管 VT_1、VT_2、VT_3、VT_4 组成。通过脉宽调制（PWM）电路和驱动电路，使 VT_1、VT_2、VT_3、VT_4 按对边上的两对 IGBT 交替通断，向主变压器传递中频（20kHz）高压（540V）电能。

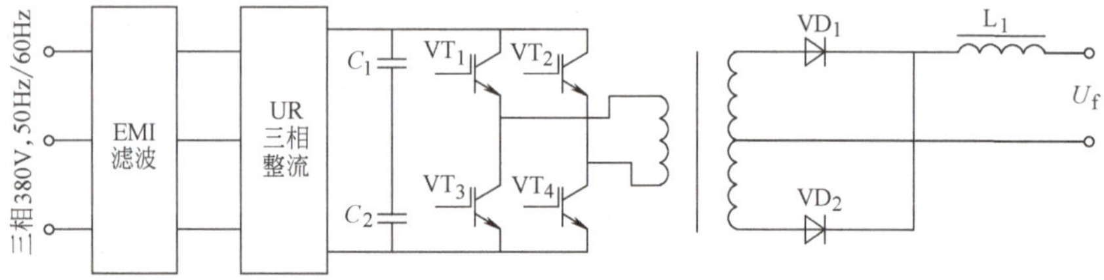

图 7-50　NBM-630 IGBT 逆变主电路

3. 控制回路

控制回路是以高速 51 系列单片机 77E58 为核心组成的控制系统，其框图如图 7-51 所示。电弧电压和电弧电流分别经电压传感器和电流传感器放大、滤波整流后分成两路，经 A-D 进行数字化采样后送入单片机控制器，做进一步运算，结果经 D-A 模拟化送入特性控制电路进行模拟运算，控制 PWM 电路的脉冲宽度，经驱动电路放大后驱动 IGBT 全桥逆变回路的通/断时间比率，从而获得焊接所需要的电压、电流外特性及动特性。另外，单片机控制器还通过第三路 D-A 控制送丝电路而获得相应配合的送丝速度，得到稳定的焊接过程。人机指令接口接受用户的调节指令，控制电路输出不同的电压、电流的幅值、恒压或恒流外特性，或脉冲变化外特性及变化速度（脉冲频率），各占的宽度（脉冲宽度）以及送丝速度等。预留的 RS232 接口作为升级及后续开发使用。

4. 电气特性

（1）多种外特性　该产品为适应多种弧焊方法、多种金属材料焊接的需要，设计了多种外特性并可随时进行切换。恒压特性用于半自动、自动 CO_2/MAG 焊接方法；恒流特性用于 MMA、TIG 焊接方法；“L”形外特性配合峰值恒流或恒压特性，可用于 P-MIG 焊接方法。外特性曲线实测如图 7-52 所示。

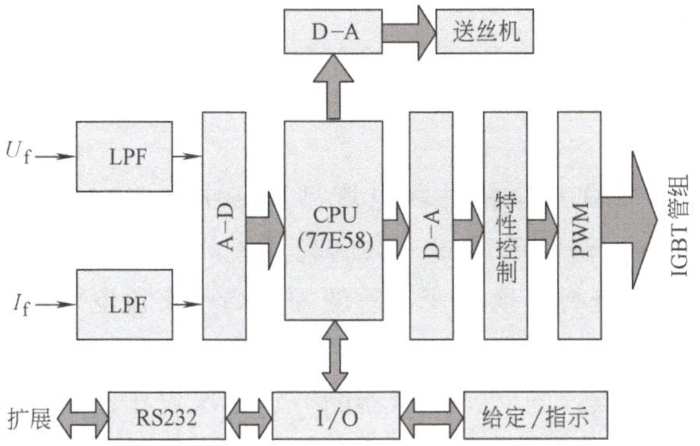

图 7-51　单片机控制框图

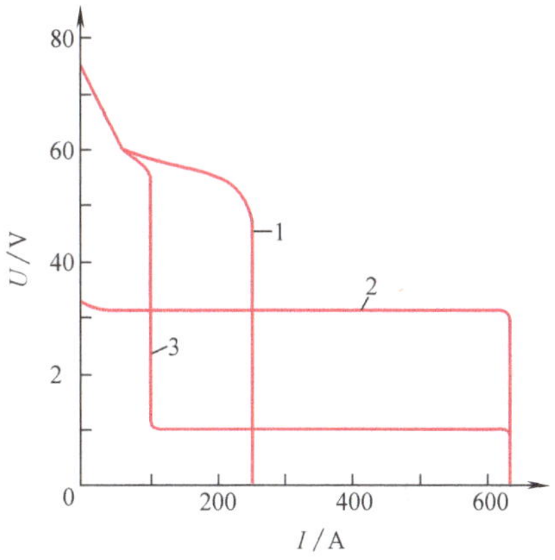

图 7-52　外特性曲线

1—恒流特性　2—恒压特性　3—“L”特性

（2）良好的动特性　CO_2 焊接时，电源输出为恒压特性，借助电子电抗器对短路电流的上升率 di_{sd}/dt 进行无级调节，实现最佳控制，从而使熔滴有节奏地平稳过渡到熔池中，减少飞溅，促使良好的焊缝成形。脉冲 MIG 焊接时，峰值电流和基值电流快速切换，频率可达 500Hz。

7.7.2　TPS-5000 场效应晶体管式数字化多功能弧焊电源系统

奥地利福尼斯（Fronius）公司推出的 TPS 系列数字化多功能弧焊电源系统，采用了全数字化微处理器监控的场效应晶体管式逆变器，输出外特性可以通过设定任意调节，适用于所有的弧焊方法和各种金属材料。其外形照片如图 7-53 所示。

图 7-53　TPS-5000 场效应晶体管式数字化多功能弧焊电源系统外形

1. 主要技术指标

1）网络电压 U_1：400V、三相、50Hz/60Hz；

2）额定输入电流 I_{fe}：34.5A；

3）额定输入容量 S_e：22.7kV·A；

4）额定输入功率 P_{fe}：22.5kW；

5）额定焊接电流 I_{fe}：500A；

6）额定电弧电压 U_{fe}：40V；

7）焊接电流调节范围 $I_{fmin} \sim I_{fmax}$：MIG/MAG 3 ~ 500A，MMA 10 ~ 500A，TIG 3 ~ 500A；

8）电弧电压调节范围 U_{fmin} ~ U_{fmin}：MIG/MAG 14.2 ~ 39.0V，MMA 20.4 ~ 40.0V，TIG 10 ~ 30V；

9）空载电压 U_0：70V；

10）额定负载持续率 F_{se}：40%（10min/40℃）；

11）额定输出功率 P_{fe}：20kW；

12）额定效率 η_{fe}：89%；

13）质量：35.6kg；

14）外形尺寸：625mm × 290mm × 475mm。

2. 逆变主电路

TPS-5000 逆变电源主电路采用场效应晶体管式双全桥并联电流型逆变主电路结构。如图 7-54 所示：三相交流电经 EMI 滤波及三相整流桥整流后的一次侧高压直流电，由电解电容 C_1 和 C_2 进行分压，提供给两路全桥逆变电路进行变换。变换后的两路高频交流电同时输入变压器 T 进行降压，经快速二极管 VD_1 和 VD_2 整流及电抗 L 滤波后供焊接回路能量。该电路充分利用场效应晶体管耐压低、电流大的特点；同时，变压器的一、二次电压比小，有利于变压器的体积减小和散热，以及效率的提高。采用电流型变换电路，可有效抑制主变压器的磁不平衡，同时提高系统的动态响应。

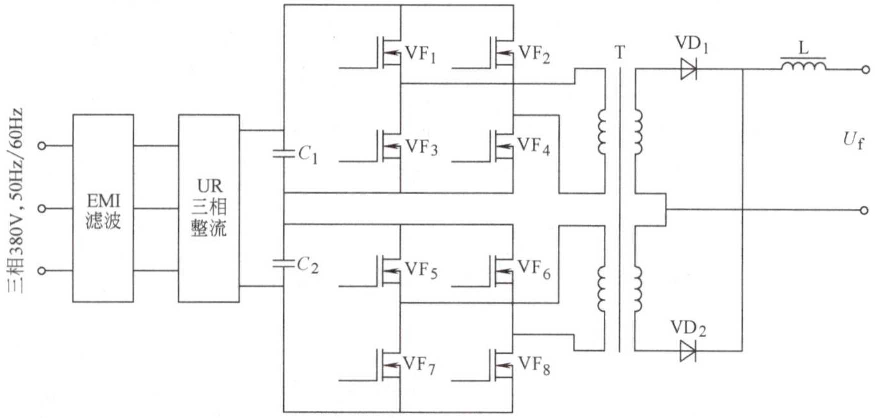

图 7-54　TPS-5000 逆变主电路

3. 控制回路

TPS-5000 弧焊逆变器实现全数字化控制，其控制核心采用了数字信号处理器（DSP）+16位微计算机+现场可编程逻辑阵列（FPGA）的典型应用架构。DSP 芯片采用美国模拟器件公司（Analog Device）的 DSP-2186 芯片，该芯片最高数据处理能力为 80MIPS，主要用于实时采样电弧电压、电流信号，经过数字 PID 运算后，由控制数字式 PWM 发生器改变输出大小，从而形成电压、电流的数字闭环控制回路，对弧焊逆变器的输出外特性及动特性进行数字闭环伺服控制。微处理器（SAB-C167CR）为 16 位精简指令（RISC）系统，负责处理人机接口、通信、送丝机指令控制、焊接过程程序控制、焊接参数专家库的查找与生成、焊接参数对 DSP 的指令实时传送、焊接过程质量监测和电源运行状态实时监控等外围工作。FPGA 芯片（EP1K10TC144-3）被编程实现数字 PWM 控制器，以及 DSP 和微处理器与外部扩展之间的桥接控制电路。TPS-5000 弧焊逆变器 DSP 控制框图如图 7-55 所示。

4. 电气特性

TPS-5000 弧焊逆变器通过数字闭环控制，可以输出恒压特性、恒流特性、恒功率特性及可编程 0.1～20A/V 斜降特性等多种外特性，如图 7-56a 所示。另外，数字系统还可以精确控制脉冲电流从上升到下降的基值、峰值、中值、上升速度、下降速度、上升过渡形状、下降过渡形状、峰值时间、中值时间和脉冲频率等 11 个参数，如图 7-56b 所示，充分体现了数字化焊接系统的强大功能。

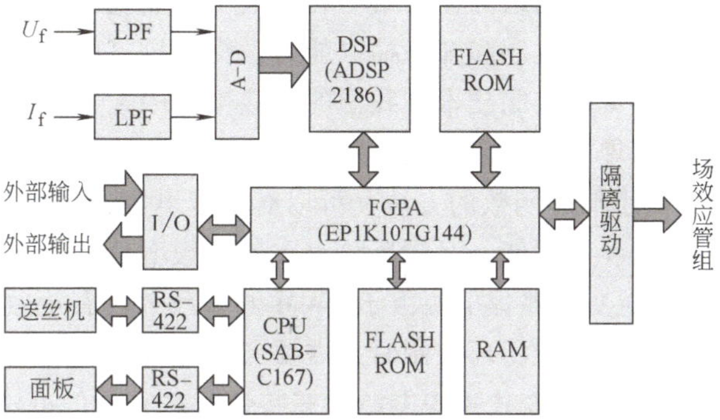

图 7-55　TPS-5000 的 DSP 控制框图

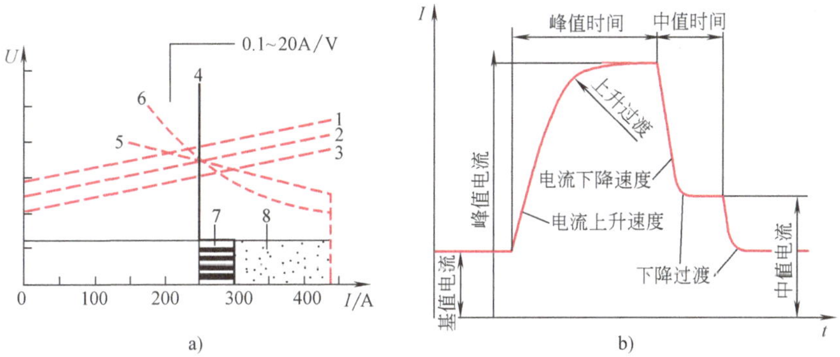

图 7-56　TPS-5000 的电气特性

a）输出外特性　b）脉冲控制参数

1、2、3—电弧特性曲线　4—恒流特性　5—下降特性　6—恒功率特性　7、8—推力电流

7.8　本章小结

微机控制的弧焊电源，在提高弧焊电源的性能和焊接质量，以及推进弧焊机器人的应用都具有明显的价值。为此，还应开展以下研究工作：①优化微机控制的弧焊电源的结构参数，形成系列化并在实际生产中推广应用；②引入先进的控制算法，如自校正 PID、自组织模糊控制和成熟的神经网络控制技术，提高控制精度；③采用功能模块化的软硬件设计方法，加强微机控制系统的配套研究，便于批量化生产。微电子技术、计算机技术和人工智能控制理论的发展，将使弧焊电源的性能跃上一个新的台阶。

理论上已经证明模糊控制可以任意精度逼近任何非线性函数，但受到当前技术水平限制，模糊变量的分档和模糊规则数都受到一定的限制，隶属函数的确定还未有统一的理论指导，带有一定的人为因素。因此，模糊控制的精度还有待提高。模糊逻辑、神经网络和专家系统出现融合的趋势，展示了模糊逻辑、神经网络和专家系统相辅相成优势互补的强大生命力。采用神经网络确定隶属函数、记忆模糊规则和进行模糊推理等研究已取得一定的成果，各种模糊神经网络的拓扑结构和算法不断涌现。模糊逻辑和专家系统结合，可充分利用专家系统知识推理机制和知识抽取能力。模糊控制技术将成为21世纪的核心技术，在焊接过程控制中，模糊控制技术在我国的焊接生产中定会发挥更大的作用。

对弧焊电源动态特性的数学描述研究分析结果表明：

1）用传递函数的方法，可以对弧焊电源的特性进行描述，电源的频率特性既能反映电源本身的静态性能，又能反映它在各个频率范围的响应，全面准确地描述其性能。

2）逆变式弧焊电源由于PWM调节环节具有等效采样效应及其所产生的－135°附加相位移关系，在实现闭环控制时，需要考虑进行适当的相位补偿以获得足够的相位裕度。

3）改善逆变式弧焊电源动态特性行之有效的办法是提高逆变频率（PWM调节频率）和减少焊接回路电感值。

思考题

1. 弧焊电源控制方法的分类及特点。
2. 弧焊工艺对控制系统的要求是什么？
3. 如何实现短路过渡弧焊电源的可靠起弧？主要应采取哪些措施？
4. 一元化调节的含义是什么？如何进行一元化调节？
5. 波形控制的含义是什么？分别描述短路过渡、脉冲弧焊、CMT冷弧焊电流的典型波形控制的基本原理。
6. 弧焊电源的数字化控制体现在哪些方面？与模拟控制相比有哪些优势？
7. 弧焊电源单片机控制系统的组成及功能特点有哪些？
8. 简述PID控制原理。在弧焊电源控制中如何选择控制参数？
9. 简述单片机控制弧焊电源几种接口的作用。
10. 简述单片机的通信接口电路及作用。
11. 简述键盘及数字显示输出电路的原理。
12. 弧焊电源单片机控制系统有哪些抗干扰措施？
13. 简述弧焊电源的DSP控制原理。
14. 简述弧焊电源的模糊控制原理及实现技术。
15. 简述人工神经网络在弧焊电源中的应用情况。
16. 简述弧焊机器人硬件的主要组成部分及其功能和其之间的通信联系。
17. 为提高弧焊机器人的弧焊质量，需要研制哪些功能单元及其相关配套技术？
18. 为什么随着新的弧焊电源与工艺的不断出现，研究弧焊电源的动态特性愈来愈重要？
19. 提高弧焊电源动态特性有哪些途径？

第8章 弧焊电源的选择和使用

内容提要：本章简述弧焊电源的选择、安装使用、安全用电和节约用电的一般方法和原则，供实际应用时参考。

8.1 弧焊电源的选择

弧焊电源在焊接设备（焊机）中是决定电气性能的关键部分。尽管弧焊电源具有一定的通用性，但不同类型的弧焊电源，在结构、电气性能和主要技术参数等方面却各有不同，见表8-1、表8-2。交流弧焊电源与直流弧焊电源的特点和经济性是有很大差别的。因而，在应用时只有合理的选择，才能确保焊接过程的顺利进行，既经济又可获得良好的焊接效果。

表8-1 交、直流弧焊电源的特点比较

项 目	交 流	直 流
电弧稳定性	低	高
极性可换性	无	有
磁偏吹影响	很小	较大
空载电压	较高	较低
触电危险	较大	较小
构造和维修	较简	较繁
噪声	不大	发电机大、整流器小、逆变器更小
成本	低	高
供电	一般单相	一般三相
质量	较轻	较重、逆变器最轻

表8-2 交、直流弧焊电源经济性比较

主要指标	直流弧焊发电机	交流弧焊发电机	弧焊整流器	弧焊逆变器
每千克焊着金属消耗电能/(kW·h)	6~8	3~4		2
效率 η	0.3~0.6	0.65~0.90	0.6~0.75	0.8~0.9
功率因数 $\cos\varphi$	0.6~0.7	0.3~0.6	0.65~0.70	0.85~0.99
空载时功率因数	0.4~0.5	0.1~0.2	0.30~0.4	0.68~0.86
空载功率消耗/kW	2~3	0.2	0.38~0.46	0.03~0.1
制造材料相对消耗(%)	100	30~35	35~40	8~13
生产弧焊电源的相对工时(%)	100	20~30		
相对价格	100	30~40		
每台占用面积/m^2	0.5~0.7	0.25~0.3	0.45 ~0.9	0.11~0.13

一般应根据如下几个方面来选择弧焊电源：①焊接材料与工件材料；②焊接电流的种类；③焊接工艺方法；④弧焊电源的功率；⑤工作条件和节能要求；⑥工件重要程度和经济价值。

1. 焊接电流种类的选择

焊接电流有直流、交流和脉冲三种基本种类，因而也就有相应的直流弧焊电源、交流弧焊电源和脉冲弧焊电源，除此之外，还有弧焊逆变器。我们应按技术要求、经济效果和工作条件来合理地选择弧焊电源的种类。

由表 8-1 和表 8-2 可见，一般交流弧焊电源比直流弧焊电源具有结构简单、制造方便、使用可靠、维修容易、效率高和成本低等一系列优点，因此，对于一般的场合可以选用，例如焊接普通低碳钢工件、民建结构等。经过改善波形（例如矩形波）或采取稳弧措施的交流弧焊电源常可来代替直流弧焊电源，此外，铝及其合金的钨极氩弧焊最好是采用矩形波交流弧焊电源。但是，由于普通交流弧焊电源的电弧稳定性较差，焊接质量不高，而且又无极性之分，因而它在某些工业发达国家中逐渐减少使用。

在直流弧焊电源中，弧焊整流器又比直流弧焊发电机有更多的优点，因而 20 世纪末在工业发达国家中被大多数采用。近十多年来，由于高效省材节电和性能优良的新一代弧焊逆变器的出现，它们又被“后起之秀”逐步代替。由于产品的工艺要求不同，如合金钢、铸铁和有色金属等结构要求用直流电源才能施焊；有些焊接工艺要求较大的熔深（如高压管道的焊接）；CO_2 焊采用活性气体保护，且没有稳弧剂；在水下进行的湿式电弧焊，有些场合要求弧焊电源除用于焊接外，还用于碳弧气刨、等离子切割等工艺。在上述情况下，都应采用直流弧焊电源。有的单位电网容量小，要求三相均衡用电，也选用直流弧焊电源。在水下、高山、野外施工等场合下没有交流电网，宜选用汽油或柴油发动机拖动直流弧焊发电机。

在小单位或实验室，设备数量有限而焊接材料的种类较多，可选用交、直流两用或多用弧焊电源。

脉冲弧焊电源具有热输入小、效率高、焊接热循环可控制等优点，可用于要求较高的焊接工作。对于焊接热敏感性大的合金钢、薄板结构、厚板的单面焊双面成形、管道以及全位置自动弧焊工艺，采用脉冲弧焊电源较为理想。

2. 焊接工艺方法选择弧焊电源

（1）焊条电弧焊　用酸性焊条焊接一般金属结构，可选用动铁式、动线圈式或抽头式弧焊变压器（BX1-300、BX3-300-1、BX6-120-1 等）；用碱性焊条焊接较重要的结构钢，可选用直流弧焊电源，如弧焊整流器（ZXG-400、ZX1-250、ZX5-250、ZX5-400、ZX7-400 等），在没有弧焊整流器的情况下，也可采用直流弧焊发电机。这些弧焊电源均应为下降特性。

（2）埋弧焊　一般选用容量较大的弧焊变压器。如果产品质量要求较高，应采用弧焊整流器或矩形波交流弧焊电源。这些弧焊电源一般应具有下降外特性，在等速送丝的场合，宜选用较平缓的下降特性；在变速送丝的场合，则选用陡度较大的下降特性。

（3）钨极氩弧焊　钨极氩弧焊要求用恒流特性的弧焊电源，如弧焊逆变器、弧焊整流器。对于铝及其合金的焊接，应采用交流弧焊电源，最好采用矩形波交流弧焊电源。

（4）CO_2 气体保护焊和熔化极氩弧焊　在这些场合可选用平特性（对等速送丝而言）

或下降特性（对变速送丝而言）的弧焊整流器和弧焊逆变器。对于要求较高的氩弧焊必须选用脉冲弧焊电源。

（5）等离子弧焊　最好选用恒流特性的弧焊整流器或弧焊逆变器。如果为熔化极等离子弧焊，则按熔化极氩弧焊选用弧焊电源。

（6）脉冲弧焊　脉冲等离子弧焊和脉冲氩弧焊应选用脉冲弧焊电源。在要求高的场合，宜采用弧焊逆变器、晶体管式脉冲弧焊电源。

（7）新型数字化逆变电源　根据焊接工艺复杂性要求选用此类焊接电源，实现一机多用、高性能脉冲 MIG、无飞溅短路过渡焊接等，辅以焊接专家系统极大地提升焊接质量。

从上述可见，一种焊接工艺方法并非一定要用某一种形式的弧焊电源。但是被选用的弧焊电源，必须满足该种工艺方法对电气性能的要求。其中包括外特性、调节性能、空载电压和动特性。

3. 弧焊电源功率的选择

（1）粗略确定弧焊电源的功率　焊接时主要的参数是焊接电流。为简便起见，可按所需的焊接电流对照弧焊电源型号后面的数字来选择容量。例如，BX1-300 中的数字“300”，就是表示该型号电源的额定电流为 300A。

（2）不同负载持续率 FS 下的许用焊接电流　在第 2 章已讨论过，弧焊电源能输出的电流值主要由其允许温升确定，因而在确定许用焊接电流时需考虑负载持续率（FS）。在额定负载持续率（FS_e）下，以额定焊接电流 I_e 工作时弧焊电源不会超过它的允许温升。当 FS 改变时，弧焊电源在不超过其允许温升情况下使用的最大电流，可以根据发热量相等、达到同样额定温度的原则进行换算。

根据发热量相等的原则，在 A、B 两种情况下的发热量应相等，即

$$Q = I_A^2 R t_A = I_B^2 R t_B$$

所以

$$I_B = I_A\sqrt{\frac{t_A}{t_B}} = I_A\sqrt{\frac{t_A/T}{t_B/T}}$$

或

$$I_B = I_A\sqrt{\frac{FS_A}{FS_B}}$$

若 A 种情况下的电流为额定值 I_e，则可推导出任何情况下的许用电流计算公式

$$I = I_e\sqrt{\frac{FS_e}{FS}} \tag{8-1}$$

当实际的负载持续率比额定负载持续率大时，许用的焊接电流应比额定电流小；反之亦然。例如，已知某弧焊电源的额定负载持续率 FS_e 为 60%，输出的额定电流 I_e 为 500A，可按上式求出在其他 FS 下的许用电流，列于表 8-3。

表 8-3　不同负载持续率下的许用焊接电流

FS(%)	50	60	80	100
I/A	548	500	433	387

（3）额定容量 S_e（功率）　额定容量是电网必须向弧焊电源供应的额定视在功率。对弧焊变压器而言，它等于额定一次电压 U_{1e}（V）与额定一次电流 I_{1e}（A）的乘积，即

$$S_e = U_{1e} I_{1e} \quad (\text{V}\cdot\text{A})$$

或
$$S_e = \frac{U_{1e}I_{1e}}{1000} \quad (\mathrm{kV \cdot A})$$

在实际运行中，弧焊电源的输入有功功率 P_1 还与功率因数 $\cos\varphi$ 有关，即

$$P_1 = S_e\cos\varphi \tag{8-2}$$

S_e 是指额定负载持续率 FS_e 下的额定容量。若 FS 不同，对应的容量 S 可用下式换算

$$S = S_e\sqrt{\frac{FS_e}{FS}}$$

4. 根据工作条件和节能要求选择弧焊电源

在一般生产条件下，尽量采用单站式弧焊电源。但是在大型焊接车间，如船体车间，焊接站数多而且集中，可以采用多站式弧焊电源。由于直流弧焊电源需用电阻箱分流而耗电较大，应尽可能少用。

在维修性的焊接工作情况下，由于焊缝不长，连续使用电源的时间较短，可选用额定负载持续率较低的弧焊电源。例如，采用负载持续率为 40%、25%，甚至 15% 的弧焊电源。

弧焊电源用电量很大，从节能要求出发，应尽可能选用高效节能的弧焊电源，如弧焊逆变器，其次是弧焊整流器、变压器，除了特别需要而不用直流弧焊发电机。

8.2 弧焊电源的使用条件及相关信息

8.2.1 弧焊电源的安装

以现在应用最广泛的焊条电弧焊电源为例，介绍弧焊电源的安装知识。焊机主回路示意图如图 8-1 所示。由图可见，在主回路中除了弧焊电源外，还有电缆、熔断器、开关等附件，因此先要讲述有关的附件选择问题。

1. 电缆、熔断器和开关的选择

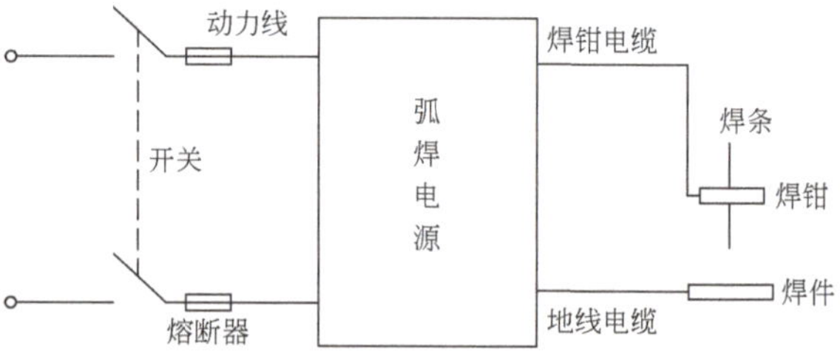

图 8-1 焊条电弧焊电源主回路示意图

(1) 电缆的选择　包括从电网到弧焊电源的动力线和从弧焊电源到焊钳、焊件的焊接电缆。选择动力电缆线时应考虑：

1) 材料。在不影响使用性能的条件下尽量选用铝电缆。

2) 电压等级。一般选用耐压为交流 500V 的电缆为动力线。

3) 使用场合。在室外用的电缆须能耐日晒雨淋；在室内使用的电缆，必须有更好的绝缘。在需要移动的场合应采用柔软的多芯电缆，在固定场合使用单芯电缆。

4) 电缆截面积。根据允许温升确定电缆许用电流密度和截面积。许用电流密度与材料性质和散热条件有关。

焊接电缆的选择，应考虑耐磨、能承受较大的机械外力和具有柔软性以便移动等。按电流和电缆线长度选择焊接电缆截面积，可参照表 8-4。根据用途的不同，可以按表 8-5 选择动力线和焊接电缆的型号及种类。

（2）熔断器的选择　常用的熔断器有管式、插式和螺旋式等。熔断器的额定电流应大于或等于熔体的额定电流。

对于弧焊变压器、弧焊整流器和弧焊逆变器，只要保证熔断器的额定电流略大于或等于该弧焊电源的额定初级电流即可。对于直流弧焊发电机，由于电机起动电流很大，熔断器不可按电动机额定电流来选用，而应按下式选择，即

熔断器额定电流 =（1.5 ~2.5）电动机额定电流

当有起动器时，上式中的系数取 1.5。

（3）开关的选择　常用的开关有刀开关、铁壳开关等。弧焊变压器、弧焊整流器、弧焊逆变器、晶体管式弧焊电源和矩形波交流弧焊电源的开关额定电流，应大于或等于一次额定电流。弧焊发电机开关额定电流为电动机额定电流的 3 倍。

表 8-4　按电流和长度选择焊接电缆截面积（铜电缆）

导线长/m 截面/mm^2 电流/A	20	30	40	50	60	70	80	90	100
100	25	25	25	25	25	25	25	28	35
150	35	35	35	35	50	50	60	70	70
200	35	35	35	50	60	70	70	70	70
300	35	50	60	60	70	70	70	85	85
400	35	50	60	70	85	85	85	95	95
500	50	60	70	85	95	95	95	120	120
600	60	70	85	85	95	95	120	120	120

表 8-5　电缆的型号、种类及用途

型号	名称	主　要　用　途
YHZ YHC YHH YHHR	中型橡套电缆 重型橡套电缆 电焊机用橡套软电缆 电焊机用橡套特软电缆	500V,电缆能承受相当机械外力 500V,电缆能承受较大机械外力 供连接电源用 主要供连接卡头用
KVV 系列	聚氯乙烯绝缘及护套控制电缆	用于固定敷设,供交流 500V 及以下或直流 1000V 及以下配电装置连接用
VV 系列 VLV 系列	聚氯乙烯绝缘及护套电力电缆	1)用于固定敷设,供交流 500V 及以下或直流 1000V 以下电力电路 2)用于 1 ~6kV 电力电路

2. 弧焊电源的安装

（1）弧焊整流器、弧焊逆变器和晶体管式弧焊电源

1）安装前的检查

① 新的长期未用的电源，在安装前必须检查绝缘情况，可用 500V 绝缘电阻表测定。但在测定前，应先用导线将整流器或硅整流元件、大功率晶体管组短路，以防止硅元件或晶体

管被过电压击穿。

焊接回路、二次绕组对机壳的绝缘电阻应大于2.5MΩ。整流器、一次绕组、二次绕组对机壳的绝缘电阻应不小于2.5MΩ。一、二次绕组之间绝缘电阻也应不小于5MΩ。与一、二次回路不相连接的控制回路与机架或其他各回路之间的绝缘电阻不小于2.5MΩ。

② 在安装前检查其内部是否有因运输而损坏或接头松动的情况。

2）安装时注意事项

① 电网电源功率是否符合弧焊电源额定容量的要求；开关、熔断器和电缆的选择是否正确；电缆的绝缘是否良好。

② 动力线和焊接电缆线的导线截面积和长度要合适，以保证在额定负载时动力线电压降不大于电网电压的5%，焊接回路电缆线总压降不大于4V。

3）外壳接地和接零。若电网电源为三相四线制，应把外壳接到中性线上。若前者为不接地的三相制，则应把机壳接地。

4）注意采取防潮措施。

5）安装在通风良好的干燥场所。

（2）弧焊变压器　接线时注意出厂铭牌上所标的一次电压值。一次电压有380V、220V或两用的。多台安装时，应分别接在三相电网上，以尽量求得三相负载平衡。其余事项与弧焊整流器相同。

（3）直流弧焊发电机　除上述有关事项之外还要注意：

1）若电网容量足够大，可直接起动，如果电网容量不足，则应采用降压起动设备。

2）对于容量大的弧焊电源，为保证网路电压不受其他大容量电器设备的影响，或避免影响其他用电设备的工作，应安装专用的线路。

8.2.2　弧焊电源的使用

正确地使用和维护弧焊电源，不仅能保持工作性能正常，而且还能延长弧焊电源的使用寿命。

1. 使用和维护常识

1）使用前必须按产品说明书或有关国家标准对弧焊电源进行检查，并尽可能详细地了解基本原理，为正确使用建立一定的知识基础。

2）焊前要仔细检查各部分的接线是否正确，特别是焊接电缆的接头是否拧紧，以防过热或烧损。

3）弧焊电源接入电网后或进行焊接时，不得随意移动或打开机壳的顶盖。

4）空载运转时，首先听其声音是否正常，再检查冷却风扇是否正常鼓风，旋转方向是否正确。

5）机内要保持清洁，定期用压缩空气吹净灰尘，定期通电和检查维修。

6）要建立必要的严格管理、使用制度。

2. 环境条件

1）周围环境空气温度范围：在焊接期间为－10～＋40℃；在运输和储存过程中为－20～＋55℃。

2）空气相对湿度：40℃时不超过50%；20℃时不超过90%。

3）周围空气中的灰尘、酸、腐蚀性气体或物质等不超过正常含量，由于焊接过程而产生的这些物质除外。

4）海拔应不超过 1000m。

5）焊接电源的倾斜度应不超过 10°。

注：制造厂和用户之间可以商定不同的环境条件，商定后的焊接电源按 GB 15579.1—2013 中 15.2 要求进行标注。这些条件如：高湿度、异常的腐蚀性烟雾、蒸汽、过量的油蒸气、不正常的振动或冲击、过量的灰尘、恶劣的气候条件、海岸或船甲板的非正常条件，以及有助于霉菌增大的虫害及大气条件等。

3. 供电电源

1）电压波形应为实际的正弦波。

2）电网电压的波动不超过额定值的 ±10%。

3）电网电压频率的波动不超过额定值的 ±1%。

4）三相电压不平衡度≤ ±4%。

8.2.3 弧焊电源铭牌及明示信息

按相关标准的规定，每台弧焊电源产品的铭牌上要给出该产品的型号、输入、输出、负载持续率、防护等级等信息，以及在明显位置上标示各种警示性符号、接地符号或标志。

1. 产品型号

弧焊电源的型号可以按 GB/T 10249—2010《电焊机型号编制方法》（详见附录 A）执行，虽然该标准不属于强制性标准，对进口产品和一些新型多功能产品并不适用，但绝大多数依据该标准编制的产品型号可以正确地反映出该弧焊电源产品的结构、工艺类别、输出电流等信息。

2. 能量输入信息

铭牌标示了弧焊电源输入电压的额定值（U_1）、相数和电源频率，额定最大电流（I_{1max}）及最大有效输入电流（I_{1eff}）。用于指示选择正确地供电电源，I_{1max}及 I_{1eff}数值用于选择适合的输入耦合装置（插头）、输入电缆截面积和输入回路通/断开关及熔断器的容量。

3. 额定空载电压

额定空载电压是指在额定输入电压和频率或额定控制转速下，测得焊机输出端的空载电压。如果焊机装有防触电装置，是指该装置动作之前所测得的电压。一般而言，提高空载电压可以改善电弧焊机，特别是交流电弧焊机的引弧性能和电弧稳定性，但过高的空载电压会增加焊接操作人员的触电危险。根据 GB 15579.1—2013 弧焊设备安全标准规定：电弧焊机的额定空载电压不得超出表 8-6 中的规定数值。

表 8-6 额定空载电压限值表

作业条件	额定空载电压
触电危险性不大的环境	直流 113V 峰值;交流 113V 峰值和 80V 有效值
触电危险性较大的环境	直流 113V 峰值;交流 68V 峰值和 48V 有效值
对操作人员加强保护的机械夹持焊炬	直流 141V 峰值;交流 141V 峰值和 100V 有效值
等离子切割	直流 500V 峰值

表 8-6 中触电危险性较大的环境是指：活动空间受到限制的位置，操作人员被迫用拘束的姿势（跪、坐、躺……）施焊，身体触及导电部件；完全或部分受到导电部件限制的位

置，操作人员很可能必然或偶然地与导电部件相接触；在雨中、潮湿或高温处，潮气和汗水会使人体皮肤电阻和附件的绝缘性能显著降低。

铭牌上的“S”符合标志，表示该焊机的空载电压限值满足在触电危险性较大的环境中使用的条件。

4. 输出电流及负载持续率

GB 15579.1—2013 标准推荐焊机的发热试验在环境温度 40℃下进行，铭牌上标示的额定输出电流及其相应的负载持续率都对应于此温度。环境温度、额定输出电流及相对应的额定负载持续率，是焊机功率输出能力的重要指标，同时铭牌上还会标注出在不同负载持续率下的电流输出值，供焊接操作人员在不同工况下正确使用。

5. 外壳防护等级

外壳防护等级（IP 代码）由字母 IP（International Protection，国际防护）、第一位特征数字、第二位特征数字、附加字母及补充字母组成。

第一位特征数字表示外壳能防止固体异物进入、防止人员接近危险部件的等级。第二位特征数字表示外壳防止设备进水造成有害影响的等级。不要求规定特征数字时，该处用字母“X”代替。附加字母表示对人接近危险部件的防护等级，只有在第一位特征数字用“X”代替或对接近危险部件的实际防护高于第一位特征数字时才使用。补充字母表示进行试验的补充要求，附加字母和补充字母可省略。危险部件的定义为：接近或触及时有危险的部件。

电弧焊机的外壳防护等级多数为 IP21S，此类焊机应在室内使用。

外壳防护等级为 IP23S 的焊机，虽然是为户外环境使用而设计，但不应在雨雪中无遮蔽的地方使用。

IP21S、IP23S、IP23、IP20 均表示焊机的外壳应能：防止用直径为 12mm、长为 80mm 的铰接试指触及到焊机内部的危险部件；防止用直径为 12.5mm 的球形物体试具进入机壳内。

IP21S 焊机外壳应能防止垂直方向的滴水造成有害影响，该试验在焊机处于静止状态下进行。

IP23S、IP23 焊机外壳应能防止与垂直方向呈 60°的淋水造成有害影响。

IP20 焊机外壳无防水要求。

6. 耐热分级（绝缘等级）

耐热分级是电气绝缘材料/电气绝缘系统（EIM/EIS）的耐热表示方法。电气绝缘材料耐热性分级（绝缘等级）见表 8-7 。

表 8-7 电气绝缘材料耐热性分级

RTE（相对耐热指数）/℃	耐热等级/℃	符号表示
>105 ~ 120	105	A
>120 ~ 130	120	E
>130 ~ 155	130	B
>155 ~ 180	155	F
>180 ~ 200	180	H
>200 ~ 220	200	—
>220 ~ 250	220	—

7. 接地保护标志

弧焊电源设备除机械驱动的电弧焊机外，其余都属于 I 类设备，这类设备的防触电保护不仅依靠基本绝缘，还需将能触及的可导电部分与设施固定布线中的保护（接地）线相连接。因此，通常在焊接设备的外壳上有一标志符号为“⊜”的保护性导线接线端，使用时一定要确保输入电缆中的保护性导线（黄绿双色线）与该接线端相连，并保证该保护性导线（黄绿双色线）的长度大于电缆中的其他电源线。如果输入电缆不带保护性导线，则需要将焊接设备使用场所中的专用黄绿双色保护性导线与该接线端子相连。

8. 警示性符号

在弧焊电源设备的外壳上通常标示有一些警示性符号，常用的警示性符号供参考，见表 8-8。

表 8-8　常用警示性符号

来　源	符　号	功能,关键字,状态	应　用
GB/T 5465.2—2008		危险电压	表示危险电压引起的危险
ISO 7000—0228（DB:2004－01）		干扰	表示在正确操作情况下可能产生的干扰
EN-60947.1—2012		防烫伤警告	表示防烫伤警告
ISO 7000-0434A（DB:2004-01）		警告	提醒操作者注意危险
GB 15579.1—2013		阅读使用说明书	表示操作者应阅读使用说明书
GB 15579.1—2013		温度显示	表示温度指示,例如温度过高警示灯亮

8.3　安全和绿色环保用电

8.3.1　电弧焊机安全标准

电焊机行业的标准化工作由全国电焊机标准化技术委员会（CSBTS/TC70）负责，该标准化委员会归属国家标准化管理委员会（SAC）和由其委托的专业标准化主管部门领导和管理，下设秘书处负责电焊机专业领域的标准化、IEC/TC26（国际电工委员会、电焊技术委员会）以及 ISO/TC44/SC6（国际标准化组织、电阻焊技术委员会）在国内的技术归口工作。

电焊机标准体系按电弧焊机、辅机具、电阻焊机、特种焊机、电磁兼容、电弧焊机能效和基础标准划分。目前电焊机行业现行有效的国家标准 27 项，行业标准 43 项。涉及电弧焊机的标准可分为安全标准和技术标准。

1. 电弧焊机产品安全标准

电弧焊机产品安全标准为 GB 15579 系列标准。

1）GB 15579.1《弧焊设备　第 1 部分：焊接电源》是各类电弧焊机产品生产、销售及 CCC 认证依据的标准，适用于除 GB 15579.6 以外的所有电弧焊机产品。

2）GB 15579.6《弧焊设备　第 6 部分：限制负载的手工金属弧焊电源》标准适用于额定最大焊接电流不超过 160A，具有热切断装置，主要由非专业人员使用的焊条电弧焊机，但不包括变频式、带遥控和旋转式电弧焊机。

3）GB 15579.10《弧焊设备　第 10 部分：电磁兼容（EMC）要求》是对涉及人身的电磁辐射安全、电网及相关设备的电磁安全制定的强制性国家标准。

2. 电弧焊机辅机具安全标准

涉及电弧焊机辅机具的安全标准有 GB 15579.5《弧焊设备　第 5 部分：送丝装置》、GB 15579.7《弧焊设备　第 7 部分：焊炬（枪）》、GB 15579.11《弧焊设备　第 11 部分：电焊钳》、GB 15579.12《弧焊设备　第 12 部分：焊接电缆耦合装置》、GB 10235《弧焊设备　防触电装置》。

3. 电弧焊机产品技术标准

GB/T 8118《电弧焊机通用技术条件》是各类电弧焊机都应遵循的通用技术标准；此外，按照电弧焊机的不同分类制定了相应的标准，例如：JB/T 7835《弧焊整流器》、JB/T 7834《弧焊变压器》、JB/T 7824《逆变式弧焊整流器技术条件》、JB/T 8747《手工钨极惰性气体保护弧焊机（TIG 焊机）技术条件》、JB/T 8748《MIG/MAG 弧焊机》、JB/T 13164《埋弧焊机》等。

GB 28736—2012《电弧焊机能效限定值及能效等级》强制性国家标准是为节约资源及环境保护于 2013 年 6 月 1 日起实施的。该标准将电弧焊机的能效分为 3 级，规定第 3 级指标为能效限定值，低于此限定值的电弧焊机不得生产和销售。本标准除了交流 TIG 电弧焊机、交直流两用 TIG 电弧焊机、由机械设备驱动的电弧焊机及符合 GB 15579.6 限制负载的手工金属弧焊电源外，适应于为工业和专业用途而设计的由 GB/T 156 中表 1 规定的电压供电的电弧焊机。例如：交流手工焊条电弧焊机、直流手工焊条电弧焊机、MIG/MAG 弧焊机、直流 TIG 焊机、直流埋弧焊机、等离子弧切割机等。

8.3.2　电焊机产品认证的指令介绍

1. CCC 指令

中国国家质量监督检验检疫总局和国家认证认可监督管理委员会 2001 年 12 月发布了《强制性产品认证管理规定》，并公布了《第一批实施强制性产品认证的产品目录》，对列入目录的 19 类 132 种产品进行强制性认证管理。将原来的“CCIB ”认证和“长城 CCEE 认证”统一为“中国强制认证”（英文名称为 China Compulsory Certification ），其英文缩写为“CCC”标志。

列入《第一批实施强制性产品认证的产品目录》的电焊机产品共 15 种：小型交流弧焊机、交流弧焊机、直流弧焊机、TIG 弧焊机、MIG/MAG 弧焊机、埋弧焊机、等离子弧切割机、等离子弧焊机、弧焊变压器防触电装置、焊接电缆耦合装置、电阻焊机、焊机送丝机装置、TIG 焊焊炬、MIG/MAG 焊焊枪、电焊钳。对上述在目录适用范围内的电焊机产品自 2003 年 5 月 1 日起必须经国家指定的认证机构认证合格，取得相关证书并加施认证标志后，方能出厂、进口、销售和在经营服务场所使用。

2. CE 指令

CE 标志（CE Marking）是电焊机产品进入欧盟地区和国家市场的通行证。获得 CE 标志的产品必须依据欧洲标准 EN（Europe Norm）执行相关的欧盟指令（EU Directive）要求，涉及弧焊设备的相关要求是低电压指令（Low Voltage Directive，LVD）和电磁兼容（Electric-Magnetic Compatibility，EMC），相关标准如下：

LVD：EN 60974-1，EN 60974-x，x 代表不同焊机产品的安规标准。

EMC：EN 60974-10：2007。

3. CSA 指令

CSA International 是北美地区最著名的产品认证机构之一，CSA International 的认证标志是产品通往加拿大、美国等国际市场的重要通行证。电焊机的 CSA 认证依据以下 CSA CLASS 作为标准：5611-01、5611-03、5611-05、5611-81、5611-83、5611-85。

4. C-Tick 指令

C-Tick 是澳大利亚通信局（Australian Communications and Media Authority，ACMA）制定的电磁兼容 EMC 认证标志，目前仅只对干扰部分进行管制。任何电子电器产品输入到澳大利亚和新西兰地区均需依据相关标准进行测试，获取在产品上施加 C-Tick 认证标志。自 2013 年 3 月 1 日起开始将现有的 3 种认证标志（C-Tick、A-Tick 和 RCM）整合为单一认证标志——RCM。这意味着带有 RCM 标志的产品将符合所有 ACMA 适用技术标准（如电信、无线电通信、EMC、EME）的要求，以及相关记录保存（包括测试）要求。

5. RoHS 指令

RoHS（The Restriction of the Use of Certain Hazardous Substances in Electrical and Electronic Equipment）指令是欧盟以 2002/95/EC 及 2005/618/EC 决议形式下达的关于在电子电气设备中限制使用某些有害物质的指令，明确规定了下列六种有害物质在产品中的最大限值：水银（汞）、铅、镉、铬、多溴联苯（PBB）、多溴二苯醚（PBDE）。

6. WEEE 指令

WEEE（Waste Electrical and Electronic Equipment）指令是欧盟以 2002/96/EC 决议形式下达关于报废电子电气设备的指令，规定自 2005 年 8 月 13 日起欧盟市场上流通的电子电气生产商必须在法律上承担起支付报废产品回收费用的责任，同时欧盟各成员国有义务制定自己的电子电气设备回收计划，建立相关配套回收设施，使电子电气产品的最终用户能够方便并且免费地处理报废设备。

8.3.3 绿色环保用电

1. 节约用电

弧焊电源是耗电量较大的电器设备之一。它有“电老虎”之称。因此，如何节约电能具有重大的经济意义。可以从如下几个方面考虑：

（1）以高效节能弧焊电源取代弧焊发电机　弧焊发电机效率低（仅 50% 左右），空载损耗大（1.5～4.2kW·h），而弧焊整流器，例如晶闸管式弧焊整流器的空载损耗为0.25～0.55kW·h，比同级弧焊发电机的空载损耗约少5倍。在焊接中弧焊整流器的能耗比弧焊发电机约少2倍，每台每年可节电4800kW·h左右。每用2000台弧焊整流器来取代弧焊发电机，可节电9.6×10^6kW·h左右。

弧焊逆变器的空载损耗只有几十瓦至百余瓦，效率高达80%～90%，功率因数为0.9～0.99，节能效果比弧焊整流器还要显著，可节省20%～30%。

因此，从节约电能考虑，最好是用硅弧焊整流器、晶闸管式弧焊整流器，来取代直流弧焊发电机。随着弧焊逆变器研制和生产水平的提高，它的可靠性已完全能达到晶闸管式等传统弧焊电源和国外王牌弧焊电源的水平，而且动态特性、焊接工艺性好，节电省材，价格不高，应全面推广使用。

（2）提高功率因数　众所周知，弧焊变压器是一种具有高漏抗或大感抗的变压器，功率因数低至0.4～0.6，因此有必要提高它的功率因数，以减少网路无功功率的供应量，改善供电质量。

弧焊变压器的功率因数等于从电网吸收的有功功率P与额定视在功率S_e之比（或等于一次电流I_1与一次电压U_1之间相位差的余弦），即

$$\cos\varphi = P/S_e$$

为了节约电能和减小输入配电设备的容量，一般可在变压器一次端并联补偿电容器，以提高功率因数，其所需补偿的容量P_{sc}为

$$P_{sc} = K_c P_s$$

式中，P_s为弧焊变压器的使用容量；K_c为系数，取决于补偿前的功率因数$\cos\varphi_1$及补偿后的功率因数$\cos\varphi_2$。

$$K_e = \sqrt{1-\cos\varphi_1^2} - \frac{\cos\varphi_2}{\cos\varphi_1}\sqrt{1-\cos\varphi_2^2}$$

为了充分利用电容器的电压等级以减小其容量，可以在变压器的一次端加升压抽头，电容接在线圈头尾之间，如图8-2所示。因为

$$I_c = U\omega C$$

可知，提高了电容、电压，可增大补偿电流I_c。

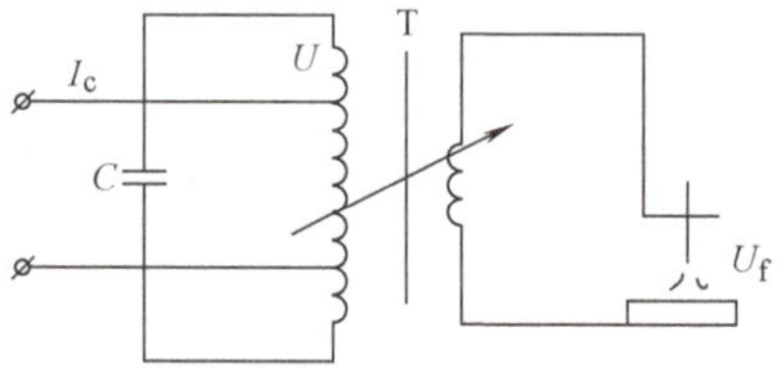

图8-2　弧焊变压器加补偿电容器的接线图

经补偿可使弧焊变压器的视在功率减小20%，电耗大为降低，配电电缆和开关等元件的容量减小，且使电网电压波动的影响减小，电弧更加稳定。

另外，对于集中使用弧焊电源的工厂，如造船厂、金属结构厂、桥梁制造厂等，可采用集中补偿。

（3）加装“节电辅具”　把“节电辅具”加装在弧焊变压器上，不仅对减少空载电能损耗具有一定的作用，而且能有效防止电击，所以它又可称为“防电击节电装置”，在国内外都有这种产品。

2. 电磁兼容性（EMC）

社会科技和生产力的不断进步及电力电子技术的高速发展，越来越多的电子产品进入社

会生活的各个角落。电子设备的急剧增加，带给我们极大便利的同时也使得电磁环境日趋恶化，产生了新型的环境污染——电磁污染。为此所有的发达国家和部分发展中国家都制定了电磁兼容性（Electro Magnetic Compatibility，EMC）标准，其定义为“设备和系统在其电磁环境中能正常工作且不对环境中任何事物构成不能承受的电磁骚扰的能力”，即该设备和系统应具备一定的电磁抗扰度（EMS）；同时规定了最大发射电平限值来防止该设备和系统对其他电子产品产生过大的影响，即电磁骚扰（Electro Magnetic Interference，EMI）。

在电焊机行业，电子控制的弧焊电源特别是逆变技术的弧焊电源具有的各种优点使其获得了飞速发展，但是其电磁兼容性（EMC）更加突出。为此国家出台了相应的强制性国家标准 GB 15579.10《弧焊设备　第 10 部分：电磁兼容（EMC）要求》，弧焊电源的“绿色化”是必然之路。

目前大部分逆变式焊接电源多采用硬开关的工作方式，在大功率元件快速开关过程中产生电流、电压的瞬变与尖峰并伴随着高频振荡，这就不可避免地对电网及空间产生电磁骚扰。逆变式弧焊电源大多使用高频开关电源作为控制电源及辅助电源，普遍应用单片机逐步实现数字化及智能化控制，这都会使得电磁骚扰问题变得严重，而且对自身的电磁抗扰度（EMS）也提出了更高的要求。

针对逆变式弧焊电源上述问题进行 EMC 合规整改，一般采取下面的解决方法：

1）增加各种无源电磁元件组成滤波环节，针对各种干扰起一定的抑制作用，例如，无论是单相还是三相逆变焊机，在进线处增加输入滤波电路环节，该环节由电感和电容组成的滤波器的作用是双向的，既能有效阻止外界的电磁干扰经电源线进入焊机，又能阻挡焊机在工作中产生的电磁骚扰经电源线回馈到电网，这是目前常用的也是主要的 EMC 合规设计与整改中的手段。但这种“被动式”措施增加的成本较大，效果也有限，也降低了应用逆变技术节材高效的效果。

2）在设计时主动考虑降低、减少弧焊电源的干扰源，例如，优化电源主电路功率器件布局、提高控制线路板的布局水平，有助于大大减少电磁干扰信号的产生；更主要的是采用软开关技术改变功率电子器件的工作方式，使其在零电流/零电压下进行开关切换，这样既能大大减少高频干扰的产生，也使得开关损耗降低，从而提高弧焊电源的效率和可靠性。主动性设计还有一个重要的技术方法就是功率因数校正（Power Factor Correction，PFC）。

3. 功率因数校正（PFC）

一般逆变电源的输入整流滤波方式会对电网产生出大量的高次电流谐波，电流相移严重，造成电网污染，功率因数低下。图 8-3 是一款单相 220V 输入，不带 PFC 功能的 ZX7－180 逆变式手工弧焊电源在输出 25V/100A 负载时电源的各输入参数，如图 8-3a 所示，弧焊电源的输入电流变成窄的尖角波，并产生大量的谐波电流分量。如图 8-3c 所示，功率因数 PF 只有 0.565。该电源产生大量的高次谐波污染电网，电压、电流谐波之间存在严重的相移导致功率因数很低，产生大量的无功功率。

功率因数校正，就是将畸变电流校正为正弦电流，并使之与电压同相位，从而使功率因数接近于 1。功率因数校正的基本方法有无源功率因数校正和有源功率因数校正两种，应用最多、效果最好的是后者。图 8-4 是与图 8-3 同款的 ZX7-180 逆变式手工弧焊电源加上有源 PFC 功能模块后，同样输出 25V/100A 负载时电源的各输入参数。

有源功率因数校正的实质是将低频谐波移到中高频段，在中高频段的谐波就可以比较容

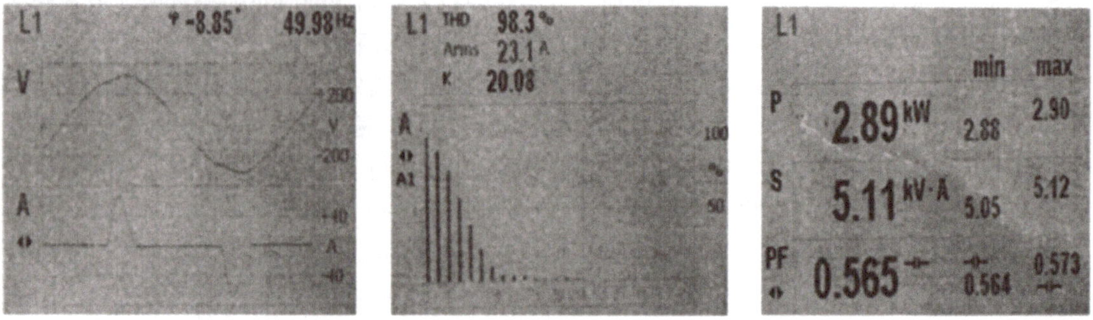

a)　　　　b)　　　　c)

图 8-3　无 PFC 的单相逆变手工弧焊电源输入参数图

a）电源输入电压 、电流波形图　b）电源输入电流谐波分量图

c）电源输入功率（*P*）、容量（*S*）及功率因数（PF）

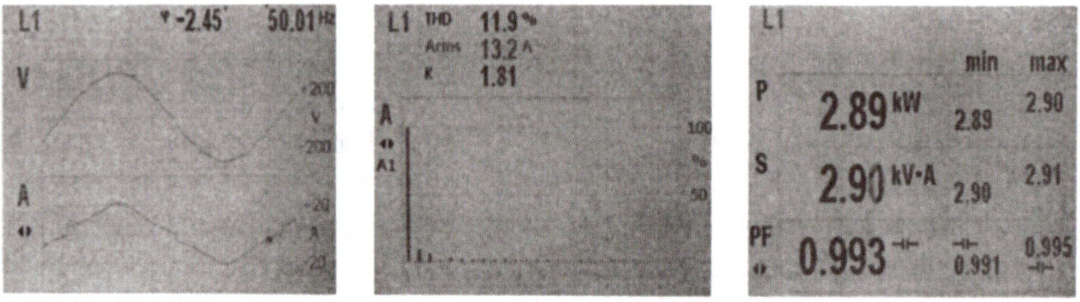

a)　　　　b)　　　　c)

图 8-4　带有源 PFC 功能模块的单相逆变手工弧焊电源输入参数图

a）电源输入电压 、电流波形图　b）电源输入电流谐波分量图　c）电源输入功率（*P*）、容量（*S*）及功率因数（PF）

易用无源滤波器来解决处理，而且该滤波器比笨重耗材的低频滤波器效果更好。输入电流被校正成与输入电压同相位的近似正弦波，如图 8-4a 所示；图 8-4b 为谐波分量和 THD 指标，符合标准；功率因数 PF 提高到 0.993，有效功率基本相同，但视在功率由 5.11kV · A 降为 2.90kV · A。

思　考　题

1. 根据哪几个方面来选择弧焊电源？如何考虑这几个方面的要求？

2. 如何根据铭牌及明示信息正确安全可靠地使用弧焊电源？

3. 额定负载持续率为 60%，额定电流为 500A 的弧焊电源连续运行时，能允许输出多大电流？如负载持续率为 100% 时又能输出多大电流？

4. 弧焊电源的效率等于什么？弧焊电源的功率因数怎么计算？

5. 弧焊电源的额定输入容量 S_e 应如何计算？分别对弧焊变压器、整流器加以说明。

附　　录

附录 A　电焊机型号编制方法

弧焊电源的型号是根据《电焊机型号编制办法》制定的。电焊机包括电弧焊机、激光焊机、电阻焊机、电渣焊机、电子束焊机等。在这里仅对与弧焊电源有直接关系的电弧焊机型号编制方法进行着重介绍。

现将国家标准 GB/T 10249—2010《电焊机型号编制办法》摘要如下，供使用参考。

《电焊机型号编制方法》

一、总则

本方法规定了电焊机及其控制设备等型号的编制原则。适用产品范围大类名称如下：

1. 旋转直流弧焊电源（直流弧焊发电机）
2. 交流弧焊电源
3. 整流弧焊电源（弧焊整流器、弧焊逆变器）
4. 不熔化极气体保护焊
5. 熔化极气体保护焊
6. 埋弧焊
7. 等离子弧焊设备
8. 控制设备

……

各个大类又按其特征和用途分为若干类，电焊机型号代表字母见表 A-1。

二、编制原则

（一）产品型号的组成，采用汉语拼音字母及阿拉伯数字。

（二）产品型号的编排次序如下：

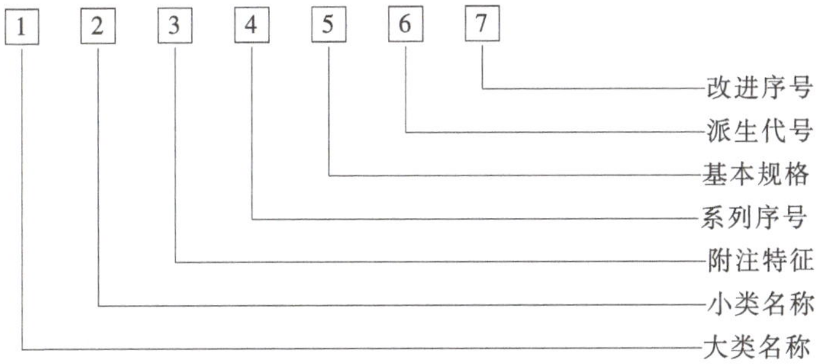

（1）型号中1 2 3 6各项用汉语拼音字母表示。

（2）型号中4 5 7各项用阿拉伯数字表示。

（3）型号中2 3 4 6 7项如不用时，其他各项排紧。

（4）附注特征和序列号用于区别小类的各系列和品种，包括通用和专用产品。

（5）派生代号以汉语拼音字母的排序编排。

（6）改进序号，按生产改进次数连续编号。

（7）特殊环境用的产品在型号末尾加注代表字母，见表 A-2。

（8）可用时兼作二类焊机使用时，其大类名称的代表字母按主要用途选取。

（9）编制型号举例

例如，氩气及混合气体保护脉冲熔化极自动焊，机横臂式，额定焊接电流 400A。

N Z M 2—400

- 400 —— 额定焊接电流 400A
- 2 —— 横臂式系列
- M —— 脉冲电源
- Z —— 自动焊
- N —— 熔化极气保焊

表 A-1 电焊机型号代表字母

序号	代表字母	第一字位 大类名称	代表字母	第二字位 小类名称	代表字母	第三字位 附注特征	数字序号	第四字位 系列序号	单位	第五字位 基本规格
1	A	机械驱动的弧焊机（弧焊发电机）	X P D	下降特性 平特性 多特性	省略 D Q C T H	电动机驱动 单纯弧焊发电机 汽油机驱动 柴油机驱动 拖拉机驱动 汽车驱动	省略 1 2	直流 交流发电机整流式 交流	A	额定焊接电流
2	Z	直流弧焊机（弧焊整流器）	X P D	下降特性 平特性 多特性	省略 M L E	一般电源 脉冲电源 高空载电压 交直流两用电源	省略 1 3 4 5 6 7	磁放大器或饱和电抗器式 动铁心式 动线圈式 晶体管式 晶闸管式 交换抽头式 逆变式	A	额定焊接电流
3	B	交流弧焊机（弧焊变压器）	X P	下降特性 平特性			省略 1 2 3 4 5 6	磁放大器或饱和电抗器式 动铁心式 串联电抗器式 动线圈式 晶闸管式 交换抽头式	A	额定焊接电流

（续）

序号	代表字母	第一字位 大类名称	代表字母	第二字位 小类名称	代表字母	第三字位 附注特征	数字序号	第四字位 系列序号	单位	第五字位 基本规格
		埋弧焊机	Z	自动焊	省略	直流	省略	焊车式		
			B	半自动焊	J	交流	1			
4	M		U	堆焊	E	交直流	2	横臂式	A	额定焊接电流
					M	脉冲	3	机床式		
			D	多焊			9	焊头悬挂式		
					省略	直流	省略	焊车式		
		TIG 焊机	Z	自动焊	J	交流	1	全位置焊车式		
			S	手工焊	E	交直流	2	横臂式		
5	W		D	点焊	M	脉冲	3	机床式		
			Q	其他			4	旋转焊头式		
							5	台式	A	额定焊接电流
							6	焊接机器人		
							7	变位式		
							8	真空充气式		
		MIG/MAG 焊机（熔化极惰性气体保护弧焊机/熔化极活性气体保护弧焊机）	Z	自动焊	省略	直流	省略	焊车式		
							1	全位置焊车式		
			B	半自动焊						
6	N				M	脉冲	2	横臂式		
			D	点焊			3	机床式	A	额定焊接电流
			U	堆焊		二氧化碳保护焊	4	旋转焊头式		
			G	切割	C		5	台式		
			C				6	焊接机器人		
							7	变位式		
		等离子弧焊机/等离子弧切割机			省略	直流等离子	省略	焊车式		
			G	切割	R	熔化极等离子	1	全位置焊车式		
12	L				M	脉冲等离子	2	横臂式		
			H	焊接	J	交流等离子	3	机床式		
			U	堆焊	S	水下等离子	4	旋转焊头式	A	额定焊接电流
			D	多用	F	粉末等离子	5	台式		
					E	热丝等离子	8	手工等离子		
					K	空气等离子				
		控制设备	W	不熔化极						
22	K		N	熔化极					A	额定焊接电流
			M	埋弧焊						
			L	等离子						

表 A-2　特殊环境名称代表字母

特殊环境名称	代表字母
热　带	T
湿热带	TH
干热带	TA
高　原	G

附录 B　常用弧焊电源的主要技术数据

（1）常用弧焊变压器的主要技术数据见表 B-1。

（2）IGBT 逆变式氩弧焊电源的主要技术数据见表 B-2。

（3）常用硅弧焊整流器的主要技术数据见表 B-3。

（4）晶闸管式弧焊整流器的主要技术数据见表 B-4。

（5）脉冲弧焊电源的主要技术数据见表 B-5。

（6）常用弧焊逆变器的主要技术数据见表 B-6。

由于弧焊电源产品型号很多，不能一一列举，请参看有关手册、产品样本和使用说明等。

表 B-1　常用弧焊变压器的主要技术数据

技术数据 \ 结构特征及数据		动线圈式		
		BX3-120	BX3-300	BX3-500
额定焊接电流 I_e	/A	120	300	500
电流调节范围 $I_{fmin}\sim I_{fmax}$	/A	20～160①	40～400①	60～670①
次级空载电压 U_0	/V	70～75	60～75	60～70
额定工作电压 U_{fe}	/V	25	30	30
初级电压 U_1	/V	380	380	380
额定初级电流 I_{1e}	/A	23.5	54	87.4
额定负载持续率 FS_e	(%)	60	60	60
额定输入容量 S_e	/(kV·A)	9	20.5	33.2
效率 η	(%)	81	83	87
功率因数 $\cos\varphi$		0.45	0.53	0.52
质量 G	/kg	100	190	275
外形尺寸 长 l	/mm	485	520	587
外形尺寸 宽 b	/mm	480	525	560
外形尺寸 高 h	/mm	630	800	883
用途		手工弧焊电源		
		适于薄钢板的焊接。使用焊条为 ϕ1.6～3.2mm	适于中等厚度钢板的焊接。使用焊条为 ϕ2～7mm	适于厚钢板的焊接。使用焊条为 ϕ2～7mm

① 分大小两档。

技术数据 \ 结构特征及型号		动铁心式			
		BX1-135	BX1-300①	BX1-400	BX1-500
I_e	/A	135	300	400	500
$I_{fmin}\sim I_{fmax}$	/A	25～150①	75～360	60～480	115～680②
U_0	/V	60～75	75	80	60
U_{fe}	/V	30	32		40
U_1	/V	380	380	380	380
I_{1e}	/A	23			82.5
FS_e	(%)	65	64	60	60
S_e	/(kV·A)	8.7		34	31
η	(%)	78	60	84.5	81.5
$\cos\varphi$		0.48		0.502	0.61
G	/kg	110	24.3	170	200

（续）

技术数据 \ 结构特征及型号	动铁心式			
	BX1-135	BX1-300①	BX1-400	BX1-500
长 l /mm	780	580	625	880
宽 b /mm	475	420	452	518
高 h /mm	628	665	790	751
用途	手工弧焊电源			
	适于厚度 1～8mm 低碳钢的焊接。使用焊条为 1.6～3.2mm	适于中等厚度低碳钢的焊接。使用焊条为 ϕ3～7mm	适于 3mm 以上的低碳钢焊接。使用焊条为 ϕ3～7mm	

① 梯形动铁心。

② 分大小档。

技术数据 \ 结构特征及型号	抽头式	同体式		多站式
	BX6-120-1	BX2-500	BX2-1000	BP-3×500①
I_e /A	120	500	1000	3×500(12×155)
I_{fmin}～I_{fmax} /A	45～160	200～600	400～1200	(35～210)
U_0 /V	50	80	69～78	70
U_{fe} /V	24.8	45.5	42	(25)
U_1 /V	380	380	380	380
I_{1e} /A	15.8	110	196	185
FS_e (%)	20	60	60	100(65)
S_e /(kV·A)	6	42	76	122
η (%)	70	87	90	95
$\cos\varphi$	0.6	0.62	0.62	
G /kg	25	445	560	700(62)
长 l /mm	400	744	741	1360(316)
宽 b /mm	252	950	950	860(402)
高 h /mm	193	1220	1220	1120(732)
用途	手工弧焊电源	自动和埋弧焊电源	埋弧焊电源	多头手工弧焊电源
	适于焊薄板的焊接。使用焊条为 ϕ1.6～3.2mm		具有远距离调节电流装置	可同时供 12 个焊工单独操作，使用 ϕ2～5mm 焊条

① 括号内的是电抗器数据。

表 B-2　IGBT 逆变式氩弧焊电源的主要技术数据

技术数据 \ 结构特征及型号		脉冲/直流	交流/直流
		WSM-500	WSME-500
输出	额定焊接电流 I_e /A	500	500
	电流调节范围 I_{fmin}～I_{fmax} /A	20～500	20～500
	空载电压 U_0 /V	75	80
	额定工作电压 U_g /V	40	40
	额定负载持续率 FS_e (%)	60	60
	额定输出功率 P_e /kW	20	20

（续）

技术数据 \ 结构特征及型号		脉冲/直流	交流/直流
		WSM-500	WSME-500
输入	电网电压 U_1 /V	380	380
	相数 n	3	3
	频率 f /Hz	50	50
	额定一次相电流 I_{1e} /A	37.4	38
	额定容量 S_e /(kV·A)	24.6	25
功率因数 $\cos\varphi$		0.91	0.91
效率 η (%)		89	88
质量 G /kg		60	72
外形尺寸	长 l /mm	650	740
	宽 b /mm	390	430
	高 h /mm	805	810
用途		直流或直流脉冲氩弧焊	除具有直流/脉冲氩弧的功能外还可以用交流方波的方法焊接铝及铝合金

表 B-3　常用硅弧焊整流器的主要技术数据

技术数据 \ 结构特征及型号		动线圈式	磁放大器式			
		下降特性	下降特性	平特性	平、降两用	多站式[①]，平、降两用
		ZXG1-400	ZXG-400	ZPG1-500	ZPG7-1000	ZPG6-1000
输出	I_e /A	400	400	500	1000	1000
	$I_{fmin} \sim I_{fmax}$ /A	100～480	40～480	35～500	200～1000(降) 100～1000(平)	(15～300) 6个同
	U_0 /V	71.5	80	75	70～90	60
	U_g /V	36	36	15～42	28～44(降) 30～50(平)	(30)
	FS_e (%)	60	60	60	100	100(60)
	P_e /kW	14.4	14.4	21		
输入	U_1 /V	380	380	80	380	380
	n	3	3	3	3	3
	f /Hz	50	50	50	50	50
	I_{1e} /A	42	53	56	152	
	S_e /(kV·A)	27.7	34.9	37	100	70
$\cos\varphi$		0.68			0.65	
η (%)		76.5	75	88	80	86
G /kg		238	310	450	800	400(35)
长 l /mm		685	690	1180	950	650(530)
宽 b /mm		570	490	830	700	620(360)
高 h /mm		1075	952	656	1500	1170(710)
用　途		手工弧焊，使用 ϕ3 ～ 7mm 焊条	手工弧焊，使用 ϕ3 ～ 7mm 焊条	氩弧焊、CO_2 焊	粗丝 CO_2 焊及埋弧焊	多头手工弧焊电源。可同时供 6 个 300A 焊钳工作

① 括号内的是镇定变阻器数据。

表 B-4　晶闸管式弧焊整流器的主要技术数据

技术数据 \ 结构特征及型号			平陡两用特性	平特性
			ZDK-500	NBC1-300 的电源
输出	固定焊接电流 I_e	/A	500	
	电流调节范围 $I_{fmin} \sim I_{fmax}$	/A	50～600(陡降) 允许最大 600(平)	50～300
	空载电压 U_0	/V	40(陡降)	
	额定工作电压 U_g	/V	最大电流时工作电压 >45V(陡降) 15～50(平)	17～30
	额定负载持续率 FS_e	(%)	80	70
	额定输出功率 P_e	/kW		
输入	电网电压 U_1	/V	380	380
	相数 n		3	3
	频率 f	/Hz	50	50
	额定初级相电流 I_{1e}	/A		
	额定容量 S_e	/(kV·A)	36.4	
效率 η		(%)		
质量 G		/kg	350	260
外形尺寸	长 l	/mm	940	485
	宽 b	/mm	540	585 电源与控制箱做成一体
	高 h	/mm	1000	1020
用　途			可作为手工弧焊、CO_2 焊、氩弧焊、等离子弧焊、埋弧焊电源	配 NBC1-300CO_2 半自动焊机，作为 CO_2 焊接电源。可焊厚度 1～8mm 低碳钢板，用 ϕ0.8～1.4mm 焊丝

表 B-5　脉冲弧焊电源的主要技术数据

技术数据 \ 结构特征及型号			基本：三相饱和电抗器式硅弧焊整流器，陡降特性 脉冲：单相整流式，平特性	基本：三相硅整流式、电阻限流，陡降特性 脉冲：晶体管式，陡降特性
			ZDK-500	NBC1-300
输出	固定焊接电流 I_e	/A	脉冲 200(100Hz 平均值)	
	电流调节范围 $I_{fmin} \sim I_{fmax}$	/A	基本 10～80	基本 0.8～3 脉冲 1～25
	空载电压 U_0	/V	基本 75	基本 100，脉冲 30
	额定工作电压 U_g	/V	基本 30；脉冲有效值 20～40	
	脉冲频率	/Hz	50，100	15～45
	额定负载持续率 FS_e	(%)	60	60
	额定输出功率 P_e	/kW		
输入	电网电压 U_1	/V	380	380
	相数 n		基本：三相；脉冲：单相	3
	频率 f	/Hz	50	50
	额定初级相电流 I_{1e}	/A	47	
	额定容量 S_e	/(kV·A)	31	
效率 η		(%)		
质量 G		/kg	385	55

（续）

技术数据 \ 结构特征及型号			基本:三相饱和电抗器式硅弧焊整流器,陡降特性 脉冲:单相整流式,平特性	基本:三相硅整流式、电阻限流,陡降特性 脉冲:晶体管式,陡降特性	
			ZDK-500	NBC1-300 的电源	
外形尺寸	长 l	/mm	715	440	电源与控制箱做成一体
	宽 b	/mm	555	500	
	高 h	/mm	1130	250	
用途			配 NZA20-200 自动氩弧焊机、NBA2-200 半自动氩弧焊机,作为氩弧焊电源可焊不锈钢、铝及铝合金等	配 NSA5-25 手工氩弧焊机,作为氩弧焊电源,可焊不锈钢厚度 0.1～0.5mm	

表 B-6　IGBT 弧焊逆变器的主要技术数据

技术数据 \ 结构特征及型号			平陡两用特性（直流）	陡降特性（直流）	平陡两用特性（脉冲/直流）	陡降特性（直流）
			NB-500	ZX7-500	NBM-630	MZ-1250
输出	额定焊接电流 I_e	/A	500	500	630	1250
	电流调节范围 I_{fmin}～I_{fmax}	/A	25～500(陡降) 允许最大 550(平)	25～500	峰值:50～630 基值:15～630	50～1250
	空载电压 U_0	/V	83(陡降)、 50(平)	83	75	80
	额定工作电压 U_g	/V	15～40(平)	21～40	44	44
	额定负载持续率 FS_e	(%)	60	60	60	60
	额定输出功率 P_e	/kW	20	20	27.7	55
输入	电网电压 U_1	/V	380	380	380	380
	相数 n		3	3	3	3
	频率 f	/Hz	50	50	50	50
	额定一次相电流 I_{1e}	/A	45	45	53.9	106
	额定容量 S_e	/(kV·A)	25.2	25.2	35.5	69.7
功率因数 $\cos\varphi$			0.96	0.96	0.97	0.93(0.96)
效率 η		(%)	85	85	86	87(90)
质量 G		/kg	50	45	74	128
外形尺寸	长 l	/mm	550	550	480	680
	宽 b	/mm	420	420	380	380
	高 h	/mm	810	810	780	880
用途			MAG/CO_2 焊、手工弧焊多用途电源	多特性手工弧焊	脉冲 MIG/MAG 焊,频率 0.5～500Hz	埋弧焊

参考文献

[1] 潘际銮，等．新的焊接电弧控法［J］．焊接学报，1980（4）．

[2] 上海交通大学．电弧物理［M］．上海：上海交通大学出版社，1980.

[3] 黄石生．弧焊电源［M］．北京：机械工业出版社，1980.

[4] 郑宜庭，黄石生．弧焊电源［M］．3 版．北京：机械工业出版社，2002.

[5] 黄石生．电子控制的弧焊电源［M］．北京：机械工业出版社，1991.

[6] 黄石生．逆变理论与弧焊逆变器［M］．北京：机械工业出版社，1995.

[7] 赵家瑞．逆变焊接与切割电源［M］．北京：机械工业出版社，1996.

[8] 黄石生．新型弧焊电源及其智能控制［M］．北京：机械工业出版社，2000.

[9] Andras Sasdi. Neue Grundsatze zur Beuteilung der dynamischen Eigenschaften von Gleichstromquellen fuer das Lichtbogenhandschweissen［J］. Schweissen und Schneiden，1982，34（11）.

[10] Jiluan Pan，Zhiming Ou，Zhiqiang Wu，et al. Pulsed inert gas metal arc welding with feed back control［J］. Schweissen and Schneiden，1985，37（4）：54-55.

[11] 潘际銮，等．脉冲 MIG 焊接电弧的闭环控制［J］．焊接学报，1985（2）：91-92.

[12] 潘际銮．现代弧焊控制［M］．北京：机械工业出版社，2000.

[13] 潘际銮．二十一世纪焊接科学研究的展望，第九次全国焊接会议论文集：第一册［C］．哈尔滨：黑龙江人民出版社，1999.

[14] 陈强，潘际銮，等．焊接过程的模糊控制［J］．机械工程学报，1995（4）：86-91.

[15] 吴林，王麟书，陈善本．我国焊接行业的现状与发展趋势，第八次全国焊接会议论文集：第一册［C］．北京：机械工业出版社，1997.

[16] 宋天虎，李敏贤．先进制造技术的发展与焊接技术的未来：第八次全国焊接会议论文集：第一册［C］．北京：机械工业出版社，1997.

[17] 李鹤歧，徐德进，李芳．脉冲 MIG 焊机数字化控制设计［J］．电焊机，2002，32（8）：1-4.

[18] 李鹤歧，郝伟，徐德进．微机控制的脉冲 MIG/MAG 焊接电源的研制［J］．甘肃工业大学学报，2002，28（3）：11-14.

[19] 李鹤岐，李春旭，高忠林，王睿．基于 DSP_MCU 实现焊接电源系统数字化控制的设计［J］．焊接学报，2005，26（3）：17-20，24.

[20] Huang Shisheng. Untersuchung des MOSFET-Lichtbogen Schweissnumrichter［J］. Schweissen and Schneiden，1985（7）：302-304.

[21] 殷树言，陈树君，刘嘉，黄鹏飞．基于新型控制法的逆变 GMAW 工艺特点［J］．电焊机，2004（4）：56-64.

[22] 程佩青．数字信号处理教程［M］．北京：清华大学出版社，2001.

[23] 王锦标，方崇智．过程计算机控制［M］．北京：清华大学出版社，1992.

[24] 杨春利，林三宝．电弧焊基础［M］．哈尔滨：哈尔滨工业大学出版社，2003.

[25] 殷树言．CO_2 焊接设备原理与调试［M］．北京：机械工业出版社，2000.

[26] 刘金琨．先进 PID 控制及其 MATLAB 仿真［M］．北京：电子工业出版社，2003.

[27] 戴佳，苗龙，陈斌．51 单片机应用系统开发典型实例［M］．北京：中国电力出版社，2005.

[28] 陈善本．焊接过程现代控制技术［M］．哈尔滨：哈尔滨工业大学出版社，2001.

[29] 姜幼卿，王强．自组织模糊控制在 CO_2 焊波形控制中的应用研究［J］．电焊机，1999（11）：10-14.

[30] Essers W G, Van Gompel M R M. Arc control with pulsed GMA welding [J]. Welding Journal. 1984, 63 (6): 26-32.
[31] 邹泽明，于有生，徐兆康，等. 用模糊控制获取 SCR 弧焊整流器的多外特性 [J]. 电焊机，2003 (2): 19-21.
[32] 贾贵玺，刘金涛，张方. 模糊控制逆变弧焊电源 [J]. 焊接学报，2004，25 (6): 89-92.
[33] Ma, Cliff L, Lauritzen, Peter O. A simple power diode model with forward and reverse recovery [J]. IEEE Transactions on Power Electronics, 1993, 8 (4): 342-345.
[34] Hefner, Allen R. Jr. Diebolt, Daniel M. An experimentally verified IGBT model implemented in the Saber circuit simulator [J]. IEEE Transactions on Power Electronics, 1994, 9 (5): 532-559.
[35] Margarita D T, et al. Survey of magnetic core models [J]. IEEE Proceeding of APEC, 1995: 550-556.
[36] 赵雅兴. 电子器件模型与通用电路模拟程序 [M]. 天津：天津大学出版社，1992.
[37] Jiluan Pan, Zhiming Ou, Zhiqiang Wu, et al. Pulsed inert gas metal arc welding with feed back control [J]. Schweissen and Schneiden, 1985, 37 (4): 54-55.
[38] 黄石生. 场效应管弧焊逆变器的功率增大问题研究 [J]. 焊接学报，1984 (5): 78-84.
[39] 黄石生，贺剑峰，等. 钨极氩弧焊焊缝熔宽模糊控制系统设计 [J]. 焊接学报，1996 (2): 94-98.
[40] 陈强，潘际銮，等. 焊接过程的模糊控制 [J]. 机械工程学报，1995 (4): 86-91.
[41] 艾盛，等. PMIG 焊焊接电弧电压的模糊控制 [J]. 电焊机，1999 (5): 1-5.
[42] Jacobsen N. Monopulse investigation of drop detachment in pulsed gas metal arc welding [J]. Journal of Physics D: Applied Physics, 1992, 25: 783-797.
[43] Huang Shisheng. The Transistorized Welding Inverter and Its Power Losses [J]. Schweissen and Schneiden, 1984 (2): 71-74.
[44] Johson J A, et al. Proceedings of the second international conference on trends in welding research [J]. Gatlinburg, tenn., USA, 1989: 377-381.
[45] 李俊岳. 脉冲 MIG 焊熔滴过渡光谱信息的研究 [J]. 中国工程科学，2000，2 (7): 79-86.
[46] 邢岩，严仰光. 逆变器的两种电流型控制方式 [J]. 电源技术应用，2000 (5).
[47] 王元良，周友龙，等. 高效节能的细丝双丝自动化焊接研究 [J]. 焊接技术，2000，29 (12): 39-42.
[48] 殷树言，刘嘉，等. 全数字脉冲焊机的研究 [J]. 焊接技术，2003，32 (11): 5-9.
[49] 华学明，吴毅雄，张勇，等. 数字信号处理器在焊接电源中的应用前景 [J]. 焊接技术，2003，32 (11): 2-5.
[50] 鲍云杰，罗建坤，等. 脉冲 MIG/MAG 逆变焊机的研究 [J]. 焊接技术，2003，32 (11): 23-26.
[51] 耿忠庆. DSP 在逆变焊接电源中的应用 [J]. 焊接技术，2003，32 (11): 16-17.
[52] 李红平，詹晓东. 采用电流峰值模式的全桥移相控制 DC/DC 变换器 [J]. 电力电子技术，2000 (1): 27-30.
[53] 黄石生. Die Untersuchung des MOSFETS Lichtbogenschweib umrichters [J]. Schweiben und Schneiden, 1985 (7).
[54] Huang Shisheng. Untersuchung der elektrischen Eigenschaften der MOSFET Inverterstromquellen zum Lichtbogenschweissen [J]. Schweissen and Schneiden, 1988 (7): 79-81.
[55] 黄石生，伍月华，等. 场效应管弧焊逆变器焊接性能的研究 [J]. 焊接学报，1986 (6).
[56] 张九海，王其隆，等. 矩形波交流电源的研制及工艺试验 [J]. 焊接学报，1985 (3).
[57] 中国机械工程学会焊接学会. 焊接手册：焊接方法及设备 [M]. 北京：机械工业出版社，1992.
[58] 李迪. 用人工神经网络技术对焊接质量的智能控制 [D]. 广州：华南理工大学，1993.
[59] 王金祥. 弧焊逆变电源结构与性能的计算机仿真——零电压开关弧焊逆变电源的主功率电路与控制

电路的研究［D］. 广州：华南理工大学，1994.
［60］ 张晓囡 . CO_2 弧焊电源动特性评定新方法的研究［D］. 广州：华南理工大学，1999.
［61］ 蒙永民 . GMAW-P 焊熔滴过渡模糊控制的研究［D］. 广州：华南理工大学，2001.
［62］ 陈延明 . 软开关弧焊逆变器及其特性的研究［D］. 广州：华南理工大学，1998.
［63］ 张军红 . 机器人弧焊逆变器波形模糊逻辑控制的研究［D］. 广州：华南理工大学，1999.
［64］ 胡庆彬 . 弧焊逆变器模型、仿真与辅助设计的研究［D］. 广州：华南理工大学，1998.
［65］ 余文松 . 新型大功率软开关弧焊逆变器的研究［D］. 广州：华南理工大学，2000.
［66］ 王振民 . 新型埋弧焊逆变器及其智能焊接系统的研究［D］. 广州：华南理工大学，2003.
［67］ 杜贵平 . 等离子体软开关逆变式电源及其应用研究［D］. 广州：华南理工大学，2002.
［68］ 李远波 . 软开关弧焊逆变式双丝高速脉冲 MAG 焊装备及其数字化协同控制技术研究［D］. 广州：华南理工大学，2005.
［69］ 吴开源 . 基于 DSP 的 GMAW-P 焊逆变电源数字化智能控制系统的研究［D］. 广州：华南理工大学，2005.
［70］ 吴开源，黄石生，蒙永民 . 脉冲 MIG 焊熔滴过渡中值波形的控制策略［J］. 焊接学报，2004，25（4）：51-54.
［71］ Pixiey M. Inverter technology in welding power sources［J］. Welding Review International，1994，13（1）：227-232.
［72］ Ken Michine，Stephen Blackman. Twin-wire GMAW：Process characteristics and applications［J］. Welding Journal，1999（5）：31-34.
［73］ Luigi Malesani，et al. Electronic welder with high frequency resonant inverter［J］. IEEE Transactions on Industry Applications，1995，31（2）：273-279.
［74］ Hua G C，Lee F C. Soft-Switching Techniques in PWM Converters［J］. IEEE Transactions on Industrial Electronics，1995，42（6）：595-603.
［75］ Anunciada V，Silva M. New Constant Frequency Current Mode Control for power converter，Stable for all values of duty ratio，and usable in all four quadrants［J］. IEEE Transaction on Industrial Electeonics，1990，37（4）.
［76］ 黄石生 . 弧焊电源分类方法的探讨［J］. 焊接学报，1987（12）：218-228.
［77］ 吴宪平，黄石生. 高频脉冲弧焊逆变器电气性能的研究［C］. 全国焊接学术会，1988.
［78］ Huang Shisheng，Li Shaobin. Zur Klassifizierung von Stromquellen zum Lichtbogenschweissen［J］. Schweissen and Schneiden，1989（3）：127-131.
［79］ 黄石生，范雪红 . 开关式场效应管弧焊电源的研究［J］. 焊接学报，1989（2）：133-138.
［80］ 王志强，黄石生 . 绝缘门极双极晶体管（IGBT）交流方波弧焊电源［J］. 焊接学报，1992（3）：175-180.
［81］ 伍月华，黄石生 . 缘门极双极性晶体管（IGBT）在焊接逆变器中的应用［J］. 焊接，1992（5）：5-10.
［82］ 伍月华，黄石生，王志强 . 绝缘门极双极晶体管的弧焊逆变器［J］. 焊接学报，1992（1）：26-30.
［83］ 伍月华，黄石生 . 场效应管点焊逆变器［J］. 焊接学报，1993（4）：256-260.
［84］ 黄石生，陆沛涛. 用于铝合金焊接的中频 MIG 焊逆变器与工艺研究［J］. 机械工程学报，1994（4）：91-96.
［85］ 黄石生，陆沛涛 . 焊铝合金用 IGBT 交流矩形波弧焊逆变器［J］. 电焊机，1994（4）：10-12.
［86］ 黄石生，庄小雄 . IGBT 等离子喷涂逆变器的研究［J］. 机械工程学报，1996，32（3）：92-96.
［87］ 薛家祥，黄石生 . 弧焊逆变器研制中的关键技术［J］. 焊接技术，1998（4）：37-40.
［88］ 李鹤岐，田坤，王睿 . 波形控制 CO_2 弧焊电源设计［J］. 电焊机（增刊），2004.

[89] 李鹤岐，高忠林，王睿．数字化控制逆变焊接电源系统研究［J］．电焊机，2004，34（12）．

[90] 耿正．关于数字化焊机核心技术的几点看法［J］．现代焊接，2005（3）．

[91] 何建萍，张春波，孙广．数字化焊接电源系统特征分析［J］．电焊机，2003，33（11）．

[92] 陈延明，黄石生．软开关 CO_2 焊机的研制［J］．电力电子技术，1998（3）．

[93] 杜贵平，黄石生．逆变焊机的高频干扰分析及抑制方法探讨［J］．电焊机，2001（8）．

[94] 王振民，黄石生，余文松，等．新型软开关弧焊逆变器的仿真研究［J］．机械与电子，2001（1）：32-34.

[95] 黄石生，王振民，吴祥淼，等．新型大功率软开关弧焊逆变器的研究［J］．机械工程学报，2001，37（9）．

[96] 黄石生，王振民，吴祥淼，等．新型大功率等离子喷涂逆变器的研究［J］．中国表面工程，2001（2）．

[97] 黄石生，曾敏．微机控制机器人逆变弧焊电源的研究［J］．电焊机，1999，29（12）：7-9.

[98] 黄石生，李阳．机器人用弧焊逆变器及设备智能控制的研究［J］．机械工程学报，1993，29（4）：114-118.

[99] 李阳，黄石生．机器人用弧焊逆变器动特性优化控制的研究［J］．华南理工大学学报：自然科学版，1993，21（4）：39-41.

[100] 李志忠，黄石生．埋弧逆变自动焊机的单片机模糊逻辑控制［J］．电焊机，1999，29（5）：1-3.

[101] 黄石生，等．场效应管式弧焊逆变器：中国，85201941.6［P］．1986.

[102] 黄石生，等．一种场效应管式弧焊整流器：中国，87217209.6［P］．1987.

[103] 黄石生，等．一种高频脉冲弧焊逆变器：中国，87216329.6［P］．1987.

[104] 王志强，黄石生，伍月华．IGBT 弧焊逆变器：中国，90221541.8［P］．1990.

[105] 王志强，黄石生，伍月华．IGBT 交流方波电焊机：中国，91219954.7［P］．1991.

[106] 伍月华，王志强，黄石生．IG 绝缘栅型双极晶体管逆变电阻点焊机：中国，ZL932195148［P］．1993.

[107] 黄石生，李阳，陆沛涛，等．具有双闭环控制的软开关埋弧焊逆变电源：中国，CN1438760A［P］.2003.

[108] 王雅生，张庆，蔡洪能．CO_2 弧焊机器人电弧电压及焊接电流的智能控制［J］．机器人，2001，23（7）．

[109] 邹泽明，于有生，徐兆康，等．采用模糊控制获取 SCR 弧焊整流器的多外特性［J］．电焊机，2003，33（2）．

[110] 黄石生．现代焊接电源及设备［M］．广州：华南理工大学出版社，1990.

[111] 赵熹华．焊接方法与机电一体化［M］．北京：机械工业出版社，2001.

[112] 熊敬清，蒙万俊，陈小峰，等．有限双极性软开关 PWM 控制和 IGBT 驱动电路设计［J］．电焊机，2006，38（12）：73-76.

[113] 张洪．EWMcoldArc 冷弧焊——一种低能量的熔化极气体保护焊技术及其应用［J］．焊接，2009.

[114] 张洪．有效控制电弧能量的冷弧焊［J］．汽车制造业，2006（13）：42-43.

[115] 张丽玲，张展曙，尹懿，等．有限双极性软开关 CO_2 逆变焊接电源的研究［J］．电焊机，2010，40（10）：59～67.

[116] 许峰，柳余秀，徐殿国．新型软开关变换器 IGBT 高速驱动电路［J］．电力电子技术，2004，38（1）：109-111.

[117] 张玉明，张义门．SiC 功率器件［J］．电子科技导报，1996（11）．

[118] 张波，邓小川，张有润，等．宽禁带半导体 SiC 功能器件发展现状及展望［J］．中国电子科学研究院学报，2009，4（2）．

[119] 2020年SiC和GaN功率器件将分别获得14%和8%市场份额. 中商情报网 (http: www. askci. com), 2013.
[120] 李俊楠. SiC功率器件特性研究与模拟分析 [D]. 北京: 北京化工大学, 2012.
[121] 张玉明, 张义门. 碳化硅功率器件 [C] //中国电工技术学会电力电子学会第八届学术年会论文集. 2002.
[122] 宋文斌, 蔡小五. 一种新型高压功率器件终端技术 [J]. 微电子学, 2011 (4).
[123] 张光先, 陈冬岩, 李朋. 焊接设备的数字化、网络化及群控系统 [J]. 电焊机, 2013, 43 (5): 10-16.
[124] 黄延龄, 杨通, 亓学鹏, 等. 数字化焊接电源和新工艺的进展 [J]. 现代焊接, 2009 (1): 1~6.
[125] 任磊磊, 何建萍, 王付鑫. DSP在焊接领域的应用 [J]. 电焊机, 2009, 44 (4): 117-121.
[126] 殷树言. 气体保护焊工艺基础及应用 [M]. 北京: 机械工业出版社, 2012.
[127] Middlebrook R D, Cuk S M. A General Unified Approach to Modeling Switching Converter Power Stages [J]. IEEE PESC Record, 1976: 18-34.
[128] Tan F Dong, Middlebrook R D. Unified Modeling and Measurement of Current-Programmed Converters [J]. IEEE PESC Record, 1993: 380-387.
[129] Tan F Dong, Middlebrook R D. A Unified Model for Current-Programmed Converters [J]. IEEE TRANSACTIONS ON POWER ELECTRONICS, 1995, 10 (4): 397-408.
[130] Maksimovic D, Slobodan Cuk. A Unified Analysis of PWM Converters in Discontinuous Modes [J]. IEEE TRANSACTIONS ON POWER ELECTRONICS, 1991, 6 (3): 476-490.
[131] 皮佑国, 梁广洋, 黄石生. 弧焊逆变器的频域数学模型 [J]. 焊接学报. 1999, 20 (1): 68-74.
[132] 郭丽萍, 周雒维, 苏向丰. 一种弧焊逆变电源的小信号模型 [J]. 电焊机, 2003, 33 (2): 22-25.
[133] Agrawal J P. Power Electronic Systems-Theory and Design [M]. Prentice-Hall Inc, 2001.
[134] Franklin G F, Powell D J, et al. Digital Control of Dynamic Systems [M]. Addison-Wesley Longman Inc, 1990.

符号说明

符号	名称
U_0	空载电压有效值(或平均值)
$U_y(U)$	电源电压有效值(或平均值)
U_{yh}	引燃电压
U_f、u_f	分别表示电弧电压有效值(或平均值)和瞬时值
U_A	交流绕组电压有效值
U_C	控制电压平均值
I_f、i_f	分别表示电弧电流有效值(或平均值)和瞬时值电流
Φ	磁通
R	电阻(器)
L	电感(器)
C	电容(器)
LB	平衡电抗(器)
RP	电位器
G	发电机,给定电路
MF	风扇电动机
W	绕组
N	运算放大器
N	匝数
WC	控制绕组
AM	磁放大器
T	变压器
TI	脉冲变压器
SV	稳压器
TV	电压互感器
TA	电流互感器,自耦变压器
YV	电磁阀
X	接线座
M	检测器

符号	名称
I_0	空载电流
I_y	电源电流有效值
I_m	脉冲电流峰值
I_j	基本电流
I_{fh}	反馈电流
$R_f(R_h)$	电弧电阻
$I_{\omega d}$	稳态短路电流
I_{sd}	空载至短路瞬时短路电流峰
I'_{sd}	经 0.05s 后的瞬时短路
I_{fd}	负载至短路瞬间短路电流峰值
RS	分流器
S、Q	开关
SB	按钮
SC	转换开关
FU	熔断器
K	继电器
KM	接触器
UR	整流器
H	指示灯
VD	二极管
V	晶体管
VT	晶闸管
VS	稳压管
VU	单结晶体管
VC	程控单结晶体管
VF	场效应晶体管
VT	绝缘栅双极型晶体管(IGBT)
A	放大器
AT	触发器
DA	与门
DAN	与非门
VI	光耦合器